"十三五"普通高等教育本科规划教材 工程教育创新系列教材

 "十三五"江苏省高等学校重点教材（编号:2016-2-047）

基于MATLAB的
电气控制系统图形化
仿真技术

主编　周渊深

编写　刘瑞明　吴　迪

主审　李维波

中国电力出版社

CHINA ELECTRIC POWER PRESS

内 容 提 要

本书为"十三五"普通高等教育本科系列教材、工程教育创新系列教材，江苏省高等学校"十三五"重点教材。

本书以编者从事多年的基于电气系统原理结构图的仿真技术为手段，以 MATLAB 的 Simulink 和 SimPower System 工具箱为平台，针对电气类专业主干课程"电力电子技术""电机与拖动基础""交直流调速技术"和"电力系统"中涉及的典型电力电子变流装置、电机与电力拖动控制系统和部分电力系统进行了仿真分析。本书内容循序渐进，便于初学者掌握。另外，编者开发了与教材内容相配套的仿真实验模型，便于学生随时随地开展仿真实验研究，从而加深对相关课程内容的理解，达到提高实践动手能力、培养工程创新意识的目的。

本书可作为普通高等院校本科电气工程及其自动化、自动化等专业相关工程教育课程的教材，也可作为电气工程技术爱好者和工程技术人员的参考用书。

图书在版编目（CIP）数据

基于 MATLAB 的电气控制系统图形化仿真技术 / 周渊深主编 . —北京：中国电力出版社，2017.9 （2024.1 重印）

"十三五"普通高等教育本科规划教材 工程教育创新系列教材

ISBN 978-7-5198-1115-0

Ⅰ．①基… Ⅱ．①周… Ⅲ．①电气控制系统－系统仿真－ Matlab 软件－高等学校－教材 Ⅳ．① TM921.5-39

中国版本图书馆 CIP 数据核字（2017）第 212021 号

出版发行：中国电力出版社

地　　址：北京市东城区北京站西街 19 号（邮政编码 100005）

网　　址：http://www.cepp.sgcc.com.cn

责任编辑：陈　硕（010-63412532）

责任校对：常燕昆

装帧设计：王英磊　赵姗姗

责任印制：钱兴根

印　　刷：北京天泽润科贸有限公司

版　　次：2017 年 9 月第一版

印　　次：2024 年 1 月北京第四次印刷

开　　本：787 毫米×1092 毫米　16 开本

印　　张：25.25

字　　数：620 千字

定　　价：56.00 元

前　言

为贯彻工程教育精神，提高学生的工程创新实践能力，教育部高等学校电气类专业教学指导委员会、自动化类专业教学指导委员会、中国电力出版社联合成立了"电气类·自动化类　工程创新课程研究与教材建设委员会"，并以电气工程及其自动化和自动化两个专业为试点，在人才培养模式、创新课程设置、教材建设等影响专业发展的关键环节进行综合研究，旨在强化高等院校学生的工程实践和创新能力。为了落实上述环节中的教材建设工作，编写了本教材。

本书以 MATLAB R2012a 软件为平台，以作者从事多年的基于电气系统原理图的 MATLAB 图形化仿真技术为手段，对电气类专业主干课程"电力电子技术""电机与拖动基础""交直流调速技术"和"电力系统"中所涉及的典型电力电子变流装置、电机与电力拖动控制系统、电力系统进行工程设计和仿真实验分析。开发了与教材内容相配套的仿真实验模型，便于学生随时随地开展仿真实验研究，达到提高实践动手能力、培养工程创新意识的目的。这种基于电气系统原理结构图的 MATLAB 图形化仿真方法与实物实验方法相类似，应用到专业课程教学后，使传统教学内容与现代计算机仿真实验技术相结合，更新和丰富了专业教学内容，激发了学生的学习兴趣，对培养工程应用型创新人才起到很好的促进作用。

本书第一篇为 MATLAB 基础知识，内容包括 MATLAB/Simulink/SimPower System 模型库简介和 MATLAB 的基本操作，目的是为后面的建模仿真打下基础。书中的仿真实验内容分为三篇共 11 章，主要涉及电力电子变流装置、电机与电力拖动控制系统、电力系统仿真等。其中，第二篇为电力电子变流装置的仿真技术，内容包括电力电子器件的仿真模型、交流—直流变换电路仿真、直流—交流变换电路仿真、交流—交流变换电路仿真、直流—直流变换电路仿真、软开关电路仿真，共 6 章。第三篇为电机与电力拖动系统的仿真技术，内容包括断续控制的电机拖动系统和连续控制的交直流电机调速系统仿真，共 3 章内容。第四篇为电力系统的仿真技术，内容包括组成电力系统的同步发电机、变压器、传输线、负荷等常用元件的仿真模型，以及涉及这些电力系统元件的工作性能、故障情况的仿真，共 2 章。受教材篇幅的限制，对电力系统谐波治理、柔性输电、新能源发电系统方面的仿真内容没有涉及。另外，变压器是电力系统中的一个重要设备，本书将变压器的仿真从"电机与拖动基础"课程中剥离出来，拓展后移到电力系统中介绍。同样受篇幅限制，本书对仿真所涉及的电路和系统原理仅作简要说明，重点在建模仿真上，对电路和系统原理的详细分析读者可阅读参考文献中对应教材的内容。本书的仿真内容需要通过课后的实践来熟悉，所以课后一定要多加练习。书中部分扩展内容读者可通过扫描二维码进行阅读。

全书由周渊深教授主编和统稿，并编写了第 4～9 章和第 13 章；吴迪博士编写了第 1、2、3、12 章；刘瑞明博士编写了第 10、11 章。李维波教授审阅了全书。在编写本书的过程中参阅和利用了部分兄弟院校老师的教材内容，在此对原作者一并致谢！

限于作者水平，书中难免存在不妥之处，请读者谅解，并提出宝贵意见。特别是仿真实验模型有些只是作者依据自己的理解进行搭建的，不是唯一更不是最优的，期待读者提出更好的方案与作者交流，以便改进提高。本书还为读者提供了与教材配套的 MATLAB 仿真模型。编者电子信箱：zys62@126.com。

编　者

2017 年 9 月

目　　录

第三篇　电机与电力拖动系统的仿真技术

第四篇　电力系统的仿真技术

第一篇　MATLAB 基础知识

1　MATLAB/Simulink/SimPower System 模型库简介

Simulink 是 The MathWorks 公司于 1990 年推出的产品，是在 MATLAB 环境下建立系统框图和仿真的模型库。"Simu"一词表明可以用于计算机模拟，"link"表明能进行系统连接，即将一系列模块连接起来，构成复杂的系统模型。正是由于这两大功能和特色，使 Simulink 成为仿真领域首选的计算机环境。Simulink 环境下可以使用的电力系统仿真模型库（SimPower System Blockset）主要是由加拿大的 Hydro Quebec 和 TECSIM International 公司共同开发的，其功能非常强大，可以用于电路、电力电子系统、电机系统、电力传输系统等领域的仿真，它提供了一种类似电路搭建的方法用于系统模型的绘制。本章首先简要介绍 Simulink、SimPower System 模型库所包含的模块资源，其次介绍搭建 Simulink、SimPower System 系统模型的方法，最后介绍相应的仿真技术。

1.1　Simulink 模型库简介

以 MATLAB R2012a 版本为例，在 MATLAB 命令窗口中键入 Simulink，或单击 MATLAB 工具栏中的 Simulink 图标，则可打开 Simulink 模型库窗口，如图 1-1 所示。

在图 1-1 所示的界面左侧可以看到，整个 Simulink 模型库是由若干个模块组构成，该界面又称为模型库浏览器。标准的 Simulink 模型库包含的模块组如图 1-2 所示，它包含常用模块组（Commonly Used Blocks）、连续模块组（Continuous）、断续模块组（Discontinuities）、离散模块组（Discrete）、逻辑与位操作模块组（Logic and Bit Operations）、表格查询模块组（Lookup Tables）、数学运算模块组（Math Operations）、模型检测模块组（Model Verification）、模型的充分使用模块组（Model-Wide Utilities）、端口与子系统模块组（Ports & Subsystems）、信号属性模块组（Signals Attributes）、信号传输选择模块组（Signals Routing）、输出模块组（Sinks）、信号源模块组（Sources）、用户自定义函数模块组（Used-Defined Functions）、附加离散模块组（Additional Discrete）、附加增减运算模块组（Additional Math：Increment/Decrement）等 17 个模块组，其中第 16、17 模块组包含在（Additional Math & Discrete）中。本节将对常用的模块组作简要概述。

1.1.1　常用模块组　(Commonly Used Blocks)
常用模块组包括的模块及其图标如图 1-3 所示。

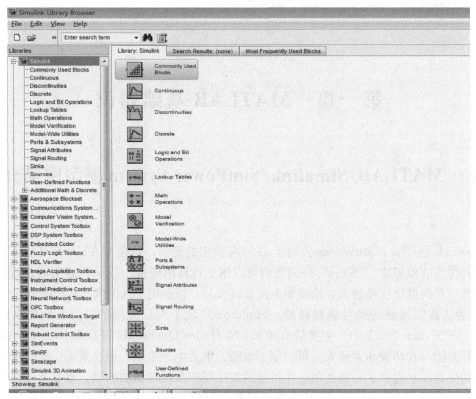

图 1-1 Simulink 模型库窗口

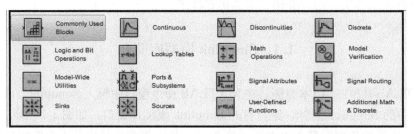

图 1-2 标准的 Simulink 模型库所包含的模块组

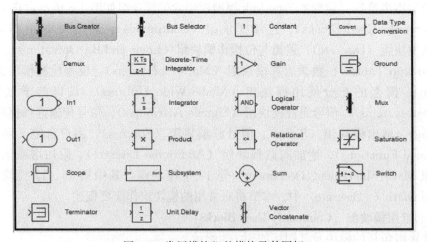

图 1-3 常用模块组的模块及其图标

常用模块组有 23 个基本模块。表 1-1 列出了该模块组中所有基本模块的名称与用途。

表 1-1 常用模块组的名称与用途

序号	模块名称	模块用途	序号	模块名称	模块用途
1	Bus Creator	信号总线生成器	13	Out 1	输出端口模块
2	Bus Selector	信号总线选择器	14	Product	乘积运算模块
3	Constant	常量输入模块	15	Relational Operator	比较运算模块
4	Data Type Conversion	数据类型转换模块	16	Saturation	限幅的饱和特性模块
5	Demux	分路器（一路信号分解成多路信号）	17	Scope	示波器模块
6	Discrete-Time Integrator	离散积分模块	18	Subsystem	子系统模块
7	Gain	增益模块	19	Sum	计算代数和模块
8	Ground	接地模块	20	Switch	多路开关模块
9	In 1	输入端口模块	21	Terminator	信号终结模块
10	Integrator	积分模块	22	Unit delay	单位延迟器
11	Logical Operator	逻辑运算模块	23	Vector Concatenate	矢量连接模块
12	Mux	混路器（将多路信号混合成一路信号）			

1.1.2 连续模块组（Continuous）

连续模块组包括的基本模块及其图标如图 1-4 所示。

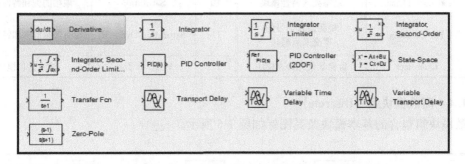

图 1-4 连续模块组的基本模块及其图标

连续模块组有 13 个基本模块。表 1-2 列出了该模块组中基本模块的名称与用途。

表 1-2 连续模块组的名称与用途

序号	模块名称	模块用途	序号	模块名称	模块用途
1	Derivative	微分模块	8	State-Space	线性状态空间模型模块
2	Integrator	积分模块	9	TransferFcn	线性传递函数模型模块
3	Integrator Limited	受限积分模块	10	Transport Delay	时间延迟模块
4	Integrator Second-Order	二阶积分模块	11	Variable Time Delay	可变时间延迟模块
5	Integrator Second-Order Limited	受限二阶积分模块	12	Varible Transport Delay	可变传输延迟（用输入信号来定义）模块
6	PID Controller	PID 控制器	13	Zero-Pole	零极点形式模型模块
7	PID Controller（2DOF）	二自由度 PID 控制器			

1.1.3　断续模块组（Discontinuities）

断续模块组包括的基本模块及其图标如图 1-5 所示。

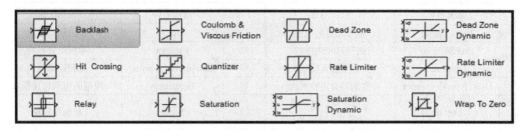

图 1-5　断续模块组的基本模块及其图标

断续模块组有 12 个基本模块。表 1-3 列出了该模块组中基本模块的名称与用途。

表 1-3 断续模块组的名称与用途

序号	模块名称	模块用途	序号	模块名称	模块用途
1	Backlash	磁滞回环模块	7	Rate Limiter	变化速率限幅模块
2	Coulomb & Viscous Friction	库仑摩擦与黏性摩擦特性模块	8	Rate Limiter Dynamic	动态变化速率限幅模块
3	Dead Zone	死区特性模块	9	Relay	带有滞环的继电特性模块
4	Dead Zone Dynamic	动态死区特性模块	10	Saturation	限幅的饱和特性模块
5	Hit Crossing	检测输入信号的零交叉点模块	11	Saturation Dynamic	动态限幅的饱和特性模块
6	Quantizer	阶梯状量化处理模块	12	Wrap to Zero	输出封顶模块

1.1.4　离散模块组（Discrete）

离散模块组包含的基本模块及其图标如图 1-6 所示。

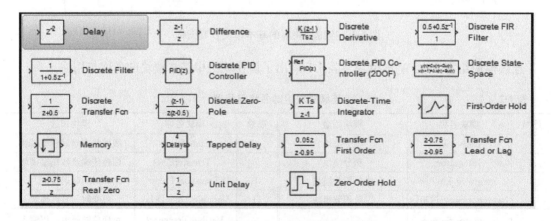

图 1-6　离散模块组的基本模块及其图标

离散系统模块组有 19 个基本模块。表 1-4 列出了该模块组中基本模块的名称与用途。

表 1-4   **离散模块组的名称与用途**

序号	模块名称	模块用途	序号	模块名称	模块用途
1	Delay	延迟模块	11	Discrete-Time Integrator	离散积分器模块
2	Difference	微分模块	12	Frist-Order Hold	一阶采样保持器模块
3	Discrete Derivative	离散微分模块	13	Memory	记忆模块
4	Discrete FIR Filter	离散 FIR 滤波器模块	14	Tapped Delay	分段延迟模块
5	Discrete Filter	离散滤波器模块	15	Transfer Fcn First Order	离散一阶传递函数模块
6	Discrete PID Controller	离散 PID 控制器模块	16	Transfer Fcn Lead or Lag	超前或滞后传递函数模块
7	Discrete PID Controller（2DOF）	离散二自由度 PID 控制器模块	17	Transfer Fcn Real Zero	带实数零点的传递函数模块
8	Discrete State-Space	离散状态空间模块	18	Unit Delay	单位延迟模块
9	Discrete Transfer Fcn	离散传递函数模块	19	Zero-Order Hold	零阶保持器模块
10	Discrete Zero Pole	离散零极点形式模块			

1.1.5　逻辑与位操作模块组（Logic and Bit Operations）

逻辑与位操作模块组包含的基本模块和图标如图 1-7 所示。

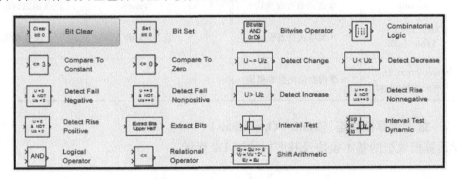

图 1-7　逻辑与位操作模块组的基本模块及其图标

逻辑与位操作模块组有 19 个基本模块。表 1-5 列出了该模块组中基本模块的名称与用途。

表 1-5   **逻辑与位操作模块组的名称与用途**

序号	模块名称	模块用途	序号	模块名称	模块用途
1	Bit Clear	比特"位"清除模块	11	Detect Increase	大于检测模块
2	Bit Set	比特"位"设置模块	12	Detect Rise Nonnegative	非负检测模块
3	Bitwise Operator	比特"位"运算模块	13	Detect Rise Postive	正值检测模块
4	Combinatorial Logic	组合逻辑模块	14	Extract Bits	比特开平方模块
5	Compare To Constant	与常量比较模块	15	Interval Test	区间测试模块
6	Compare To Zero	与零比较器模块	16	Interval Test Dynamic	动态区间测试模块
7	Detect Change	检测变化模块	17	Logical Operator	逻辑运算模块
8	Detect Decrease	低于设定值检测模块	18	Relational Operator	关系运算模块
9	Detect Fall Negative	负值检测模块	19	Shift Arithmetic	算术移位模块
10	Detect Fall Nonpostive	非正检测模块			

1.1.6　表格查询模块组（Lookup Tables）

表格查询模块组的基本模块及其图标如图1-8所示。

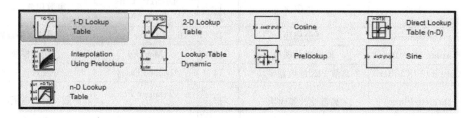

图1-8　表格查询模块组的基本模块及其图标

表格查询模块组有9个基本模块。表1-6给出了该模块组中基本模块的名称与用途。

表1-6　　　　　　　　　　　　表格查询模块组的名称与用途

序号	模块名称	模块用途	序号	模块名称	模块用途
1	1-D Lookup Table	一维查表模块	6	Lookup Table Dynamic	动态查表模块
2	2-D Lookup Table	二维查表模块	7	Prelookup	查询索引的搜寻
3	Cosine	余弦函数查表模块	8	Sine	正弦函数封装模块
4	Direct Look up Table（nD）	n维直接查表模块	9	n-D Look up Table	n维查表模块
5	Interpolation（nD）Using Prelook up	n维内插值法查表模块			

1.1.7　数学运算模块组（Math　Operations）

数学运算模块组的基本模块及其图标如图1-9所示。

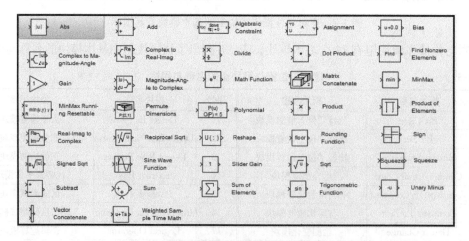

图1-9　数学运算模块组的基本模块及其图标

该模块组有37个基本模块。表1-7给出了数学运算模块组中基本模块的名称与用途。

表 1-7   **数学运算模块组中模块的名称与用途**

序号	模块名称	模块用途	序号	模块名称	模块用途
1	Abs	取绝对值模块	20	Product of Elements	信号连乘
2	Add	信号求和模块	21	Real-Image to Complex	由实部与虚部计算复数模块
3	Algebraic Constraint	代数约束模块	22	Reciprocal Sqrt	倒数平方根
4	Assignment	分配器模块	23	Reshape	矩阵的重新定维模块
5	Bias	偏置模块	24	Rounding Function	取整函数模块
6	Complex to Magnitude-Angle	由复数求幅值与相角模块	25	Sign	符号函数模块
7	Complex to Real-Image	由复数求实部与虚部模块	26	Signed Sqrt	正负平方根
8	Divide	乘除器模块	27	Sine Wave Function	正弦波函数模块
9	Dot Product	计算点积模块	28	Slider Gain	可变增益模块
10	Find Nonzero Elements	查询非零元素	29	Sqrt	开平方根模块
11	Gain	输入乘一个常数增益模块	30	Squeeze	删去大小为1的"孤维"
12	Magnitude-Angle to Complex	由幅值与相角求复数模块	31	Subtract	信号求差模块
13	Math Function	数学运算函数模块	32	Sum	求代数和模块
14	Matrix Concatenation	矩阵级联模块	33	Sum of Elements	多元求和模块
15	MinMax	计算极大值与极小值模块	34	Trigonometric Function	计算三角函数模块
16	MinMax Running Resettable	可调极大值与极小值模块	35	Unary Minus	单元减法模块
17	Premute Dimensions	按维数重排	36	Vector Concatenate	矢量连接
18	Polynomial	多项式计算模块	37	Weighted Sample Time Math	加权数学采样时间封装模块
19	Product	乘积运算模块			

1.1.8 模型检测模块组（Model Verification）

模型检测模块组的基本模块及其图标如图 1-10 所示。

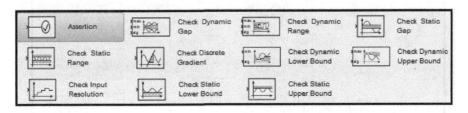

图 1-10   模型检测模块组的基本模块及其图标

模型检测模块组有 11 个基本模块。表 1-8 给出了该模块组中基本模块的名称与用途。

表 1-8　　　　　　　　　　　　　　模型检测模块组的名称与用途

序号	模块名称	模块用途	序号	模块名称	模块用途
1	Assertion	参数确定模块	7	Check Dynamic Lower Bound	检测动态下限模块
2	Check Dynamic Gap	检测动态区间范围模块	8	Check Dynamic Upper Bound	检测动态上限模块
3	Check Dynamic Range	检测动态变化范围模块	9	Check Input Resolution	检测输入分辨率模块
4	Check Static Gap	检测静态区间范围模块	10	Check Static Lower Bound	检测静态下限模块
5	Check Static Range	检测静态变化范围模块	11	Check Static Upper Bound	检测静态上限模块
6	Check Discrete Gradient	检测离散的斜率模块			

1.1.9　模型的充分使用模块组（Model-Wide Utilities）

模型的充分使用模块组的基本模块及其图标如图 1-11 所示。

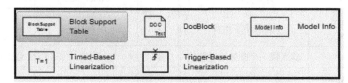

图 1-11　模型充分使用模块组的基本模块及其图标

模型的充分使用模块组有 5 个基本模块。表 1-9 给出了该模块组中基本模块的名称与用途。

表 1-9　　　　　　　　　　　　　模型的充分使用模块组的名称与用途

序号	模块名称	模块用途	序号	模块名称	模块用途
1	Block Support Table	块支持表模块	4	Timed-Based Linearization	建立时基线性化模块
2	DocBlock	建立 Word 文档模块	5	Trigger-Based Linearization	建立触发基准线性化模块
3	Model Info	建立模型信息文件模块			

1.1.10　端口与子系统模块组（Ports & Subsystems）

端口与子系统模块组的基本模块及其图标如图 1-12 所示。

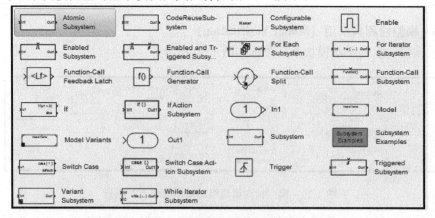

图 1-12　端口与子系统模块组的基本模块及其图标

端口与子系统模块组有 26 个基本模块。表 1-10 列出了该模块组中基本模块的名称与用途。

表 1-10 端口与子系统模块组的名称与用途

序号	模块名称	模块用途	序号	模块名称	模块用途
1	Atomic Subsystem	空白子系统模块	14	If Action Subsystem	If 作用子系统模块
2	Code Reuse Subsystem	代码重用子系统模块	15	In1	分支系统输入端
3	Configurable Subsystem	相对位置子系统模块	16	Model	模型参照模块
4	Enable	使能脉冲模块	17	Model Variants	模型转换模块
5	Enable Subsystem	使能子系统模块	18	Out1	分支系统输出端
6	Enable and Triggered Subsystem	使能与触发子系统模块	19	Subsystem	子系统模块
7	For Each Subsystem	For Each 子系统模块	20	Subsystem Examples	子系统实例模块
8	For Iterator Subsystem	For 迭代控制子系统模块	21	Switch Case	Switch 语句模块
9	Function-Call Feedback Latch	函数传呼反馈门锁模块	22	Switch Case Action Subsystem	Switch 语句作用子系统模块
10	Function-Call Generator	函数传呼发生器	23	Trigger	触发器模块
11	Function-Call Split	函数调用切换	24	Triggered Subsystem	触发子系统模块
12	Function-Call Subsystem	函数传呼子系统模块	25	Variant Subsystem	变化子系统模块
13	If	If 操作	26	While Iterator Subsystem	While 迭代控制子系统模块

1.1.11　信号属性模块组（Signals Attributes）

信号属性模块组及其图标如图 1-13 所示。

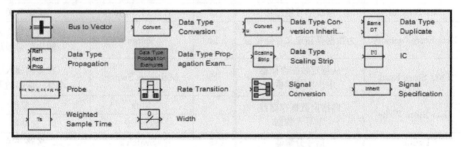

图 1-13　信号属性模块组的基本模块及其图标

信号属性模块组有 14 个基本模块。表 1-11 列出了该模块组中基本模块的名称与用途。

表 1-11 信号属性模块组的名称与用途

序号	模块名称	模块用途	序号	模块名称	模块用途
1	Bus to Vector	矢量总线模块	8	IC	显示信号初始状态模块
2	Data Type Conversion	数据类型转换模块	9	Probe	信号检测模块
3	Data Type Conversion Inherited	数据类型转换误差模块	10	Rate Transition	信号传输速率模块
4	Data Type Duplicate	数据类型复制模块	11	Signal Conversion	信号转换模块
5	Data Type Propagation	数据类型传输模块	12	Signal Specification	信号特性规定模块
6	Data Type Propagation Exam	数据传送模块包	13	Weightedl Sample Time	采样时间加权模块
7	Data Type Scaling Strip	还原数据类型模块	14	Width	信号带宽检测模块

1.1.12　信号传输选择模块组 (Signals Routing)

信号传输选择模块组及其图标如图 1-14 所示。

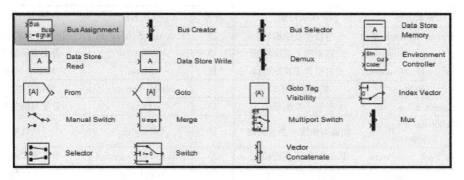

图 1-14　信号传输选择模块组的基本模块及其图标

信号传输选择模块组有 19 个基本模块。表 1-12 列出了该模块组中基本模块的名称与用途。

序号	模块名称	模块用途	序号	模块名称	模块用途
1	Bus Assignment	总线信号分配器	11	Goto Tag Visibility	信号发送到示波器
2	Bus Creator	总线信号生成器	12	Index Vector	索引向量模块
3	Bus Selector	总线信号输出器	13	Manual Switch	手动开关
4	Data Store Memory	为数据存储定义存储位置	14	Merge	将输入信号合并为输出信号模块
5	Data Store Read	从指定数据存储器中读取数据模块	15	Multiport Switch	在多路输入中选择一输出的开关
6	Data Store Write	向指定数据存储器中写入数据	16	Mux	合成器
			17	Selector	选路器
7	Demux	信号分解器	18	Switch	多路开关
8	Environment Controller	外围控制器	19	Vector Concatenate	矢量连接
9	From	接收指定信号模块			
10	Goto	接收信号并发送			

表 1-12　信号传输选择模块组的名称与用途

1.1.13　输出模块组 (Sinks)

输出模块组及其图标如图 1-15 所示。

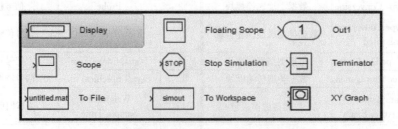

图 1-15　输出模块组的基本模块及其图标

输出模块组有 9 个基本模块。表 1-13 列出了该模块组中基本模块的名称与用途。

表 1-13				输出模块组的名称与用途	
序号	模块名称	模块用途	序号	模块名称	模块用途
1	Display	数字显示器	6	Terminator	信号终端
2	Floating Scope	悬浮信号显示器	7	To File	把数据输出到文件中
3	Out1	子系统或模型的输出端口	8	To Workspace	把数据输出到 MATLAB 工作空间
4	Scope	信号显示器	9	XY Graph	在 MATLAB 图形窗口显示信号的 X-Y 二维图形
5	Stop Simulation	仿真终止			

1.1.14　信号源模块组（Sources）

信号源模块组的基本模块及其图标如图 1-16 所示。

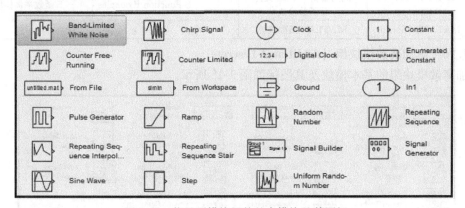

图 1-16　信号源模块组的基本模块及其图标

信号源模块组有 23 个基本模块。表 1-14 列出了该模块组中的所有基本模块的名称与用途。

表 1-14				信号源模块的名称与用途	
序号	模块名称	模块用途	序号	模块名称	模块用途
1	Band-Limited White Noice	带宽限幅白噪声模块	13	Pulse Generator	脉冲信号发生器模块
2	Chirp Signal	线性调频信号模块	14	Ramp	斜坡信号输入模块
3	Clock	时间信号模块	15	Random Number	随机数模块
4	Constant	常量输入模块	16	Repeating Sequence	循环序列模块
5	Counter Free-Running	自由计数器模块	17	Repeating Sequence Interpolated	内插的循环序列模块
6	Counter Limited	有限计数器模块	18	Repeating Sequence Stair	阶梯循环序列模块
7	Digital Clock	数字时钟模块	19	Signal Builder	设计信号模块
8	Enumerated Constant	枚举常量	20	Signal Generator	信号发生器
9	From File	从文件中读数据模块	21	Sine Wave	正弦波信号模块
10	From Workspace	从工作空间读数据模块	22	Step	阶跃信号模块
11	Groud	接地模块	23	Uniform Random Number	均匀分布随机数模块
12	In1	输入端口模块			

1.1.15　用户自定义函数模块组（Used-Defined Functions）

用户自定义函数模块组的基本模块及其图标如图 1-17 所示。

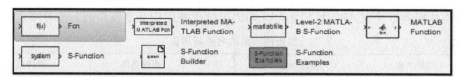

图 1-17 用户自定义函数模块组的基本模块及其图标

用户自定义函数模块组有 7 个基本模块。表 1-15 列出了该模块组中基本模块的名称与用途。

表 1-15 用户自定义函数模块组的名称与用途

序号	模块名称	模块用途	序号	模块名称	模块用途
1	Fcn	函数计算模块	5	S-Function	S 函数模块
2	Interpreted MATLAB Function	解释 MATLAB 函数模块	6	S-Function Builder	S 函数生成器模块
3	Level-2 MATLAB S-Function	调用编辑一个 M 文件 S 函数模块	7	S-Function Examples	S 函数举例模块
4	MATLAB Function	MATLAB 函数模块			

1.1.16 附加离散模块组（Additional Discrete）

附加离散模块组的基本模块及其图标如图 1-18 所示。

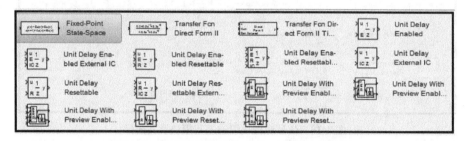

图 1-18 附加离散模块组的主要模块及其图标

附加离散模块组有 15 个基本模块。表 1-16 列出了该模块组中基本模块的名称与用途。

表 1-16 附加离散模块组的名称与用途

序号	模块名称	模块用途	序号	模块名称	模块用途
1	Fixed-Point State-Space	固定点状态空间模块	9	Unit Delay Resettable	可重置的单位延迟器
2	Transfer Fcn Direct Form II	直接形式 II 传递函数模块	10	Unit Delay Resettable Extenal IC	外加初始信号且可重置的单位延迟器
3	Transfer Fcn Direct Form II Time Varying	随时间变化直接形式 II 的传递函数模块	11	Unit Delay With Preview Enabled	带预置使能端的单位延迟器
4	Unit Delay Enabled	带使能端的单位延迟器	12	Unit Delay With Preview Enabled Resettable	可预置重设使能端的单位延迟器
5	Unit Delay Enabled Extenal IC	外带初始信号的带使能端的单位延迟器	13	Unit Delay With Preview Enabled Resettable External	可外部重设的带预置使能端的单位延迟器
6	Unit Delay Enabled Resettable	可重置的带使能端的单位延迟器	14	Unit Delay With Preview Resettable	带可预置的单位延迟器
7	Unit Delay Enabled Resettable Extenal IC	外加初始信号且可重置的带使能端的单位延迟器	15	Unit Delay With Resettable Extenal RV	外加安全装置且可预重置的单位延迟器
8	Unit Delay Extenal IC	外加初始信号的单位延迟器			

1.1.17　附加增减运算模块组（Additional Math：Increment/Decremente）

附加增减运算模块组的基本模块及其图标如图 1-19 所示。

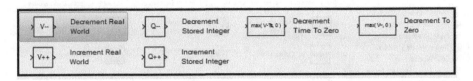

图 1-19　附加增减运算模块组的基本模块及其图标

附加增减运算模块组有 6 个基本模块。表 1-17 列出了该模块组中基本模块的名称与用途。

表 1-17　　　　　　　　　　　　附加增减运算模块组的名称与用途

序号	模块名称	模块用途	序号	模块名称	模块用途
1	Decrement Real World	实数减少模块	4	Decrement To Zero	实数减少至 0 模块
2	Decrement Stored Integer	存储整数减少模块	5	Increment Real World	实数增加模块
3	Decrement Time To Zero	时间以实数减少至 0 模块	6	Increment Stored Integer	存储整数增加模块

1.2　电力系统 SimPower System 模型库简介

电力系统模型库可以从 MATLAB 命令窗口中键入 powerlib 命令启动，界面如图 1-20 所示；也可以在 Simulink 模块浏览窗口中直接启动，如图 1-21 所示。

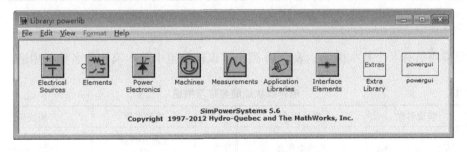

图 1-20　电力系统模型库界面（一）

电力系统模型库中有很多模块组，如图 1-21 所示，主要有应用实例模块组（Application Libraries）、电源模块组（Electrical Sources）、元件模块组（Elements）、附加模块组（Extras Library）、界面元件模块组（Interface Elements）电机系统模块组（Machines）、测量模块组（Measurements）、电力电子模块组（Power Electronics）、演示模块组（Demos）等模块组。双击每一个图标都可打开一个模块组，下面简要介绍各模块组的内容。

1.2.1　电源（Electrical Sources）模块组

电源模块组中各基本模块及其图标如图 1-22 所示。

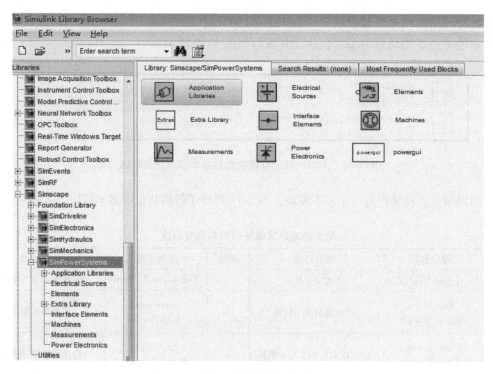

图 1-21　电力系统模型库界面（二）

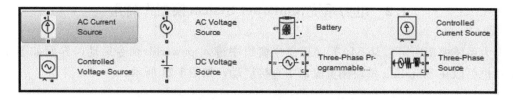

图 1-22　电源模块组的基本模块及其图标

电源模块组有 8 个基本模块。表 1-18 列出了该模块组中基本模块的名称与用途。

表 1-18　　　　　　　　　　　电源模块组的名称与用途

序号	模块名称	模块用途	序号	模块名称	模块用途
1	AC Current Source	交流电流源	5	Controlled Voltage Source	受控电压源
2	AC Voltage Source	交流电压源	6	DC Voltage Source	直流电压源
3	Battery	电池	7	Three-Phase Programmable Voltage Source	三相可编程电压源
4	Controlled Current Source	受控电流源	8	Three-Phase Source	三相电源

1.2.2　元件（Elements）模块组

元件模块组中各基本模块及其图标如图 1-23 所示。

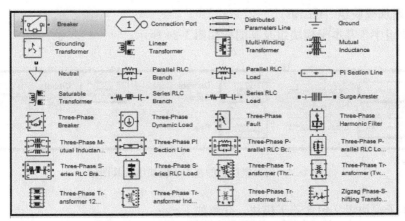

图 1-23　元件模块组的基本模块及其图标

元件模块组有 32 个基本模块。表 1-19 列出了该模块组中基本模块的名称与用途。

表 1-19　　　　　　　　　　　　元件模块组的名称与用途

序号	模块名称	模块用途	序号	模块名称	模块用途
1	Breaker	断路器	17	Three-Phase Breaker	三相断路器
2	Connection Part	连接端口	18	Three-Phase Dynamic Load	三相动态负载
3	Distributed Parameters Line	分布参数传输线	19	Three-Phase Fault	三相故障
4	Ground	接地端口	20	Three-Phase Harmonic Filter	三相谐波滤波器
5	Grounding Transformer	接地变压器	21	Three-Phase Mutual Inductance Z1-Z0	三相正序—零序互感
6	Linear Transformer	线性变压器	22	Three-Phase PI Section Line	三相 π 形传输线
7	Multi-Winding Transformer	多绕组变压器	23	Three-Phase Parallel RLC Branch	三相 RLC 并联支路
8	Mutual Inductance	互感线圈	24	Three-Phase Parallel RLC Load	三相 RLC 并联负载
9	Neutral	中性点模块	25	Three-Phase Series RLC Branch	三相 RLC 串联支路
10	Parallel RLC Branch	RLC 并联支路	26	Three-Phase Series RLC Load	三相 RLC 串联负载
11	Parallel RLC Load	RLC 并联负载	27	Three-Phase Transformer (Three wings)	三相变压器（三绕组）
12	Pi Section Line	π 形传输线	28	Three-Phase Transformer (Two Windings)	三相变压器（两绕组）
13	Saturable Transformer	饱和变压器	29	Three-Phase Transformer 12Terminals	三相 12 端子变压器
14	Series RLC Branch	RLC 串联支路	30	Three-Phase Transformer Inductance Matrix Type (Three Windings)	电感矩阵型三相变压器（三绕组）
15	Series RLC Load	RLC 串联负载	31	Three-Phase Transformer Inductance Matrix Type (Two Windings)	电感矩阵型三相变压器（两绕组）
16	Surge Arrester	过电压保护	32	Zigzag Phase-Shifting Transformer	Zigzag 移相变压器

1.2.3 附加模块组（Extras）

附加模块组中各基本子模块组及其图标如图1-24所示。

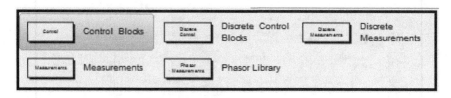

图1-24 附加模块组的基本子模块组及其图标

每个基本子模块组又包含若干模块，介绍如下。

1. 控制子模块组（Control Blocks）

控制子模块组中各基本模块及其图标如图1-25所示。

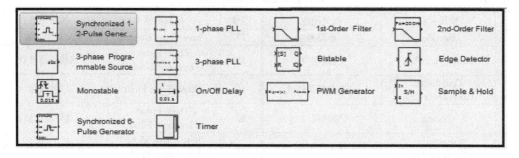

图1-25 控制子模块组中各基本模块及其图标

控制子模块组有14个基本模块。表1-20列出了该子模块组中基本模块的名称与用途。

表1-20　　　　　　　　　　控制子模块组中各模块的名称与用途

序号	模块名称	模块用途	序号	模块名称	模块用途
1	Synchronized 12-pulse Generator	同步12脉冲发生器	8	Edge Detector	边缘检测器
2	1-phase PLL	单相锁相环	9	Monostable	单稳态触发器
3	1st-Order Filter	一阶滤波器	10	On/Off Delay	上升/下降沿延迟
4	2nd-Order Filter	二阶滤波器	11	PWM Generator	PWM发生器
5	3-phase Programmable Source	三相可编程电源	12	Sample & Hold	采样与保持器
6	3-phase PLL	三相锁相环	13	Synchronized 6-pulse Generator	同步6脉冲发生器
7	Bistable	双稳态触发器	14	Timer	定时信号发生器

2. 离散控制子模块组（Discrete Control Blocks）

离散控制子模块组中各基本模块及其图标如图1-26所示。

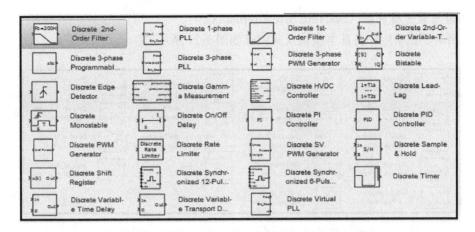

图 1-26　离散控制子模块组中各基本模块及其图标

离散控制子模块组有 27 个基本模块。表 1-21 列出了该子模块组中基本模块的名称与用途。

表 1-21　　　　　　　　　离散控制子模块组中各基本模块的名称与用途

序号	模块名称	模块用途	序号	模块名称	模块用途
1	Discrete 2nd-Order Filter	离散二阶滤波器	15	Discrete PI Controller	离散 PI 控制器
2	Discrete 1-phase PLL	离散单相锁相环	16	Discrete PID Controller	离散 PID 控制器
3	Discrete 1st-Order Filter	离散一阶滤波器	17	Discrete PWM Generator	离散 PWM 发生器
4	Discrete 2nd-Order Variable-Tuned Filter	离散二阶调频滤波器	18	Discrete Rate Limiter	离散斜率限制器
5	Discrete 3-phase Programm-able Source	离散三相可编程电源	19	Discrete SVPWM Generator	离散 SVPWM 发生器
6	Discrete 3-phase PLL	离散三相锁相环	20	Discrete Sample & Hold	离散采样与保持器
7	Discrete 3-phase PWM Generator	离散三相 PWM 发生器	21	Discrete Shift Regsiter	离散移位寄存器
8	Discrete Bistable	离散双稳态触发器	22	Discrete Synchronized 12-pulse Generator	离散同步 12 脉冲发生器
9	Discrete Edge Detector	离散边缘检测器	23	Discrete Synchronized 6-pulse Generator	离散同步 6 脉冲发生器
10	Discrete Gamma Measurement	离散伽马测量仪	24	Discrete Timer	离散定时信号发生器
11	Discrete HVDC Controller	离散 HVDC 控制器	25	Discrete Variable Time Delay	离散可变时间延迟模块
12	Discrete Lead-Lag	离散超前—滞后模块	26	Discrete Variable Transport Delay	离散可变传输延迟模块
13	Discrete Monostable	离散单稳态触发器	27	Discrete Virtual PLL	离散虚拟锁相环
14	Discrete On/Off Delay	离散上升/下降沿延迟			

3. 离散测量子模块组（Discrete Measurements）

离散测量子模块组中各基本模块及其图标如图 1-27 所示。

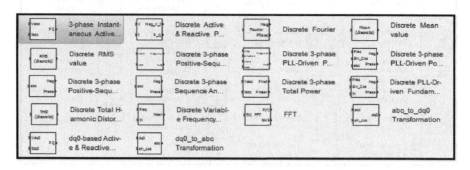

图 1-27　离散测量子模块组中各基本模块及其图标

离散测量子模块组有 18 个基本模块。表 1-22 列出了该子模块组中基本模块的名称与用途。

表 1-22　　　　　　　　离散测量子模块组中各基本模块的名称与用途

序号	模块名称	模块用途	序号	模块名称	模块用途
1	3-phase Instantaneous Active and Reactive Power	三相瞬时有功和无功功率	10	Discrete 3-phase Sequence Analyzer	离散三相相序分析
2	Discrete Active & Reactive Power	离散有功和无功功率	11	Discrete 3-phase Total Power	离散三相总功率
3	Discrete Fourier	离散傅里叶分析	12	Discrete PLL-Driven Fundamental Value	离散锁相环驱动基波
4	Discrete Mean Value	离散平均值	13	Discrete Total Harmonic Distortion	离散总谐波畸变
5	Discrete RMS Value	离散有效值	14	Discrete Variable-Frequency Mean Value	离散可变频率测平均值
6	Discrete 3-phase Positive-Sequence Active & Reactive Power	离散三相正序有功和无功功率	15	FFT	FFT
7	Discrete 3-phase PLL-Driven Positive-Sequence Active & Reactive Power	锁相环驱动离散三相正序有功和无功功率	16	abc-to-dq0 Transformation	abc→dq0 变换
8	Discrete 3-phase PLL-Driven Positive-Sequence Fundamental Value	锁相环驱动离散三相正序基波	17	dq0 -based Active & Reactive Power	dq 坐标系下有功和无功功率
9	Discrete 3-phase Positive-sequence fundamental value	离散三相正序基波	18	dq0-to-abc Transformation	dq0→abc 变换

4. 测量子模块组（Measurements）

测量子模块组中各基本模块及其图标如图 1-28 所示。

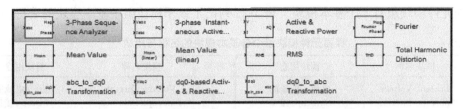

图 1-28 测量子模块组中各基本模块及其图标

测量子模块组有 11 个基本模块。表 1-23 列出了该子模块组中基本模块的名称与用途。

表 1-23 测量子模块组中各基本模块的名称与用途

序号	模块名称	模块用途	序号	模块名称	模块用途
1	3-Phase Sequence Analyzer	三相相序分析器	7	RMS	有效值测量
2	3-phase Instantaneous Active & reactive Power	三相瞬时有功和无功功率	8	Total Harmonic Distortion	总谐波畸变
3	Active & Reactive Power	有功和无功功率	9	abc-to-dq0 Transformation	三相静止坐标系/两相旋转坐标系转换
4	Fourier	傅里叶分析	10	dq0-based Active & Reactive Power	dq 坐标系下有功和无功功率
5	Mean Value	平均值测量	11	dq0 _ to _ abc Transformation	两相旋转坐标系/三相静止坐标系转换
6	Mean Value（linear）	线性平均值测量			

5. 相移子模块组（Phasor Library）

相移子模块组中各基本模块及其图标如图 1-29 所示。

图 1-29 相移子模块组中各基本模块及其图标

相移子模块组有 4 个基本模块。表 1-24 列出了该子模块组中基本模块的名称与用途。

表 1-24 相移子模块组中各基本模块的名称与用途

序号	模块名称	模块用途	序号	模块名称	模块用途
1	3-phase Active & Reactive Power(Phasor Type)	相量型三相有功和无功功率	3	Mean Value (Phasor Type)	相量型平均值检测
2	Active & Reactive Power（Phasor Type）	相量型有功和无功功率	4	Sequence Analyzer (Phasor Type)	相量型相序分析器

1.2.4 界面元件模块组（Interface Elements）

界面元件模块组中各基本模块及其图标如图 1-30 所示。

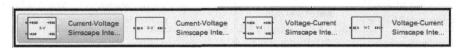

图 1-30 界面元件模块组中各基本模块及其图标

界面元件模块组有 4 个基本模块。表 1-25 列出了该子模块组中基本模块的名称与用途。

表 1-25　　　　　　　　　界面元件模块组中各基本模块的名称与用途

序号	模块名称	模块用途	序号	模块名称	模块用途
1	Current-Voltage Simscape Interface	电流—电压的 Simscape 接口	3	Voltage-Current Simscape Interface	电压—电流的 Simscape 接口
2	Current-Voltage Simscape Interface（gnd）	电流—电压的 Simscape 接口（gnd）	4	Voltage-Current Simscape Interface（gnd）	电压—电流的 Simscape 接口（gnd）

1.2.5　电机系统模块组（Machines）

电机系统模块组中各基本模块及其图标如图 1-31 所示。

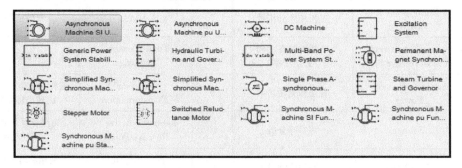

图 1-31　电机系统模块组中各基本模块及其图标

电机系统模块组有 17 个基本模块。表 1-26 列出了该子模块组中基本模块的名称与用途。

表 1-26　　　　　　　　　电机系统模块组中各基本模块的名称与用途

序号	模块名称	模块用途	序号	模块名称	模块用途
1	Asynchronous Machine SI Units	异步电机（国际单位）	10	Simplified Synchronous Machine SI Units	简化同步电机（国际单位）
2	Asynchronous Machine pu Units	异步电机（标幺值单位）	11	Single Phase Asynchronous Machine	单相异步电机
3	DC Machine	直流电机	12	Steam Turbine and Governor	汽轮机及调速器
4	Excitation System	励磁系统	13	Stepper Motor	步进电机
5	Generic Power System Stabilizer	通用电力系统稳定器	14	Switched Reluctance Motor	开关磁阻电机
6	Hydraulic Turbine and Governor	水轮机及调速器	15	Synchronous Machine SI Fundamental	同步电机基本模型（国际单位）
7	Multi-Band Power System Stabilizer	多频段电力系统稳定器	16	Synchronous Machine pu Fundamental	同步电机基本模型（标幺值单位）
8	Permanent Magnet Synchronous Machine	永磁同步电动机	17	Synchronous Machine pu Standard	同步电机标准模型（标幺值单位）
9	Simplified Synchronous Machine Pu Units	简化同步电机（标幺值单位）			

1.2.6 测量模块组（Measurements）

测量模块组中各基本模块及其图标如图 1-32 所示。

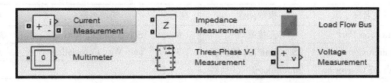

图 1-32 测量模块组中各基本模块及其图标

测量模块组有 6 个基本模块。表 1-27 列出了该模块组中基本模块的名称与用途。

表 1-27　　　　　　　　测量模块组中各基本模块的名称与用途

序号	模块名称	模块用途	序号	模块名称	模块用途
1	Current Measurement	电流测量	4	Multimeter	万用表
2	Impedance Measurement	阻抗测量	5	Three-Phase V-I Measurement	三相电压-电流测量仪
3	Load Flow Bus	潮流总线	6	Voltage Measurement	电压测量

1.2.7 电力电子（Power Electronics）模块组

电力电子模块组中各基本模块及其图标如图 1-33 所示。

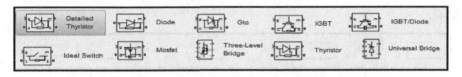

图 1-33 电力电子模块组中各基本模块及其图标

电力电子模块组有 10 个基本模块。表 1-28 列出了模块组中基本模块的名称与用途。

表 1-28　　　　　　　电力电子模块组中各基本模块的名称与用途

序号	模块名称	模块用途	序号	模块名称	模块用途
1	Detailed Thyristor	晶闸管详细模型	6	Ideal Switch	理想开关
2	Diode	二极管	7	Mosfet	电力场效应管
3	GTO	可关断晶闸管	8	Three-Level Bridge	三电平整流桥
4	IGBT	绝缘栅双极型晶闸管	9	Thyristor	晶闸管简化模型
5	IGBT/Diode	带反并联二极管的绝缘栅双极型晶体管	10	Universal Bridge	通用整流桥

1.2.8 实用（Utilities）模块组

实用模块组中各基本模块及其图标如图 1-34 所示。

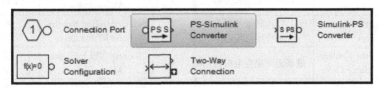

图 1-34 实用模块组中各基本模块及其图标

实用模块组有5个基本模块。表1-29列出了模块组中基本模块的名称与用途。

表 1-29　　　　　　　　　　　实用模块组中各基本模块的名称与用途

序号	模块名称	模块用途	序号	模块名称	模块用途
1	Connection Port	连接端口	4	Solver Configuration	解算器结构
2	PS-Simulink Converter	PS→Simulink 转换器	5	Two-Way Connection	双向连接
3	Simulink PS Converter	Simulink→PS 转换器			

1.2.9　应用实例模块组（Application Library）

应用实例模块组中包含的子模块库及其图标如图1-35所示。

图 1-35　应用实例模块组中包含的子模块库及其图标

应用实例模块组中包含了电力传动系统、柔性交流电力传输系统和可再生能源一级子模块库。每个一级子模块库又包含若干二级模块库或模块。

1. 电力传动（Electric Drive）子模块库

电力传动系统模块库包括交流传动系统（AC drives）、直流传动系统（DC drives）、附加电源（Extra Sources）、轴和减速器（Shafts and speed reducers）模块组，模块组图标如图1-36所示。

图 1-36　电力传动模块库中包含的模块组及其图标

（1）交流传动系统（AC drives）模块组。交流传动系统模块组中各基本模块及其图标如图1-37所示。

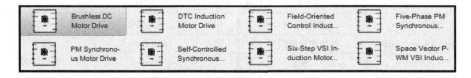

图 1-37　交流传动系统模块组中各基本模块及其图标

交流传动模块组有8个基本模块。表1-30列出了模块组中基本模块的名称与用途。

表 1-30　　　　　　　　　　　交流传动模块组中各基本模块的名称与用途

序号	模块名称	模块用途	序号	模块名称	模块用途
1	Brushless DC Motor Drive	无刷直流电机传动	5	PM Synchronous Motor Drive	永磁同步电机传动
2	DTC Induction Motor Drive	直接转矩控制感应电机传动	6	Self-Controlled Synchronous Motor Drive	自动调节控制同步电机传动
3	Field-Oriented Control Induction Motor Drive	磁场定向感应电机传动	7	Six-Step VSI Induction Motor Drive	六阶梯波 VSI 感应电机传动
4	Five-Phase PM Synchronous Motor Drive	五相永磁同步电机传动	8	Space Vector PWM VSI Induction Motor Drive	SVPWM VSI 感应电机传动

（2）直流传动系统（DC drives）模块组。直流传动系统模块组中各基本模块及其图标如图 1-38 所示。

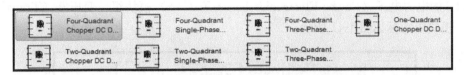

图 1-38　直流传动系统模块组中各基本模块及其图标

直流传动系统模块组有 7 个基本模块。表 1-31 列出了模块组中基本模块的名称与用途。

表 1-31　　直流传动系统模块组中各基本模块的名称与用途

序号	模块名称	模块用途	序号	模块名称	模块用途
1	Four-Quadrant Chopper DC Drive	四象限斩波器-直流电机传动	5	Two-Quadrant Chopper DC Drive	二象限斩波器-直流电机传动
2	Four-Quadrant Single-Phase Rectifier DC Drive	四象限单相整流器-直流电机传动	6	Two-Quadrant Single-Phase Rectifier DC Drive	二象限单相整流器-直流电机传动
3	Four-Quadrant Three-Phase Rectifier DC Drive	四象限三相整流器-直流电机传动	7	Two-Quadrant Three-Phase Rectifier DC Drive	二象限三相整流器-直流电机传动
4	One-Quadrant Chopper DC Drive	单象限斩波器-直流电机传动			

（3）附加电源（Extra Sources）模块组。附加电源模块组中各基本模块及其图标如图 1-39 所示。

图 1-39　附加电源模块组中各基本模块及其图标

附加电源模块组有 2 个基本模块。表 1-32 列出了模块组中基本模块的名称与用途。

表 1-32　　附加电源模块组中各基本模块的名称与用途

序号	模块名称	模块用途	序号	模块名称	模块用途
1	Battery	电池	2	Fuel Cell Stack	燃料电池堆

（4）轴和减速器（Shafts and speed reducers）模块组。轴和减速器模块组中各基本模块及其图标如图 1-40 所示。

图 1-40　轴和减速器模块组中各基本模块及其图标

轴和减速器模块组有 2 个基本模块。表 1-33 列出了模块组中基本模块的名称与用途。

表 1-33　　轴和减速器模块组中各基本模块的名称与用途

序号	模块名称	模块用途	序号	模块名称	模块用途
1	Mechanical Shaft	机械轴	2	Speed Reducer	减速器

2. 柔性交流电力传输系统（Flexible AC Transmission Systems-FACTS）子模块库

柔性交流电力传输系统子模块库包括高压直流输电系统（HVDC System）模块组、基于FACTS的电力电子（Power Electronics based FACTS）模块组、变压器（Transformer）模块组，模块组图标如图1-41所示。

图1-41　柔性交流电力传输系统模块库中各基本模块组及其图标

（1）高压直流输电系统（HVDC Systems）模块组。高压直流输电系统模块提示图标如下：

> See SimPowerSystens-FACTS Demos
> for examples of detailed models
> of HVDC thyristor-base and VSC-based FACTS

（2）柔性交流电力传输系统中的电力电子（Power Electronics Based FACTS）模块组。柔性交流电力传输系统中的电力电子模块组包含的基本模块及其图标如图1-42所示。

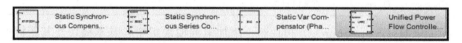

图1-42　柔性交流电力传输系统中的电力电子模块组包含的基本模块及其图标

该模块组有4个基本模块。表1-34列出了模块组中基本模块的名称与用途。

表 1-34　　柔性交流电力传输系统中的电力电子模块组包含的基本模块的名称与用途

序号	模块名称	模块用途	序号	模块名称	模块用途
1	Static Synchronous Compen-sator (Phasor Type)	相量型静止同步补偿器	3	Static Var Compensator (Phasor Type)	相量型静止无功补偿器
2	Static Synchronous Series Compensator (Phasor Type)	相量型静止同步串联补偿器	4	Unified Power Flow Controller (Phasor Type)	相量型统一潮流控制器

（3）变压器（Transformers）模块组。变压器模块组包含的基本模块及其图标如图1-43所示。

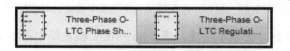

图1-43　变压器模块组包含的基本模块及其图标

该模块组有2个基本模块。表1-35列出了模块组中基本模块的名称与用途。

表 1-35		变压器模块组包含的基本模块的名称与用途
序号	模块名称	模块用途
1	Three-Phase OLTC Phase Shifting Transformer Delta-Hexagonal（Phasor Type）	相量型三相有载调压变压器 Delta-六边形
2	Three-Phase OLTC Regulating Transformer（Phasor Type）	相量型三相有载调压自动调压变压器

3. 可再生能源（Renewable Energy）子模块库

可再生能源（Renewable Energy）模块库主要包括风力发电模块组，模块组图标如图 1-44 所示。

风力发电模块组包含的基本模块及其图标如图 1-45 所示。

图 1-44　可再生能源模块库中包含的模块组及其图标

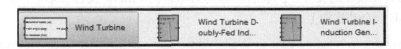

图 1-45　风力发电模块组包含的基本模块及其图标

风力发电模块组有 3 个基本模块。表 1-36 列出了模块组中基本模块的名称与用途。

表 1-36		风力发电模块组包含的基本模块的名称与用途
序号	模块名称	模块用途
1	Wind Turbine	风力发电机
2	Wind Turbine Doubly-Fed Induction Generator（Phasor Type）	相量型双馈感应风力发电机
3	Wind Turbine Induction Generator（Phasor Type）	相量型感应风力发电机

以上简要介绍了 MATLAB 的 Simulink 和 SimPower System 模型库所包含的模块内容，熟悉这些模块在模型库中的位置将有助于控制系统的建模。

2 MATLAB 的基本操作

2.1 Simulink/SimPower System 的模型窗口

当单击 File 文件菜单中的 New 按钮时，将弹出无标题名称的 untitled 新建模型窗口（见图 2-1）。当建立的模型文件命名后，标题 untitled 改变为文件的名称。MATLAB 规定模型文件（动态结构图模型的文件）扩展名（称为后缀）为 .mdl。文件命名时不需要写入扩展名，MATLAB 会自动添加上去。

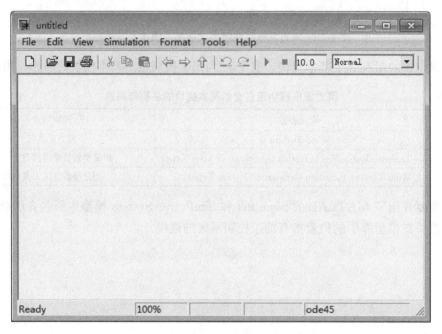

图 2-1　Simulink 的模型窗口

图 2-1 所示 Simulink/SimPower System 的模型窗口中，第二行是模型窗口的主菜单，第三行是工具栏，最下方是状态栏。在工具栏与状态栏之间的大窗口是建立模型（画图）、修改模型及仿真的操作平台。Simulink 模型窗口主菜单与工具栏是 Simulink 仿真操作的重要内容。

2.1.1 模型窗口的菜单

Simulink 模型窗口的条形主菜单有 File（文件）、Edit（编辑）、View（查看）、Simulation（仿真）、Format（格式）、Tools（工具）与 Help（帮助）共七项菜单选项。这七项主菜单选项都有下拉菜单，每个菜单项为一个命令，只要用鼠标选中，即可执行菜单项命令所规定的操作。图 2-2～图 2-8 为各个菜单项命令的窗口。

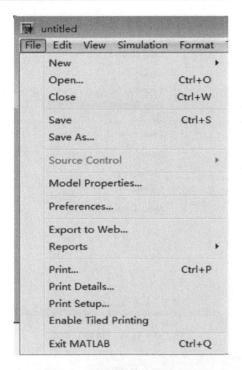

图 2-2 File（文件）菜单窗口

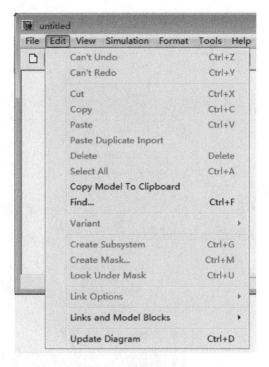

图 2-3 Edit（编辑）菜单窗口

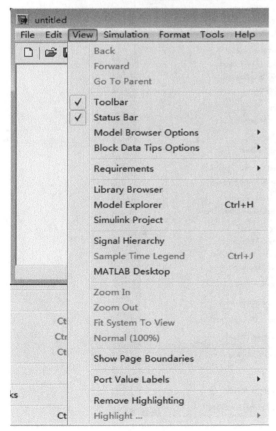

图 2-4 View（查看）菜单

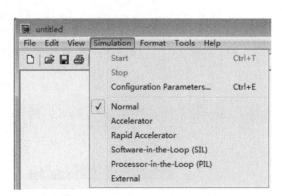

图 2-5 Simulation（仿真）菜单

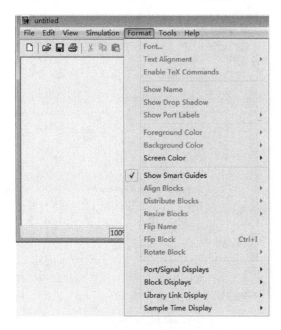

图 2-6　Format（格式）菜单

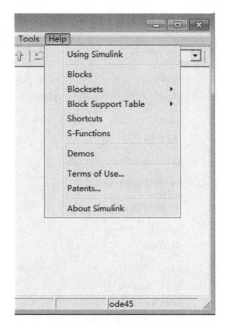

图 2-7　Help（帮助）菜单

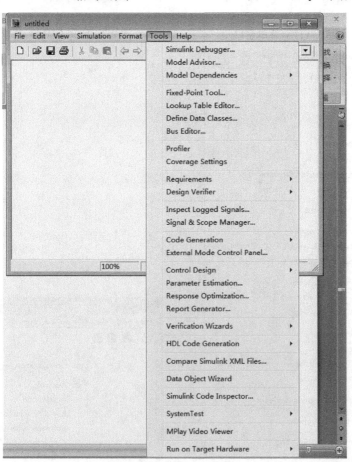

图 2-8　Tools（工具）菜单

2.1.2 模型窗口工具栏

图 2-1 所示的 Simulink 模型窗口工具栏自左到右有 14 个按钮,用来执行最常用的 14 个功能,归纳起来可分为 5 类。其功能分述如下:

1. 文件管理类

文件管理类包括 4 个按钮:

第 1 个按钮:单击该按钮将创建一个新模型文件,相当于在主菜单 File 中执行 New 命令。

第 2 个按钮:单击该按钮将打开一个已存在的模型文件,相当于在主菜单 File 中执行 Open 命令。

第 3 个按钮:单击该按钮将保存模型文件,相当于在主菜单 File 中执行 Save 命令。

第 4 个按钮:单击该按钮将打印模型文件,相当于在主菜单 File 中执行 Print 命令。

2. 对象管理类

对象管理类包括 3 个按钮:

第 5 个按钮:单击该按钮,将选中的模型文件剪切到粘贴板上,相当于在主菜单 Edit 中执行 Cut 命令。

第 6 个按钮:单击该按钮,将选中的模型文件复制到粘贴板上,相当于在主菜单 Edit 中执行 Copy 命令。

第 7 个按钮:单击该按钮,将粘贴板上的内容粘贴到模型窗口的指定位置,相当于在主菜单 Edit 中执行 Paste 命令。

3. 窗口切换类

窗口切换类包括 3 个按钮:

单击第 8 个按钮,完成操作返回;单击第 9 个按钮,完成操作向前;单击第 10 个按钮,转上一级系统。

4. 命令管理类

命令管理类包括 2 个按钮:

第 11 个按钮:单击该按钮将撤销前次操作,相当于在主菜单 Edit 中执行 Undo Delete 命令。

第 12 个按钮:单击该按钮将重复前次操作,相当于在主菜单 Edit 中执行 Redo Delete 命令。

5. 仿真控制类

仿真控制类包括 2 个按钮:

第 13 个按钮:单击该按钮将启动或暂停仿真,相当于在主菜单 Simulation 中执行 Start/Pause 命令。

第 14 个按钮:单击该按钮将停止仿真,相当于在主菜单项 Simulation 中执行 Stop 命令。

2.2 Simulink/SimPower System 模块的基本操作

2.2.1 模块的选定、拷贝、移动与删除等

1. 模块选定

模块选定(即选中)是许多其他操作(如删除、剪切、复制)的"前导性"操作。选定

模块的方法有两种：

（1）用鼠标左键单击待选模块，当模块四个角处出现小黑块时，表示模块被选中。

（2）如果要选择一组模块，可以按住鼠标左键拉出一个矩形虚线框，将所有要选的模块框在其中，然后松开鼠标左键，当矩形里所有模块的四个角处都出现小黑块时，表示所有模块被同时选中。

关于模块选定还有两点需说明：

（1）如果在被选中模块的图标上再次单击左键，模块四个角处的小黑块将会消失，表示取消了对该模块的选取；

（2）如果想选取多个模块，但是用拖曳方框的方式又会选取到不想选的模块，此时可以按住 Shift 键，再按住鼠标左键来拖拽一个矩形虚线框，一个一个地选取。

2. 模块的复制

模块的复制包括从模块组中将标准模块复制到模型窗口 untitled 中，以及在 untitled 模型窗口中将模块再次复制。

从模块组中复制模块的操作方法是：在模块组中将鼠标箭头指向待选模块，用鼠标左键单击之，当待选模块四个角处出现小黑块时，表示已经被选中，按住鼠标左键不放，将所选模块拖拽到"untitled"模型窗口里的目标位置，松开鼠标左键，则在"untitled"模型窗口里的某个位置上就有一个与待选模块完全相同的模块图标，这样就完成了从模块组中复制模块的操作。

在 untitled 模型窗口里复制模块的方法有两种。

（1）首先选中待复制模块，运行 Edit 菜单中 Copy 命令；然后将光标移到将粘贴的地方，按一下鼠标左键；看到选定的模块恢复原状，在选定的位置上再运行 Edit 菜单中的 Paste 命令即可。新复制的模块和原装模块的名称也会自动编号，以资区别。

（2）一种简单的复制操作，先按下 Ctrl 键不放，然后将鼠标移到需复制的模块上，注意看鼠标指针，如果多了一个小小的"加号"，就表示可以复制了。将鼠标拖拽到目的位置后，松开鼠标左键，这样就完成了复制工作。

3. 模块的移动

模块移动操作方法：将光标置于待移动模块图标上，然后按住鼠标左键不放，将模块图标拖拽到目的地后放开鼠标左键，完成模块移动。注意：模块移动时，其与其他模块的连线也将随之移动。

4. 模块的删除和粘贴

对选中模块的删除和粘贴可以按下列方法操作：

（1）按下 Delete 键，将选定模块删除。

（2）选择 Edit 菜单中的 Cut 命令后，便将选定的模块移到粘贴板上，再用 Paste 命令重新粘贴。

5. 改变模块对象的大小

用鼠标选择对象模块图标，再将鼠标移到模块对象四周的控制小块处，鼠标指针将会变成双箭头的↖、↗、↙、↘的形状；此时，按住鼠标左键不放，拖曳鼠标，待对象图标大小符合要求时放开鼠标左键，即可改变模块对象图标的大小了。

6. 改变模块对象的方向

一个标准功能模块就是一个控制环节，在绘制控制系统模型方框图即连接模块时，要特别注意模块的输入、输出口与模块间的信号流向。在 Simulink/Power System 中，总是由模块的输入端口接收信号，其端口位于模块左侧；输出端口发送（出）信号，其端口位于模块右侧。但是在绘制反馈通道时则会有相反的要求，即输入端口在模块右侧，输出端口在模块左侧。这时可按以下操作步骤来实现：用鼠标选中模块对象，利用 untitled 的主菜单项 Format 下拉菜单的 Flip Block 或者 Rotate Block 命令，如果选择 Flip Block 或者直接按 Ctrl+F 键，即可将功能模块旋转 180°；如果选择 Rotate Block 或者直接按 Ctrl+R 键，即可将功能模块顺时针旋转 90°。

2.2.2　模块的连接

当将组成一个控制系统所需的环节模块都复制到 untitled 模型窗口后，如果不用信号线将这些模块图标连接起来，则它并不描述一个控制系统。当用信号线将各个模块图标连接成一个控制系统后，即得到所谓的系统模型。在模块连接前还需先介绍信号线的使用。

1. 信号线的作用

信号线的作用是连接功能模块。在 untitled 模型窗口里，拖动鼠标箭头，可以在模块的输入与输出之间连接信号线，带连线的箭头表示信号的流向。

对信号线的操作和对模块操作一样，也需先选中信号线（鼠标左键单击该线），被选中的信号线的两端出现两个小黑块，这样就可以对该信号线进行其他操作了，如改变其粗细、对其设置标签，也可以将信号线折弯、分支，甚至删除。

2. 信号线的标签设置

在信号线上双击鼠标左键，即可在该信号线的下部拉出一个矩形框，在矩形框内的光标处可输入该信号线的说明标签，既可输入西文字符也可输入汉字字符。标签的信息内容如果很多，还可以用回车键换行输入。如果标签信息有错或者不妥，可以重新选中再进行编辑修改。

3. 信号线折弯

对选中的信号线，将鼠标指到线段端头的小黑块上，按住鼠标左键，拖拽线段，即可将线段以直角的方式折弯。

如果不想以直角的方式折弯，也可以在线段的任一位置，按住 Shift 键与鼠标左键，将线段以任意角度折弯。

4. 信号线分支

对选中的信号线，按住 Ctrl 键，在要建立分支的地方按住鼠标左键并拉出即可。另外一种方法是：将鼠标指到要引出分支的信号线段上，按住鼠标右键拖拽鼠标，则可拉出分支线段。

5. 信号线的平行移动

将鼠标指到要平行移动的信号线段上，按住鼠标左键不放，鼠标指针变为十字箭头形状，水平或垂直方向拖拽鼠标移到目的位置，松开鼠标左键，信号线的平行移动即完成。

6. 信号线与模块分离

将鼠标指针放在想要分离的模块上，按住 Shift 键不放，再用鼠标把模块拖拽到别处，即可以把模块与连接线分离。

7. 信号线的删除

选定要删除的信号线，按 Delete 键，即可将选中的信号线删除。

2.2.3 模块标题名称、内部参数的修改

在实际工程中，标准模块的标题名称和内部参数常常需进行一定的修改。

1. 标题名称的修改

模块标题名称是指标识模块图标的字符串。通常模块标题名称设置在模块图标的下方，也可以将模块标题名称设置在模块图标的上方。对用户所建模型窗口中模块标题名称进行修改的具体方法如下：

（1）用鼠标左键单击功能模块的标题，在原模块标题外拉出一矩形框，按住鼠标左键对要修改的标题部分字符使之增亮反相显示。

（2）按回车键，反相显示的、要修改的部分字符立即被删除，重新输入新的标题信息（中西文字符均可）。

（3）然后用鼠标左键单击窗口中的任一地方，修改工作结束。

需要指出的是：如果重新输入新的标题信息内容很多（很长），可以按回车键换行输入。

2. 模块内部参数设置

在模型窗口中，双击待修改参数的模块图标，打开功能模块内部参数设置对话框，然后通过改变对话框相关栏目中的数据便完成设置。

2.2.4 创建模型的复原操作

如果在创建模型的过程中，出现增减模块、增减线段、增减模型注解、编辑模块名称等误操作时，可以取消这个错误的操作，只要选择模型窗口里 Edit 菜单内的 Undo 命令即可；也可以选择 Redo 命令来取消 Undo 命令，即恢复原操作。

2.3 Simulink/SimPower System 系统模型的操作

2.3.1 系统模型标题名称的标注

在 untitled 模型窗口中，将鼠标指针指在窗口的空白处，双击鼠标左键，则在鼠标指定的位置会出现一个小方框，且小方框内有文字光标在闪动，此时可在方框内给系统模型标注名称、标题或注解。

2.3.2 系统模型文件的保存与打开

编辑好一个模型后，可以在 untitled 模型窗口中选择 File 菜单中的 Save 命令将模型以原文件名存盘。模型是以 ASCII 码形式存储的 .mdl 文件，文件扩展名为".mdl"。模型文件的扩展名可以省略，系统会自动添加上去。文件包含了该模型的所有信息，既有这个数学模型的内涵，又有其外部方框图的可见形式。

此外，也可以在 untitled 模型窗口中选择 File 菜单中的 Save As 命令，将模型文件在设定的路径与设定的子目录下，以一个新命名的文件名称存盘。

必须指出的是，如果以已经存在的文件名保存与其内容不同的文件时，新的文件内容将覆盖原文件内容。

已经保存在计算机磁盘上的模型文件（.mdl 文件）可以用多种方法打开：单击库浏览器里或模型窗口里的"打开按钮"图标（第 2 个按钮）；也可以使用模型窗口里 File 菜单的 Open 子菜单命令；还可以在 MATLAB 命令窗口里直接输入欲打开模型文件的名字（注意：一是不要带文件扩展名，二是必须注明模型文件所在的路径与子目录）等。

2.3.3　模型框图的打印

Simulink 环境下建立的系统模型框图，可以用以下方法打印输出。在模型窗口里，利用 File 菜单下的 Print 命令或单击工具栏的"打印"图标（第 4 个按钮），则打印当前活动窗口的框图，而不打印任何打开的 Scope（示波器）模块。

2.4　Simulink/SimPower System 子系统的建立和封装

2.4.1　子系统的建立

为了实现系统的模块化管理，通常需要将功能相关的模块组合在一起，这时就需要使用 Subsystem 子系统技术，即对多个标准基本模块采用 Simulink 的封装技术，将其集成在一起，形成新的功能模块（子系统）。经封装后的子系统，可以有特定的图标与参数设置对话框，成为一个独立的功能模块。事实上，在 Simulink 的模块库里，有许多标准模块（如 PID）本身就是由多个更基本的标准功能模块封装而成的。

建立子系统的方法如下：首先在 untitled 模型窗口中编辑好一个需要封装的子系统模型，然后在 untitled 模型窗口中选择 Edit 菜单中的 Select all 命令，将子系统模型全部选中，再选择 Edit 菜单中的 Create system 命令即可建立子系统。

2.4.2　子系统的 Mask（封装）技术

由于子系统中包含很多模块，当需要修改子系统内多个模块的参数时，就要逐个打开模块参数对话框来进行操作。如果要修改的模块参数很多时，修改的工作就会变得相当繁琐。

为了解决这个问题，Simulink 提供了一个子系统的 Mask（封装）功能，可以为 Subsystem 定制一个对话框，将子系统内众多的模块参数对话框集成为一个完整的对话框。封装子系统模块并定制对话框能够方便用户使用以及提高建模效率。任何一个 Subsystem 子系统模块都可以进行"Mask"（封装）。Mask（封装）过程的操作步骤如下：首先选中要进行封装的子系统（Subsystem），在其模型窗口 Edit 菜单下选择 Create Mask 命令，并执行该命令，就会弹出"Mask Editor"（Mask 编辑器）界面；其次，按 Mask Editor 的四个标签页对话框的内容要求，输入相关信息。

2.5　Simulink/SimPower System 系统的仿真参数设置和仿真

在 Simulink 环境下，编辑模型的一般过程是：首先打开一个空白的编辑窗口，然后将模块库中需要的模块复制到编辑窗口中，并依照给定的框图修改编辑窗口中的模块参数，再将各个模块按照给定的框图连接起来。完成上述工作后就可以对整个模型进行仿真了。

启动仿真过程最简单的方法是：单击 Simulink 工具栏中的启动仿真按钮，启动仿真过程后系统将以默认参数为基础进行仿真。此外，用户还可以自己设置需要的仿真参数。仿真参数的设置可以由 Simulation/Simulation parameters…菜单项来选择。

单击 untitled 模型窗口的菜单 Simulation，出现如图 2-5 所示界面。单击 Configuration Parameters 按钮，弹出图 2-9 所示对话框，这是变步长下的 Solver（仿真解算器）标签页；固定步长下的 Solver 标签页见图 2-10。用户可以从中填写相应的数据，修改仿真参数。

在图 2-9 所示的对话框中，允许用户设置仿真的开始和结束时间，选择解算器类型、解算器参数以及一些输出选项的选择。下面介绍具体使用方法。

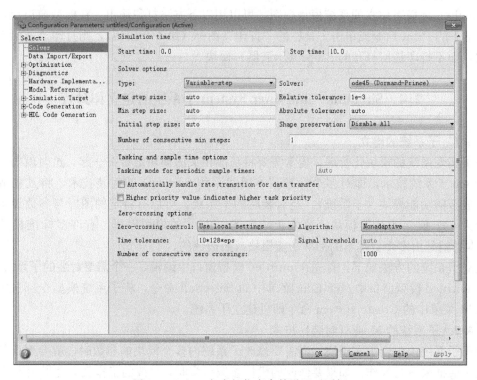

图 2-9　Solver 变步长仿真参数设置对话框

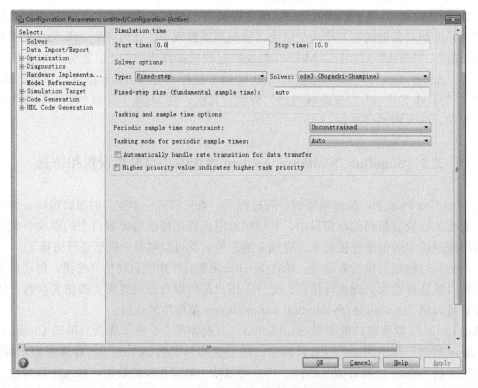

图 2-10　Solver 固定步长仿真参数设置对话框

2.5.1 Select

1. 仿真时间（Simulation Time）

Start Time 为仿真起始时间，Stop Time 为仿真结束时间。

2. 解算器选项（Solver Options）

在 Simulation Time 下面，就是 Solver options（解算器）输入栏，即解算器的参数设置和它的一些输出选项的选择，如 Relative tolerance（相对误差）和 Absolute tolerance（绝对误差）。上述两种仿真准确度的定义方式是对于变步长模式而言的。

Relative tolerance（相对误差）：指误差相对于状态的值，是一个百分比，默认值为 1e−3，表示状态的计算值要精确到 0.1%。

Absolute tolerance（绝对误差）：表示误差值的门限，或者是说在状态值为零的情况下，可以接受的误差。如果其被设成了 auto，那么 Simulink 为每一个状态设置初始绝对误差为 1e-6。

一般仿真开始时间设为 0，而结束时间视不同的因素而选择。总的说来，执行一次仿真要耗费的时间依赖于模型的复杂程度、解算器类型及其步长的选择、计算机时钟的速度等。

（1）仿真算法。在 Simulink 的仿真过程中选择合适的算法是很重要的，仿真算法是求常微分方程解的数值计算方法，这些方法主要有欧拉法（Euler）、阿达姆斯法（Adams）、龙格—库塔法（Rung-Kutta）等。欧拉法是最早出现的一种数值计算方法，是数值计算的基础，它用矩形面积来近似积分计算。欧拉法比较简单，但准确度不高，现在已经较少使用。阿达姆斯法是欧拉法的改进，它用梯形面积近似积分计算，所以也称梯形法。梯形法计算每步都需要经过多次迭代，计算量较大，采用预报—校正后只要迭代一次，计算量减少，但是计算时要用其他算法计算开始的几步。龙格—库塔法是间接使用泰勒级数展开式的方法，在积分区间内多预报几个点的斜率，然后进行加权平均，用作计算下一点的依据，从而构造了准确度更高的数值积分计算方法。如果取两个点的斜率就是二阶龙格—库塔法，取四个点的斜率就是四阶龙格—库塔法。

1）变步长仿真算法。用户在 Type 后面的第一个下拉菜单中指定仿真的步长方式，可供选择的有 Variable-step（变步长）和 Fixed-step（固定步长）方式。变步长方式可以在仿真过程中改变步长，提供误差控制和过零检测。固定步长模式在仿真过程中提供固定的步长，不提供误差控制和过零检测。用户还可以在第二个下拉选项框中选择对应模式下仿真所采用的算法。

对于变步长模式的解算器主要的算法有 ode45、ode23、ode113、ode15s、ode23s、ode23t、ode23tb、discrete。

在介绍数值积分算法之前，说明一个重要问题——刚性（Stiff）系统的解算问题。对于一个用常微分方程组描述模型的系统，如果方程组的 Jacobian 矩阵的特征值相差特别悬殊，则此微分方程组称为刚性方程组，该系统则称为刚性系统，对于运算稳定性要求不高的算法才能用来解算刚性问题。

a. ode45（Dormand-Prince）。ode45 是基于显式 Rung-Kutta（4，5）和 Dormand-Prince 组合的算法，是一种一步解法，即只要知道前一时间点的解 $y(t_{n-1})$，就可以立即计算当前时间点的方程解 $y(t_n)$。对大多数仿真模型来说，先使用 ode45 来解算模型是最佳的选择，所以在 Simulink 的算法选择中将 ode45 设为默认的算法。

b. ode23（Bogacki-Shampine）。二/三阶龙格—库塔法在误差限要求不高和求解的问题不太难的情况下，可能会比 ode45 更有效。它也是一个单步解算器。

c. ode113（Adams）。ode113 是一种阶数可变的解算器，在误差容许要求严格的情况下通常比 ode45 有效。ode113 是一种多步解算器，也就是在计算当前时刻输出时，它需要以前多个时刻的解。

d. ode15s（Stiff/NDF）。Ode15s 是一种基于数字微分公式的解算器（NDFs），也是一种多步解算器，适用于刚性（stiff）系统。当用户估计要解决的问题是比较困难的，或者不能使用 ode45，或者即使使用效果也不好，就可以用 ode15s。

e. ode23s（Stiff/Mod. Rosenbrock）。ode23s 是一种单步解算器，专门应用于刚性（Stiff）系统，在弱误差允许下的效果优于 ode15s，所以在解算一类带刚性的问题时用 ode15s 处理不行的话，可以用 ode23s 算法。

f. ode23t（Mod. Sdff/Trapezoidal）。ode23t 是一种采用自由内插方法的梯形算法。如果模型有一定刚性，又要求解没有数值衰减时，可以使用这种算法。

g. ode23tb（Stiff/TR-BDF2）。ode23tb 采用 TR-BDF2 算法，即在龙格—库塔法的第一阶段用梯形法，第二阶段用二阶的 Backward Differentiation Formulas 算法。从结构上讲，两个阶段的估计都使用同一矩阵。在容差比较大时，ode23tb 和 ode23t 都比 odel5s 要好。

h. discrete（No Continuous States）。这是处理离散系统（非连续系统）的算法，当 Simulink 检测到模型没有连续状态时使用它。

2）固定步长仿真算法。对于固定步长模式的解算器主要有 ode5、ode4、ode3、ode2、ode1 和 discrete。2012 版 MATLAB 中还包括 ode8 和 ode14x。

a. ode5：属于 Dormand Prince 算法，就是定步长下的 ode45 算法。它是仿真参数对话框的默认值，适用于大多数连续或离散系统，不适用于刚性（stiff）系统。

b. ode4：属于四阶的 Runge-Kutta 算法，具有一定的计算精度。

c. ode3：属于 Bogacki-Shampine 算法，就是定步长下的 ode23 算法。

d. ode2：属于 Heuns 法则。

e. ode1：属于 Euler 法则。

（2）其他。对于变步长模式，用户可以设置最大的和推荐的初始步长参数，默认情况下为 auto，步长自动地确定。

1）Max step size（最大步长参数）：它决定了解算器能够使用的最大时间步长，默认值为"仿真时间/50"，即整个仿真过程中至少取 50 个采样点。对于仿真时间较长的系统，取默认值则可能带来取样点过于稀疏的问题，使仿真结果失真。一般对于仿真时间不超过 15s 的系统采用默认值即可；对于超过 15s 的每秒至少保证 5 个采样点；对于超过 100s 的，每秒至少保证 3 个采样点。

2）Initial step size（初始步长参数）：一般建议使用 auto 默认值即可。初次使用时，建议按照如图 2-9 所示的设置方法进行参数设置，其中绝大部分使用 solver 的默认设置。

所谓仿真算法选择就是针对不同类型的仿真模型，根据各种算法的特点、仿真性能与适应范围，正确选择算法，以得到最佳的仿真结果。

2.5.2　Data Import/Export

单击图 2-9 左侧的 Data Import/Export，设置 Simulink 与 MATLAB 工作空间交换数据的有关选项，如图 2-11 所示。

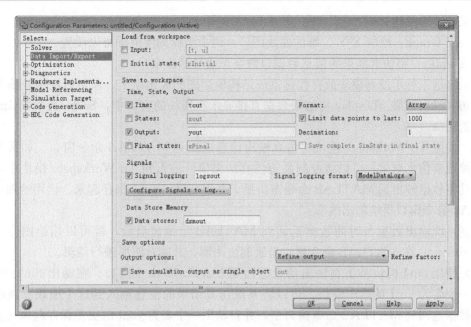

图 2-11   Data Import/Export 仿真参数设置对话框

1. Load from Workspace

选中 Input 复选框即可从 MATLAB 工作空间获取时间和输入变量，一般时间变量定义为 t，输入变量定义为 u。Initial state 用来定义从 MATLAB 工作空间获得的状态初始值的变量名。

2. Save to workspace

用来设置存往 MATLAB 工作空间的变量类型和变量名，选中变量类型前的复选框使相应的变量有效。一般存往工作空间的变量包括输出时间向量（Time）、状态向量（States）和输出变量（Output）。Final states 用来定义将系统稳态值存往工作空间所使用的变量名。

用来设置存往工作空间的有关选项。Limit data points to last 用来设定 Simulink 仿真结果最终可存往 MATLAB 工作空间的变量的规模，对于向量而言即其维数，对于矩阵而言即其秩。Decimation 设定了一个亚采样因子，其默认值为 1，也就是对每一个仿真时间点产生值都保存；若为 2，则是每隔一个仿真时刻才保存一个值。Format 用来说明返回数据的格式，包括数组（Array）、结构（Structure）和带时间的结构（structure with time），初次使用时建议使用默认设置。其他对话框在一般的仿真过程中很少使用到，建议使用默认设置。

2.5.3   运行仿真并显示仿真结果

单击仿真按钮开始进行仿真。控制系统仿真后的结果，可以用 Simulink 提供多种观察工具加以查看。例如，Simulink 的 Sinks 输出模块组中的几个模块都可以用来观察仿真结果。

（1）使用示波器模块观察仿真输出。前面已经介绍过，在 Simulink 库浏览器的 Sinks 输出模块组中，有 Scope（示波器）、XY Graph（二维 X-Y 图形显示器）与 Display（数字显示器）三个示波器模块，将仿真结果信号输入到以上三种输出模块，可直接查看图形或者数据。用示波器只能即时观察输出结果而不能保存结果。

1）Scope：将信号显示在类似示波器的图标窗口内，可以放大、缩小窗口，也可以打印仿真结果的波形曲线。

2）XY Graph：绘制 X-Y 二维的曲线图形，两个坐标刻度范围可以设置。

3）Display：将仿真结果的信息数据以数字形式显示出来。

如果将这三种示波器模块放在控制系统结构模型图的输出端上，就可以在系统仿真时实时看到仿真输出结果。Display 将结果数据直接显示在模块的窗口中，Scope 及 XY Graph 会产生新的窗口。

（2）使用 To Workspace 模块将仿真输出信息返回到 MATLAB 命令窗口。如果不用示波器直接观察仿真结果，可以将控制系统仿真结果信号输入到 To Workspace 模块中。该模块会自动将数据输出到 MATLAB 命令窗口里，并用变量 simout 保存起来，再用绘图命令在 MATLAB 命令窗口里绘制出图形。

控制系统输出数据与时间数据返回到 MATLAB 命令窗口后，就可以用绘图命令 plot（tout，simout）在 MATLAB 命令窗口里绘制出图形，并能对图形进行编辑。

（3）使用 out1 模块将仿真输出信息返回到 MATLAB 命令窗口。在输出 Sinks 模块库中，有一个名为 out1 的输出模块。可以将系统仿真结果的信息输入到这个模块。该输出模块会将数据返回到 MATLAB 命令窗口中，并自动用一个名为 yout 的变量保存起来（前提是在选择仿真参数时，要选 yout 这一项）。MATLAB 也会自动将每个时间数据存入 MATLAB 命令中，用 tout 这个变量保存起来。

将控制系统输出数据与时间数据都返回到 MATLAB 命令窗口之后，可以用绘图命令 plot（tout，yout）在 MATLAB 命令窗口里绘制出图形，并能对图形进行编辑。

在上述三种观察仿真结果的方式中，经常使用 Scope 模块输出，下面详细进行讨论。

2.5.4　Scope 模块

MATLAB 中的 Scope 模块相当于实验室的示波器，能够观察仿真结果图形。

（1）双击 Scope 模块，打开 Scope 的显示界面，如图 2-12 所示。

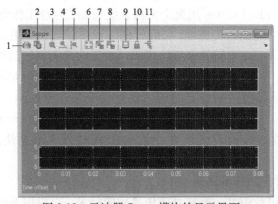

图 2-12　示波器 Scope 模块的显示界面

1—Print（打印）；2—Parameters（Scope 模块属性）；3—Zoom（整体放大）；4—Zoom X-axis（放大 X 轴）；
5—Zoom Y-axis（放大 Y 轴）；6—Autoscale（自动定标）；7—Save current axes settings（保存当前坐标轴设置）；
8—Restore saved aexs settings（载入已保存的坐标轴设置）9—Floating Scope（悬浮信号显示器）；
10—Axes are currently locked（当前坐标轴被锁住）；11—Signal selection（信号选择）

（2）单击图 2-12 中左上角的 Parameters 按钮（图 2-12 中第 2 个按钮），弹出它的属性参数对话框，如图 2-13 所示。

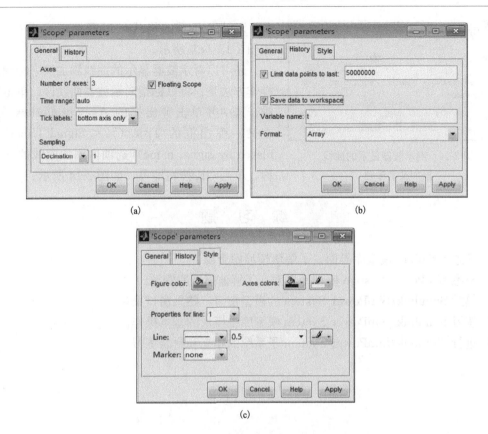

图 2-13　Scope 模块的属性参数对话框

(a) 一般参数设置；(b) 数据存储与传送参数设置；(c) 示波器显示的格式

图 2-13（a）中，Scope 模块的 General（一般参数设置）参数中，Axes 栏下的 Number of axes 为示波器窗口内的坐标系个数，默认设置为 1；当设置为 2 时，对应模型结构图中示波器图标的输入端就变为两个输入端口。Time range 栏为信号显示从 0 开始的选项，默认设置为 10；若设置为 n，则信号显示的时间区间为 $[0, n]$。Tick labels 下拉菜单中有 3 个选项：all 为坐标系标注标识；none 为坐标系不标注标识；bottom axis only 为坐标系底部标注标识 Time offset，实际上是与 all 选项相同。Floating Scope 栏被勾选时，则示波器为游离状态，模型结构图中示波器图标的输入端将与系统模型的连线断开。

Sampling 下拉菜单中有两个选项。其中，Decimation 设置数据的显示频度，1 为默认设置，表示每点都显示；设置为 n 时（在下拉菜单框右面的空白编辑框内输入），则为隔（$n-1$）点显示一次。sample time 设置显示点的采样时间间隔，默认设置为 0，意为显示连续信号；设置为 -1 时，表示显示方式由输入信号决定。

图 2-13（b）的参数设置主要针对示波器的数据存储与传送。Limit data points to last 栏设置缓冲区存储数据长度，默认设置为 5000；若输入的数据过多时，则会自动清除原有的数据。Save data to workspace 栏用来把示波器缓冲区存储的数据送到 MATLAB 工作空间，默认设置为不被勾选，意为不送数据到 MATLAB 工作空间。Variable name 是存储数据的变量名，可以设置，也可以用默认设置名为 Scope Data。Format 为 3 种保存数据的格式选择，包括 Structure with time（带时间的构架）、Structure（构架）、Array（数组）。

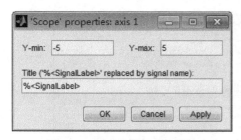

图 2-14　对示波器显示的曲线
添加汉字标题

示波器显示的格式可以根据需要进行选择，如图 2-13（c）所示。

还可以对示波器显示的曲线添加汉字标题，其操作方法是：将鼠标指向示波器曲线区，单击其右键，选中并单击弹出框的 Axes properties 命令，在又一弹出框的 Title（％＜Signal Label＞ replaced by signal name）选项内添加曲线的汉字名称，单击 OK 按钮即可，如图 2-14 所示。

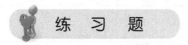

练 习 题

1. 熟悉 Simulink 模型库界面，了解该模型库资源。
2. 熟悉 SimPower System 模型库界面，了解该模型库资源。
3. 熟悉 Simulink/SimPower System 的模型窗口，熟悉窗口菜单。
4. 练习 Simulink/SimPower System 模型库中模块的基本操作。
5. 进行 Simulink/SimPower System 子系统的建立和封装练习。

第二篇　电力电子变流装置的仿真技术

3　电力电子器件及其仿真模块

电力电子技术主要是研究各种电力电子器件及由这些器件所构成的各种变流电路，以完成对电能的变换和控制。它包括电力电子器件、电力电子变流电路和控制技术三个方面的内容。

在电力电子变流电路中，用作电能变换的电力电子器件通常要承受高电压、大电流，且以开关模式工作，因此通常被称为电力电子开关器件。

电力电子器件可按照开通、关断控制方式分类为：

（1）不可控型。这类器件一般为二端器件，一端是阳极，另一端是阴极。当器件的阳、阴极间加正向电压时，器件导通；加反向电压时，器件关断，流过器件的电流是单方向的。由于其开通和关断不能按需要控制，故这类器件称为不可控型器件。

（2）半控型。这类器件是三端器件，除阳极和阴极外，增加了一个控制门极。其开通不仅需在阳极、阴极间施加正向电压，而且必须在门极和阴极间加正向控制电压。这类器件一旦开通，就不能再通过控制极来控制关断，只能从外部改变加在阳、阴极间的电压极性或强制使阳极电流减小至一定数值才能使其关断，所以将它们称为半控型。

（3）全控型。这类器件也是带有控制端的三端器件，控制端不仅可控制其开通，而且能控制其关断，故称全控型器件。

3.1　功率二极管及其仿真模块

功率二极管（Power Diode）又称整流二极管，属不可控型器件。

3.1.1　功率二极管的结构和工作原理

1. 结构和电气图形符号

功率二极管的内部由一个面积较大的 PN 结和两端的电极及引线封装而成。在 PN 结的 P 型端引出的电极称为阳极 A（Anode），在 N 型端引出的电极称为阴极 K（Cathode）。功率二极管的结构和电气符号如图 3-1 所示。

2. 工作原理

功率二极管加正向电压时，二极管导通，正向管压降很小；加反向电压时，二极管截止，仅有极小的漏电流流过二极管。

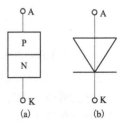

图 3-1　功率二极管的结构和电气图形符号

（a）功率二极管的结构；

（b）功率二极管的电气图形符号

3.1.2　功率二极管的伏安特性

功率二极管的伏安特性是指功率二极管阳—阴极间所加的电压与流过阳阴极间电流的关系特性。功率二极管的伏安特性曲线如图 3-2 所示。

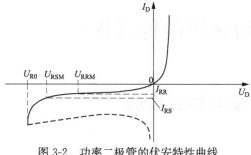

图 3-2　功率二极管的伏安特性曲线

功率二极管的伏安特性曲线位于第Ⅰ象限和第Ⅲ象限。

（1）第Ⅰ象限特性为正向特性。当所加正向阳极电压小于门槛电压时，二极管只流过很小的正向电流；当正向阳极电压大于门槛电压时，正向电流急剧增加，此时阳极电流的大小完全由外电路决定，二极管呈现低阻态，其管压降约为 0.6V。

（2）第Ⅲ象限为反向特性区。当二极管加上反向阳极电压时，开始只有极小的反向漏电流，管子呈现高阻态。随着反向电压的增加，反向电流有所增大。当反向电压增大到一定程度时，漏电流就会急剧增加而管子被击穿。击穿后的二极管若为开路状态，则管子两端电压为电源电压；若二极管为短路状态，则管子电压将很小，而电流却较大，如图 3-2 中最下面的虚线所示。所以必须对反向电压及电流加以限制，否则二极管将被击穿而损坏。其中 U_{R0} 为反向击穿电压，U_{RSM} 为反向不重复峰值电压，U_{RRM} 为反向重复峰值电压。

3.1.3　功率二极管的仿真模块

为了方便仿真软件的学习，本节的部分图形符号及标注没有严格按照我国有关标准给出，而是与软件相一致。例如，软件中仍然用 A、B、C 表示三相 U、V、W 等。

1. 二极管元件的仿真图形符号和仿真模块

二极管的仿真模型由内电阻 R_{on}、电感 L_{on}、直流电压源 U_f 和一个开关 SW 串联而成。开关受二极管电压 U_{ak} 和电流 I_{ak} 控制。二极管元件的仿真图形符号和仿真模型如图 3-3 所示。

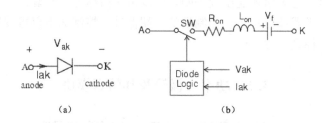

图 3-3　二极管元件仿真图形符号和仿真模型
（a）仿真图形符号；（b）仿真模型

MATLAB 软件中的二极管就是一个单向导电的半导体二端器件，其仿真模型图标如图 3-4 所示。二极管模块常带有一个 R_s-C_s 串联缓冲电路，它与二极管并联。缓冲电路的 R_s 和 C_s 值可以设置，当指定参数 C_s＝inf 时，缓冲电路为纯电阻；当指定 R_s＝0 时，缓冲电路为纯电容。当指定 R_s＝inf 或 C_s＝0 时，缓冲电路去除（下面介绍的其他几种器件也类似）。

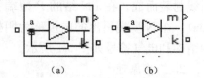

图 3-4　二极管仿真模型图标
（a）带缓冲电路；（b）不带缓冲电路

2. 二极管仿真元件的静态伏安特性

二极管的静态伏安特性曲线如图 3-5 所示。

3. 二极管仿真元件的参数设置对话框和参数设置

二极管元件的参数设置对话框如图 3-6 所示。图中，可设置的参数有：

（1）二极管元件内电阻 R_{on}（Ω），当内电感参数设置为 0 时，内电阻 R_{on} 不能为 0。

（2）二极管元件内电感 L_{on}（H），当内电阻参数设置为 0 时，内电感不能为 0。

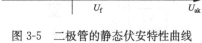

图 3-5　二极管的静态伏安特性曲线

（3）二极管元件的正向电压 V_f（V），即二极管的门槛电压，在设置了门槛电压后，只有当二极管所加的正向电压大于门槛电压时，二极管才能导通。

（4）初始电流 I_c（A），通常将 I_c 设为 0，使元件在零状态下开始工作；当然，也可以将 I_c 设为非 0。其前提是：二极管的内电感大于 0，仿真电路的其他储能元件也设置了初始值。

（5）缓冲电阻 R_s（Ω），为了在模型中消除缓冲电路，可将 R_s 参数设置为 inf。

（6）缓冲电容 C_s（F），为了在模型中消除缓冲电路，可将缓冲电容 C_s 设置为 0；为了得到纯电阻 R_s，可将电容 C_s 参数设置为 inf。

4. 输入与输出

从图 3-4 所示二极管模块图标中可以看到，其有一个输入和两个输出。一个输入是二极管的阳极 a。一个输出是二极管的阴极 k，另一个输出 m 用于测量二极管的电流和电压输出向量 $[I_{ak}, U_{ak}]$。

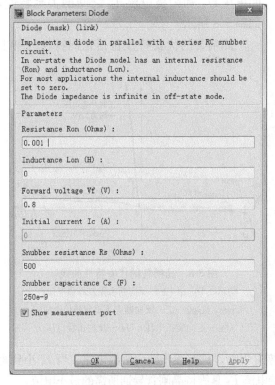

图 3-6　二极管元件的参数设置对话框

3.2　晶闸管及其仿真模块

晶闸管是一种能够采用控制信号控制其导通，但不能控制其关断的半控型器件。

3.2.1　晶闸管的结构和电气图形符号

晶闸管是一种大功率半导体器件，其内部是 PNPN 四层结构，形成了三个 PN 结（J1、J2、J3），对外引出三个电极，其结构如图 3-7（a）所示。由结构图可知，晶闸管的内部等效电路可以看成是由三个二极管连接而成的。晶闸管的电气图形符号如图 3-7（b）所示。

3.2.2　晶闸管的导通和关断条件

1. 晶闸管导通条件

晶闸管导通必须同时具备两个条件：（1）晶闸管阳—阴极（A-K）加正向电压；（2）晶闸

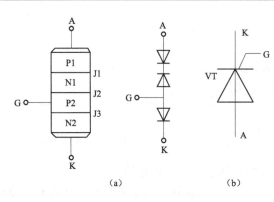

图 3-7　晶闸管的结构和电气图形符号
(a) 结构；(b) 电气图形符号

管控制极—阴极（G-K）加合适的正向电压。

2. 晶闸管的关断条件

晶闸管一旦导通，门极即失去控制作用。为使晶闸管关断，必须使其阳极电流减小到一定数值以下。减小电流的方法可用：增大主回路负载，减小阳极电压至零或反向来实现。

3.2.3　晶闸管的伏安特性

晶闸管的伏安特性是指晶闸管阳、阴极间电压 U_A 和阳极电流 I_A 之间的关系特性，如图 3-8 所示。

晶闸管的伏安特性包括正向特性（第 I 象限）和反向特性（第 III 象限）两部分。

1. 正向特性

晶闸管的正向特性又有阻断状态和导通状态之分。在门极电流 $I_{g1}=0$ 情况下，逐渐增大晶闸管的正向阳极电压，这时晶闸管处于断态，只有很小的正向漏电流；随着正向阳极电压的增加，当达到正向转折电压 U_{B0} 时，漏电流突然剧增，特性从正向阻断状态突变为正向导通状态。导通时的晶闸管状态和二极管的正向特性相似，即流过较大的阳极电流，而晶闸管本身的压降却很小。正常工作时，不允许将正向阳极电压加到转折值 U_{B0}，而是从门极输入触发电流 I_g，使晶闸管导通。门极电流越大阳极电压转折点越低（图 3-8 中 $I_{g5}>I_{g4}>I_{g3}>I_{g2}>I_{g1}$）。晶闸管正向导通后，要使晶闸管恢复阻断，只有逐步减少阳极电流。当 I_A 小到等于维持电流 I_H 时，晶闸管由导通变为阻断。维持电流 I_H 是维持晶闸管导通所需的最小电流。

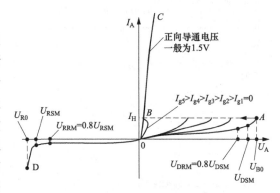

图 3-8　晶闸管的伏安特性曲线
U_{DRM}，U_{RRM}—正、反向断态重复峰值电压；
U_{DSM}，U_{RSM}—正、反向断态不重复峰值电压；
U_{B0}—正向转折电压；U_{R0}—反向击穿电压

2. 反向特性

晶闸管的反向特性是指晶闸管的反向阳极电压（阳极相对阴极为负电位）与阳极漏电流的伏安特性。晶闸管的反向特性与功率二极管的反向特性相似。

3.2.4　晶闸管的仿真模型

1. 晶闸管元件的符号和仿真模型

晶闸管的仿真模型由电阻 R_{on}、电感 L_{on}、直流电压源 U_f 和开关 SW 串联组成。开关 SW 受逻辑信号控制，该逻辑信号由晶闸管的电压 U_{ak}、电流 I_{ak} 和门极触发信号 g 决定。晶闸管元件的仿真图形符号和仿真模型如图 3-9 所示。

晶闸管模块也包括一个 R_s-C_s 串联缓冲电路，它通常与晶闸管并联。缓冲电路的 R_s 和 C_s 值可以设置，方法同二极管仿真模型，其图标如图 3-10 所示。

2. 晶闸管元件的静态伏安特性

晶闸管的静态伏安特性如图 3-11 所示。

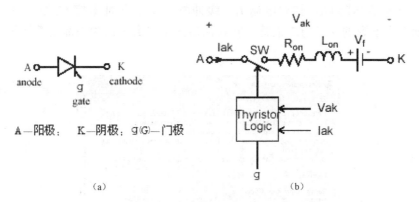

图 3-9 晶闸管元件的仿真图形符号和仿真模型

(a) 仿真图形符号；(b) 仿真模型

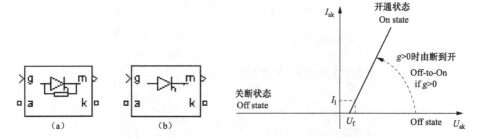

图 3-10 晶闸管仿真模型图标

(a) 带缓冲电路；(b) 不带缓冲电路

图 3-11 晶闸管的静态伏安特性

当阳—阴极之间的电压大于 U_f 且门极触发脉冲为正（$g>0$）时，晶闸管由断态转变为通态。该触发脉冲的幅值必须大于 0 且有一定的持续时间，以保证晶闸管阳极电流大于擎住电流。

当晶闸管的阳极电流下降到零（$I_{ak}=0$）或阳极和阴极之间施加反向电压的时间大于或等于晶闸管的关断时间 T_q 时，晶闸管关断。如果阳极和阴极之间施加反向电压的持续时间小于晶闸管的关断时间 T_q，晶闸管仍可能会导通，除非没有门极触发信号（即 $g=0$）且阳极电流小于擎住电流。另外，在导通时，当阳极电流小于参数对话框中设置的擎住电流，晶闸管将立即关断。

晶闸管关断时间 T_q 取决于载流子的恢复时间。恢复时间包括阳极电流下降到零的时间和晶闸管正向阻断的时间。

3. 晶闸管元件的仿真模型类型和输入、输出

（1）晶闸管元件的仿真模型类型。晶闸管元件的仿真模型有详细（标准）模型和简化模型两种。为了提高仿真速度，可以采用简化的晶闸管模型，即令详细（标准）模型中的擎住电流 I_L 和恢复时间 T_q 为零。

（2）输入与输出。在晶闸管模块图标中可以看到，它有两个输入和两个输出。输入 a 和输出 k 对应于晶闸管阳极和阴极。输入 g 为加在门极上的逻辑信号（g）。输出 m 用于测量晶闸管的电流和电压输出向量 $[I_{ak}, U_{ak}]$。

4. 晶闸管仿真元件的参数

晶闸管元件的参数设置对话框如图 3-12 所示，设置的参数有晶闸管元件内电阻 R_{on}、

内电感 L_{on}、正向管压降 U_f、初始电流 I_c、缓冲电阻 R_s、缓冲电容 C_s 掣住电流 I_L、关断时间 T_q。前 6 个参数的含义与二极管相同，而后两个参数只出现在晶闸管详细（标准）模型中。

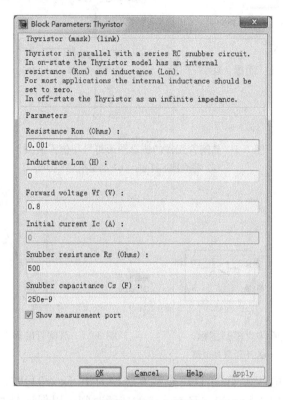

图 3-12　晶闸管元件的参数设置对话框

3.3　门极可关断晶闸管（GTO）及其仿真模块

3.3.1　GTO 的结构和工作原理

1. GTO 的结构

GTO 也是四层 PNPN 结构、三端引出线（A、K、G）的器件。与普通晶闸管不同的是，GTO 内部是由许多 P1N1P2N2 四层结构的小晶闸管并联而成的，这些小晶闸管的门极和阴极并联在一起，成为 GTO 元。所以 GTO 是集成元件结构，而普通晶闸管是独立元件结构。

2. GTO 的工作原理

（1）GTO 的开通原理。与晶闸管相同，当 GTO 的阳极加正向电压，门极加足够的正脉冲信号后，GTO 即可进入导通状态。通常，GTO 导通时等效电路中的双晶体管元件处于略过临界的导通状态，这就为 GTO 用门极负信号关断 GTO 提供了有利条件。

（2）GTO 的关断原理。当 GTO 处于导通状态时，对门极加负的关断脉冲，形成门极负电流，最终导致 GTO 的阳极电流消失而关断。

由于 GTO 处于临界饱和状态，用抽走阳极电流的方法破坏其临界饱和状态，可使 GTO

关断。而晶闸管导通之后，处于深度饱和状态，用抽走阳极电流的方法不能使其关断。

3.3.2 GTO 的仿真模型

1. 可关断晶闸管元件的符号和仿真模型

可关断晶闸管 GTO 的仿真模型由电阻 R_{on}、电感 L_{on}、直流电压源 U_f 和一个开关 SW 串联组成。开关 SW 受 GTO 逻辑信号控制，该逻辑信号又由晶闸管的关断电压 U_{ak}、关断电流 I_{ak} 和门极驱动信号 g 决定。可关断晶闸管元件的仿真图形符号和仿真模型如图 3-13（a）、（b）所示。

可关断晶闸管模块也包含一个 R_s-C_s 串联缓冲电路，它通常与 GTO 并联（连接在端口 a 和 k 之间）。带有缓冲电路的 GTO 仿真模型图标如图 3-13（c）所示。

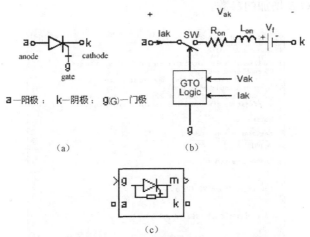

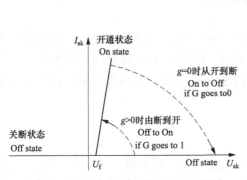

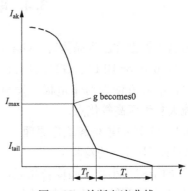

图 3-13　可关断晶闸管元件的仿真图形符号、仿真模型和图标
(a) 仿真图形符号；(b) 仿真模型；(c) 仿真模型图标

2. 可关断晶闸管元件的静态伏安特性

可关断晶闸管的静态伏安特性如图 3-14 所示。

当阳—阴极之间的正向电压大于 U_f 且门极驱动脉冲为正（$g>0$）时，可关断晶闸管 GTO 开通。当门极信号为零或负值时，GTO 开始截止，但它的电流并不立即为零，因为 GTO 的电流衰减过程需要时间。GTO 的电流衰减过程被近似分成两段。如图 3-15 所示，当门极信号变为零后，关断电流 I_{ak} 从最大值 I_{max} 降到 I_{tail} 所用的时间称为下降时间 T_f，从 I_{tail} 降到零的时间为拖尾时间 T_t；当关断电流 I_{ak} 降为零时，GTO 彻底关断。U_f、R_{on}、L_{on} 分别表示 GTO 的正向导通压降、正向导通内电阻和内电感。

图 3-14　可关断晶闸管的静态伏安特性　　　图 3-15　关断电流曲线

3. 可关断晶闸管元件的输入和输出

由图 3-13（c）的可关断晶闸管模块图标可见，其有两个输入端和两个输出端。输入端 a 和输出端 k 对应于可关断晶闸管的阳极 a 和阴极 k。输入端 g 为加在门极上的 Simulink 信号 (g)。输出端 m 用于测量可关断晶闸管的电流和电压输出向量 $[I_{ak}, V_{ak}]$。

4. 可关断晶闸管元件的参数设置

可关断晶闸管元件的参数设置对话框如图 3-16 所示。其中，要设置的参数有可关断晶闸管元件内电阻 R_{on}、内电感 L_{on}、正向管压降 U_f、初始电流 I_c、缓冲电阻 R_s、缓冲电容 C_s，以及电流下降到 10% 的时间 T_f 和电流拖尾时间 T_t。其中前 6 个参数的含义与二极管相同，而后两个参数是 GTO 新增加的参数。

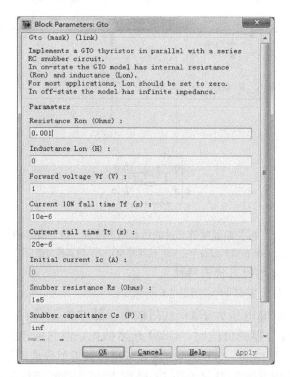

图 3-16　可关断晶闸管元件的参数设置对话框

3.4　电力晶体管（GTR）

电力晶体管也称巨型晶体管（Giant Transistor-GTR），又称双极型功率晶体管（Bipolar Junction Transistor-BJT）。GTR 具有自关断能力，属于电流控制型自关断器件。GTR 可通过基极电流信号方便地对集电极—发射极的通断进行控制，并具有饱和压降低、开关性能好、电流大、耐压高等优点。

3.4.1　GTR 的结构和工作原理

1. GTR（BJT）的结构

GTR 的结构与小功率晶体管相似，有 B（基极）、C（集电极）、E（发射极）三个电极。GTR 属三端三层两结的双极型晶体管，有 NPN 型和 PNP 型两种基本类型。GTR 的基本结构及电气图形符号如图 3-17 所示。

2. GTR 的工作原理

GTR 的工作原理和普通双极型开关晶体管类似。GTR 在应用中多数情况是采用共射极接法，处于开关工作状态。

3.4.2 GTR 的输出特性

GTR 共射电路和输出特性如图 3-18 所示。其工作状态分为截止区、放大区和饱和区三个区域。

显然，GTR 作为电力开关使用时，其断态工作点必须在截止区，通态工作点必须在饱和区。

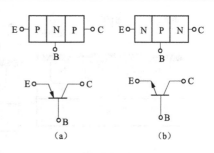

图 3-17　GTR（BJT）的基本结构及电气图形符号

(a) PNP 型；(b) NPN 型

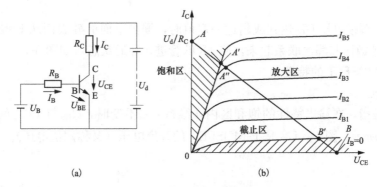

图 3-18　共射极电路的输出特性曲线

（a）共射极电路；（b）输出特性

注：MATLAB 的电力系统模型库中没有与 GTR 对应的仿真元件。

3.5　功率场效应晶体管（P-MOSFET）及其仿真模块

3.5.1　P-MOSFET 的结构和工作原理

1. P-MOSFET 的结构

功率场效应晶体管（Power Metal Oxide Semiconductor Field Effect Transistor，P-MOSFET）和小功率 MOS 管的相同之处是导电机理相同；三个外引电极相同，为栅极 G、源极 S 和漏极 D。但它们在结构上有较大的区别：小功率 MOS 管是一次扩散形成的器件，其栅极 G、源极 S 和漏极 D 在芯片的同一侧；P-MOSFET 采用立式结构，G、S 和 D 极不在芯片的同一侧。P-MOSFET 的结构示意图如图 3-19（a）所示。图 3-20 所示分别为 N 沟道功率场效应管和 P 沟道功率场效应管 P-MOSFET 的电气图形符号。

2. P-MOSFET 的工作原理

（1）当栅—源极电压 $U_{GS}=0$ 时，栅极下的 P 型区表面呈现空穴堆积状态，不可能出现反型层，无法沟通漏源。此时，即使在漏源之间施加电压，MOS 管也不会导通。如图 3-19（a）所示。

（2）当栅—源极电压 $U_{GS}>0$ 且不够充分时，栅极下面的 P 型区表面呈现耗尽状态，还是无法沟通漏源，此时 MOS 管仍保持关断状态，如图 3-19（b）所示。

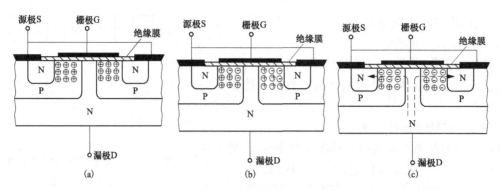

图 3-19　P-MOSFET 结构示意图

(a) $U_{GS}=0$；(b)、(c) $U_{GS}>0$

（3）当栅—源极电压 U_{GS} 达到或超过一定值时，栅极下面的硅表面从 P 型反型成 N 型，形成 N 型沟道把源区和漏区联系起来，使 MOS 管进入导通状态，如图 3-19（c）所示。

3.5.2　P-MOSFET 的特性

1. 转移特性

转移特性是指，在输出特性的饱和区内，维持 U_{DS} 不变时，U_{GS} 与 I_D 之间的关系曲线，如图 3-21（a）所示。图中，U_T 是 P-MOSFET 的开启电压（又称阈值电压）。

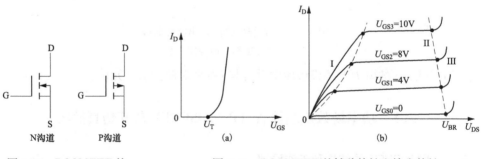

图 3-20　P-MOSFET 的
电气图形符号

图 3-21　P-MOSFET 的转移特性和输出特性

(a) 转移特性；(b) 输出特性

2. 输出特性

P-MOSFET 的输出特性如图 3-21（b）所示，其表示当 U_{GS} 一定时 I_D 与 U_{DS} 间的关系。

当 $U_{GS}<U_T$ 时，P-MOSFET 处于截止（断态）；当 $U_{GS}>U_T$ 时，P-MOSFET 导通；当 $U_{DS}>U_{BR}$ 时，器件将被击穿，使 I_D 急剧增大。第 I 象限特性曲线表示 P-MOSFET 正向导通时的情况，它分为三个区域，即线性导电区 I、饱和恒流区 II 和雪崩击穿区 III。

当 P-MOSFET 用作电子开关时，导通时其必须工作在线性导电区 I，否则其通态压降太大，功耗也大。第 III 限反向特性曲线未画出，由于器件存在反并联的寄生二极管，故 P-MOSFET 无反向阻断能力，加反向电压时器件导通，可看作是逆导器件。

3.5.3　MOSFET 的仿真模型

1. MOSFET 元件的仿真图形符号和仿真模型

MOSFET 元件内部并联了一个二极管，该二极管在 MOSFET 元件被反向偏置时开通。

它的仿真模型由电阻 R_t、电感 L_{on} 和直流电压源 U_f 与一个控制开关 SW 串联电路组成。开关 SW 受 MOSFET 逻辑信号控制，该逻辑信号又由 MOSFET 元件的电压 U_{DS}、电流 I_D 和栅极驱动信号（g）决定。MOSFET 元件的仿真图形符号和仿真模型如图 3-22 所示。

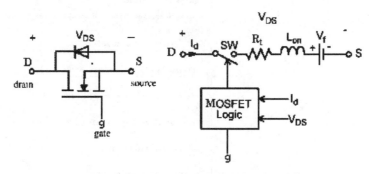

图 3-22　MOSFET 元件的仿真图形符号和仿真模型
D—漏极；S—源极；g(G)—门极

2. MOSFET 元件的静态伏安特性

MOSFET 元件的静态伏安特性如图 3-23 所示。

当漏—源极间电压 U_{DS} 为正且栅极输入正信号（$g>0$）时，MOSFET 元件开通；当栅极控制信号变为零时（$g=0$），MOSFET 开始关断，流过元件的正向电流逐渐下降；如果漏极电流 I_D 为负（I_D 流过内部二极管），当电流 I_D 下降为零（$I_D=0$）时，MOSFET 关断。

注意：电阻 R_t 由漏电流方向决定。当 $I_D>0$ 时，$R_t=R_{on}$，其中 R_{on} 表示 MOSFET 元件正

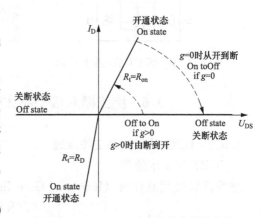

图 3-23　MOSFET 元件的静态伏安特性

向导通电阻的典型值；当 $I_D<0$ 时，$R_t=R_D$，R_D 表示内部二极管电阻。

MOSFET 元件内部也含有一个 R_s-C_s 缓冲电路，它们并行连接在 MOSFET 的 D 极和 S 极之间。

3. MOSFET 元件的输入和输出

MOSFET 元件的仿真模型图标如图 3-24 所示，它有两个输入和两个输出。输入 D 和输出 S 对应于 MOSFET 元件的漏极（D）和源极（S）；输入 g 为加在栅极上的 Simulink 逻辑控制信号，输出 m 用于测量 MOSFET 元件的电流和电压输出向量 $[I_D, U_{DS}]$。

4. MOSFET 元件的参数设置

MOSFET 元件的参数设置对话框如图 3-25 所示。MOSFET 元件的参数设置包括 MOS-FET 的内电阻 R_{on}、内电感 L_{on}、内部二极管电阻 R_D、并联二极管正向压降 U_f、初始电流 I_C、缓冲电阻 R_s 和缓冲电容 C_s 等。其中，除二极管电阻 R_D 是一个新参数外，其他参数的含义和设置方法与可关断晶闸管元件相同。仿真模型含有 MOSFET 元件的电路时，也必须使用刚性积分算法。通常可使用 ode23tb 或 ode15s，以获得较快的仿真速度。

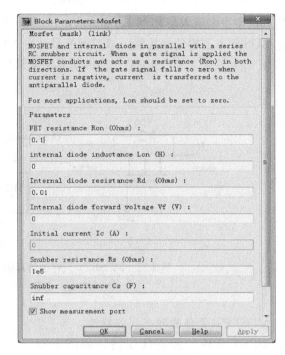

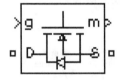

图 3-24   MOSFET 仿真模型图标　　　　图 3-25   MOSFET 元件的参数设置对话框

3.6   绝缘栅双极型晶体管（IGBT）及其仿真模块

3.6.1   IGBT 的结构和工作原理

1. IGBT 的基本结构

绝缘栅双极型晶体管（Insulated Gate Bipolar Transistor，IGBT）是由 P-MOSFET 与 GTR 混合组成的电压控制型自关断器件。可以将 IGBT 看成是以 N 沟道 MOSFET 为输入级，PNP 晶体管为输出级的单向达林顿晶体管。它以 GTR 为主导元件，MOSFET 为驱动元件的复合器件，其等效电路、电气图形符号如图 3-26 所示。IGBT 的外部有三个电极，分别为 G 门极、C 集电极、E 发射极。

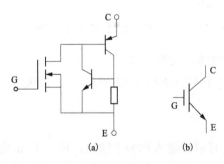

图 3-26   IGBT 等效电路和电气图形符号
(a) IGBT 等效电路；(b) 电气图形符号

2. IGBT 的工作原理

由 IGBT 的等效电路可看出，IGBT 是一种场控器件，它的开通与关断由 G 极和 E 极之间的门极电压 U_{GE} 所决定。

当 IGBT 门极加上正电压时，MOSFET 内形成沟道，并为 PNP 晶体管提供基极电流，使 IGBT 导通；当 IGBT 门极加上负电压时，MOSFET 内沟道消失，切断 PNP 晶体管的基极电流，IGBT 关断。

当 $U_{CE}<0$ 时，IGBT 呈反向阻断状态；当 $U_{CE}>0$ 时，分两种情况：

（1）若门极电压 $U_{GE}<U_T$（开启电压），沟道不能形成，IGBT 呈正向阻断状态。

（2）若门极电压 $U_{GE}>U_T$，绝缘门极下的沟道形成，并为 PNP 晶体管提供基极电流，从而使 IGBT 导通。

IGBT 的驱动原理与 MOSFET 基本相同，但 IGBT 的开关速度比 MOSFET 要慢。

3.6.2　IGBT 的静态特性

IGBT 的静态特性主要有输出特性及转移特性如图 3-27 所示。

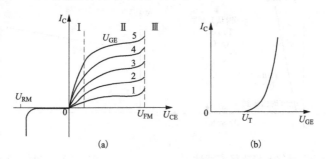

图 3-27　IGBT 的输出特性、转移特性

(a) 输出特性；(b) 转移特性

1. IGBT 的输出特性

IGBT 的输出特性也称伏安特性，表示以栅射电压 U_{GE} 为参变量时，集电极电流 I_C 与集射极间电压 U_{CE} 之间的关系，如图 3-27（a）所示。由图可见，输出特性分为正向输出特性（第 Ⅰ 象限）和反向输出特性（第 Ⅲ 象限）。正向输出特性又分为可调电阻区 Ⅰ、恒流饱和区 Ⅱ、雪崩区 Ⅲ。U_{FM} 为正向击穿电压。

2. IGBT 转移特性

IGBT 的转移特性是指集电极电流 I_C 与栅射电压 U_{GE} 之间的关系，如图 3-27（b）所示。当 $U_{GE} < U_T$（开启电压）时，IGBT 处于截止状态；当 $U_{GE} > U_T$ 时，IGBT 导通，且在大部分集电极电流范围内，I_C 与 U_{GE} 是线性关系。只有当 U_{GE} 接近 U_T 时才呈非线性关系。

3.6.3　IGBT 的仿真模型

1. IGBT 元件的符号和仿真模型

IGBT 元件的仿真模型由电阻 R_{on}、电感 L_{on}、直流电压源 U_f 和一个开关 SW 串联组成，该开关受 IGBT 逻辑信号控制，该逻辑信号又由 IGBT 元件的电压 U_{CE}、电流 I_C 和栅极驱动信号 g 决定。IGBT 元件的仿真图形符号、仿真模型和图标如图 3-28 所示。

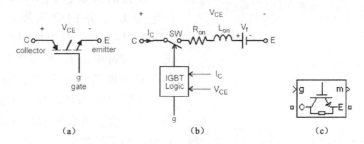

图 3-28　IGBT 元件的仿真图形符号、仿真模型和图标

(a) 仿真图形符号；(b) 仿真模型；(c) 图标

2. IGBT 元件的静态伏安特性

IGBT 元件的静态伏安特性如图 3-29 所示。关断电流曲线如图 3-30 所示。

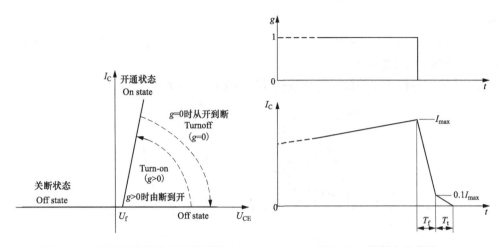

图 3-29　IGBT 元件的静态伏安特性　　　图 3-30　关断电流曲线

当集—射极（C-E 极）电压为正且大于 U_f，同时栅极施加正信号时（$g>0$），IGBT 开通；当集—射极电压为正，但栅极信号为"0"时（$g=0$），IGBT 关断；当集—射极电压为负时，IGBT 也处于关断状态。该模块还含一个 R_s-C_s 缓冲电路，它们并行连接在 IGBT 上（在 C 和 E 之间）。

IGBT 元件的关断特性被近似分成两段：当栅极信号变为 0（$g=0$）时，集电极电流 I_C 从最大值 I_{max} 下降到 $0.1I_{max}$ 所用的时间称为下降时间 T_f；从 $0.1I_{max}$ 下降到 0 的时间称为拖尾时间 T_t。

3. IGBT 元件的输入和输出

由图 3-28（c）所示的 IGBT 元件的图标可见，其有两个输入和两个输出。输入 C 和输出 E 对应于 IGBT 的集电极（C）和发射极（E）；输入 g 为加在栅极上的 Simulink 逻辑控制信号（g），输出 m 用于测量 IGBT 元件的电流和电压输出向量 $[I_C, U_{CE}]$。

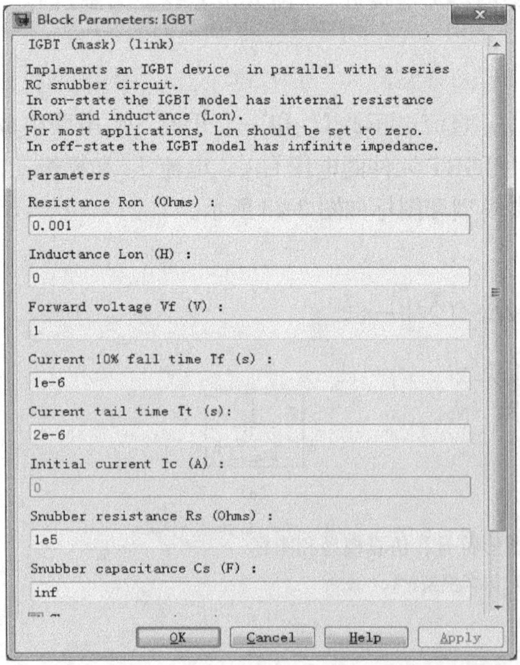

4. IGBT 元件的参数设置

IGBT 元件的参数设置对话框如图 3-31 所示。

设置的参数包括 IGBT 的内电阻 R_{on}、内电感 L_{on}、正向管压降 U_f、电流下降到 10% 的时间 T_f、电流拖尾时间 T_t、初始电流 I_C、缓冲电阻 R_s 和缓冲电容 C_s 等，它们的含义和设置方法与可关断晶闸管元件相同。需要说明的是，初始电流 I_C 通常设置为"0"，表示仿真模型从 IGBT 的关断状态开始；如果设置为一个大于 0 的数值，则仿真模型认为 IGBT 的初始状态是导通状态。

仿真模型中含有 IGBT 元件的电路时，也必须使用刚性积分算法，通常可使用 ode23tb 或 ode15s，以获得较快的仿真速度。

图 3-31　IGBT 元件的参数设置对话框

3.7 理想开关 (Ideal Switch) 及其仿真模块

理想开关 (Ideal Switch) 是 MATLAB 软件中特设的一种电子开关。理想开关受门极控制,开关导通时电流可双向流通。理想开关在仿真中可作断路器使用,对门极作适当设计,也可作为简单的半导体开关用于自动控制。

1. 理想开关元件的符号和仿真模型

理想开关的仿真模型图标如图 3-32 所示,其仿真图形符号、仿真模型如图 3-33 所示。

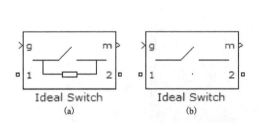

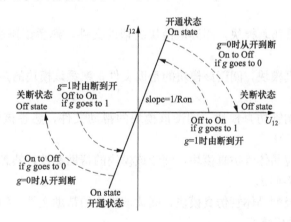

图 3-32 理想开关的仿真模型图标
(a) 带缓冲电路;(b) 不带缓冲电路

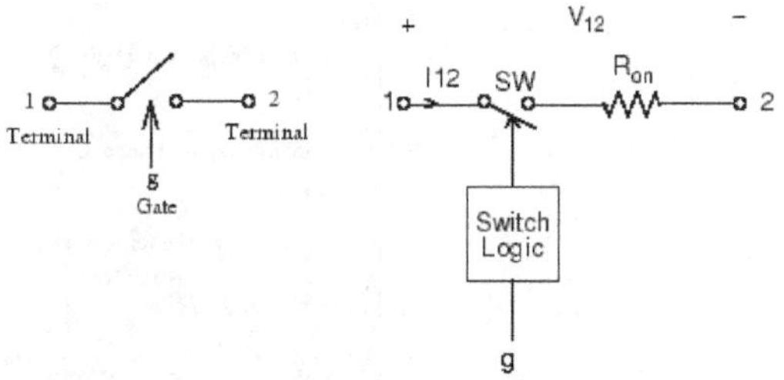

图 3-33 MOSFET 元件的仿真图形符号和仿真模型

2. 理想开关元件的静态伏安特性

理想开关元件的静态伏安特性如图 3-34 所示。

图 3-34 理想开关元件的静态伏安特性

当理想开关元件的门极有一正信号 ($g=1>0$) 时,无论开关两端(端子 1、2)之间施加正向电压还是反向电压,理想开关都导通;当信号为零 ($g=0$) 时,无论开关受正向还是反向电压,理想开关都关断。门极触发时开关动作是瞬时完成的。

3. 理想开关的参数设置

理想开关参数设置对话框如图 3-35 所示。由图可知,参数设置与普通晶闸管几乎完全相同,另有两个参数设置需注意。其中,Internal resistance Ron (Ohms) 为理想开关导通电阻 R_{on};Initial state (0 for 'open'、1 for 'closed') 为初始状态,导通设为 0,关断设为 1。

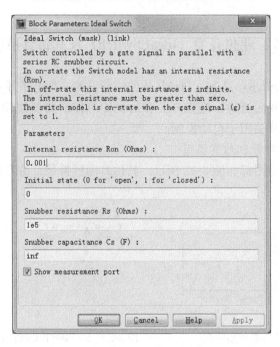

图 3-35　理想开关元件的参数设置对话框

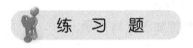

练　习　题

1. 打开功率二极管仿真模块，阅读该模块的帮助文件，熟悉该模块的参数设置对话框，并进行参数设置练习。

2. 打开晶闸管仿真模块，阅读该模块的帮助文件，熟悉该模块的参数设置对话框，并进行参数设置练习。

3. 打开可关断晶闸管仿真模块，阅读该模块的帮助文件，熟悉该模块的参数设置对话框，并进行参数设置练习。

4. 打开功率场效应晶体管仿真模块，阅读该模块的帮助文件，熟悉该模块的参数设置对话框，并进行参数设置练习。

5. 打开绝缘栅双极型晶体管仿真模块，阅读该模块的帮助文件，熟悉该模块的参数设置对话框，并进行参数设置练习。

6. 打开理想开关仿真模块，阅读该模块的帮助文件，熟悉该模块的参数设置对话框，并进行参数设置练习。

4 交流—直流变换电路的仿真

交流—直流（AC-DC）变换电路，又称为整流器，它是将交流电转换为直流电的变换电路。

整流电路种类很多，如果按相数，可分为单相、三相和多相整流电路；根据整流电路的构成形式，又可分为半波、全波和桥式整流电路；按控制方式，可分为不可控整流、相控整流和 PWM（脉冲宽度调制）整流形式。不可控整流采用功率二极管作为整流元件，输出整流电压不可调；相控整流采用晶闸管作为主要的功率开关器件，通过控制晶闸管在一个交流电源周期内导通的相位角来实现电压调节。PWM 整流采用全控型功率器件，将成熟的 SPWM 逆变技术引入整流器，形成了 PWM 整流技术。

在讨论晶闸管整流器的建模与仿真之前，先介绍仿真中要用到的一些基本环节的仿真模型。鉴于二极管不可控整流电路在交—直—交变频和直流斩波器中的作用，本章最后也对其进行仿真研究。

4.1 电力电子变流电路中典型环节的仿真模块

4.1.1 驱动电路的仿真模块

1. 同步 6 脉冲触发器的仿真模块

（1）同步 6 脉冲触发器仿真模块的功能和图标。同步 6 脉冲触发器模块用于触发三相桥式全控整流器的 6 个晶闸管，模块的图标如图 4-1 所示。

同步 6 脉冲触发器可以给出双脉冲，双脉冲间隔为 60°，触发器输出的 1～6 号脉冲依次送给三相桥式全控整流器对应编号的 6 个晶闸管。如果三相整流器桥模块使用 SimPower System 模块库中的 Universal Bridge 模块（功率器件选用晶闸管），则同步 6 脉冲触发器的输出端直接与三相整流器桥的脉冲输入端相连接，如图 4-2 所示。

如果用单个晶闸管元件自建三相晶闸管整流器桥，则同步 6 脉冲触发器输出端输出的 6 维脉冲向量依次送给相应的 6 个晶闸管。

（2）同步 6 脉冲触发器的输入和输出。该模块有 5 个输入端和 1 个输出端，如图 4-2 所示。

1）alpha_deg 是移相控制角信号输入端，单位为 rad。该输入端可与"常数"模块相连，用于设置移相控制角；也可与控制系统中的控制器输出端相连，从而对触发脉冲进行移相控制。

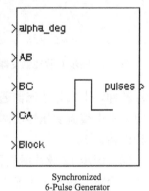

Synchronized
6-Pulse Generator

图 4-1 同步 6 脉冲触发器
仿真模块图标

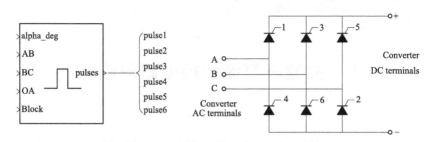

图 4-2　同步 6 脉冲触发器和晶闸管整流器桥

2）AB、BC、CA 是同步电压 U_{AB}、U_{BC} 和 U_{CA} 的输入端。同步电压是指连接到整流器桥的三相交流电压的线电压。

3）Block 为触发器模块的使能端，用于对触发器模块的开通与封锁操作。当施加大于 0 的信号时，触发脉冲被封锁；当施加等于 0 的信号时，触发脉冲开通。

4）输出端为一个 6 维脉冲向量，包含 6 个触发脉冲。

移相控制角的起始点为同步电压的零点。

（3）同步 6 脉冲触发器的参数。同步 6 脉冲触发器的参数设置对话框如图 4-3 所示。

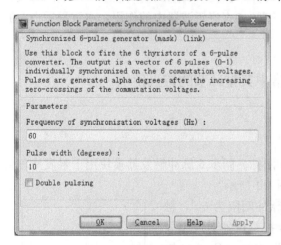

图 4-3　同步 6 脉冲触发器的参数设置对话框

1）Frequency of synchronisation voltages（同步电压频率，单位为 Hz），通常指电网频率，根据我国电网频率情况可修改为 50。

2）Pulse width（脉冲宽度，单位为°）。

3）Double pulsing（双脉冲），这是个复选框，如果进行了勾选，触发器就能给出间隔 60°的双脉冲。

2. 同步 12 脉冲触发器的仿真模型

在大功率系统中，常采用双三相桥构成的 12 相整流电路，其触发电路可采用同步 12 脉冲触发器。

（1）同步 12 脉冲触发器模型功能。同步 12 脉冲触发器用于产生十二相整流器的触发脉冲，十二相整流器通常由两组三相桥式整流电路串联或并联组成。两组三相桥的交流电源分别由整流变压器的两套二次绕组提供，一套接成丫形，另一套接成△形，使输出相电压相位错开 30°。

（2）同步 12 脉冲触发器模型。同步 12 脉冲触发器的模型图标如图 4-4（a）所示。该模型有 5 个输入端与 2 个输出端，输入端 alpha_deg、A、B、C、block 功能与同步 6 脉冲触发器相同。

输出端 PY、PD 是触发脉冲的两组输出，每组各有 6 个脉冲，其中 PY 输出到变压器二次绕组丫形连接整流桥，PD 输出到变压器二次绕组△形连接整流桥。整流桥的晶闸管按自然导通顺序编号。必须注意，MATLAB 的同步 12 脉冲触发器从 PD 输出的脉冲比 PY 输出对应的脉冲滞后 30°，这使得双三相桥整流变压器二次侧丫形与△形接法的△形必须采用△-1 连接，以与触发脉冲相配合。

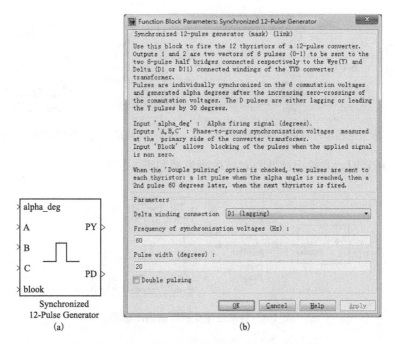

图 4-4　同步 12 脉冲触发器的图标和参数设置对话框

(a) 图标；(b) 参数设置对话框

与 6 脉冲触发器模型相同，12 脉冲触发器模型也有双脉冲与宽脉冲两种触发方式。

（3）同步 12 脉冲触发器模型参数及其设置。同步 12 脉冲触发器模型参数设置对话框如图 4-4（b）所示。其参数设置与同步 6 脉冲触发器模型的相同。

3. 脉宽调制（PWM）脉冲发生器的仿真模型

（1）脉宽调制（PWM）脉冲发生器仿真模型功能。正弦波脉宽调制的原理是以正弦波为调制波、以三角波为载波，并将两者进行比较，在其交点处产生脉冲的前后沿，以形成与正弦波等效的等幅矩形脉冲序列 SPWM 波。此外，还有一种是以直流电压为控制信号、以三角波为载波，并将两者进行比较，在其交点处产生脉冲的前后沿，以形成幅值上正下负的等幅矩形脉冲序列 PWM 波。前者为调制信号内部生成方式，后者为外部调制信号方式。PWM 脉冲发生器模型产生的脉冲可触发由单相半桥、单相全桥、三相桥式等构成的可控整流桥与逆变桥中的全控型器件 P-MOSFET、GTO、IGBT 等，并且可以用于提供双三相桥式驱动的 12 脉冲。

（2）PWM 脉冲发生器仿真模型图标。PWM 脉冲发生器的仿真模型图标如图 4-5 所示。注意：在创建仿真模型时，无论选择内部生成还是外部输入调制信号（参见以下 PWM 仿真模型参数设置），图标左端的输入信号标记 Signal（s）均保持不变；此外，图标右端的输出信号标记，对应着发生器的不同工作模式，产生的不同脉冲路数。

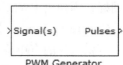

图 4-5　PWM 脉冲发生器的仿真模型图标

（3）PWM 脉冲发生器输出脉冲的使用。现以变流器由 IGBT 器件构成为例进行说明。

1）选择单桥臂时，其输出脉冲与对应的触发桥如图 4-6 所示。

2）选择双桥臂时，其输出脉冲与对应的触发桥如图 4-7 所示。

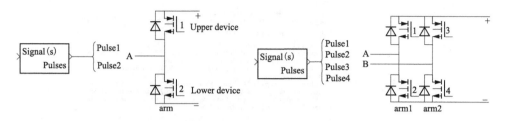

图 4-6　触发单相半桥臂时的输出脉冲　　　图 4-7　触发单相全桥臂时的输出脉冲

3）选择三桥臂时，其输出脉冲与对应的触发桥如图 4-8 所示。

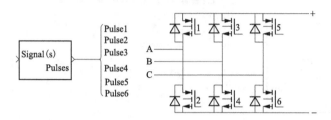

图 4-8　触发三相全桥时的输出脉冲

4）选择双三桥臂时，其输出脉冲与对应的触发桥如图 4-9 所示。

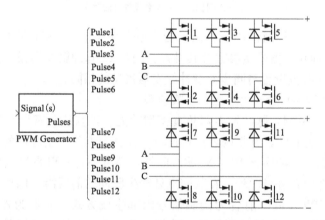

图 4-9　触发双三相全桥时的输出脉冲

（4）PWM 发生器模型参数及其设置。在仿真模型结构图中，用鼠标左键双击图 4-5 所示图标，则弹出 PWM 发生器模型参数设置对话框，如图 4-10 所示。

Generator Mode：发生器工作模式，用于选择产生的脉冲路数，以适应所触发的桥臂数，可供选择的有单桥臂（1-arm bridge，2 pulses）、双桥臂（2-arm bridge，4 pulses）、三桥臂（3-arm bridge，6pulses）、双三桥臂（double 3-arm bridge，12 pulses）。

Carrier frequency（Hz）：载波频率（Hz），用于设置三角载波信号的频率。

Internal generation of modulating signal（s）：调制信号内部生成方式，当勾选此复选框时，内部生成正弦调制信号，此时构成 SPWM 调制方式；否则，必须使用外部信号作为调制信号。

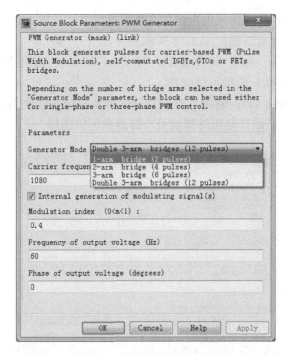

图 4-10　PWM 脉冲发生器模型参数设置对话框

前面已说明，当使用外部信号作为调制信号时，既可以是直流控制信号，也可是正弦波交流控制信号。在 PWM 直流脉宽调速仿真时采用直流控制信号，三角载波的幅值参数在 PWM Generator 模块里是可设置的，直流控制信号的幅值应不大于三角载波的幅值，以便能形成确切的交点。

在用交流正弦波作为外部调制信号的情况下，当 PWM Generator 模块被用于触发单相单桥（一桥臂）、单相全桥（二桥臂）变流器时，模块 Signal（s）端应输入单相正弦信号；当模块被用于触发单个或两个三相变流器（三桥臂）时，模块 Signal（s）端应输入三相正弦信号。

Modulation index（0＜m＜1）：调制度。其表达式为 $m=U_{\text{rm}}/U_{\text{tm}}$，其中 U_{rm} 与 U_{tm} 分别为正弦调制波参考信号与三角载波的峰值。当改变 m 时，即可控制输出电压的幅值。需要指出，只有在内部生成调制信号时，设置 m 才有效。

Frequency of output voltage（Hz）：输出电压频率（Hz），也是设置正弦调制波的频率，同样只有在内部生成调制信号时才有效。

Phase of output voltage（degrees）：输出电压相角（degrees），用于设置正弦调制波的相角，以控制输出电压的相位，只有在内部生成调制信号时才有效。

4. 脉冲信号发生器（Pulse Generator）的仿真模型

注意：不要将脉冲信号发生器（Pulse Generator）与 PWM 脉冲发生器混淆。

（1）脉冲信号发生器仿真模型功能。脉冲信号发生器是一矩形方波信号发生器，且为矩形方波前沿触发方式，可用于触发电力电子器件，如晶闸管等。它是信号发生器，不需要任何输入信号激励。

（2）脉冲信号发生器仿真模型。脉冲信号发生器的仿真模型图标如图 4-11 所示，无输入信号端，有 1 个矩形方波信号输出端。

图 4-11　脉冲
信号发生器
仿真模型图标

（3）脉冲信号发生器仿真模型参数及其设置。脉冲信号发生器仿真模型参数设置对话框如图 4-12 所示。

Pulse type：脉冲类型，有 Time based（时间基准）与 Sample based（采样基准）两种可供选择。

Time（t）：时间，有 Use simulation time（使用仿真时间）与 Use external signal（使用外部信号）等两种可供选择。

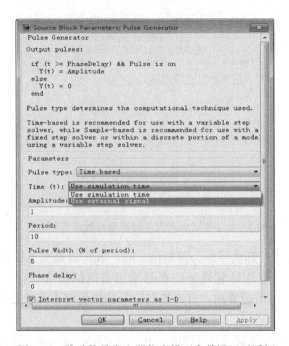

图 4-12　脉冲信号发生器仿真模型参数设置对话框

Amplitude：脉冲幅值。

Period：周期（s）。

Pulse Width（% of period）：脉冲宽度（周期的百分数）。

Phase delay：相位延迟（s）。

当选择 Use simulation time（使用仿真时间）时，可勾选 Interpret vector parameters as 1-D，即说明向量参数为一维的；当选择 Use external signal（使用外部信号）时，则无此勾选项。

4.1.2　通用变流器桥的仿真模型

1. 通用变流器桥仿真模块的功能

通用变流器桥仿真模块是由 6 个功率开关元件组成的三相桥式通用变流器模块。功率开关的类型和变流器的结构可通过对话框进行选择。功率开关的类型有：Diode、Thyristor、GTO-Diode、MOSFET-Diode、IGBT-Diode、Ideal switch 等；变流器桥的结构有单相、两相和三相。

2. 通用变流器桥仿真模块的图标、输入和输出

通用变流器桥的图标如图 4-13 所示。

　　模块的输入和输出端取决于所选择的变流器桥的结构：当 A、B、C 被选择为输入端，则直流 dc（＋ －）端就是输出端。当 A、B、C 被选择为输出端，则直流 dc（＋ －）端就是输入端。

　　除二极管桥外，其他桥的 Pulses 输入端可接收来自外部模块用于触发变流器桥内功率开关的触发信号。

　　3. 通用变流器桥仿真模块的参数

　　通用变流器桥的参数设置对话框如图 4-14 所示。

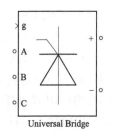

图 4-13　通用变流器桥的图标

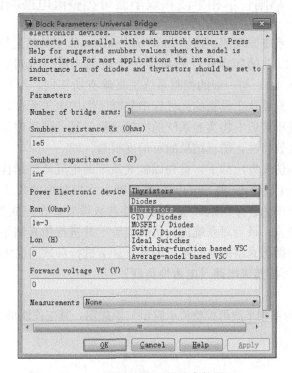

图 4-14　通用变流器桥的参数设置

　　（1）端口结构。设定 A、B、C 为输入端，即将通用变流器桥模块的 A、B、C 输入口与通用变流器桥内的 1、2、3 号桥臂连接起来；模块的（＋ －）输出口与变流器的直流（＋ －）端相连接。

　　设定 A、B、C 为输出端，即将通用变流器模块的 A、B、C 输出口与通用变流器桥内 3、2、1 号桥臂连接起来；（＋ －）输入口和直流端相连接，如图 4-15 所示。

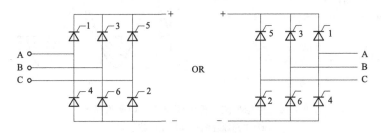

图 4-15　输入、输出口与变流器桥臂的连接

（2）缓冲电阻 $R_{\mathrm{s}}(\Omega)$。为了消除模块中的缓冲电路，可将缓冲电阻 R_{s} 的参数设定为 inf。

（3）缓冲电容 $C_{\mathrm{s}}(\mathrm{F})$。为了消除模块中的缓冲电路，可将缓冲电容 C_{s} 参数设定为 0；为了得到纯电阻缓冲电路，可将缓冲电容 C_{s} 参数设定为 inf。

（4）电力电子器件类型的选择。选择通用变流器桥中使用的电力电子器件的类型。

（5）内电阻 $R_{\mathrm{on}}(\Omega)$。通用变流器桥中使用的功率电子元件的内电阻。

（6）内电感 $L_{\mathrm{on}}(\mathrm{H})$。变流器桥中使用的二极管、晶闸管、MOSFET 等功率元件的内电感。

4.2　晶闸管单相半波和双半波可控整流电路的仿真

本书采用面向电气系统原理图、使用 SimPower System 工具箱进行系统建模与仿真的方法。在 MATLAB 5.2 以上的版本中，新增了一个电力系统（SimPower System）工具箱（本教材使用 R2012a 版本），与一般的控制系统工具箱有所不同，用户不需编程且不需推导系统的动态数学模型，只要从工具箱的元件库中复制所需的电气元件，按电气系统的结构进行连接，系统的建模过程接近实物实验系统的搭建过程，且元件库中的电气元件能较全面地反映相应实际元件的电气特性，仿真结果的可信度很高。

面向电气原理图的仿真方法如下：首先以电气系统的电气原理结构图为基础，弄清楚系统的构成，从 SimPower System 和 Simulink 模型库中找出对应的模块，按系统的结构关系进行连接；然后对系统中的各个组成环节进行元件参数设置，在完成各环节的参数设置后，进行系统仿真参数的设置；最后对系统进行仿真实验，并进行仿真结果分析。为了使系统得到好的性能，通常要根据仿真结果来对系统的各个环节进行参数的优化调整。

4.2.1　单相半波可控整流电路（电阻性负载）

1. 电路原理图

图 4-16（a）所示为单相半波可控整流电路电气原理图，其工作波形如图 4-16（b）所示。

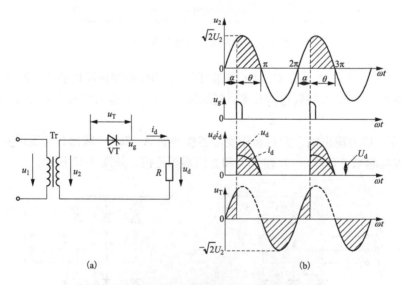

图 4-16　单相半波可控整流电路（电阻性负载）

（a）电路原理图；（b）工作波形图

2. 电路的建模

从电路原理图可知，该系统由电源、晶闸管、同步脉冲发生器、电阻负载等部分组成。图 4-17 是根据电路原理图搭建的仿真模型。

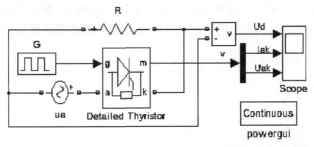

图 4-17　单相半波可控整流电路（电阻性负载）的仿真模型

仿真模型中主要模块的提取途径和参数设置如下：

（1）交流电压源模块。在图 1-22 中提取 AC Voltage Source 模块（路径为 SimPower System\Electrical Source\AC Voltage Source），其作用相当于电气原理图中变压器二次侧电源。双击该模块图标，打开该模块参数设置对话框，对交流电源模块的参数设置如图 4-18 所示。

（2）晶闸管模块。在图 1-33 中提取 Detailed Thyristor 模块（路径为 SimPower System\Power Electronics\Detailed Thyristor），作用是作为可控开关元件。晶闸管模块的参数设置如图 4-19 所示。

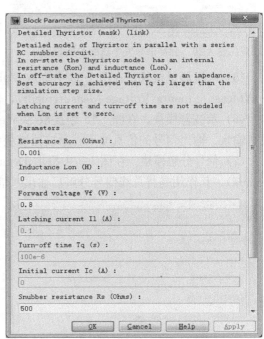

图 4-18　交流电源模块的参数设置　　　图 4-19　晶闸管模块的参数设置

（3）脉冲信号发生器模块：在图 1-16 中提取 Pulse Generator 模块（路径为 Simulink\Sources\Pulse Generator），作用是产生触发脉冲，控制晶闸管开通。其参数设置对话框如图 4-20 所示。

相位延迟 t 在所搭建的仿真模型里就是晶闸管的控制角 α，它们的关系为 $t/T=\alpha/360°$。若要设置电路的触发角 $\alpha=30°$，可以计算 $t=(1/50)\times(30/360)=0.00167(\mathrm{s})$。可知，当 $\alpha=45°$ 时，$t=0.0025\mathrm{s}$；当 $\alpha=60°$ 时，$t=0.00333\mathrm{s}$；当 $\alpha=90°$ 时，$t=0.005\mathrm{s}$。

（4）负载电阻模块：在图 1-23 中提取 Series RLC Branch（路径 SimPower System\Elements\Series RLC Branch），它是电路所带的电阻负载。其参数设置对话框如图 4-21 所示。

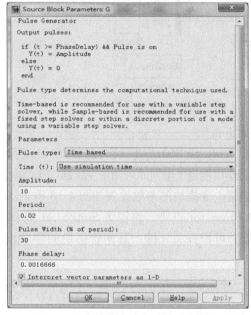

图 4-20　脉冲信号发生器的参数设置　　　　图 4-21　负载电阻模块的参数设置

（5）电压测量模块。在图 1-32 中提取 Voltage Measurement 模块（路径 SimPower System\Measure ments\Voltage Measurement），作用是检测电压的大小。

（6）示波器模块。在图 1-15 中提取 Scope 模块（路径 Simulink\Sinks\Scope），作用是观察输入、输出信号的仿真波形。示波器模块参数设置如图 4-22 所示。

（7）信号分解模块。在图 1-3 中提取 Demux 模块（路径 Simulink\Commonly Used block\Demux），其作用是将总线信号分解后输出。信号分解模块参数设置如图 4-23 所示。

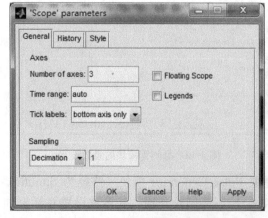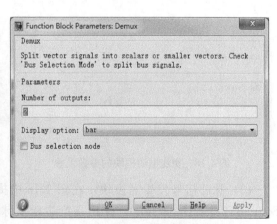

图 4-22　示波器模块的参数设置　　　　　图 4-23　信号分解模块参数设置

3. 系统仿真参数设置

在 MATLAB 的模型窗口中打开 Simulation 菜单，进行 Simulation Parameters 设置，如图 4-24 所示。

单击图 4-24 中 Configuration Parameters…后，得到有关仿真参数设置的情况，如图 4-25 所示，此仿真中所选择的算法为 ode23tb。

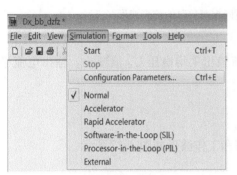

图 4-24　选择系统仿真参数设置对话框　　　　图 4-25　系统仿真参数设置

4. 系统的仿真和仿真结果

当完成电路模型的搭建和参数设置后，则可以开始仿真。

（1）系统仿真。在 Matlab 的模型窗口打开 Simulation 菜单，单击 Start 命令，或直接单击 ▶ 按钮，系统开始仿真。

（2）输出仿真结果。系统可以有多种输出方式，根据图 4-17 的模型，当使用"示波器"模块观测仿真输出结果时，只需双击"示波器"模块的图标即可。图 4-26 为使用"示波器"模块输出时的曲线图。

（3）仿真结果分析。当其他参数不变，当 $\alpha=30°$、$60°$、$90°$时，仿真实验波形如图 4-26（a）～（c）所示。

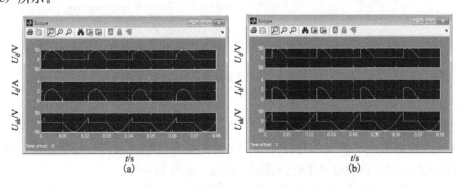

图 4-26　单相半波整流电路带电阻性负载不同控制角时的仿真波形（一）

(a) $\alpha=30°$；(b) $\alpha=60°$

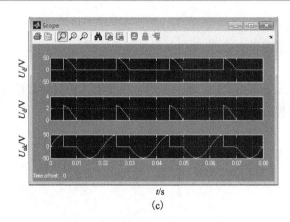

图 4-26　单相半波整流电路带电阻性负载不同控制角时的仿真波形（二）

（c）α＝90°

由图 4-26 所示波形可知，随着 α 角的增大，直流输出平均电压 U_d 值减小，输出电流平均值 I_d 也相应减小。

4.2.2　单相半波可控整流电路（阻感性负载）

1. 电路原理图

单相半波可控整流电路带阻感性负载电路原理图和工作波形如图 4-27 所示。

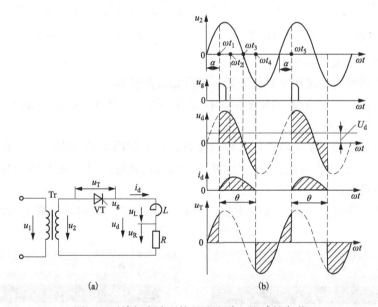

图 4-27　单相半波可控整流电路（阻感性负载）

（a）电路原理图；（b）工作波形图

2. 电路的建模

图 4-28 为根据图 4-27 所示的电路原理图搭建的仿真模型。大部分模块的提取途径、作用及参数设置在电阻性负载电路中已经详细介绍过，此处只补充。

阻感性负载模块提取路径及作用。其提取路径为 SimPower System\Elements\Series RLC Branch，用作电路所带的阻感负载。

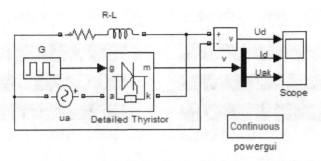

图 4-28 单相半波可控整流电路（阻感性负载）的仿真模型

该模块的参数设置如图 4-29 所示。其他模块的参数设置与电阻性负载相同。

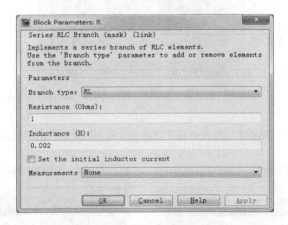

图 4-29 阻感性负载模块的参数设置

3. 模型仿真结果的输出及结果分析

打开仿真参数窗口，选用 ode23tb 算法，相对误差设为 1e-3，仿真开始时间为 0，停止时间为 0.08s。单击"Start"命令，或直接单击 ▶ 按钮，系统开始仿真。

（1）输出仿真结果。采用"示波器"输出方式，图 4-30、图 4-31 为双击"示波器"模块后显示的仿真曲线。

1）当其他参数不变，使 $\alpha=30°$、$60°$、$90°$时，得到的仿真波形如图 4-30（a）～（c）所示。

2）当 $\alpha=60°$且电阻 $R=1\Omega$ 不变，改变负载电感 L 时，仿真波形的变化情况如 4-31 所示。

（2）输出结果分析。改变负载电感 L 的大小，会直接影响到负载平均电压 U_d，随着电感 L 的增大，负载电压的波形在负半周所占的面积越大，使得 U_d 的值越小。

在上述分析的基础上，将单相半波整流电路带电阻性与阻感性负载进行比较可得出以下结论：与电阻性负载相比，电路中所出现的负载电感 L，会使得晶闸管的导通时间加长；当 u_2 由正到零时，晶闸管并没有关断，使输出电压出现了负的部分，从而输出电压平均值 U_d 减小。

4.2.3 单相半波可控整流电路（阻感性负载加续流二极管）

1. 电路原理图

为了解决电感性负载存在的问题，必须在负载两端并联续流二极管，将输出电压的负向波形去掉。阻感性负载加续流二极管的电路原理图和工作波形如图 4-32 所示。

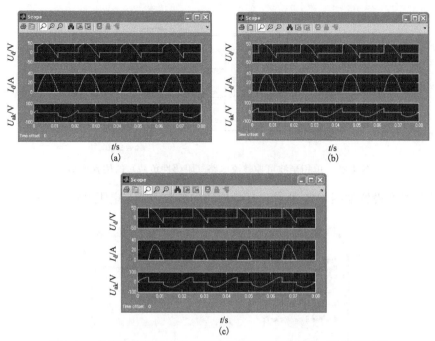

图 4-30 单相半波整流电路带阻感性负载不同控制角时的仿真波形

(a) $\alpha=30°$；(b) $\alpha=60°$；(c) $\alpha=90°$

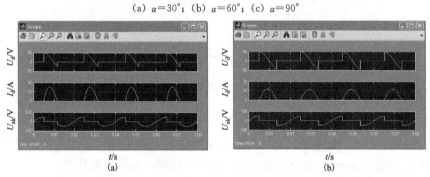

图 4-31 控制角相同、不同负载电感时的单相半波整流电路阻感性负载的仿真波形

(a) $L=0.01H$；(b) $L=0.02H$

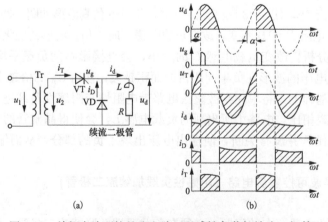

图 4-32 单相半波可控整流电路（阻感性负载加续流二极管）

（a）电路原理图；（b）工作波形图

2. 电路的建模

图 4-33 为根据电路原理图搭建的仿真模型。

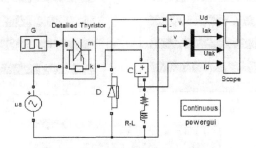

图 4-33 单相半波可控整流电路（阻感负载加续流二极管）的仿真模型

此处只补充模型中新增的模块的提取路径及作用

（1）二极管模块的提取路径 SimPower System\Power Electronics\Diode，用作续流二极管元件。

（2）电流测量模块的提取路径 SimPower System\Measurements\Current Measurement，用于检测电流的大小。

续流二极管模块的参数设置如图 4-34 所示。

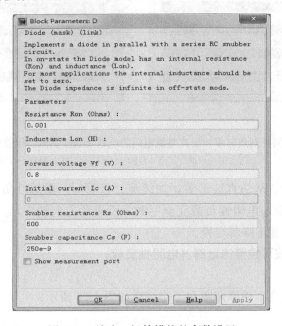

图 4-34 续流二极管模块的参数设置

3. 模型仿真结果的输出及结果分析

打开仿真参数窗口，选 ode23tb 算法，相对误差设为 1e-3，仿真开始时间为 0，停止时间为 0.08s。单击 Start 命令，或直接单击 ▶ 按钮，系统开始仿真。

（1）输出仿真结果。

采用"示波器"输出方式，图 4-35（a）～（e）是当 $R=1\Omega$、$L=0.002\mathrm{H}$，α 分别为 30°、60°、90°、120°、150°时的仿真波形。

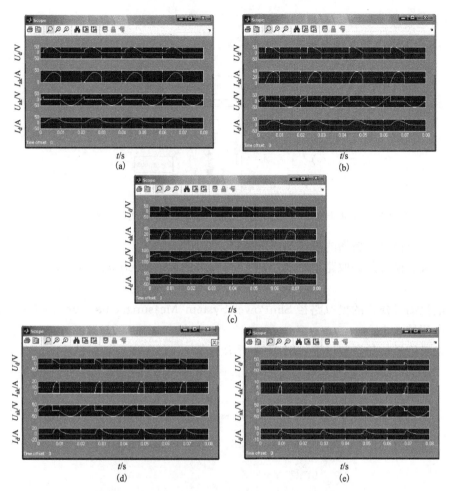

图 4-35　不同控制角时单相半波整流电路阻感性负载接续流二极管的仿真波形

（a）$\alpha=30°$；（b）$\alpha=60°$；（c）$\alpha=90°$；（d）$\alpha=120°$；（e）$\alpha=150°$

（2）输出结果分析。从仿真波形看，加续流二极管后，阻感性负载的负载电压 U_d、晶闸管两端的电压 U_{ak} 波形与电阻性负载完全一致，没有负方向波形，只是负载电流受到电感的阻碍作用，波形上升和下降都变慢。

4.2.4　单相双半波可控整流电路（电阻性负载）

1. 电气原理图

单相双半波可控整流电路原理图和工作波形如图 4-36 所示。

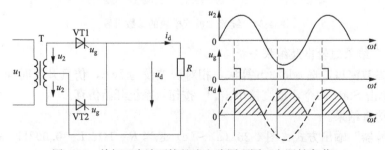

图 4-36　单相双半波可控整流电路原理图（电阻性负载）

单相双半波可控整流与单相半波可控整流电路相比,不同之处在于:当在电源电压负半周时,晶闸管 VT1 过零关断,但此时若有触发脉冲到来(即到达 π+α 处),会使得晶闸管 VT2 导通,给负载电阻 R 供电,直到电源电压过零变正时,晶闸管 VT2 关断。这样,随着电源电压的正负半周触发脉冲的到来,晶闸管 VT1、VT2 轮流导通,如此反复。

2. 电路的建模

根据电气原理图可得到图 4-37 的仿真模型。

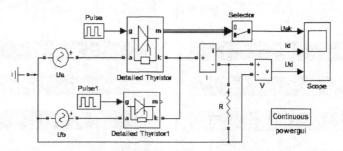

图 4-37　单相双半波可控整流电路(电阻性负载)仿真模型

(1) 新增模块的选择、提取路径及主要作用。

本仿真模型新增加了选择开关模块 Selector,选择途径为 Simulink\Signal Routing\Selector,建立输入和输出信号间的匹配连接关系。

(2) 典型模块的参数设置。

1) 交流电源模块的参数设置。本模型中需要两个交流电源模块,在前面已经介绍过电源模块 U_a 的参数设置方法,唯一不同之处是 U_b 与 U_a 的初相位互差 180°,则将 U_b 的参数设置成图 4-38 所示。

2) 脉冲信号发生器的参数设置。本模型中使用了 2 个信号发生器,第 2 个信号发生器的相位延迟与第 1 个信号发生器互差 180°,在第 1 个信号发生器相位延迟设置值的基础上加上 $(1/50)×(180/360)=0.01$ (s),即为第 2 个信号发生器的相位延迟设置,参数设置如图 4-39 所示。

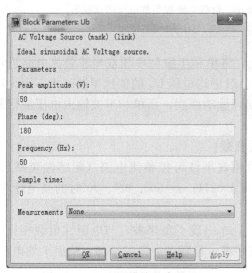

图 4-38　U_b 电源模块的参数设置

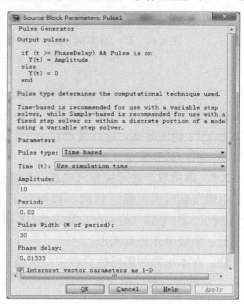

图 4-39　第 2 个信号发生器的参数设置

3. 模型仿真和仿真结果

（1）系统仿真。打开仿真参数窗口，选 ode23tb 算法，相对误差设为 1e-3，仿真开始时间为 0，停止时间为 0.08s；单击 Start 命令，或直接单击 ▸ 按钮，系统开始仿真。

（2）输出仿真结果。采用"示波器"输出方式，图 4-40（a）～（c）是 $R=2\Omega$，$\alpha=30°$、$60°$、$90°$时，晶闸管上的电压、负载电流、负载电压的仿真波形。

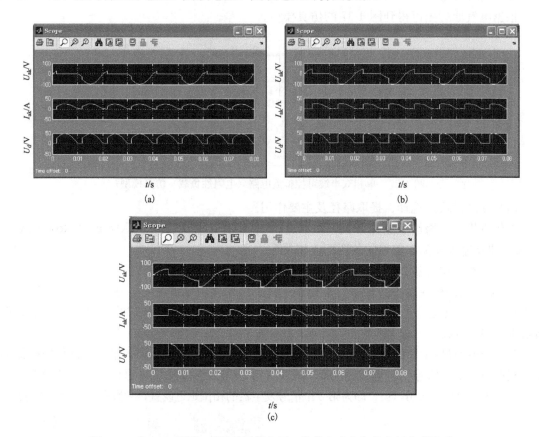

图 4-40　$R=2\Omega$ 不同 α 时的晶闸管电压、负载电流和负载电压仿真波形

(a) $R=2\Omega$，$\alpha=30°$；(b) $R=2\Omega$，$\alpha=60°$；(c) $R=2\Omega$，$\alpha=90°$

（3）输出结果分析。在上述分析的基础上，将单相半波与单相双半波整流电路进行比较，可得出以下结论：单相双半波整流电路的负载平均电压 U_d 的值比半波时大，因为晶闸管 VT1、VT2 轮流导通，电压波形在一个周期内脉动两次，而单相半波输出电压波形每个周期脉动一次，且整流电压脉动大。

4.2.5　单相双半波可控整流电路（阻感性负载）

将电阻负载改为阻感性负载，即得到了单相双半波可控整流电路（阻感性负载），如图 4-41 所示。图 4-42（a）～（c）是 $R=2\Omega$，$L=0.02$H；$\alpha=30°$、$60°$、$90°$时的晶闸管电压、负载电流、负载电压仿真波形。

可知，在本电路的阻感性负载中，负载电压 u_d 出现了负半波，与电阻性负载相比，负载电流 i_d 从零按指数规律逐渐上升，波形变得平滑，且随着 α 角的增加，输出平均电压 U_d 减小。

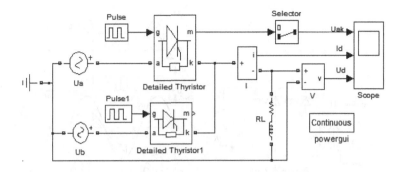

图 4-41　单相双半波可控整流电路（阻感性负载）仿真模型

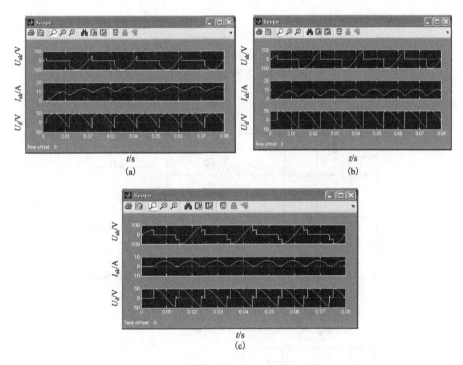

图 4-42　$R=2\Omega$，$L=0.02\mathrm{H}$，不同 α 时的晶闸管、负载电流和负载电压电压仿真波形

（a）$R=2\Omega$，$L=0.02\mathrm{H}$，$\alpha=30°$；（b）$R=2\Omega$，$L=0.02\mathrm{H}$，$\alpha=60°$；（c）$R=2\Omega$，$L=0.02\mathrm{H}$，$\alpha=90°$

4.3　晶闸管单相桥式可控整流电路的仿真

4.3.1　单相桥式全控整流电路（电阻性负载）

1. 电气原理图

单相桥式全控整流电路带电阻性负载电气原理图和工作波形如图 4-43 所示。

2. 电路的建模

图 4-44 为根据电气原理图所搭建的系统仿真模型。

（1）模型中子系统的建立。本系统中主要是添加了单相桥式全控整流器子系统模型，它的具体模型及仿真图标如图 4-45 所示。

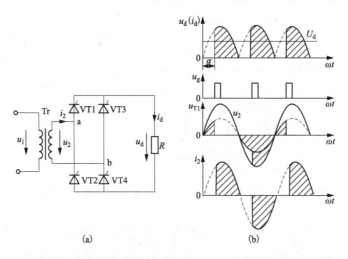

图 4-43　单相桥式全控整流电路（电阻性负载）原理图

（a）电路原理图；（b）工作波形

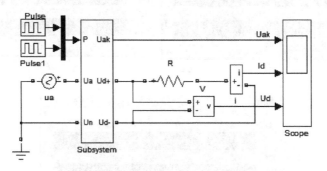

图 4-44　单相全控桥式整流电路（电阻性负载）仿真模型

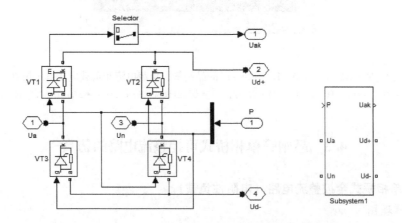

图 4-45　单相桥式全控整流器子系统模型及仿真图标

（2）新增模块的提取途径及作用。

1）子系统的输出模块：Simulnk\Commmonly Used Blocks\Out1，子系统输出端子。

2）子系统的输入模块：Simulnk\Commmonly Used Blocks\In1，子系统输入端子。

3. 模型仿真和仿真结果

(1) 系统仿真。打开仿真参数窗口，选 ode23tb 算法，相对误差设为 1e-3，仿真开始时间为 0，停止时间为 0.08s；单击 Start 命令，或直接单击 ▶ 按钮，系统开始仿真。

(2) 输出仿真结果。采用"示波器"输出方式，图 4-46（a）～（d）是 $\alpha=30°$、$60°$、$90°$、$120°$时的晶闸管电压、负载电流和负载电压的仿真波形。

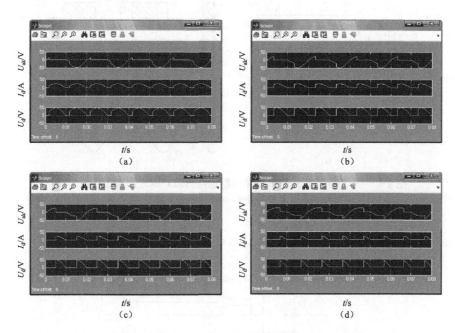

图 4-46　不同控制角时单相全控桥式整流电路电阻性负载的仿真波形

（a）$\alpha=30°$；（b）$\alpha=60°$；（c）$\alpha=90°$；（d）$\alpha=120°$

(3) 输出结果分析。本电路输出电压 U_d 的值随着控制角 α 的增加而减小。

与单相双半波整流电路相比，从仿真波形图不难看出，两电路的输出电压 u_d 波形是相同的，但两者的区别在于，单相双半波的变压器二次绕组是带中心抽头的，这种结构较单相桥式全控电路复杂。单相双半波比单相桥式全控少用 2 个晶闸管，这样使门极驱动电路也少了 2 个，但其晶闸管能承受的最大电压是单相桥式全控的 2 倍。

4.3.2　单相桥式全控整流电路（阻感性负载）

1. 电气原理图

单相桥式全控整流电路（阻感性负载）电气原理图和工作波形如图 4-47 所示。

2. 电路的建模

此系统的模型只需将图 4-44 中的电阻负载改为阻感性即可，如图 4-48 所示。

3. 模型仿真和仿真结果

(1) 系统仿真。打开仿真参数窗口，选 ode23tb 算法，相对误差设为 1e−3，仿真开始时间为 0，停止时间为 0.08s；单击"Start"命令，或直接单击 ▶ 按钮，系统开始仿真。

(2) 输出仿真结果。采用"示波器"输出方式，图 4-49（a）～（c）是 $\alpha=30°$、$60°$、$90°$时的晶闸管电压、负载电流和负载电压的仿真波形。

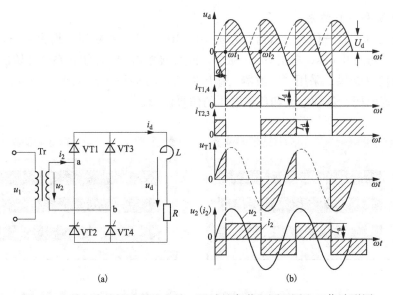

图 4-47　单相全控桥式整流电路（阻感性负载）原理图和工作波形图

(a) 电路原理图；(b) 工作波形图

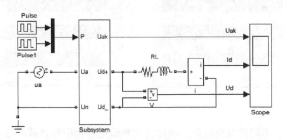

图 4-48　单相桥式全控整流电路（阻感性负载）仿真模型

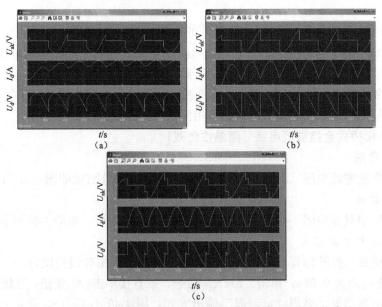

图 4-49　不同控制角时单相桥式全控整流电路阻感性负载的仿真波形

(a) $\alpha = 30°$；(b) $\alpha = 60°$；(c) $\alpha = 90°$

（3）输出结果分析。

1）由于电感的作用，输出电压出现负波形；当电感无限大时，控制角 α 在 $0\sim90°$ 变化时，晶闸管导通角 $\theta=\pi$，导通角 θ 与控制角 α 无关。输出电流近似平直，流过晶闸管和变压器二次侧的电流为矩形波。

2）图 4-49（a）～（c）是 $\alpha=30°$、$60°$、$90°$阻感性负载时的仿真波形；此时的电感为有限值，晶闸管不通期间均承受 $\frac{1}{2}u_2$ 电压。

4.3.3　单相桥式全控整流电路（带反电动势负载）

1. 电气原理图

单相桥式全控整流电路带反电动势负载的电气原理图和工作波形如图 4-50 所示。

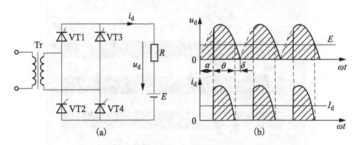

图 4-50　单相桥式全控整流电路带反电动势负载（$L=0$）

(a) 电路原理图；(b) 工作波形图

2. 电路的建模

单相桥式全控整流电路带反电动势负载的仿真模型如图 4-51 所示。图中所增加的反电动势 E 的参数设为 15V。

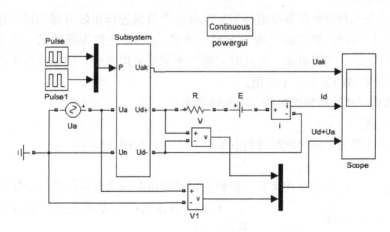

图 4-51　单相桥式全控整流电路带反电动势负载仿真模型

3. 模型仿真和仿真结果

（1）系统仿真。打开仿真参数窗口，选 ode23tb 算法，相对误差设为 1e-3，仿真开始时间为 0，停止时间为 0.08s；单击 Start 命令，或直接单击 ▶ 按钮，系统开始仿真。

（2）输出仿真结果。采用"示波器"输出方式，不同控制角 α 时的仿真波形如图 4-52 所示。

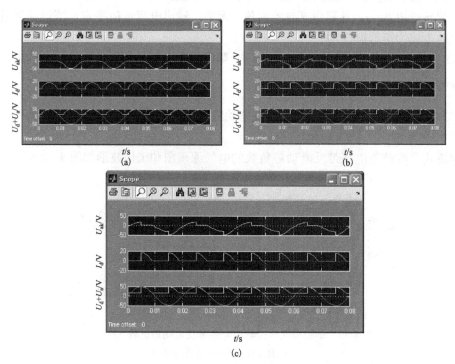

图 4-52　单相桥式全控整流电路带反电动势负载不同控制角 α 的仿真波形
(a) $\alpha=30°$；(b) $\alpha=60°$；(c) $\alpha=90°$

（3）输出结果分析。随着 α 角的增大，平均电压 U_d 减小，在反电动势 E 一定的情况下，输出电流 I_d 相应地减小。

将单相桥式全控整流电路带电阻性与带反电动势负载进行比较可得出以下结论：从两电路的仿真波形可以看出，加了反电动势 E 后，电流 i_d 波形近似为脉冲状，且随着电动势 E 增大，i_d 波形的底部会变得更窄。若此时需输出相同的平均电流，则加反电势电路的峰值会越大，进而 I_d 的有效值更大于平均值。

4.3.4　单相桥式半控整流电路（电阻性负载）

1. 电气原理图

单相桥式半控整流电路带电阻性负载的电气原理图如图 4-53 所示。

2. 电路的建模

根据电气原理图建立的单相桥式半控整流电路带电阻性负载的仿真模型如图 4-54 所示。

电路仿真模型中子系统模型及仿真图标如图 4-55 所示。

功率二极管模块的提取途径前面已经说明过。

3. 模型仿真和仿真结果

（1）系统仿真。打开仿真参数窗口，选 ode23tb 算法，相对误差设为 1e-3，仿真开始时间为 0，停止时间为 0.08s；单击 Start 命令，或直接单击 ▶ 按钮，系统

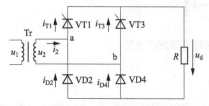

图 4-53　单相桥式半控整流电路带
电阻性负载的电路原理图

开始仿真。

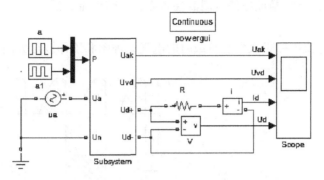

图 4-54　单相桥式半控整流电路带电阻性负载的仿真模型

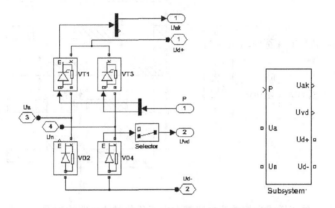

图 4-55　仿真模型中子系统模型及仿真图标

（2）输出仿真结果。采用"示波器"输出方式。当其他参数不变，不同控制角 α 时的仿真波形如图 4-56 所示。

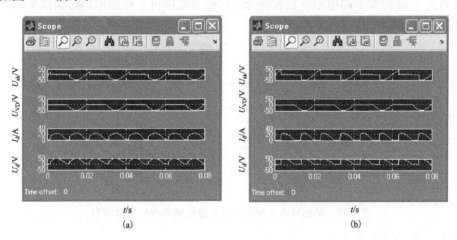

图 4-56　改变 α 角时单相桥式半控整流电路带电阻性负载的仿真波形
(a) $\alpha=30°$；(b) $\alpha=60°$

（3）输出结果分析。从波形图可以看出，此电路的输出电压 u_d 和输出电流 i_d 的波形与单相桥式全控整流电路带电阻性时相同，输出电压随着控制角 α 的增大而减小。

4.3.5   单相桥式半控整流电路（阻感性负载、不带续流二极管）

1. 电气原理图

单相桥式半控整流电路带大电感负载时的电气原理图和工作波形如图 4-57 所示。

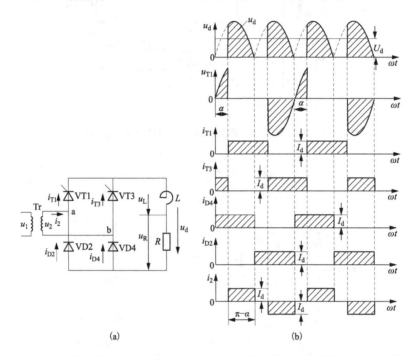

图 4-57   单相桥式半控整流电路带大电感负载时的电路原理图和工作波形
(a) 电路原理图；(b) 工作波形

2. 电路的建模

只要将图 4-54 模型中的电阻性负载改为阻感性负载即可。根据原理结构图所搭建的仿真模型如图 4-58 所示。

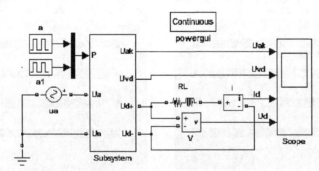

图 4-58   单相桥式半控整流电路带阻感负载的仿真模型

3. 模型仿真和仿真结果

(1) 系统仿真。打开仿真参数窗口，选 ode23tb 算法，相对误差设为 1e-3，仿真开始时间为 0，停止时间为 0.08s；单击 Start 命令，或直接单击 ▶ 按钮，系统开始仿真。

(2) 输出仿真结果。采用"示波器"输出方式，图 4-59（a）~（d）是 $\alpha=30°$、$60°$、$90°$、

120°阻感性负载且电感为有限值时的仿真波形，此时负载参数为 $R=2\Omega$，$L=0.02\text{H}$。

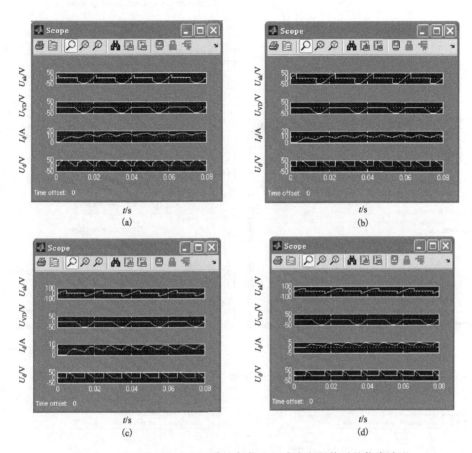

图 4-59　不同控制角 α 带阻感性负载且电感为有限值时的仿真波形
(a) $\alpha=30°$；(b) $\alpha=60°$；(c) $\alpha=90°$；(d) $\alpha=120°$

（3）输出结果分析。由图 4-59 分析可知，该电路与电阻性负载时输出的 u_d 波形是一样的。该电路即使直流输出端不接有续流二极管，但由于桥路内部的续流作用，负载端与接续流二极管时的情况是相同的。

4.3.6　晶闸管单相可控整流电路直流侧输出电压的谐波分析

电力电子变流电路会产生大量的谐波，注入电网后会影响电能质量，所以进行谐波分析非常必要。下面使用 MATLAB 中的 Powergui 模块进行谐波分析。

以单相双半波整流电路的输出电压 u_d 为例，在用 Powergui 模块分析之前，先双击示波器，将示波器的 Format 一栏勾选为 Structure with time，如图 4-60 所示。勾选完后所保存的数据就可以用 Powergui 模块进行分析了，再将谐波分析结果与应用傅里叶级数的分析结果比较。

单击 Powergui 模块，弹出属性参数对话框如图 4-61 所示。单击图中的 FFT analysis 按钮，弹出 Powergui 的 FFTtools 对话框，如图 4-62 所示。

关于 FFT tools 对话框的说明如下：

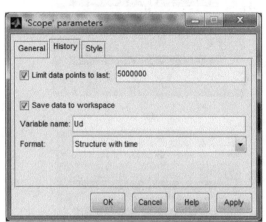

图 4-60   示波器的参数设置

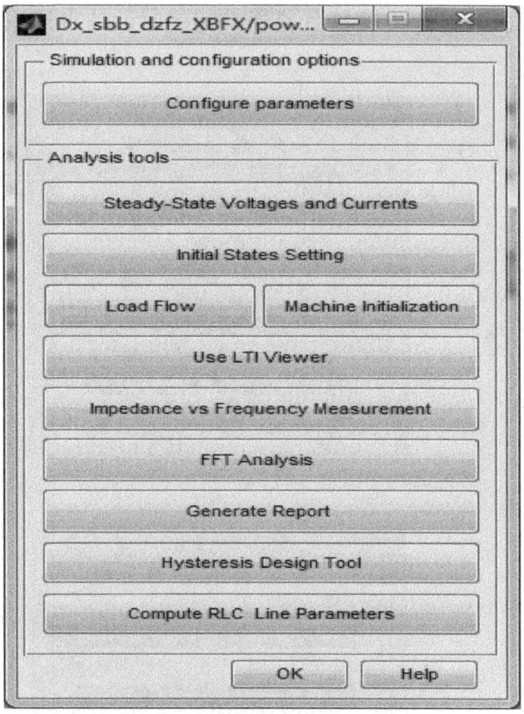

图 4-61   Powergui 模块属性参数对话框

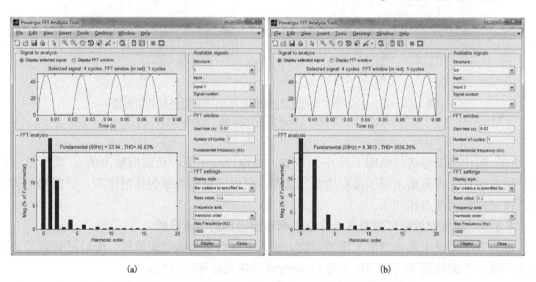

(a)   (b)

图 4-62   FFT tools 的对话框和谐波分析结果

（a）单相半波 FFT tools 对话框；（b）单相双半波 FFT tools 对话框

（1）Fundamental frequency（Hz）：基波频率，本系统中为 50Hz；

（2）Max Frequency（Hz）：最大频率，就是要分析的波形的谐波范围；

（3）Frequency axis：频率坐标轴，有两种输出方式，其一为 Hertz，表示以 Hz 来显示 FFT 的分析结果；其二为 Harmonic order（谐波次数），表示以相对于基波频率的谐波次数来显示 FFT 分析结果。

(4) 在 Disply style 中，可由傅里叶分析得到直流侧输出电压的谐波波形，该波形有四种显示方式：Bar（relative to fundamental），指相对于基波而言的条形图，如图 4-62 所示；List（relative to funda-mental），指相对于基波而言的高次谐波所占的百分比；Bar（relative to specified base），指相对于某个基础值而言的条形图，但此时需要在 Base value 中输入基础值；List（relative to specified base），指相对于某个基础值而言的高次谐波所占的百分比，需要在 Base value 栏中输入基础值。

(5) 总谐波畸变率（THD）：表示波形相对于正弦波畸变程度的一个性能参数，将其定义为全部谐波含量的方均根值与基波含量的方均根值之比。以电压信号来说明，如基波电压的有效值为 U_1，二次谐波电压的有效值为 U_2……这样如此下去，则记 h 次谐波的有效值为 U_H。

则电压的总谐波含量（电压所有畸变分量有效值）$U_H = \sqrt{\sum_{h=2}^{\infty} U_h^2}$，则电压总谐波畸变率为 $THD = \dfrac{U_H}{U_1} \times 100(\%)$。

不同电路的傅里叶级数谐波分析结果如下：

(1) 当 $\alpha = 0°$ 时，单相半波整流电路电阻性负载输出电压的傅里叶级数为

$$u_d = \frac{\sqrt{2}U_2}{\pi}\left(1 + \frac{\pi\cos\omega t}{2} + \frac{2\cos2\omega t}{3} - \frac{2\cos4\omega t}{15} + \frac{2\cos6\omega t}{35} + \cdots\right)$$

输出电压波形中含有直流分量和 1、2、4…次谐波，与图 4-62（a）分析结果一致。

(2) 当 $\alpha = 0°$ 时，单相双半波整流电路电阻性负载输出电压的傅里叶级数为

$$u_d = \sqrt{2}U_2 \frac{2}{\pi}\sin\frac{\pi}{2}\left(1 + \frac{2\cos2\omega t}{1\times3} - \frac{2\cos4\omega t}{3\times5} + \frac{2\cos6\omega t}{5\times7} + \cdots\right)$$

输出电压波形中含有直流分量和 2、4、6…次谐波，与图 4-62（b）分析结果一致。

单相桥式全控整流电路和双半波整流电路的谐波情况相同。

(3) 单相桥式全控整流电路变压器二次侧电流的谐波分析。当电感 L 很大时，变压器二次侧电流的波形可以看作是方波，将电流波形分解为傅里叶级数为

$$i_2 = \frac{4}{\pi}I_d\left(\sin\omega t + \frac{1}{3}\sin3\omega t + \frac{1}{5}\sin5\omega t + \cdots\right) = \frac{4}{\pi}I_d\sum_{n=1,3,5\cdots}^{\infty}\frac{1}{n}\sin n\omega t = \sum_{n=1,3,5\cdots}^{\infty}\sqrt{2}I_n\sin n\omega t$$

变压器二次侧电流的谐波分析结果如图 4-63 所示，与傅里叶级数的理论分析结果一致。

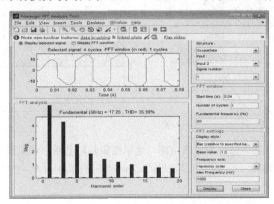

图 4-63　变压器二次侧电流的谐波分析结果

4.4 晶闸管三相可控整流电路的仿真

4.4.1 三相半波可控整流电路（电阻性负载）

1. 电气原理图

三相半波可控整流电路和工作波形如图 4-64 所示。

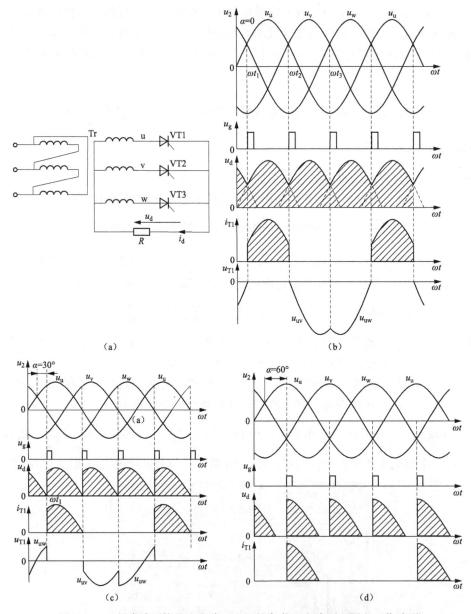

图 4-64 三相半波可控整流电路（电阻性负载）电路原理图和工作波形

(a) 电路原理图；(b) $\alpha=0°$工作波形；(c) $\alpha=30°$工作波形；(d) $\alpha=60°$工作波形

2. 电路的建模

从电气原理图分析可知，该系统由三相半波整流器、脉冲触发器等部分组成，其仿真模型如图 4-65 所示。

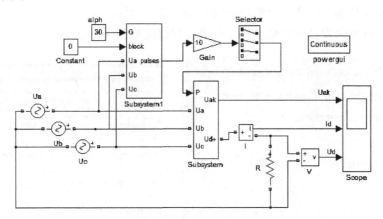

图 4-65　三相半波可控整流电路（电阻性负载）的仿真模型

（1）模型中新增模块、提取途径和作用。

1）增益模块 Gain：Simulink\commonly used blocks\gain，输出为输入乘以增益。

2）同步 6 脉冲触发器模块：Simpower system\controlblocks\Synchronized 6-Pulse generator，用于产生触发脉冲。

（2）子系统的建模。系统中三相半波整流器子系统和同步六脉冲触发器的模型及仿真图标如图 4-66、图 4-67 所示。

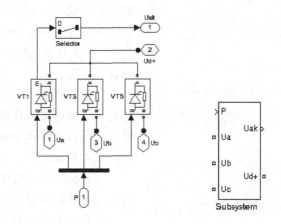

图 4-66　三相半波整流器子系统模型及仿真图标

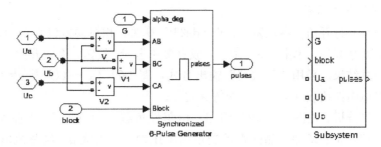

图 4-67　同步 6 脉冲触发器子系统模型及仿真图标

3. 典型模块的参数设置

（1）增益模块的参数设置。参数设置情况如图 4-68 所示。

（2）同步 6 脉冲触发器的参数设置。参数设置情况如图 4-69 所示。

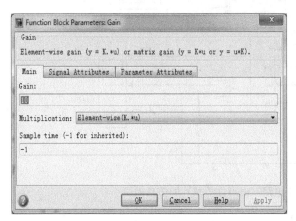

图 4-68　增益模块的参数设置　　　　图 4-69　同步 6 脉冲触发器的参数设置

（3）三相电源为对称的正弦交流电源，其幅值设为 50V，频率设为 50Hz，U_a、U_b、U_c 相的初相位分别设置为 0°、－120°、－240°。其具体设置过程在前面已经介绍过，此处不再重复。

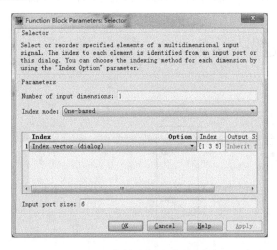

图 4-70　信号选择器参数设置

（4）信号选择器 Selector：Index vector 的参数改成［135］，即选择了第 1、3、5 信号作为输出信号；input port size 参数设置为 6，即信号总共是有 6 路。图 4-70 为其具体设置情况。

（5）增益模块 Gain 的参数设置为 10，这是为了使触发脉冲的功率满足晶闸管触发要求，所以才将脉冲触发器产生的 6 路脉冲采用放大器放大了 10 倍。

（6）constant 的参数设置为 0，这用作同步六脉冲触发器的开关使能信号。

（7）alph 的参数设置为 30 或其他数值，即触发脉冲 $\alpha = 30°$ 或其他数值。

4. 系统仿真和仿真结果

（1）系统仿真。打开仿真参数窗口，选 ode23tb 算法，相对误差设为 1e-3，仿真开始时间为 0，停止时间为 0.1s；单击 Start 命令，或直接单击 ▶ 按钮，系统开始仿真。

（2）输出仿真结果。采用"示波器"输出方式，图 4-71（a）～（f）是 $\alpha = 0°$、30°、60°、90°、120°、150°电阻性负载（$R = 2\Omega$）的仿真波形。

（3）输出结果分析。由图 4-11 可以看出：电阻性负载 $\alpha = 0°$ 时，VT1 在 VT2、VT3 导通时仅受反压，随着 α 的增加，晶闸管承受正向电压增加；增大 α，则整流电压相应减小；$\alpha = 150°$ 时，晶闸管不导通，承受电源电压。

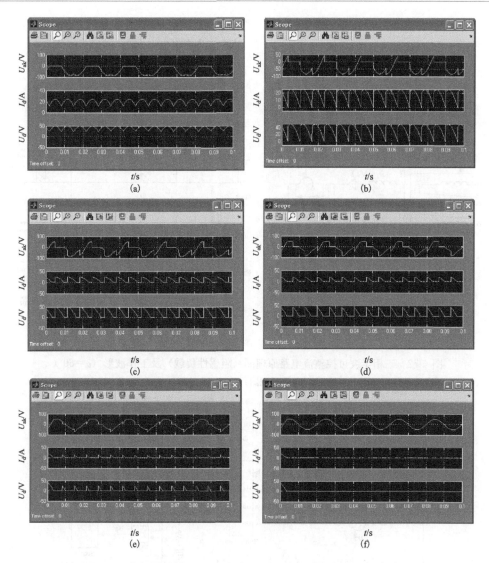

图 4-71 不同控制角时三相半波整流电路电阻性负载的仿真波形

(a) $\alpha=0°$; (b) $\alpha=30°$; (c) $\alpha=60°$; (d) $\alpha=90°$; (e) $\alpha=120°$; (f) $\alpha=150°$

4.4.2 三相半波可控整流电路（阻感性负载）

1. 电气原理图

三相半波共阴极阻感性负载电路和工作波形如图 4-72 所示。

2. 电路的建模

本系统的模型只需将图 4-64 中电阻负载改为阻感性负载即可，仿真模型如图 4-73 所示。

3. 系统仿真和仿真结果

（1）系统仿真。打开仿真参数窗口，选 ode23tb 算法，相对误差设为 1e-3，仿真开始时间为 0，停止时间为 0.1s；单击 Start 命令，或直接单击 ▶ 按钮，系统开始仿真。

（2）输出仿真结果。采用"示波器"输出方式，图 4-74（a）～（d）是 $\alpha=0°$、30°、60°、90°阻感性负载（$R=2\Omega$、$L=0.02H$）时的仿真波形。

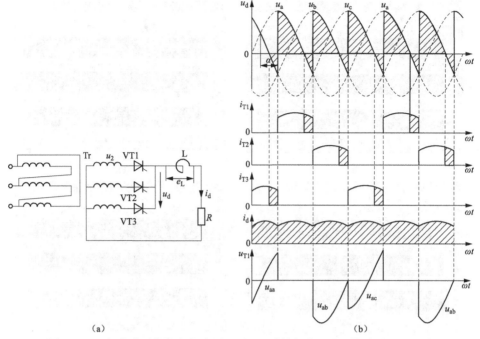

图 4-72　三相半波可控整流电路原理图（阻感性负载）及工作波形（$\alpha=60°$）

（a）电路原理图；（b）工作波形

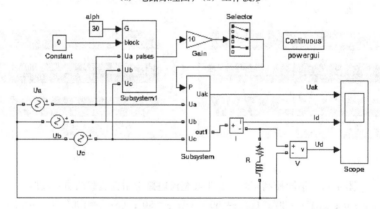

图 4-73　三相半波可控整流电路（阻感性负载）仿真模型

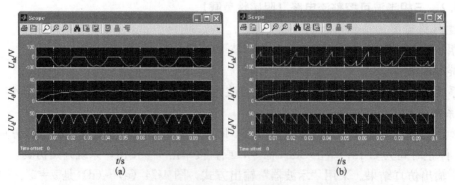

图 4-74　不同控制角时三相半波整流电路阻感性负载时的仿真波形（一）

（a）$\alpha=0°$；（b）$\alpha=30°$

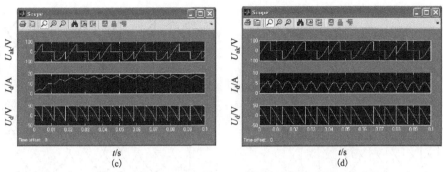

图 4-74 不同控制角时三相半波整流电路阻感性负载时的仿真波形（二）

(c) $\alpha=60°$；(d) $\alpha=90°$

（3）输出结果分析。由图 4-74 可以看出，当 $\alpha \leqslant 30°$ 时，由于电感的储能作用，使得电流 i_d 的波形接近水平线，其他波形情况与电阻性负载时相同。当 $\alpha > 30°$ 时，由于电感的作用，负载电压出现了负半波，使得其平均值减小，当 $\alpha=90°$ 时，$U_d=0$。所以该电路控制角 α 的取值范围是 $0° \sim 90°$。

4.4.3 三相桥式全控整流电路（电阻性负载）

1. 电气原理图

本系统实际可以看作是共阴极接法的三相半波（VT1、VT3、VT5）和共阳极接法的三相半波（VT4、VT6、VT2）的串联组合，电气原理图和工作波形如图 4-75 所示。

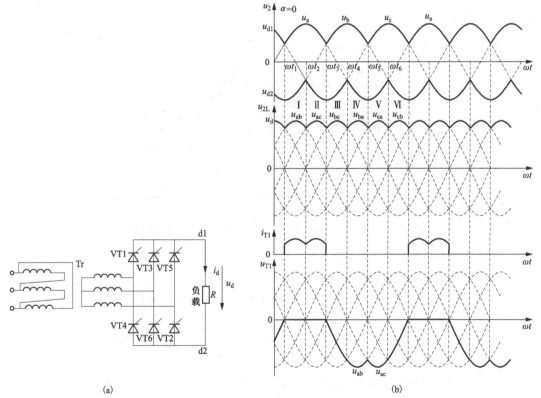

图 4-75 三相桥式全控整流电路（电阻性负载）原理图和工作波形（一）

（a）电路原理图；（b）$\alpha=0°$工作波形

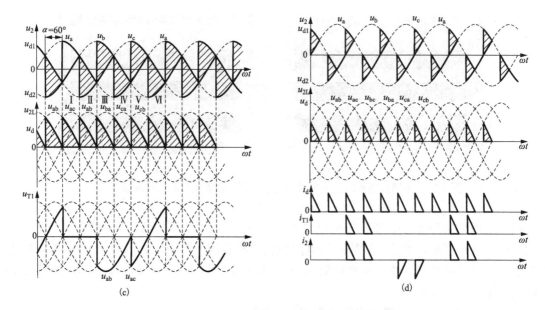

图 4-75 三相桥式全控整流电路（电阻性负载）原理图和工作波形（二）

(c) $\alpha=60°$ 工作波形；(b) $\alpha=90°$ 工作波形

2. 电路的建模

此系统的模型是将图 4-65 中的三相半波整流器模块换成通用变换器桥模块即可，具体模型如图 4-76 所示。

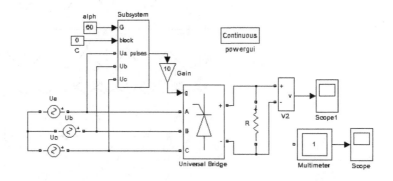

图 4-76 三相桥式全控整流电路（电阻性负载）仿真模型

（1）新增模块的提取途径和作用。

1）通用变换器桥：Simpower system\power electronics\universal bridge，它可以设置为单相和三相，可以选择多种电力电子器件中的任意一种，并且可以作为整流器或逆变器使用。

2）万用表：Simpower system\Measurement\Mulimeter，用于测量有关物理量。

（2）模块的参数设置。

1）通用变换器桥的参数设置如图 4-77 所示。图中第一栏是选择模块桥臂的相数，本模型中选择"3"，它对应三相全控桥式。第四栏可以选择整流器所使用的电力电子开关种类，这里选择晶闸管"thyristors"。

2）万用表模块的参数选择。利用万用表模块可以显示仿真过程中所需观察的测量量，其参数设置如图 4-78 所示。图中对话框左边一列为在图 4-77 中所有选中测量（Measurements）功能的参数（被测参数在元件、负载模块中选择），右边一列为选择进行输出处理（例如显示等）的参数。本例中选择了测量晶闸管的电压量，所以在左边一列有 6 个晶闸管的电压参数，选中 2 号晶闸管后鼠标左键单击最上一个按钮圈可以将选定的参数添加到右边一栏。中间的其他几个按钮分别为向上（Up），向下（Down），移除（Remove）和正负（＋/－）调整功能。下面左侧的按钮为更新（Update）左侧备选测量参数功能。

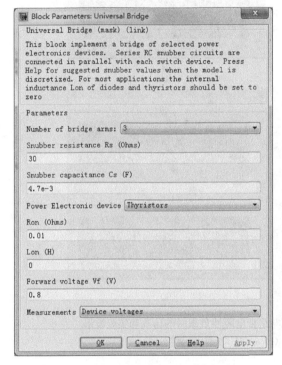

图 4-77　通用变换器桥的参数设置　　　　图 4-78　万用表的参数设置

3. 系统仿真和仿真结果

（1）系统仿真。打开仿真参数窗口，选 ode23tb 算法，相对误差设为 1e-3，仿真开始时间为 0，停止时间为 0.08s；单击 Start 命令，或直接单击 ▶ 按钮，系统开始仿真。

（2）输出仿真结果。采用"示波器"输出方式，图 4-79 （a）～（d）是 $\alpha=0°$、30°、60°、90°时电阻性负载的仿真波形。

（3）输出结果分析。当 $\alpha \leqslant 60°$ 时的 u_d 波形连续，$\alpha > 60°$ 时的 u_d 波形断续。

4.4.4　三相桥式全控整流电路（阻感性负载）

1. 电气原理图

三相桥式全控整流电路带阻感性负载的电气原理图只要将图 4-75 的电阻负载换成阻感负载就可以了。

2. 电路的建模

将电阻负载改为阻感性负载后的仿真模型如图 4-80 所示。模型中模块的选择和参数设置

情况除 $L=0.02\mathrm{H}$ 外，其他与电阻性负载相同。

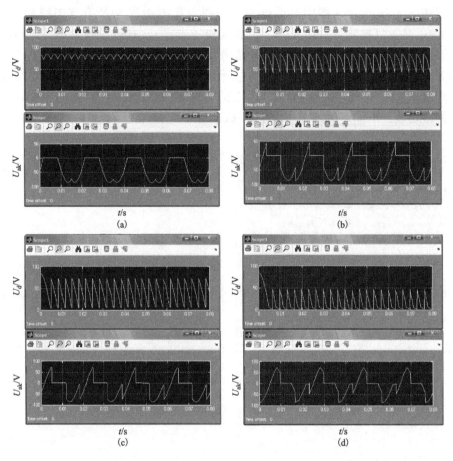

图 4-79 不同控制角时三相全控桥整流电路带电阻性负载时的仿真和实验波形

(a) $\alpha=0°$；(b) $\alpha=30°$；(c) $\alpha=60°$；(d) $\alpha=90°$

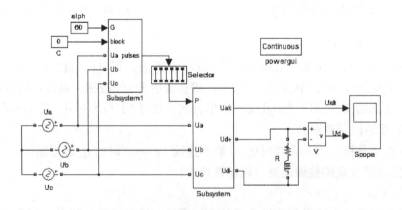

图 4-80 三相桥式全控整流电路带阻感性负载的仿真模型

3. 系统仿真和仿真结果

(1) 系统仿真。打开仿真参数窗口，选 ode23tb 算法，相对误差设为 1e-3，仿真开始时间为 0，停止时间为 0.08s；单击 Start 命令，或直接单击 ▶ 按钮，系统开始仿真。

（2）输出仿真结果。采用"示波器"输出方式，图 4-81（a）～（d）是 $\alpha=0°$、30°、60°、90°阻感负载的仿真波形。

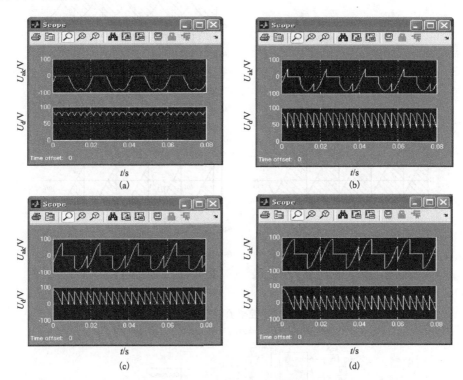

图 4-81　不同控制角时三相全控桥整流电路带阻感性负载时的仿真波形

(a) $\alpha=0°$；(b) $\alpha=30°$；(c) $\alpha=60°$；(d) $\alpha=90°$

（3）输出结果分析。当 $\alpha\leqslant60°$ 时，u_d 波形均为正值；当 $60°<\alpha<90°$ 时，由于电感的作用，u_d 的波形会出现负的部分，但是正的部分还是大于负的部分，平均电压 u_d 仍然为正值；当 $\alpha=90°$ 时，仿真出来的图形正负半周所占的面积基本一样，此时 $U_d=0$。由此可得出，随着 α 角的增大平均电压 U_d 的值减小。

4.4.5　三相桥式半控整流电路（电阻性负载）

1. 电气原理图

三相桥式半控整流电路是由共阴极接法的三相半波可控整流电路与共阳极接法的三相半波不可控整流电路串联而成，电气原理图和工作波形如图 4-82 所示。

2. 电路的建模

电路的仿真模型只需将图 4-76 中的通用变换器桥模块改为三相桥式半控整流器模块即可，如图 4-83 所示。三相桥式半控整流器模块和模块符号如图 4-84 所示。

3. 系统仿真和仿真结果

（1）系统仿真。打开仿真参数窗口，选 ode23tb 算法，相对误差设为 1e-3，仿真开始时间为 0，停止时间为 0.08s；单击 Start 命令，或直接单击 ▶ 按钮，系统开始仿真。

（2）输出仿真结果。采用"示波器"输出方式，图 4-85（a）～（d）分别给出了 $\alpha=0°$、30°、60°、90°电阻性负载时的仿真波形。

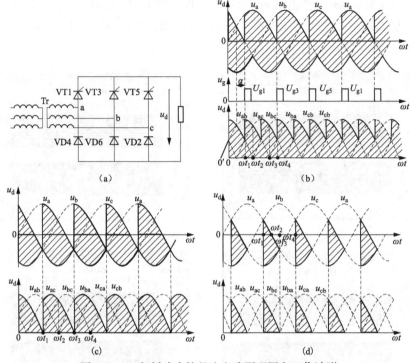

图 4-82 三相桥式半控整流电路原理图和工作波形

(a) 电路原理图；(b) $\alpha=30°$；(c) $\alpha=60°$；(d) $\alpha=120°$

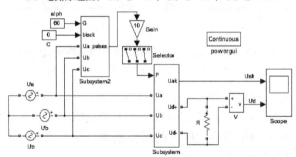

图 4-83 三相桥式半控整流电路电阻性负载仿真模型

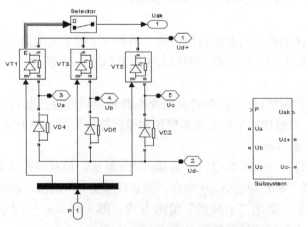

图 4-84 三相桥式半控整流器模块和模块符号

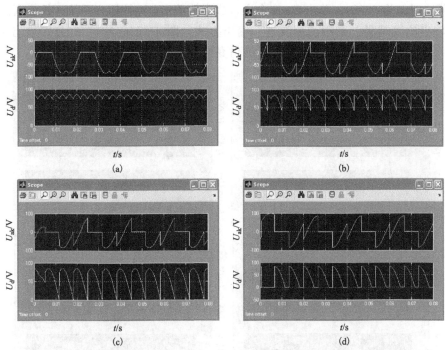

图 4-85　不同控制角时三相桥式半控整流电路带电阻性负载时的仿真波形

(a) $\alpha=0°$；(b) $\alpha=30°$；(c) $\alpha=60°$；(d) $\alpha=90°$

（3）输出结果分析。由图 4-85 可知，当 $\alpha=60°$ 时，电路刚好维持电流连续；当 $\alpha>60°$ 时，输出电压 u_d 波形出现断续，且平均电压 U_d 随着 α 角的增加而减小，此电路控制角 α 的取值范围是 $0°\sim180°$。

4.4.6　三相桥式半控整流电路（阻感性负载加续流二极管）

1. 电气原理图

只要将图 4-82 中的电阻负载改为阻感性负载，再接入续流二极管即可。

2. 电路的建模

本系统的仿真模型只需将图 4-83 的电阻负载改为阻感性负载，再接入续流二极管即可，如图 4-86 所示。

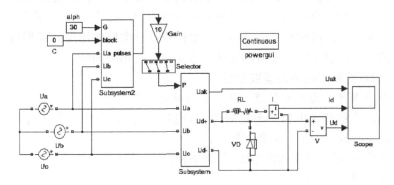

图 4-86　三相桥式半控整流电路阻感性负载带续流二极管仿真模型

3. 系统仿真和仿真结果

（1）系统仿真。打开仿真参数窗口，选 ode23tb 算法，相对误差设为 1e-3，仿真开始时间为 0，停止时间为 0.08s；单击 Start 命令，或直接单击 ▶ 按钮，系统开始仿真。

（2）输出仿真结果。采用"示波器"输出方式，图 4-87（a）～（f）分别给出了 $\alpha=0°$、30°、60°、90°、120°、150° 阻感性负载时的仿真波形。

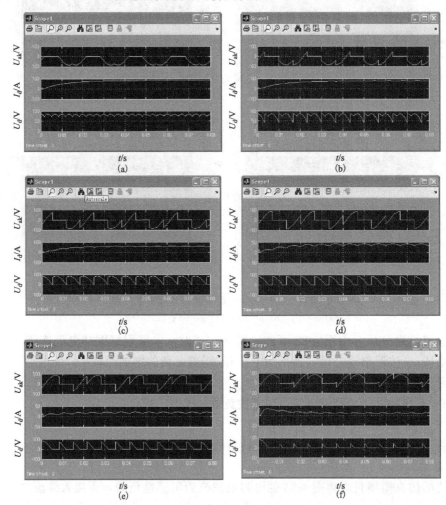

图 4-87　不同控制角时三相半控桥整流电路带阻感性负载时的仿真波形

（a）$\alpha=0°$；（b）$\alpha=30°$；（c）$\alpha=60°$；（d）$\alpha=90°$；（e）$\alpha=120°$；（f）$\alpha=150°$

（3）输出结果分析。接续流二极管的三相半控桥整流电路输出电压波形与电阻性负载时的波形是相同的，在 $\alpha\leqslant60°$ 时电压波形连续，当 $\alpha>60°$ 时出现断续。

4.4.7　三相可控整流电路的谐波分析

1. 三相晶闸管整流电路输出直流电压的谐波分析仿真

为了比较上述几种整流电路的整流效果，对其进行谐波分析。为使仿真结果具有可比性，将电路中相应参数统一。有关参数如下：

（1）在控制角 0° 时的整流输出电压 U_d 谐波情况。

（2）电阻性负载，$R=2\Omega$。

（3）交流电源幅值 50V，频率 50Hz。

（4）仿真中的晶闸管和晶闸管桥参数选择如图 4-88、图 4-89 所示。

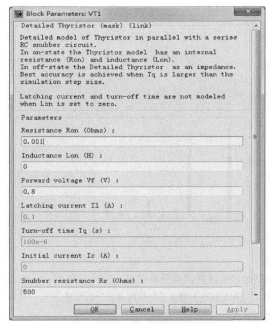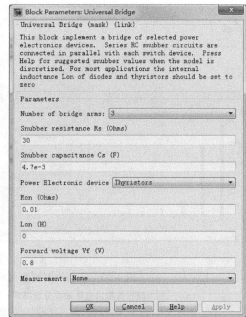

图 4-88　仿真中的晶闸管参数设置　　　　图 4-89　仿真中的晶闸管桥参数设置

（5）谐波分析时的示波器采样时间（Sample time）设置为 0.0005s。

（6）仿真参数选 ode23tb 算法，相对误差为 1e-3，仿真区间 0～0.08s。

三相半波、三相全控桥整流电路输出电压的谐波分析结果如图 4-90（a）、（b）所示。

2. 三相晶闸管整流电路直流输出电压的傅里叶分析结果

（1）三相半波整流电路直流输出电压的傅里叶分析结果。三相半波整流电路直流输出电压的傅里叶级数表达式为

$$u_{d0} = \sqrt{2}U_2\,\frac{3}{\pi}\sin\frac{\pi}{3}\left(1 + \frac{2\cos3\omega t}{2\times4} - \frac{2\cos6\omega t}{5\times7} + \frac{2\cos9\omega t}{8\times10} - \frac{2\cos12\omega t}{11\times13} + \cdots\right)$$

（2）三相桥式全控整流电路直流输出电压的傅里叶分析结果。三相桥式全控整流电路直流输出电压的傅里叶级数表达式为

$$u_{d0} = \sqrt{2}U_2\,\frac{6}{\pi}\sin\frac{\pi}{6}\left(1 + \frac{2\cos6\omega t}{5\times7} - \frac{2\cos12\omega t}{11\times13} + \frac{2\cos18\omega t}{17\times19} - \cdots\right)$$

将图 4-90 的谐波分析结果与三相电路直流输出电压的傅里叶级数表达式相比较可以看出，仿真实验结果与理论分析结果是一致的。

3. 三相桥式全控整流电路变压器二次侧电流的谐波分析

从三相桥式全控整流电路谐波分析模型中得到图 4-91 所示的对话框。

以整流变压器 U 相电流为例，从图 3-91 可以看出，波形包括 $6k\pm1(k=0,1,2,3,\cdots)$ 次波形，其中 $6k\pm1(k=1,2,3,\cdots)$ 谐波较为严重，且随着谐波次数的增加，谐波幅值依次减小。

为了对比，重写 U 相电流的傅里叶级数表达式，即

$$i_U = \frac{2\sqrt{3}}{\pi}I_d\left(\sin\omega t - \frac{1}{5}\sin5\omega t - \frac{1}{7}\sin7\omega t + \frac{1}{11}\sin11\omega t + \frac{1}{13}\sin13\omega t - \cdots\right)$$

$$= \frac{2\sqrt{3}}{\pi}I_d\sin\omega t + \frac{2\sqrt{3}}{\pi}I_d\sum_{\substack{n=6k\pm1\\k=1,2,3\cdots}}(-1)^k\frac{1}{n}\sin n\omega t = \sqrt{2}I_1\sin\omega t + \sum_{\substack{n=6k\pm1\\k=1,2,3\cdots}}(-1)^k\sqrt{2}I_n\sin n\omega t$$

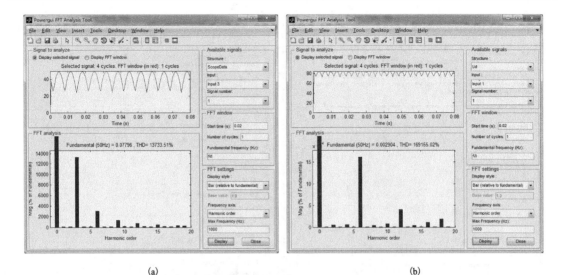

图 4-90　三相晶闸管整流电路输出电压的谐波分析结果

（a）三相半波整流输出电压谐波分析结果；（b）三相桥式全控整流输出电压谐波分析结果

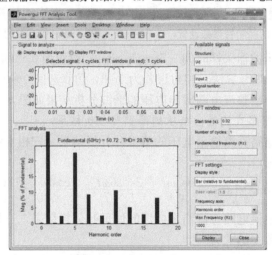

图 4-91　整流变压器二次侧电流的谐波分析结果对话框

可见，谐波次数的理论分析结果与仿真实验结果是一致的。

4.5　相控组合整流电路的仿真

4.5.1　带平衡电抗器的双反星形整流电路的仿真

1. 电气原理图

双反星形变压器电路原理图如图 4-92（a）所示，带平衡电抗器（L_B）的双反星形可控整流电路原理图如图 4-92（b）所示。此电路实质为两组三相半波整流电路的并联，且需要加个平衡电抗器。图 4-92（c）为 $\alpha=0°$ 时的负载电压和平衡电抗器电压波形。

2. 电路的建模

（1）系统的仿真模型。此电路的建模是在三相半波可控整流电路的前提下进行的，只需将三相半波可控整流电路进行并联，再加上一个平衡电抗器即可，如图 4-93 所示。

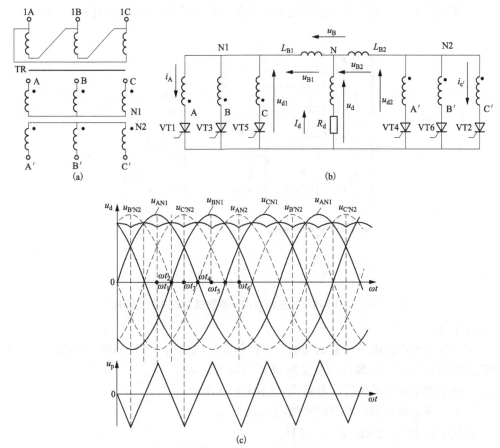

图 4-92 带平衡电抗器的双反星形整流电路结构图（阻感性负载）

（a）双反星形三相变压器；（b）带平衡电抗器的双反星形可控整流电路；（c）$\alpha = 0°$时的负载电压和平衡电抗器电压

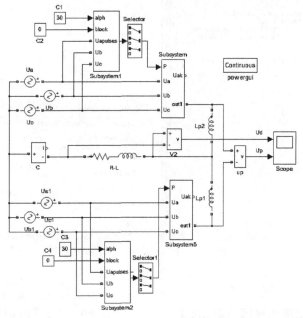

图 4-93 带平衡电抗器的双反星形整流电路阻感性负载仿真模型

（2）子系统模型。三相半波可控整流电路子系统模型及其仿真图标如图 4-94 所示。

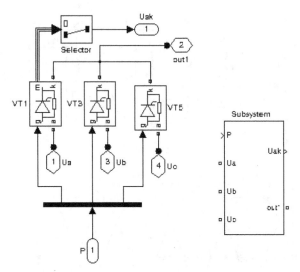

图 4-94　三相半波可控整流电路子系统模型及其仿真图标

3. 参数设置

（1）在三相半波电路电源设置的基础上，将与其并联的另一个三相半波电路中的三相电源的相位设置为互差 180°，即分别设置为 180°、60°、－60°。

（2）三相半波电路中晶闸管的参数设置如图 4-95 所示。

（3）将 1/2 平衡电抗器的参数设置如图 4-96 所示。

（4）负载电阻 $R=0.05\Omega$，$L=0.01$H。

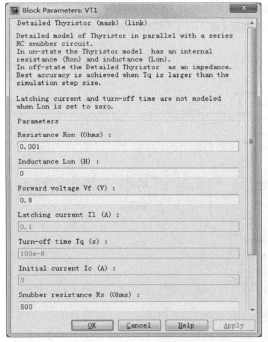

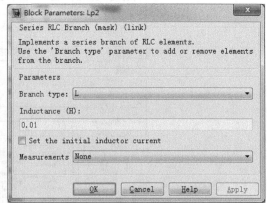

图 4-95　三相半波电路中晶闸管的参数设置　　　　图 4-96　1/2 平衡电抗器的参数设置

4. 系统仿真和仿真结果

（1）系统仿真。打开仿真参数窗口，选 ode23tb 算法，相对误差设为 1e-3，仿真开始时间为 0，停止时间为 0.08s；单击 Start 命令，或直接单击 ▶ 按钮，系统开始仿真。

（2）输出仿真结果。采用"示波器"输出方式，图 4-97（a）～（d）分别给出了 $\alpha=0°$、30°、60°、90°阻感性负载时的仿真波形。

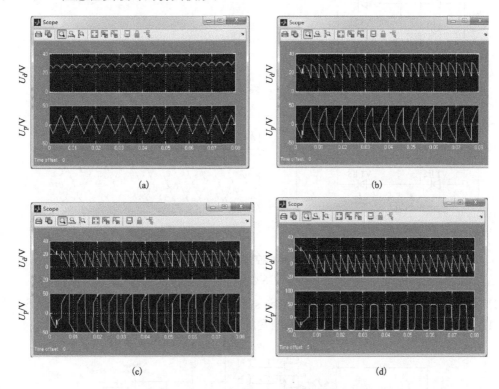

图 4-97　不同控制角时带平衡电抗器的双反星形整流电路阻感性负载时的仿真波形
(a) $\alpha=0°$；(b) $\alpha=30°$；(c) $\alpha=60°$；(d) $\alpha=90°$

（3）输出结果分析。从仿真波形图可以看出，当 $\alpha=90°$时，输出负载电压的波形在正负半周所占的面积相等，此时平均电压 $U_d=0$，所以该电路的 α 角的取值范围是 0°～90°。

4.5.2　带平衡电抗器的 12 脉波大功率相控整流电路的仿真

1. 电气原理图

带平衡电抗器的 12 脉波相控整流电路和 $\alpha=0$ 时的输出电压波形如图 4-98 所示，它由两组三相全控桥整流电路经平衡电抗器并联组成。整流变压器采用三相三绕组变压器，一次侧绕组采用△形接法，二次侧第Ⅰ绕组 A1、B1、C1 采用Ｙ形接法；第Ⅱ绕组 A2、B2、C2 采用△形接法。

2. 电路的建模

（1）系统仿真模型。此电路的建模是在三相全控桥式可控整流电路的前提下进行的，只需将三相全控桥可控整流电路进行并联，再加上一个平衡电抗器即可，仿真模型如图 4-99 所示。

（2）模型中新增模块、提取途径和作用。

1）三绕组整流变压器模块：Simpower system＼Elements＼Three Phase Transformer (Three Windings)，提供双电源。

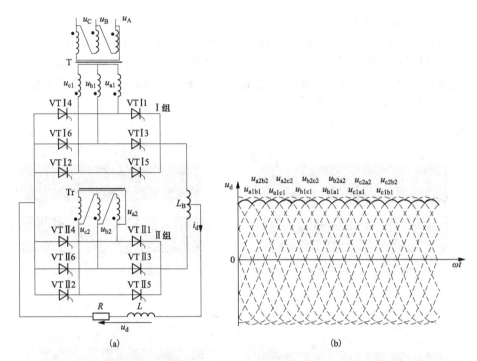

图 4-98　带平衡电抗器的 12 脉波相控整流电路原理图和 $\alpha=0$ 时的工作波形
(a) 电路原理图；(b) $\alpha=0°$时的工作波形

2）同步 12 脉冲触发器模块：Simpower system\Extra Library\control blocks\Synchro-nized 12-Pulse generator，用于产生 12 相触发脉冲。

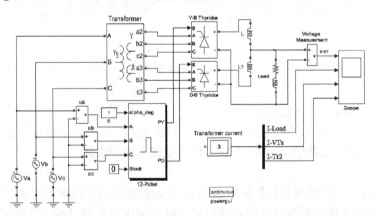

图 4-99　带平衡电抗器的 12 脉波相控整流电路仿真模型图

3. 典型模块的参数设置

（1）三相对称电源幅值 100V。

（2）同步 12 脉冲触发器的参数设置对应变压器 D1 连接、同步电压频率 50Hz，脉冲宽度 20%。

（3）变压器参数设置如图 4-100 (a)、(b) 所示。

（4）第一个整流器参数设置如图 4-101 所示，另一整流器参数相同。

（5）平衡电抗器电感 0.1H；负载电阻 10Ω，电感 0.1H。

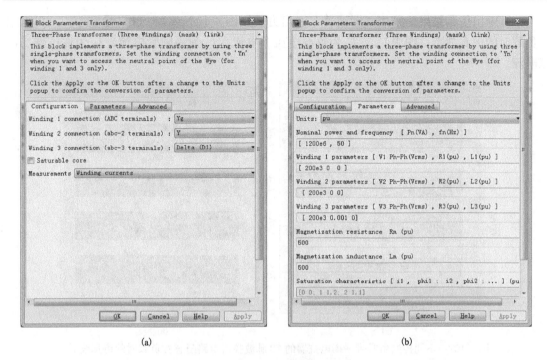

图 4-100 变压器参数设置

(a) 参数设置1；(b) 参数设置2

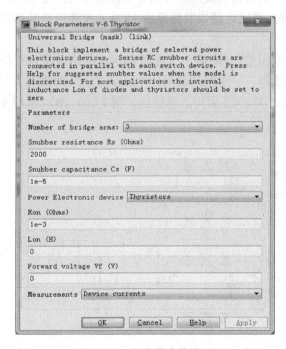

图 4-101 整流器参数设置

4. 系统仿真和仿真结果

(1) 系统仿真。选 ode23tb 算法，相对误差设为 1e-3，仿真开始时间为 0，停止时间为 0.08s；单击 Start 命令，或直接单击 ▶ 按钮，系统开始仿真。

（2）输出仿真结果。采用"示波器"输出方式，图 4-102（a）、（b）是 $\alpha=0°$、$60°$ 阻感性负载时的仿真波形。图中 U_d、I_d 为负载电压和电流，I_{ak} 为晶闸管电流，I_2 为变压器二次侧电流。

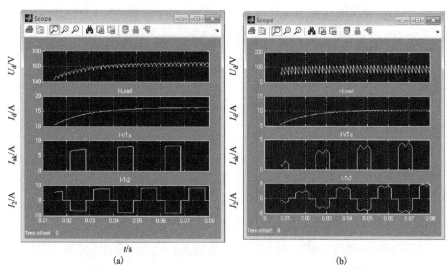

图 4-102 不同控制角时带平衡电抗器的 12 脉波整流电路阻感性负载时的仿真波形

(a) $\alpha=0°$；(b) $\alpha=60°$

（3）输出结果分析。从仿真实验波形可知，直流输出电压是 12 脉波的。

4.5.3 两个三相桥式整流电路串联连接的 12 脉波整流电路的仿真

1. 电气原理图

图 4-103（a）是相位相差 30°的两个三相桥式整流电路串联连接的原理图。整流变压器同样采用三相三绕组变压器，一次侧绕组采用Y形接法，二次侧第Ⅰ绕组 A1、B1、C1 采用Y形接法，第Ⅱ绕组 A2、B2、C2 采用△形接法。图 4-103（b）为 12 脉波电路的变压器一次侧电流 $i_U(t)$ 波形图。

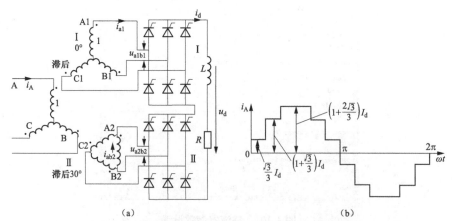

图 4-103 串联连接的 12 脉波电路原理图和变压器一次侧输入电流波形

(a) 串联连接的 12 脉波电路原理图；(b) 变压器一次侧输入电流波形

2. 电路的建模

此电路的建模也是在三相桥式全控可控整流电路的前提下进行的，只需将三相全控桥可控整流电路进行串联，仿真模型如图 4-104 所示。

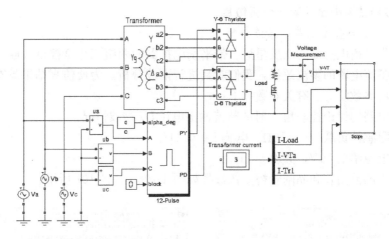

图 4-104　两组三相全控桥整流器串联组成的 12 脉波相控整流电路仿真模型

3. 典型模块的参数设置

三相对称电源、同步 12 脉冲触发器、变压器、整流器和负载参数的设置与带平衡电抗器的 12 脉波整流电路的对应模块参数相同。

4. 系统仿真和仿真结果

（1）系统仿真。选 ode23tb 算法，相对误差设为 1e-3，仿真开始时间为 0，停止时间为 0.08s；单击 Start 命令，或直接单击 ▶ 按钮，系统开始仿真。

（2）输出仿真结果。采用"示波器"输出方式，图 4-105（a）、（b）是 α＝0°、60°阻感性负载时的仿真波形，输出波形与并联电路相同。

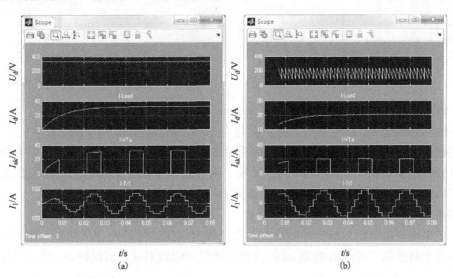

图 4-105　两组三相全控桥整流器串联组成的 12 脉波整流电路阻感性负载时的仿真波形
（a）α＝0°；（b）α＝60°

（3）输出结果分析。从仿真实验波形可知：

1）直流输出电压是 12 脉波的。

2）在同样的电源电压和触发控制角时，串联 12 脉波电路的输出电压高于并联电路。

4.5.4　多相整流电路的谐波分析仿真

1. 三种多相组合整流电路的谐波分析

为了比较带平衡电抗器的双反星形、带平衡电抗器的两组三相全控桥并联、两组三相全控桥串联三种整流电路的整流效果，我们对其进行谐波分析。为使仿真结果具有可比性，将三种电路中相应参数统一。有关参数如下：

（1）多种电路均讨论控制角 0°时的整流输出电压 U_d 谐波情况。

（2）讨论阻感性负载，$R=10\Omega$、电感 $L=0.1\mathrm{H}$。

（3）交流电源幅值 50V，频率 50Hz。

（4）仿真中的晶闸管和晶闸管桥参数选择如图 4-106、图 4-107 所示。

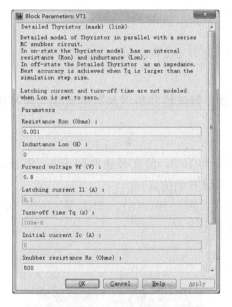
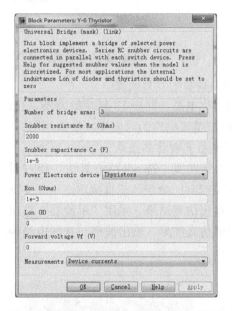

图 4-106　仿真中的晶闸管参数设置　　图 4-107　仿真中的晶闸管整流桥参数设置

（5）谐波分析时的示波器采样时间（Sample time）设置为 0.0001s。

（6）仿真参数选 ode23tb 算法，相对误差为 1e-3，仿真区间 0～0.08s。

带平衡电抗器的双反星形、带平衡电抗器的两组三相全控桥并联和整流电路直流输出电压的谐波分析结果如图 4-108（a）～（c）所示。两组三相全控桥串联整流电路变压器一次侧绕组电流的谐波分析结果如图 4-108（d）所示。

2. 多相组合整流电路谐波的傅里叶分析

（1）带平衡电抗器的双反星形整流电路直流输出电压的傅里叶分析结果。将双反星形电路中负载上半部分的三相半波电路 u_{d1} 的波形用傅里叶级数展开，若此时 $\alpha=0°$，则有

$$u_{d1} = \frac{3\sqrt{6}U_2}{2\pi}\left(1 + \frac{1}{4}\cos 3\omega t - \frac{2}{35}\cos 6\omega t + \frac{1}{40}\cos 9\omega t - \frac{2\cos 12\omega t}{143} + \cdots\right)$$

而负载下半部分的三相半波电路 u_{d2} 的波形用傅里叶级数展开为

$$u_{d2} = \frac{3\sqrt{6}U_2}{2\pi}\left(1 - \frac{1}{4}\cos 3\omega t - \frac{2}{35}\cos 6\omega t - \frac{1}{40}\cos 9\omega t - \frac{2}{143}\cos 12\omega t - \cdots\right)$$

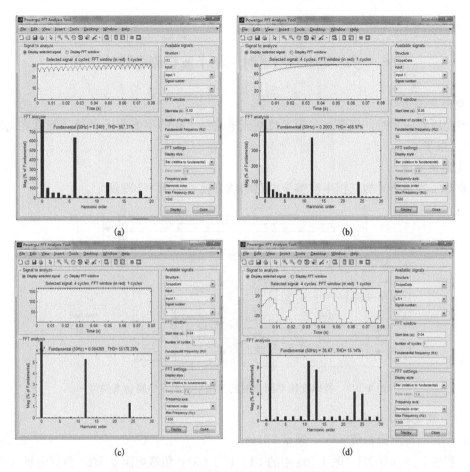

图 4-108　晶闸管多相组合整流电路谐波分析

（a）双反星形整流电路输出电压谐波分析；（b）三相全控桥并联输出电压谐波分析

（c）三相全控桥串联输出电压谐波分析；（d）三相全控桥串联时变压器一次侧电流谐波分析

最终可得出带平衡电抗器的双反星形整流电路直流输出电压的傅里叶级数表达式为

$$u_{\mathrm{d}} = \frac{u_{\mathrm{d}1} + u_{\mathrm{d}2}}{2} = \frac{3\sqrt{6}U_2}{2\pi}\left(1 - \frac{2}{35}\cos6\omega t - \frac{2}{143}\cos12\omega t - \cdots\right)$$

从上式可以看出，输出电压中的谐波阶次 n 为 $6k$（$k=1$，2，3，…），则 $n=6$，12，18，…，最低次谐波应该为 6 次谐波，与图 4-108（a）分析结果一致。

（2）带平衡电抗器的两组三相全控桥并联整流电路直流输出电压的谐波分析结果。带平衡电抗器的两组三相全控桥并联整流电路直流输出电压的傅里叶级数表达式为

$$u_{\mathrm{d}}(t) = \frac{1}{2}\left[u_{\mathrm{d}1}(t) + u_{\mathrm{d}2}(t)\right] = \frac{3\sqrt{2}}{\pi}U_{1\mathrm{L}}\left(1 - \frac{2}{11\times13}\cos12\omega t - \frac{2}{23\times25}\cos24\omega t - \cdots\right)$$

与图 4-108（b）一致。由于串联电路的直流输出电压波形与并联电路一样，其结论一致，如图 4-108（c）所示。

（3）两组三相全控桥串联整流电路变压器一次侧电流的谐波分析结果。两组三相全控桥串联整流电路变压器一次侧电流的傅里叶级数表达式为

$$i_{\mathrm{U}}(t) = \frac{4\sqrt{3}}{\pi}I_{\mathrm{d}}\left(\sin\omega t + \frac{1}{11}\sin11\omega t + \frac{1}{13}\sin13\omega t + \frac{1}{23}\sin23\omega t + \frac{1}{25}\sin25\omega t\cdots\right)$$

可见，与图 4-108（d）一致。

4.6　考虑变压器漏感时三相半波整流电路的仿真

1. 电气原理图

考虑变压器漏感时，只要在三相半波整流电路每一相的整流变压器与晶闸管之间串入电感 L_B 就可以了。

2. 电路的建模

考虑变压器漏感时的三相半波整流电路的仿真模型如图 4-109 所示。

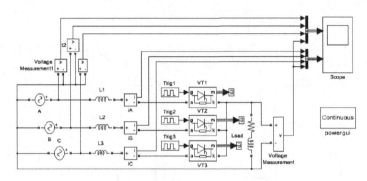

图 4-109　考虑变压器漏感时的三相半波整流电路仿真模型

3. 典型模块的参数设置

（1）三相对称电源幅值 80V，频率 50Hz。

（2）漏感 L_B=0.003H（图 4-109 中的 L1、L2、L3）；负载电阻 0.5Ω，负载电感 0.005H。

（3）A 相触发控制角 30°，其他依次延迟 120°。

（4）晶闸管参数如图 4-110 所示。

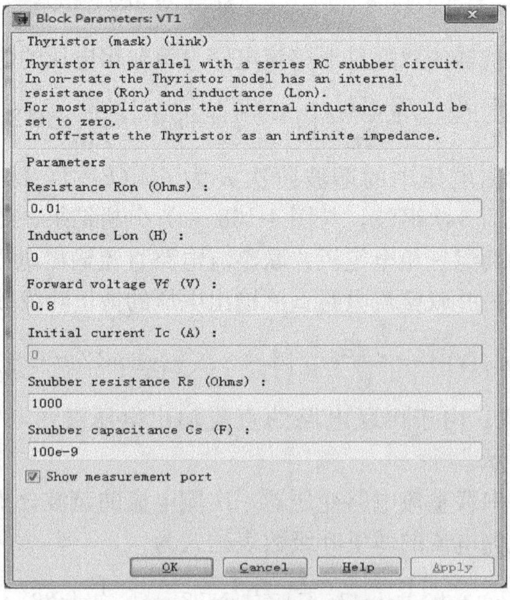

图 4-110　晶闸管参数设置

4. 系统仿真和仿真结果

（1）系统仿真。打开仿真参数窗口，选 ode23tb 算法，相对误差设为 1e-3，仿真开始时间为 0，停止时间为 0.05s；单击 Start 命令，或直接单击 ▶ 按钮，系统开始仿真。

（2）输出仿真结果。采用"示波器"输出方式，控制角 $\alpha=30°$ 时的仿真波形如图 4-111 所示。

（3）输出结果分析。从仿真实验波形看，输出整流电压出现缺角，缺角出现期间恰好是晶闸管两相电流换流期间。

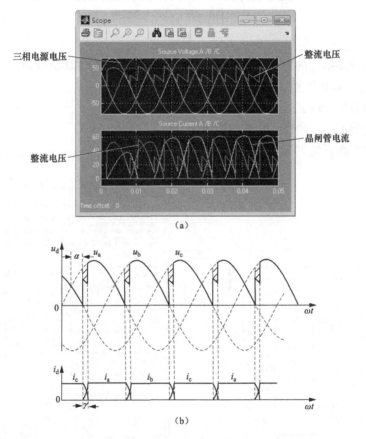

图 4-111　控制角 $\alpha=30°$ 考虑变压器漏感时三相半波整流电路阻感性负载时的仿真波形和理论波形
(a) 控制角 $\alpha=30°$ 时的仿真波形；(b) 理论分析波形

4.7　二极管不可控整流电路的仿真

在变换器的输入级大都采用不可控整流电路经电感电容元件滤波后提供直流电源，供后级的逆变器、斩波器等使用。为此进行不可控整流电路带电感电容滤波电路的仿真实验具有实际意义。

4.7.1　单相桥式不可控整流电路仿真

1. 电气原理图

电容滤波的单相桥式不可控整流电路原理图及工作波形如图 4-112 所示。

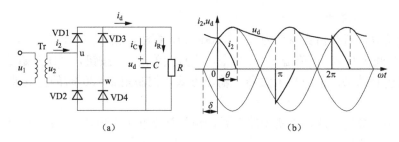

图 4-112　电容滤波的单相桥式不可控整流电路原理图及工作波形
(a) 电路原理图；(b) 工作波形

2. 电路的建模

根据电气原理图搭建的单相桥式不可控整流电容滤波电路仿真模型如图 4-113 所示。

3. 典型模块的参数设置

(1) 电压源幅值 80V。

(2) 滤波电容 $C=0.001\text{F}$，负载电阻 $R=10\Omega$。

(3) 二极管参数设置情况如图 4-114 所示。

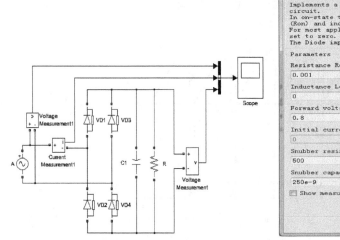

图 4-113　单相桥式不可控整流电容滤波电路仿真模型　　　图 4-114　二极管参数设置

4. 系统仿真和仿真结果

(1) 系统仿真。打开仿真参数窗口，选 ode23tb 算法，相对误差设为 1e-3，仿真开始时间为 0，停止时间为 0.05s；单击 Start 命令，或直接单击 ▶ 按钮，系统开始仿真。

(2) 输出仿真结果。采用"示波器"输出方式，仿真波形如图 4-115 所示，其与图 4-112 (b) 的工作波形基本一致。

5. 采用 LC 滤波的仿真结果

图 4-116 (a) 为单相桥式不可控整流采用电感电容滤波时的仿真波形。仿真模型是在二极管整流桥后加入一个滤波电感，电感量为 0.001H。与图 4-115 对比可见，变压器的二次侧电流变得平缓了。图 4-116 (b) 是理论波形，其与仿真波形基本一致。

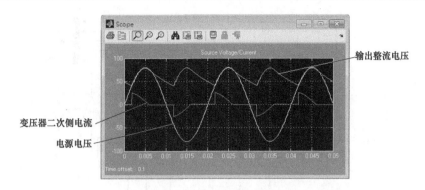

图 4-115 单相桥式不可控整流电容滤波电路仿真波形

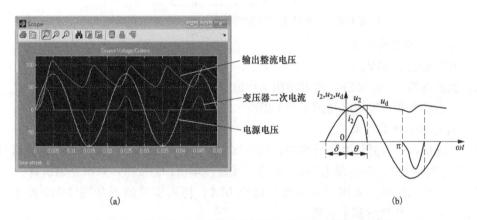

(a)   (b)

图 4-116 单相桥式不可控整流电感电容滤波电路仿真波形

(a) 仿真波形；(b) 理论波形

4.7.2 三相桥式不可控整流电路仿真

1. 电气原理图

电容滤波的三相桥式不可控整流电路原理图及工作波形如图 4-117 所示。

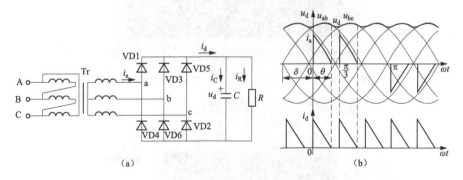

(a)   (b)

图 4-117 电容滤波的三相桥式不可控整流电路原理图及其工作波形

(a) 电路原理图；(b) 工作波形

2. 电路的建模

根据电气原理图搭建的三相桥式不可控整流电容滤波电路仿真模型如图 4-118 所示。

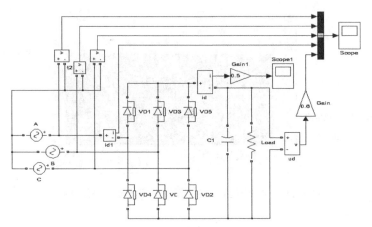

图 4-118　三相桥式不可控整流电容滤波电路仿真模型

3. 典型模块的参数设置

(1) 电压源幅值 80V。

(2) 滤波电容 $C=0.002F$，负载电阻 $R=5Ω$。

(3) 二极管参数设置情况与图 4-114 相同。

4. 系统仿真和仿真结果

(1) 系统仿真。打开仿真参数窗口，选 ode23tb 算法，相对误差设为 1e-3，仿真开始时间为 0，停止时间为 0.05s；单击 Start 命令，或直接单击 ▶ 按钮，系统开始仿真。

(2) 输出仿真结果。采用"示波器"输出方式，仿真实验波形如图 4-119 所示。其与图 4-117 (b) 的工作波形基本一致。

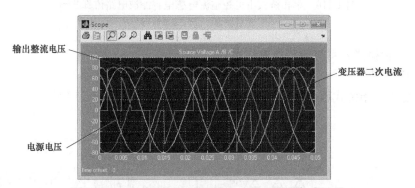

图 4-119　三相桥式不可控整流电容滤波电路仿真波形

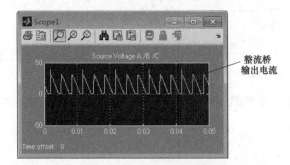

图 4-120　三相桥式不可控整流桥输出电流仿真波形

5. 采用 LC 滤波的仿真结果

图 4-121 为三相桥式不可控整流采用电感电容滤波时的仿真结果。仿真模型是在二极管整流桥后加入一个滤波电感，电感量为 0.1mH。另外，模型中电源电压幅值 100V，滤波电容 0.001F，负载电阻 20Ω。与图 4-120 对比可见，变压器的二次电流变得平缓了，这与理论波形基本一致。

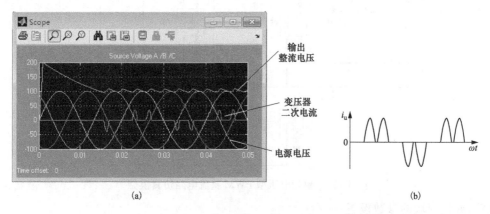

图 4-121　单相桥式不可控整流电感电容滤波电路仿真波形

(a) 仿真波形；(b) 理论波形

4.8　单相 PWM 整流器电路的仿真

1. 电气原理图

单相电压型 PWM 整流电路原理图如图 4-122 所示。

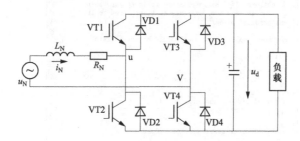

图 4-122　单相电压型 PWM 整流电路结构图

2. 电路的建模

根据电气原理图可得到图 4-123 所示的仿真模型。

(1) 模型中的模块说明。

1) 模型中的上半部分为产生单极性 PWM 控制信号的模块。图 4-123 中模块提取途径和作用参考第 5 章的 PWM 逆变部分。

2) 电气原理图中与负载并联的大电容的作用是为了稳定负载电压，此处用电压源替代。

3) 电力电子开关器件采用 P-MOSFET，主要考虑该模块带有反馈二极管。

4) 万用表测量交流侧电源 U_S 与负载电流 I_R 的关系。

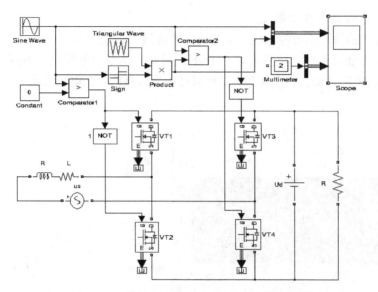

图 4-123 单相电压型 PWM 整流电路仿真模型

（2）典型模块的参数设置。

1）交流电源幅值为 50V，相位为－45°。

2）交流侧电阻为 0.5Ω，电感为 0.01H。

3）直流侧电源电压为 100V，负载电阻为 1Ω。

4）开关器件 P-MOSFET 的参数设置如图 4-124 所示。

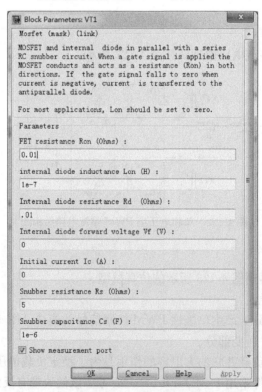

图 4-124 开关器件 P-MOSFET 的参数设置

3. 系统仿真和仿真结果

（1）系统仿真。打开仿真参数窗口，选 ode23tb 算法，相对误差设为 1e-3，仿真开始时间为 0，停止时间为 0.04s；单击 Start 命令，或直接单击 ▶ 按钮，系统开始仿真。

（2）输出仿真结果。采用"示波器"输出方式，图 4-125 是单极性 PWM 控制信号、交流侧电源电压 U_S 与负载电流 I_R 仿真波形。

（3）输出结果分析。从交流侧电源电压 U_S 与负载电流 I_R 仿真波形上可以看出二者同相位。

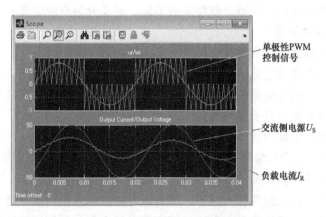

图 4-125　单相电压型 PWM 整流器仿真波形

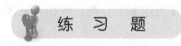 练 习 题

1. 熟悉整流电路中常用的典型环节仿真模块，通过模块的帮助文件了解参数设置对话框中参数的含义。

2. 根据本章介绍的原理电路图和理论分析波形，对配套的仿真模型进行修改，使模型的输出变量与理论波形相对应，以方便理论分析波形和仿真实验波形的比较。

3. 熟悉脉冲驱动仿真模块，掌握其参数的设置，掌握脉冲时间与触发控制角的关系。

4. 在掌握多脉波整流器仿真建模方法的基础上，尝试构建更多脉波数的整流器仿真模型。

5. 尝试构建考虑变压器漏感时三相桥式全控整流电路的仿真模型。

5　直流—交流变换电路的仿真

将交流电能变换成直流电能的过程称为整流，而把直流电能变换成交流电能的过程称之为逆变，它是整流的逆过程。按照负载性质的不同，逆变分为有源逆变和无源逆变。

1. 逆变电路的基本类型

（1）按逆变能量输出去向分类。

有源逆变电路：当逆变电路的交流侧接有交流电源时，称为有源逆变电路。

无源逆变电路：当逆变电路的交流侧直接和负载连接时，称为无源逆变电路。

（2）按组成电路的电力电子器件分类。

半控型逆变电路：由晶闸管等半控型器件组成的逆变电路。

全控型逆变电路：由全控型器件如 GTO、GTR、P-MOSFET、IGBT 等组成的逆变电路。

（3）按直流电源的性质分类。

电压型逆变电路：直流侧并联大电容，使直流电源近似为恒压源的逆变电路。

电流型逆变电路：直流侧串联大电感，使直流电源近似为恒流源的逆变电路。

（4）按逆变电路输出端相数分类。可分为单相逆变电路、三相逆变电路和多相逆变电路。

一个实际的逆变装置往往涉及上述多个分类。例如，三相电压型无源逆变电路就涉及了（1）、（3）、（4）三个分类。

2. 逆变电路中的换流方式

在逆变电路中，电流从一个支路向另一个支路转移的过程称为换流，也称为换相。逆变电路中有下列几种换流方式。

（1）电网换流。由电网提供换流电压称为电网换流。

（2）器件换流。利用全控型器件的自关断能力进行换流称为器件换流。

（3）强迫换流。通过设置附加换流电路给欲关断的晶闸管强迫施加反向电压或反向电流，这种换流方式称为强迫换流。

（4）负载换流。由负载提供换流电压的方式称为负载换流。凡是负载电流的相位超前于负载电压的场合均可实现负载换流。

5.1　晶闸管有源逆变电路的仿真

晶闸管有源逆变是直流—交流变换电路典型形式之一。晶闸管有源逆变电路与整流电路相似，区别在于：逆变电路要求触发角 $\alpha > 90°$ 和有一个电压大于 U_d 的外加直流电源这两个条件。满足这两个条件，电路才可能工作于逆变状态，若 $\alpha < 90°$ 电路则为整流电路。本节讨论几种晶闸管有源逆变电路的建模与仿真，讨论的方法就是在第 4 章整流电路建模的基础上，在模型中增加一个直流电源，并且将触发角 α 工作在大于 90° 的区域。下文中具体建模时与整流电路相同的部分不再重复。

5.1.1 单相双半波有源逆变电路仿真

1. 单相双半波有源逆变电气原理图和工作波形

单相双半波有源逆变电路原理图和工作波形如图 5-1 所示，它是一个单相双半波可控整流电路，但是增加了一个电压大于 U_d 的外加直流电源，并且触发角 $\alpha > 90°$。

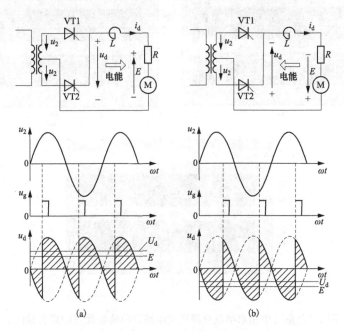

图 5-1　单相双半波有源逆变电路的电路原理图及工作波形

(a) 整流状态；(b) 逆变状态

2. 单相双半波有源逆变电路的建模

参考单相双半波整流电路的建模及参数设置方法，在负载端增加一个直流电源，适当连接后得到单相双半波有源逆变电路的仿真模型，如图 5-2 所示。

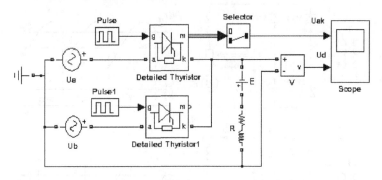

图 5-2　单相双半波有源逆变电路的仿真模型

3. 单相双半波有源逆变电路的参数设置与仿真结果

打开仿真参数窗口，选择 ode23tb 算法，将相对误差设置为 1e-3，开始仿真时间设置为 0，停止仿真时间设置为 0.08s。负载参数为 $R = 2\Omega$，$L = 0.02H$，直流电源 $E = 40V$，其他参数与对应的整流电路仿真模型参数相同。

图 5-3（a）～（c）分别为 $\alpha=90°$、120°、150°时阻感加反电动势负载的仿真结果。图中，U_d 为负载电压，U_{ak} 为晶闸管端电压。

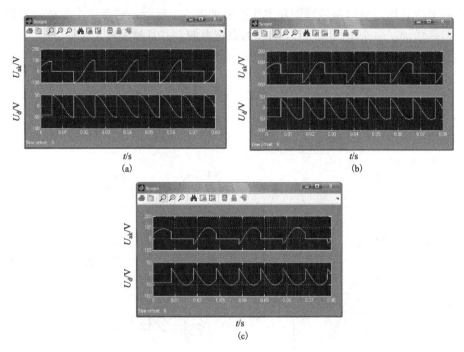

图 5-3　不同控制角时单相双半波有源逆变电路带阻感加反电动势负载的仿真波形

（a）$\alpha=90°$；（b）$\alpha=120°$；（c）$\alpha=150°$

5.1.2　单相桥式全控有源逆变电路仿真

1. 单相桥式全控有源逆变电路原理图和工作波形

单相桥式全控有源逆变电路原理图和工作波形图如图 5-4 所示，其是在单相桥式全控整

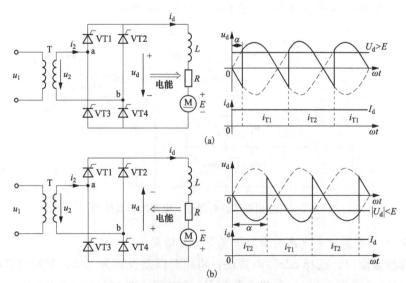

图 5-4　单相桥式全控有源逆变电路原理图和工作波形图

（a）整流状态；（b）逆变状态

流电路的基础上增加了一个外加直流电源 E，并且触发角 $\alpha > 90°$。

2. 单相桥式全控有源逆变电路的建模

（1）电路的建模。参考单相全控桥整流电路的建模及参数设置方法。在此基础上，在负载端增加一个直流电源，适当连接后得到单相全控桥有源逆变电路的仿真模型如图 5-5 所示。

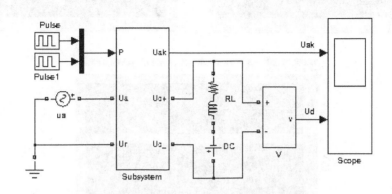

图 5-5　单相全控桥有源逆变电路的仿真模型

（2）主电路的建模。单相全控桥整流电路的主电路模型和符号与对应的整流电路相同，如图 5-6 所示。

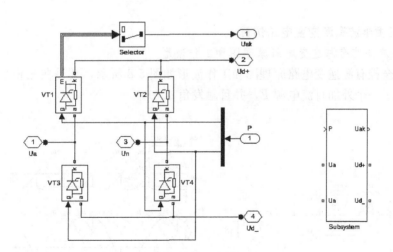

图 5-6　单相全控桥整流电路的主电路模型和符号

3. 单相桥式全控有源逆变电路的参数设置与仿真结果

打开仿真参数窗口，选择 ode23tb 算法，将相对误差设置为 1e-3，开始仿真时间设置为 0，停止仿真时间设置为 0.08s。负载参数为 $R = 2\Omega$，$L = 0.02H$，直流电源 $E = 40V$。

图 5-7（a）～（c）分别为 $\alpha = 90°$、$120°$、$150°$时。阻感加反电势负载的仿真波形。图中 U_d 为负载电压，U_{ak} 为晶闸管端电压。

从仿真结果看出，当 $\alpha > 90°$时，输出电压 U_d 波形的负面积大于正面积，负载向电源回馈功率，符合有源逆变的概念。读者可改变 α 的值，观察不同 α 角时的波形情况。

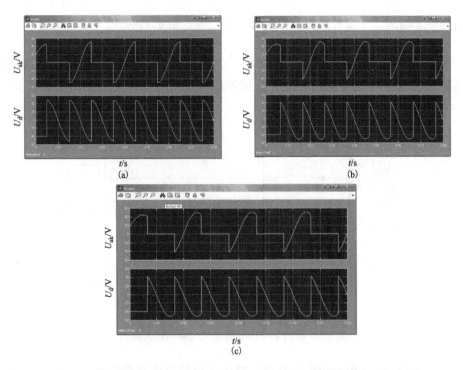

图 5-7　不同控制角时单相全控桥有源逆变电路阻感加反电势负载的仿真波形

(a) $\alpha=90°$；(b) $\alpha=120°$；(c) $\alpha=150°$

5.1.3　三相半波有源逆变电路仿真

1. 三相半波全控有源逆变电路原理图和工作波形

三相半波全控有源逆变电路原理图和工作波形如图 5-8 所示，其是在三相半波整流电路的基础上增加了一个外加直流电源 E，并且触发角 $\alpha>90°$。

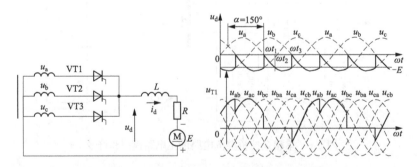

图 5-8　三相半波有源逆变电路原理图和工作波形

2. 三相半波有源逆变电路的建模

在三相半波可控整流电路仿真模型的基础上，负载回路中增加直流电源，其电压为 40V，适当连接后可搭建成图 5-9 所示的三相半波有源逆变电路的仿真模型。

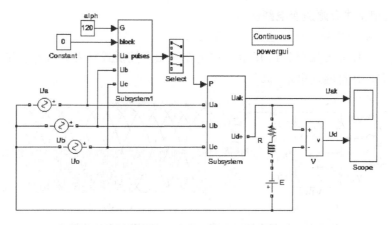

图5-9　三相半波有源逆变电路带阻感加反电势负载的仿真模型

3.三相半波有源逆变电路的仿真参数设置和仿真结果

打开仿真参数窗口，选择 ode23tb 算法，相对误差设为 1e-3，仿真开始时间为 0，停止时间为 0.08s。图 5-10 (a)~(d) 为 $\alpha=90°$、$120°$、$150°$、$180°$时，阻感加反电动势负载的仿真结果，其中负载为 $R=2\Omega$，$L=0.02H$。图中，U_d 为负载电压，U_{ak} 为晶闸管的端电压。

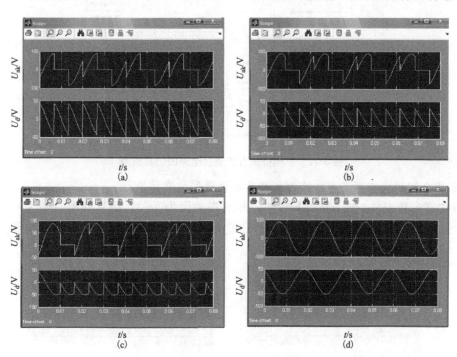

图5-10　不同控制角时三相半波有源逆变电路仿真结果（阻感加反电势负载）
(a) $\alpha=90°$；(b) $\alpha=120°$；(c) $\alpha=150°$；(d) $\alpha=180°$

从仿真结果可以看到，当 $\alpha=90°$时，变流装置工作在中间状态，平均电压 $U_d=0$；当 $\alpha>90°$时，变流装置工作在逆变状态，U_d 平均电压为负值；当 $\alpha=180°$时，由于逆变角很小，逆变失败，输出为交流电压。此外，还可以在 $90°~150°$任意改变 α 的值，观察不同 α 角时的波形情况。

5.1.4　三相桥式有源逆变电路仿真

1. 三相桥式有源逆变电气原理图和工作波形

电路结构和工作波形如图 5-11 所示，它是在三相全控桥式整流电路的基础上增加了一个外加直流电源 E，并且触发角 $\alpha > 90°$。

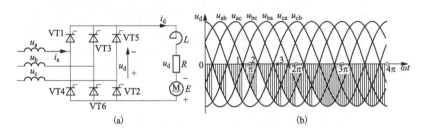

图 5-11　三相全控桥式有源逆变电路原理图和工作波形

2. 三相桥式有源逆变电路的建模

在三相桥式全控整流电路仿真模型的基础上，负载回路中增加直流电源，其电压为 40V，适当连接后可搭建成图 5-12 所示的三相桥式全控有源逆变电路的仿真模型。

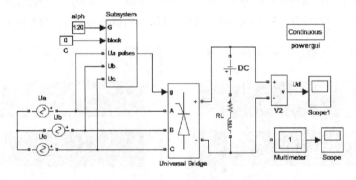

图 5-12　三相桥式有源逆变电路的仿真模型

3. 三相全控桥式有源逆变电路的仿真参数设置和仿真结果

打开仿真参数窗口，选 ode23tb 算法，相对误差设为 1e-3，仿真开始时间为 0，停止时间为 0.08s。图 5-13（a）～（c）为 $\alpha=90°$、$120°$、$150°$时阻感加反电势负载仿真结果，其中负

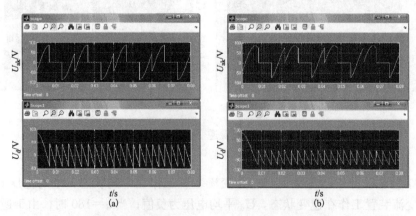

图 5-13　不同控制角时三相桥式有源逆变电路（阻感加反电势负载）仿真波形（一）
(a) $\alpha=90°$；(b) $\alpha=120°$

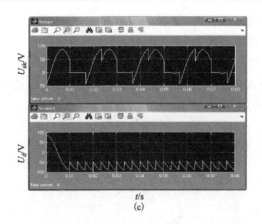

图 5-13　不同控制角时三相桥式有源逆变电路（阻感加反电势负载）仿真波形（二）

(c) $\alpha=150°$

载 $R=2\Omega$，$L=0.02H$。$\alpha=150°$ 的仿真参数设置中 E 取 80V，其他取 40V。

5.1.5　几种晶闸管有源逆变电路的谐波分析

为了了解上述几种有源逆变电路的逆变效果，对它们进行谐波分析。为使仿真结果具有可比性，将图 5-3、图 5-7、图 5-10、图 5-13 中相应参数统一如下：

（1）这四种电路均讨论逆变角 120° 时的逆变输出电压 U_{d} 谐波情况。

（2）负载 $R=2\Omega$，$L=0.02H$，$E=40V$。

（3）交流电源幅值 50V，频率 50Hz。

（4）仿真中的晶闸管和晶闸管桥参数选择如图 5-14、图 5-15 所示。

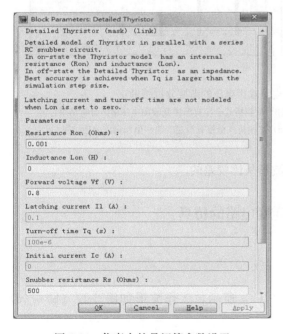

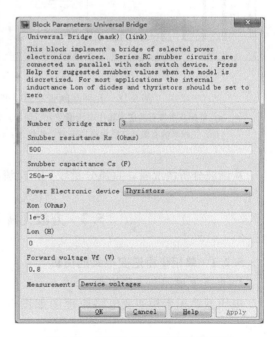

图 5-14　仿真中的晶闸管参数设置　　　　　　图 5-15　仿真中的晶闸管桥参数设置

（5）谐波分析时的示波器采样时间（Sample time）设置为 0.0001s。这是一个比较敏感的参数，它会影响显示波形，还关系到谐波分析波形的有效性。

（6）仿真参数选 ode23tb 算法，相对误差为 1e-3，仿真区间为 0～0.08s。

单相双半波、单相桥式全控、三相半波和三相桥式全控有源逆变电路输出电压的谐波分析结果如图 5-16（a）～（d）所示。

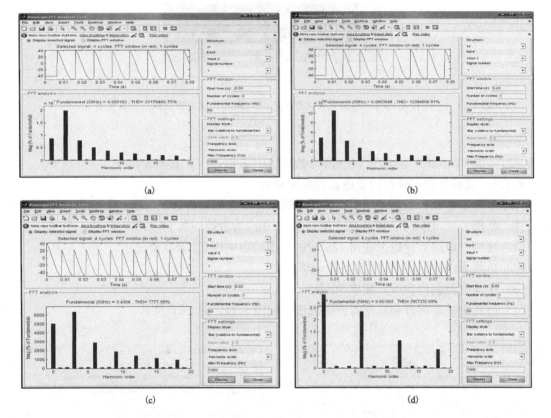

图 5-16　几种晶闸管有源逆变电路输出电压的谐波分析结果

（a）单相双半波有源逆变输出电压谐波分析结果；（b）单相桥式全控有源逆变输出电压谐波分析结果；
（c）三相半波有源逆变输出电压谐波分析结果；（d）三相桥式全控有源逆变输出电压谐波分析结果

从谐波分析情况看，直流分量较大，交流波形是比较差的。

5.2　方波无源逆变电路的仿真

5.2.1　单相半桥逆变电路的仿真

1. 电气原理图和工作波形

电压型单相半桥逆变电路原理图如图 5-17（a）所示，工作波形如图 5-17（b）～（e）所示。

2. 电路的建模

图 5-18 所示为采用面向电气原理图方法构建的单相半桥无源逆变电路的仿真模型。

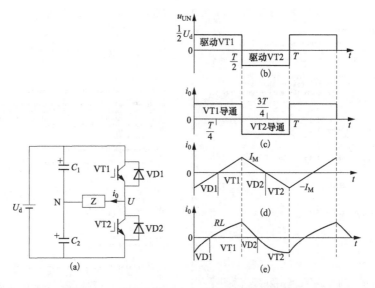

图 5-17　单相半桥逆变电路原理图和工作波形

(a) 电路；(b) 电压波形；(c) 电阻负载电流波形；(d) 电感负载电流波形；(e) RL 负载电流波形

　　从电气原理图分析可知，该电路的实质性器件是直流电源、电力电子开关和负载等部分。

　　(1) 电路主要元件的提取途径和作用。

　　1) 直流电源 U_d：SimPower System\Electrical Sources\DC Voltage Source，无源逆变用直流电源。

　　2) 理想开关 IS：SimPower System\Power Electronics\Ideal Switch，逆变用开关，IS1 和 IS2 组成互补对称开关，分别对应于 VT1 和 VT2。

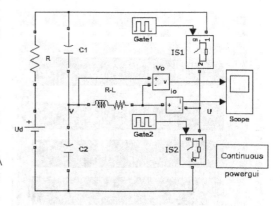

图 5-18　单相半桥无源逆变电路仿真模型

　　3) 脉冲信号发生器 Pulse Generator：Simulink\Sources\Pulse Generator，控制理想开关的导通与关断。

　　4) 负载 RL：SimPower System\Elements\Serise RLC Branch，组成阻感负载。

　　电压、电流测量以及示波器前面多次使用，电源支路上串联一个电阻是为了正常仿真的需要。

　　(2) 电路主要模块的参数设置。

　　1) 直流电源 U_d 取 30V。

　　2) 理想开关 IS 的参数设置如图 5-19 所示。

　　3) 脉冲信号发生器模块，幅值设为 10，周期设为 0.02s，即频率为 50Hz，占空比设为 50%。IS1 使用脉冲信号发生器模块 Pulse，滞后 0s；IS2 使用脉冲信号发生器模块 Pulse1；因为占空比取 50%，Pulse 和 Pulse1 互补工作，所以 Pulse1 滞后 0.01s，如图 5-20 所示。

　　4) 负载 RL 取 $R=2\Omega$、$L=0.02H$。

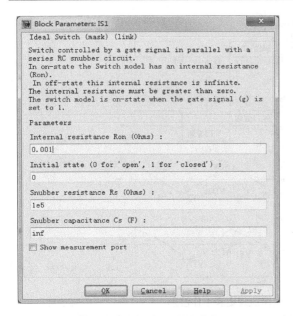

图 5-19　理想开关 IS 的参数设置

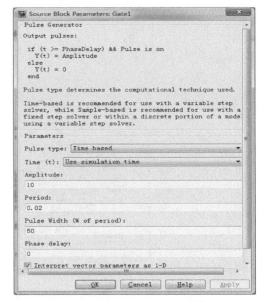

图 5-20　脉冲信号发生器参数设置

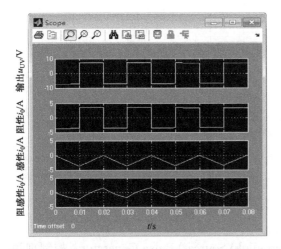

图 5-21　单相半桥逆变电压和不同类型负载电流波形

3. 电路的仿真参数设置和仿真结果

打开仿真参数窗口，选 ode23tb 算法，相对误差设为 1e-3，仿真开始时间为 0，停止时间为 0.08s。图 5-21 为其仿真结果，自上而下为逆变器输出的交流电压 u_UV、电阻性负载电流 i_0、电感性负载电流 i_0 和阻感性负载电流 i_0。三种类型负载的输出电流波形图是通过 3 次仿真拼图得到的。仿真波形与图 5-17 所示理论波形一致。

5.2.2　单相全桥电压型无源逆变电路仿真

1. 电气原理图和工作波形

单相全桥电压型无源逆变电路原理图如图 5-22（a）所示，工作波形如图 5-22（b）～（e）所示。

2. 电路的建模

图 5-23 为采用面向电气原理图方法构建的单相全桥电压型无源逆变电路的仿真模型。

图中，理想开关 IS1 和 IS4 组成一对开关，IS2 和 IS3 组成另一对开关，分别对应于 VT1 和 VT4、VT2 和 VT3。直流电源、理想开关、脉冲信号发生器、负载参数与半桥模型相同。

3. 电路的仿真参数设置和仿真结果

打开仿真参数窗口，选 ode23tb 算法，相对误差设为 1e-3，仿真开始时间为 0，停止时间为 0.1s。图 5-24 是其仿真结果。图 5-24 中自上而下为逆变器输出的交流电压 u_UV、电阻性负载电流 i_0、电感性负载电流 i_0 和阻感性负载电流 i_0。可见，仿真波形与图 5-22 理论波形一致。

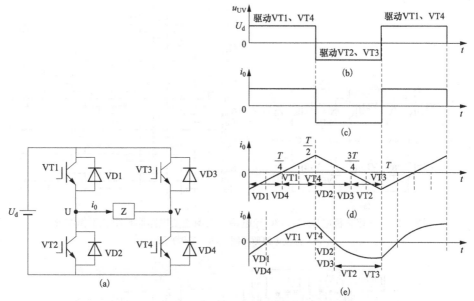

图 5-22　单相全桥逆变电路及电压、电流波形

（a）电路原理图；（b）负载电压；（c）电阻负载电流波形；（d）电感负载电流波形；（e）RL 负载电流波形

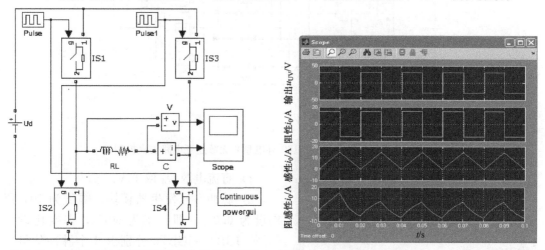

图 5-23　单相全桥电压型无源逆变电路仿真模型　　图 5-24　单相全桥逆变电压和不同类型负载电流波形

5.2.3　三相全桥电压型（180°导电型）无源逆变电路仿真

1. 电气原理图

电压型三相全桥逆变电路原理图如图 5-25（a）所示，工作波形如图 5-25（b）所示。

2. 电路的建模

图 5-26 所示为采用面向电气原理图方法构建的三相全桥电压型无源逆变电路的仿真模型。

（1）电路主要元件的提取途径和作用。

1）电力电子开关 IGBT：SimPower System\Power Electronics\IGBT，逆变用开关。

2）脉冲信号发生器 Pulse Generator：Simulink\Sources\Pulse Generator，控制 IGBT 的导通与关断。

（2）电路主要模块的参数设置。

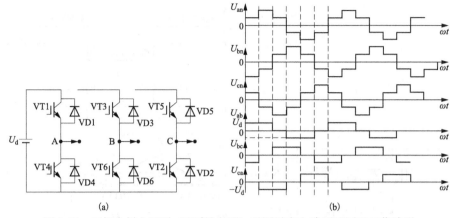

图 5-25　三相全桥电压型（180°导电型）无源逆变电路原理图和工作波形

（a）逆变电路原理图；（b）工作波形

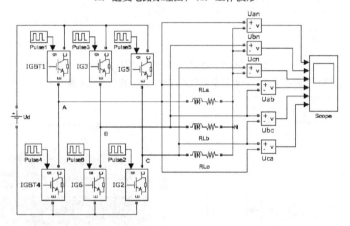

图 5-26　三相全桥电压型（180°导电型）无源逆变电路仿真模型

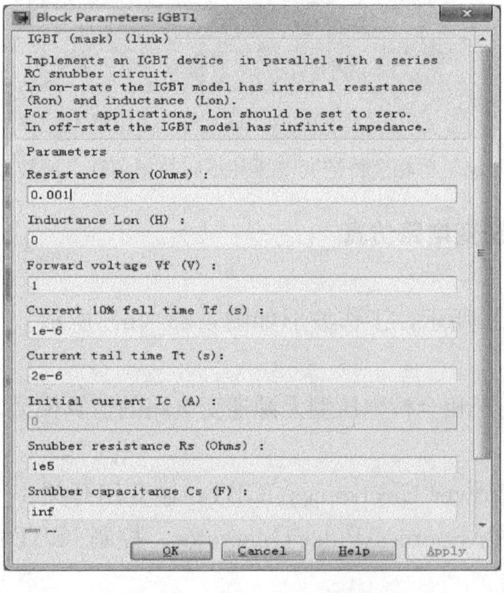

1）直流电源 U_d 取 10V。

2）脉冲信号发生器模块，幅值为 10，周期设为 0.02s，即频率为 50Hz，占空比设为 50%。IGBT～IGBT6 分别由 6 个脉冲信号发生器模块 Pulse1～Pulse6 控制，Pulse1 滞后 0s，其他 5 个依次滞后 60°。

3）负载 RL 取 $R=1\Omega$，$L=0.01H$。

4）IGBT 的参数设置如图 5-27 所示。

3. 电路的仿真参数设置和仿真结果

打开仿真参数窗口，选 ode23tb 算法，相对误差设为 1e-6，仿真开始时间为 0.02s，停止时间为 0.12s。图 5-28 是其仿真结果。图中波形与图 5-25 的相电压、线电压波形一致。另外，在与本书配套的模型中还提供了用理想开关器件、变流器桥搭建的模型。

图 5-27　IGBT 的参数设置

5.2.4　三相全桥电流型（120°导电型）无源逆变电路的仿真

1. 电气原理图和工作波形

三相全桥电流型（120°导电型）无源逆变电路原理图可参照图 5-29。

2. 电路的建模

图 5-30 为采用面向电气原理图方法构建的三相全桥电流型（120°导电型）无源逆变电路的仿真模型。

（1）电路主要元件的提取途径和作用。脉冲信号发生器 Pulse Generator：Simulink\Sources\Pulse Generator，控制 IGBT 的导通与关断。

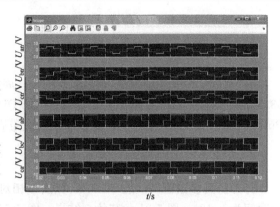

图 5-28　三相全桥逆变电路相电压和线电压波形

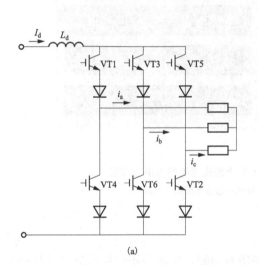

(a)

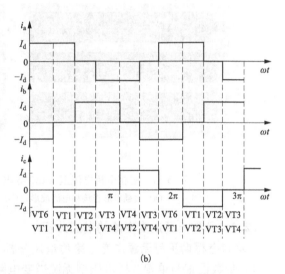

(b)

图 5-29　三相全桥电流型（120°导电型）无源逆变电路原理图及输出电流波形

(a) 电路原理图；(b) 输出电流波形

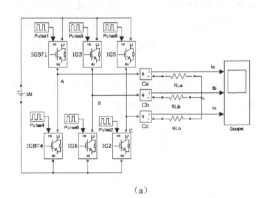

（a）

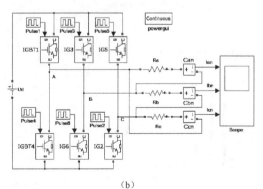

（b）

图 5-30　三相全桥电流型（120°导电型）无源逆变电路仿真模型

(a) 星形连接；(b) 三角形连接

（2）电路主要模块的参数设置。

1）直流电源 U_d 取 36V。

2）IGBT 的参数设置与电压型同。

3）脉冲信号发生器模块，幅值设为 10，周期设为 0.02s，即频率为 50Hz，占空比设为 33.333%（对应 120°导电型）。IGBT～IGBT6 分别由 6 个脉冲信号发生器模块 Pulse1～Pulse6 控制，Pulse1 滞后 0s，其他 5 个依次滞后 60°。

4）负载 $R=2\Omega$。

3. 电路的仿真参数设置和仿真结果

打开仿真参数窗口，选 ode23tb 算法，相对误差设为 1e-6，仿真开始时间为 0.02s，停止时间为 0.12s。图 5-31 为其仿真结果。图 5-31 中的仿真波形与图 5-29 的 120°导电型逆变器输出的相电流波形一致。

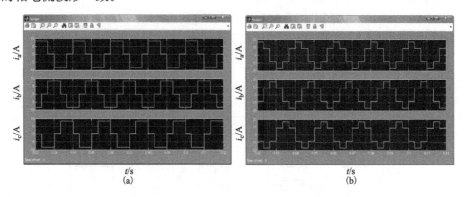

图 5-31　三相全桥电流型（120°导电型）无源逆变电路相电流波形

（a）负载星形连接相电流波形；（b）负载三角形连接相电流波形

5.2.5　几种无源逆变电路的谐波分析

1. 单相全桥电压型无源逆变电路的谐波分析

（1）参数设置与单相全桥电压型无源逆变电路仿真相同，谐波分析时的示波器采样时间（Sample time）设置为 0.0001s。

（2）谐波分析结果。单相全桥电压型无源逆变电路输出电压的谐波分析结果如图 5-32 所示。图中输出电压成分主要是 1、3、5、7、9 次。随着谐波次数的增加，其幅值下降。

而理论分析得到的单相全桥逆变电路负载电压波形的傅里叶级数为

$$u_{ab}(t) = \frac{4}{\pi}U_d\left(\sin\omega t + \frac{1}{3}\sin3\omega t + \frac{1}{5}\sin5\omega t + \cdots\right)$$

比较上式和图 5-32 的谐波分析结果，两者是一致的。

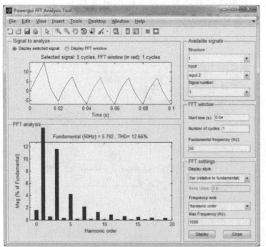

图 5-32　单相全桥电压型无源逆变电路负载电压谐波分析结果

2. 三相全桥电压型（180°导电型）无源逆变电路的谐波分析

（1）参数设置与三相全桥电压型（180°导电型）无源逆变电路仿真相同，谐波分析时的示波器采样时间（Sample time）设置为 0.00005。

（2）谐波分析结果与分析。三相全桥电压型无源逆变电路输出相电压和线电压的谐波分析结果分别如图 5-33 和图 5-34 所示。

1）理论分析得到的 180°导电型逆变器的相电压为交流六阶梯状波形，傅里叶分析后求得的逆变器输出 A 相电压的瞬时值 u_{a0} 为

$$u_{a0}(t) = \frac{2}{\pi}U_d\left(\sin\omega t + \frac{1}{5}\sin5\omega t + \frac{1}{7}\sin7\omega t + \frac{1}{11}\sin11\omega t + \frac{1}{13}\sin13\omega t + \cdots\right)$$

从上式可知，相电压波形中不包含偶次和 3 的倍数次谐波，而只有 5 次及以上的奇次谐波，且谐波幅值与谐波次数成反比，与图 5-33 所示的谐波分析结果是一致的。

2）同样，逆变器线电压为 120°的交流方波波形，傅里叶分析后得到的线电压的瞬时值 u_{ab} 为

$$u_{ab}(t) = \frac{2\sqrt{3}}{\pi}U_d\left(\sin\omega t - \frac{1}{5}\sin5\omega t - \frac{1}{7}\sin7\omega t + \frac{1}{11}\sin11\omega t + \frac{1}{13}\sin13\omega t - \cdots\right)$$

从上式可知，线电压波形中不包含偶次和 3 的倍数次谐波，而只含有 5 次及 5 次以上的奇次谐波，且谐波幅值与谐波次数成反比，与图 5-34 所示的谐波分析结果是一致的。

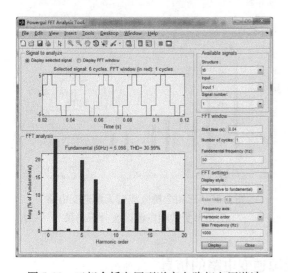

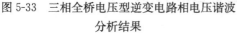

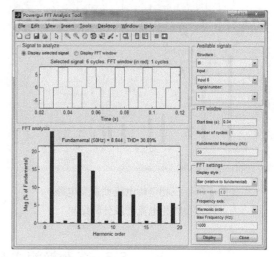

图 5-33　三相全桥电压型逆变电路相电压谐波　　图 5-34　三相全桥电压型逆变电路线电压谐
　　　　　分析结果　　　　　　　　　　　　　　　　　　波分析结果

3. 三相全桥电流型（120°导电型）无源逆变电路的谐波分析

（1）参数设置与三相全桥电流型（120°导电型）无源逆变电路仿真相同，谐波分析时的示波器采样时间（Sample time）设置为 0.00005。

（2）谐波分析结果与分析。

1）当负载星形连接时，理论分析得到的输出相电流波形为 120°交流方波。采用傅里叶分解后求得的 A 相电流波形的谐波表达式为

$$i_{a0}(t) = \frac{2\sqrt{3}}{\pi}I_d\left(\sin\omega t - \frac{1}{5}\sin5\omega t - \frac{1}{7}\sin7\omega t + \frac{1}{11}\sin11\omega t + \frac{1}{13}\sin13\omega t - \cdots\right)$$

从上式可知，相电流波形中不包含偶次和 3 的倍数次谐波，而只含有 5 次及 5 次以上的奇次谐波，且谐波幅值与谐波次数成反比。

2）同样，当负载三角形连接时，理论分析得到的输出相电流波形为六阶梯状方波。傅里叶分解后得到的相电流谐波表达式为

$$i_{a0}(t) = \frac{2}{\pi}I_d\left(\sin\omega t + \frac{1}{5}\sin5\omega t + \frac{1}{7}\sin7\omega t + \frac{1}{11}\sin11\omega t + \frac{1}{13}\sin13\omega t + \cdots\right)$$

从上式可知，相电流波形中不包含偶次和 3 的倍数次谐波，而只含有 5 次及 5 次以上的奇次谐波，且谐波幅值与谐波次数成反比。

三相全桥电流型无源逆变电路负载星形连接和三角形连接，其输出相电流的谐波分析结果分别如图 5-35 和图 5-36 所示。

比较负载星形连接和三角形连接的相电流表达式分别与图 5-35 和图 5-36 的谐波分析结果，均为一致的。

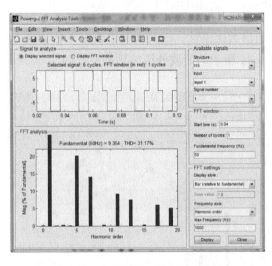

图 5-35　三相全桥电流型逆变电路
星形负载相电流谐波分析结果

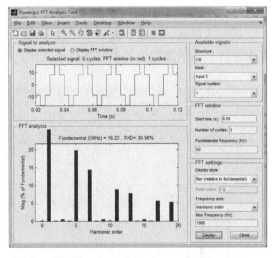

图 5-36　三相全桥电流型无源逆变电路
三角形负载相电流谐波分析结果

5.3　负载换流式无源逆变电路的仿真

5.3.1　并联谐振式电流型逆变电路仿真

1. 电气原理图和工作波形

并联谐振式逆变电路是一种单相桥式电流型逆变器，开关器件采用半控型的晶闸管，负载是补偿电容与电感线圈的并联，其电路原理图如图 5-37（a）所示，理想工作波形如图 5-37（b）所示。

2. 电路的建模和参数设置

其仿真模型如图 5-38 所示，电力电子开关采用晶闸管。

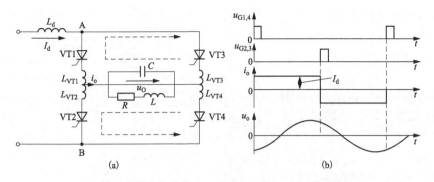

图 5-37　单相桥式并联谐振式逆变电路和理想工作波形

（a）并联谐振逆变电路；（b）并联谐振式逆变电路理想工作波形

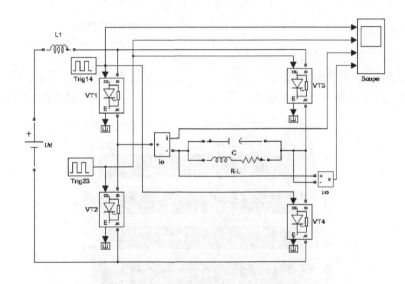

图 5-38　单相桥式并联谐振式逆变电路仿真模型

参数设置如下：

（1）直流电源电压 50V，滤波电感 $L_1 = 0.002$H。

（2）脉冲触发器 1～4 的参数设置如图 5-39 所示。脉冲触发器 2、3 的相位延迟 0.0005s，其他参数设置与脉冲触发器 1～4 的参数设置相同。

（3）晶闸管元件参数设置如图 5-40 所示。

（4）谐振电容为 0.0008F，电阻为 0.1Ω，电感 L 为 0.05mH。

3. 模型仿真和仿真结果

（1）系统仿真。打开仿真参数窗口，选 ode23tb 算法，相对误差设为 1e-3，仿真开始时间为 0，停止时间为 0.03s。

（2）输出仿真结果。采用"示波器"输出方式，即可得图 5-41 所示的仿真曲线。

（3）输出结果分析。将图 5-41 的仿真波形图与图 5-37（b）的并联谐振逆变器理想工作波形对比，可知两者是一致的。

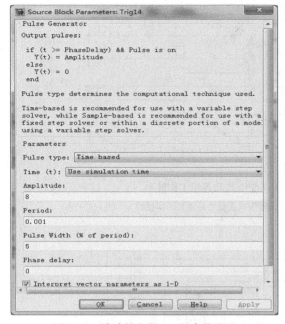

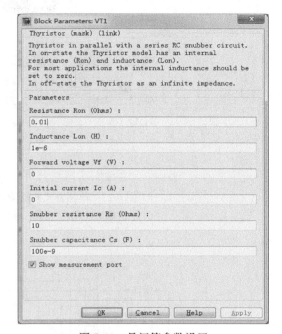

图 5-39　脉冲触发器 1-4 的参数设置　　　　　　　图 5-40　晶闸管参数设置

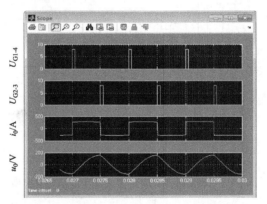

图 5-41　并联谐振逆变器理想工作仿真波形

5.3.2　串联谐振式电压型逆变电路仿真

1. 电气原理图

串联谐振逆变器为电压型逆变器。如图 5-42 所示，负载为电感线圈，串联电容 C 进行补偿。其理想工作波形如图 5-43 所示。

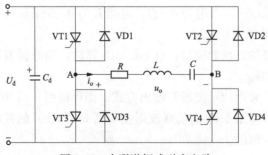

图 5-42　串联谐振式逆变电路

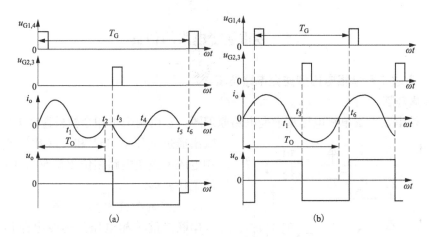

图 5-43 串联谐振式逆变电路的工作波形

（a）谐振电流断续；（b）谐振电流连续

2. 电路的建模和参数设置

电路的仿真模型如图 5-44 所示，其中电力电子开关也是采用晶闸管。各部分参数设置与并联谐振电路相同。谐振电容 68e-5F，电阻 0.001Ω，电感 $L=45$e-7H。

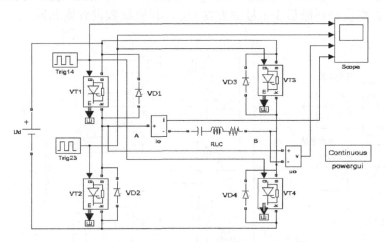

图 5-44 单相桥式串联谐振式逆变电路仿真模型

3. 模型仿真和仿真结果

（1）系统仿真。打开仿真参数窗口，选 ode23tb 算法，相对误差设为 1e-3，仿真开始时间为 0，停止时间为 0.03s。

（2）输出仿真结果。采用"示波器"输出方式，即可得图 5-45 所示的仿真曲线。

（3）输出结果分析。将图 5-45 的仿真波形图与图 5-43 的串联谐振逆变器电流断续理想工作波形对比，可知两者波形是基本一致的。

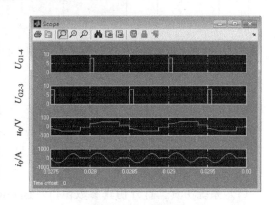

图 5-45 串联谐振式逆变器理想工作仿真波形图

5.4 多重逆变电路的仿真

5.4.1 串联二重单相电压型逆变电路仿真

1. 电气原理图

图 5-46 是串联二重单相电压型逆变电路原理图，它由两个单相全控桥逆变电路组成，二

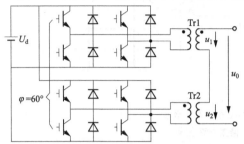

者输出通过变压器 Tr1 和 Tr2 串联起来，二个单相电压型逆变电路相位相差 60°。图 5-47 为电路的工作波形。

2. 电路的建模和参数设置

串联二重单相电压型逆变电路仿真模型如图 5-48 所示。主要模块的参数设置如下：

(1) 直流电压源幅值 90V。

图 5-46 串联二重单相电压型逆变电路原理图   (2) 脉冲触发器 1-4 的参数设置如图 5-49

所示。脉冲触发器 2-3 的相位与脉冲触发器 1-4 相比延迟 0.01s，其他参数设置与其相同，且脉冲触发器 1-4 与 2-3 的相位互补。同样，脉冲触发器 5-8 与 6-7 的相位互补，脉冲触发器 5-8 的相位分别滞后 1-4 号触发器 60°，其他参数设置则相同。

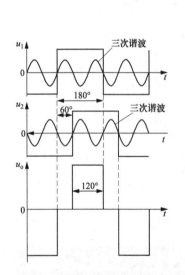

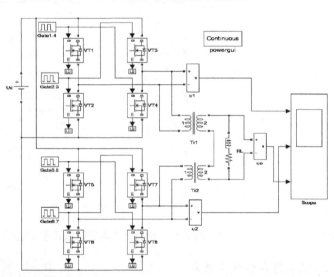

图 5-47 串联二重单相电压型
逆变电路的工作波形

图 5-48 串联二重单相电压型逆变电路仿真模型

(3) 电力电子开关元件参数设置如图 5-50 所示。

(4) 变压器 Tr1、Tr2 参数设置如图 5-51 所示。

(5) 负载电阻 $R=50\Omega$，电感 $L=0.01H$。

3. 模型仿真和仿真结果

(1) 系统仿真。打开仿真参数窗口，选 ode23tb 算法，相对误差设为 1e-3，仿真开始时间为 0，停止时间为 0.15s。

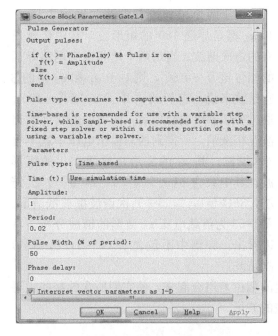

图 5-49 脉冲触发器 1-4 的参数设置

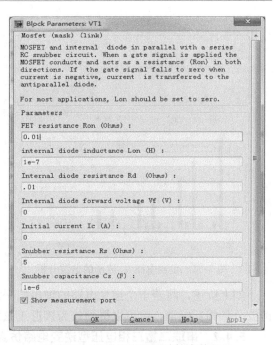

图 5-50 P-MOSFET 开关管参数设置

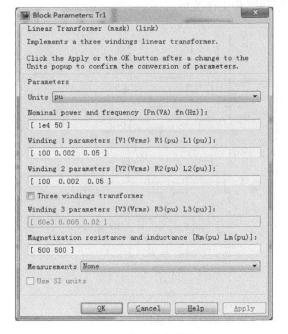

图 5-51 变压器参数设置

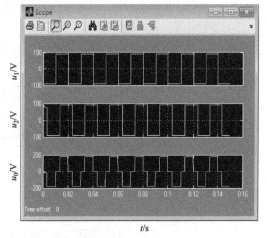

图 5-52 串联二重单相电压型逆变电路输出电压波形

（2）输出仿真结果。采用"示波器"输出方式，即可得图 5-52 所示的仿真曲线。图中 u_1 为第一重单相电压型逆变电路输出电压，u_2 为第二重逆变电路输出电压，u_0 为合成后逆变电路负载上的输出电压。

（3）输出结果分析。将图 5-52 的仿真波形与图 5-47 的二重逆变电路的工作波形对比，可知两者是一致的。

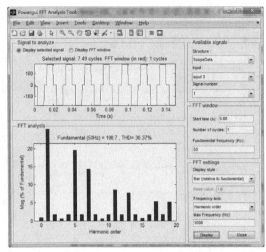

图 5-53　负载电压 u_0 波形的谐波分析

由于两个单相逆变电路的输出电压 u_1 和 u_2 都是导通 $180°$ 的矩形波,其中包含所有的奇次谐波。当将两个单相逆变电路导通的相位错开 $\varphi = 60°$,则对于 u_1 和 u_2 中的 3 次谐波来说,它们就错开了 $3 \times 60° = 180°$。通过变压器串联合成后,两者中所含 3 次谐波互相抵消,所得到的总输出电压中就不含 3 次谐波。其 u_0 的波形是导通 $120°$ 的矩形波,其中只含 $6k \pm 1(k = 1, 2, 3\cdots)$ 次谐波,$3k(k = 1, 2, 3\cdots)$ 次谐波都被抵消了。图 5-53 为负载电压 u_0 波形的谐波分析,可以看出:频谱中不包含 $3k(k = 1, 2, 3\cdots)$ 次谐波。

如上所述,将若干个逆变电路的输出按一定的相位差组合起来,使它们所含的某些主要谐波分量相互抵消,就可以得到较为接近正弦波的波形。

5.4.2　串联二重三相电压型逆变电路仿真

1. 电气原理图

图 5-54 为串联二重三相电压型逆变电路的原理图和工作波形。

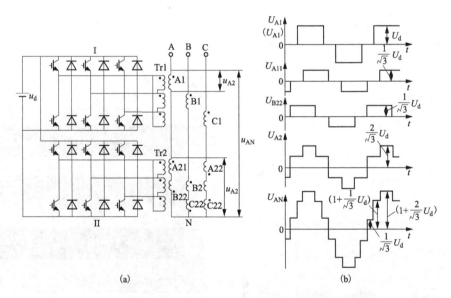

图 5-54　串联二重三相电压型逆变电路原理图和工作波形

(a) 原理图;(b) 工作波形

该电路由两个三相桥式逆变电路构成,输出电压通过变压器 Tr1 和 Tr2 串联合成。逆变桥 II 的相位比逆变桥 I 滞后 $30°$。Tr1 为 Dy 连接,变压器 Tr2 一次侧也是三角形连接,但二次侧有两个绕组,采用曲折星形接法,即一相的绕组和另一相的绕组串联而构成星形,同时使其二次电压相对于一次电压而言,比 Tr1 的接法超前 $30°$,以抵消逆变桥 II 比 I 滞后的 $30°$。这样,u_{U2} 和 u_{U1} 的基波相位就相同了。

2. 电路的建模和参数设置

串联二重三相电压型逆变电路仿真模型如图 5-55 所示。

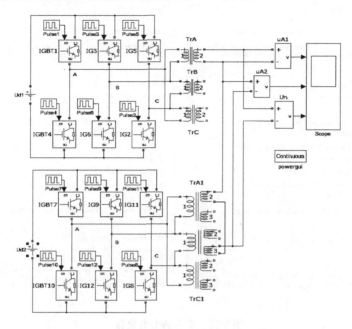

图 5-55　串联二重三相电压型逆变电路仿真模型

仿真模型中主要模块的参数设置如下：

（1）直流电压源幅值 10V。

（2）脉冲触发器 1 的参数设置如图 5-56 所示。脉冲触发器 2～6 的相位与脉冲触发器 1 相比依次延迟 60°，即 0.003333s，其他参数设置与其相同。同样，脉冲触发器 7 又与触发器 1 相差 30°，即 0.001666s，脉冲触发器 8～12 的相位依次滞后 7 号触发器 60°，其他参数设置则相同。

（3）电力电子开关元件参数设置如图 5-57 所示。

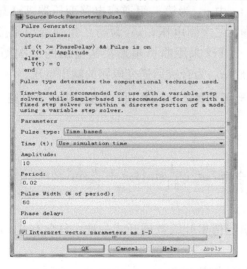

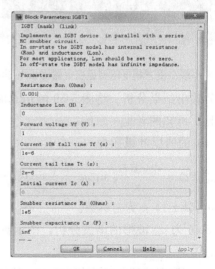

图 5-56　脉冲触发器 1 的参数设置　　　　　图 5-57　IGBT 开关管参数设置

（4）二绕组变压器和三绕组变压器参数设置如图 5-58 所示。

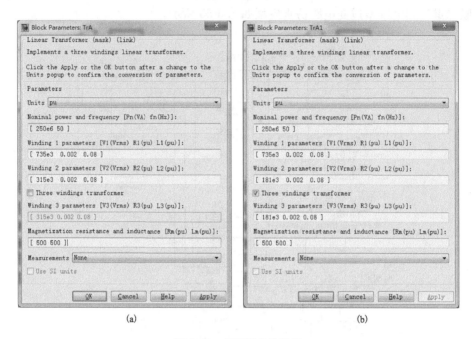

(a)　　　　　　　　　　　　　　　(b)

图 5-58　变压器参数设置

(a) 二绕组变压器参数设置；(b) 三绕组变压器参数设置

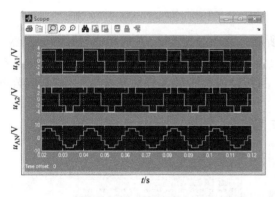

图 5-59　串联二重三相电压型逆变电路输出电压波形

3. 模型仿真和仿真结果

（1）系统仿真。打开仿真参数窗口，选 ode23tb 算法，相对误差设为 1e-6，仿真开始时间为 0.02，停止时间为 0.12s。

（2）输出仿真结果。采用"示波器"输出方式，即可得图 5-59 所示的仿真曲线。其中 u_{A1} 为第一组逆变电路变压器 Tr1 输出的二次侧电压，u_{A2} 为第二组逆变电路变压器 Tr2 采用曲折星形接法输出的二次侧电压，u_{AN} 为合成后逆变电路的输出电压。

（3）输出结果分析。将图 5-59 的仿真波形图与图 5-54 的串联二重三相逆变电路的工作波形对比，可知两者是一致的。

1）u_{A1} 的傅里叶级数为

$$u_{A1}(t) = \frac{2\sqrt{3}U_d}{\pi}\left(\sin\omega t - \frac{1}{5}\sin5\omega t - \frac{1}{7}\sin7\omega t + \frac{1}{11}\sin11\omega t + \frac{1}{13}\sin13\omega t - \cdots\right)$$

其中，$n=6k\pm1$，k 为自然数。

图 5-60 为 u_{A1} 波形的谐波分析，图示频谱与傅里叶级数展开式一致，只含有 5、7、11、13…次谐波。

2）变压器合成后的输出相电压 u_{AN} 的傅里叶级数为

$$u_{UN}(t) = \frac{4\sqrt{3}U_d}{\pi}\left(\sin\omega t + \frac{1}{11}\sin 11\omega t + \frac{1}{13}\sin 13\omega t + \frac{1}{23}\sin 23\omega t + \frac{1}{25}\sin 25\omega t + \cdots\right)$$

图 5-61 为 u_{UN} 波形的谐波分析，图示频谱与傅里叶级数展开式一致，不包含 11 次以下谐波。可以看出，u_{UN} 比 u_{U1} 更接近正弦波。

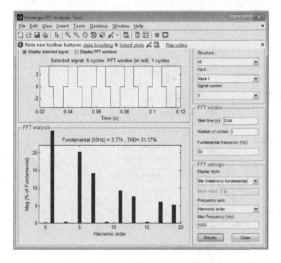
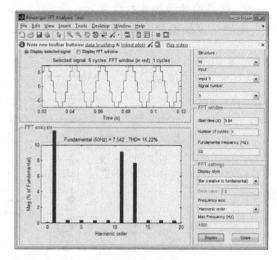

图 5-60　u_{U1} 波形的谐波分析　　　　　　图 5-61　u_{UN} 波形的谐波分析

5.5　电压 SPWM 逆变电路的仿真

5.5.1　单相单极性电压 SPWM 逆变电路仿真

1. 电气原理图

电压 SPWM 技术就是通过调节脉冲宽度来调节输出电压的大小，使逆变器的输出电压为等效正弦波形。其按相数分为单相和三相。单相单极性电压逆变器主电路如图 5-62 所示。单相单极性电压型 SPWM 又可分单极性 SPWM 控制和双极性 SPWM 控制。单相单极性电压型 SPWM 波形如图 5-63 所示。

由图 5-62 可知，它与单相电压型方波无源逆变器主电路拓扑结构是一样的，差别是开关管的控制方式不一样。无源逆变采用方波控制，而此处采用脉宽调制 PWM 控制方式。

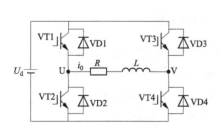
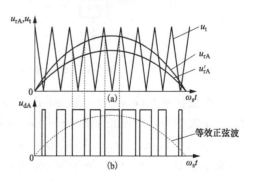

图 5-62　单相单极性电压 SPWM　　　　　图 5-63　单相单极性电压型 SPWM 波形
　　逆变器主电路原理图　　　　　　（a）正弦调制波与三角载波；（b）输出的 SPWM 波形

脉宽调制 PWM 控制方式是用频率为 f_r 的正弦波作为调制波 u_r，$u_r = U_m \sin \omega_s t$；用幅值为 U_{tm}，频率为 f_t 的三角形作载波 u_t。载波比 $N = f_t / f_r$，幅值调制深度 $m = U_m / U_{tm}$。

单极性 SPWM 控制是指逆变器的输出脉冲具有单极性特性。当输出正半周时，输出脉冲全为正极性脉冲；输出负半周时，输出全为负极性脉冲，因此采用单极性的三角载波调制。

2. 电路的建模和参数设置

电路仿真模型如图 5-64 所示。

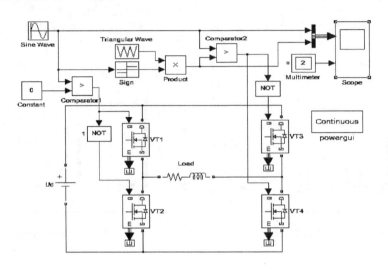

图 5-64   单相单极性电压 SPWM 逆变电路仿真模型

仿真模型中使用的主要模块的参数设置如下：

（1）单极性 SPWM 信号发生器仿真模型如图 5-65 所示。图中模块提取途径和作用如下：

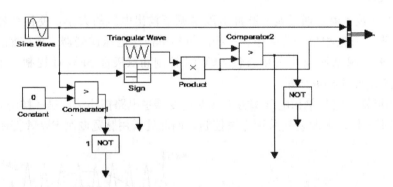

图 5-65   单极性 SPWM 信号发生器仿真模型

1）正弦波信号 Sine Wave：Simulink\Source\Sine Wave，产生正弦波信号。

2）三角波信号：Simulink\Source\Repeating Sequence，用作产生载波信号。

3）符号函数 Sign：Simulink\Math Operations\Sign，用于极性控制。

4）乘法器 Product：Simulink/Math Operations\Product，乘法运算。

5）比较器：Simulink\Logic and Bit Operations\Relational Operator。

6）非门 NOT：Simulink\Logic and Bit Operations\Logical Operator，逻辑非信号。

（2）U_d 取 100V。

（3）负载 $R=1\Omega$，$L=0.01$H。

（4）电力电子开关元件参数设置如图5-66所示。

万用表测量负载电压和电流。

3. 模型仿真、仿真结果的输出及结果分析

（1）系统仿真。打开仿真参数窗口，选 ode23tb 算法，相对误差设为 1e-3，仿真开始时间为 0，停止时间为 0.08s，示波器显示范围 0.04s。

（2）输出仿真结果。采用"示波器"输出方式，图5-67是单相单极性电压 SPWM 逆变电路的仿真结果，其中 u_r-u_t 为调制波和载波的波形，u_o-i_o 为输出电压和电流波形。示波器的几个重要参数 Time range 0.04s，Sampling：Decimations 1，保存的数据 10000 个。

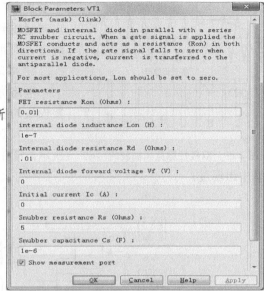

图 5-66　开关管 P-MOSFET 参数设置

（3）输出结果分析。由图5-67可知，负载电压的中心部分脉冲明显加宽，负载电流更接近正弦波。与图4-63波形情况一致。

4. 谐波分析

分析方法在方波无源逆变电路中已介绍，单相单极性电压 SPWM 逆变电路输出电压的谐波分析图如图5-68所示。从图中可知，以基波为主，占了 80%。

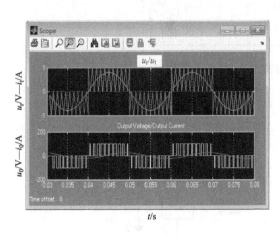

图 5-67　单相单极性电压 SPWM 逆变电路
仿真波形

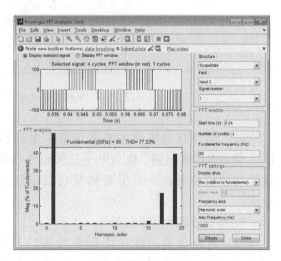

图 5-68　单相单极性电压 SPWM 逆变电路输
出电压的谐波分析图

5.5.2　单相双极性电压 SPWM 逆变电路仿真

1. 电气原理图

单相双极式电压 SPWM 逆变器主电路与单相单极性电压型 SPWM 逆变器主电路，差别

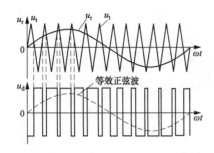

图 5-69　双极性脉宽调制波的形成

模型中出现过。

主要是 PWM 控制信号不同。双极性调制波和载波、输出调制波形如图 5-69 所示，每个周期内输出的电压正负跳变，因此为双极性。

2. 电路的建模和参数设置

电路仿真模型如图 5-70 所示。仿真模型中使用的主要模块的参数设置如下：

（1）双极性 SPWM 信号发生器仿真模型如图 5-71 所示。图中模块全部在单极性 SPWM 信号发生器仿真

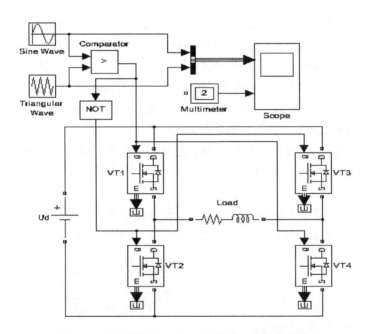

图 5-70　单相双极性电压 SPWM 逆变电路仿真模型

（2）部分其他模块的参数设置。电压源 U_d、负载电阻和电感、电力电子开关元件参数设置与单极性相同。万用表测量负载电压和电流。

3. 模型仿真和仿真结果

（1）系统仿真。打开仿真参数窗口，选 ode23tb 算法，相对误差设为 1e-3，仿真开始时间为 0，停止时间为 0.06s。

（2）输出仿真结果。采用"示波器"输

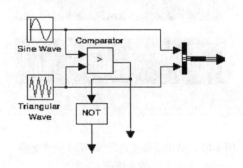

图 5-71　双极性 SPWM 信号发生器仿真模型

出方式，图 5-72 为单相双极性电压 SPWM 逆变电路的仿真结果，其中 $u_r - u_t$ 为调制波和载波的波形，$u_0 - i_0$ 为输出电压和电流波形。其中，示波器的参数设置与单极性模型中相同。

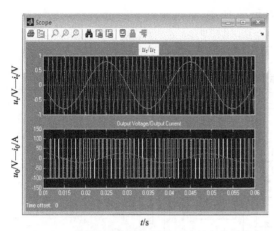

图 5-72 单相双极性电压 SPWM 逆变电路仿真波形

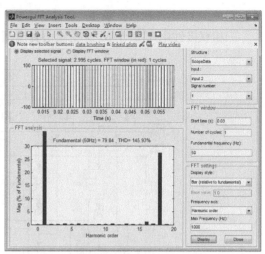

图 5-73 单相双极性电压 SPWM 输出电压的谐波分析图

4. 谐波分析

单相双极性电压 SPWM 逆变电路的谐波分析图如图 5-73 所示。由图可知，以基波为主，占了 79.8%。

5.5.3 三相双极性电压 SPWM 逆变电路仿真

1. 电气原理图

三相双极性电压 SPWM 控制是三相桥臂共用一个三角波载波信号，调制波用三相对称的正弦波信号。电路原理如图 5-74（a）所示，图中 VT1～VT6 是 6 个开关器件，各有一个续流二极管反并联连接。图 5-74（b）是其工作波形。

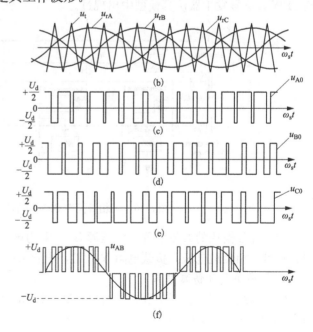

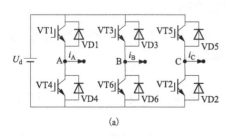

图 5-74 三相双极性电压 SPWM 逆变器电路结构图和工作波形

（a）三相双极性电压 SPWM 逆变电路；（b）$v(f)$ 工作波形

2. 电路的建模和参数设置

三相双极性电压 SPWM 逆变器仿真模型如图 5-75 所示。

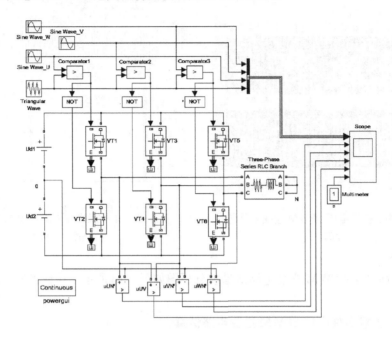

图 5-75　三相双极性电压 SPWM 逆变器仿真模型

仿真模型中使用的主要模块的参数设置如下：

（1）三相双极性 SPWM 信号发生器仿真模型如图 5-76 所示。图中模块全部在单相单极性 SPWM 信号发生器仿真模型中出现过。

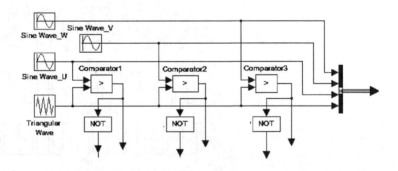

图 5-76　三相双极性 SPWM 信号发生器仿真模型

（2）部分模块的参数设置。电压源 U_d、电力电子开关元件参数设置与单极性相同。万用表测量三相负载电压。负载电阻 $R=1\Omega$，电感 $L=0.005\text{H}$。

3. 模型仿真和仿真结果

（1）系统仿真。打开仿真参数窗口，选 ode23tb 算法，相对误差设为 1e-3，仿真开始时间为 0，停止时间为 0.03s。

（2）输出仿真结果。采用"示波器"输出方式，图 5-77 为三相双极性电压 SPWM 逆变电路的仿真结果。其中 $u_{r(A-B-C)}-u_t$ 为调制波和载波的波形，u_{A0}、u_{B0}、u_{C0} 为三相负载相对于直流电源中心点的相电压波形，u_{AB} 为负载线电压波形，u_{AN} 为负载相对于负载中心点的相电压波形。示波器的几个重要参数 Time range 0.04s，Sampling：Sample time 4e-5，保存的数据 20000 个。

4. 谐波分析

三相双极性电压 SPWM 逆变器负载相电压的谐波分析图如图 5-78 所示。由图可知，以基波为主，占了 70.8%。

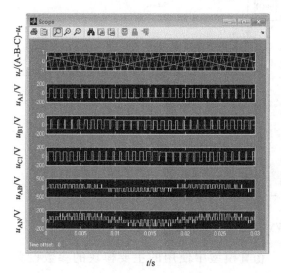

图 5-77　三相双极性电压 SPWM 逆变器
仿真波形

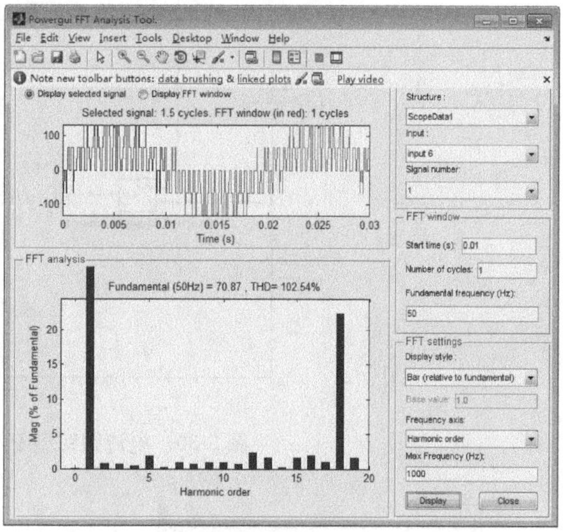

图 5-78　三相双极性电压 SPWM 逆变器负载输出
相电压的谐波分析

5.6　电流跟踪型 PWM 逆变电路的仿真

5.6.1　电气原理图

电流跟踪型 PWM 逆变器由 PWM 逆变器和电流控制环组成。电流跟踪型 PWM 逆变器一相（U 相）的电路原理图如图 5-79（a）所示。图 5-79（b）所示是输出电流、电压的波形。

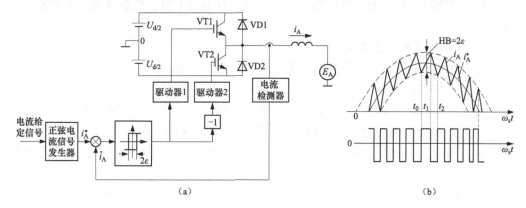

(a)　　　　　　　　　　　　　　　　(b)

图 5-79　电流滞环控制逆变器一相的电路原理图及波形图
(a) 电路原理图；(b) 输出电流、电压波形图

5.6.2 电路的建模和参数设置

与图 5-79 对应的电流跟踪型 PWM 逆变电路仿真模型如图 5-80 所示。

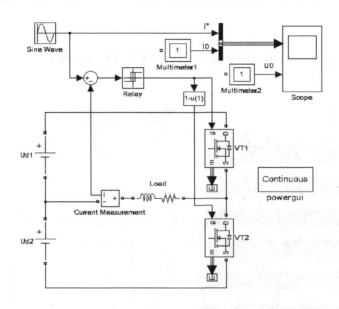

图 5-80 电流跟踪型 PWM 逆变电路仿真模型

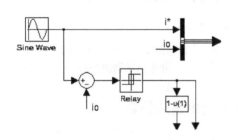

图 5-81 电流跟踪型 PWM 逆变电路控制信号仿真模型

仿真模型中使用的主要模块的参数设置如下：

（1）电流跟踪型 PWM 逆变电路控制信号仿真模型如图 5-81 所示。图中新增滞环继电器特性模块 Relay 的提取途径和作用：

Simulink\Discontinuities\Relay，用于滞环控制。

（2）部分模块的参数设置。电压源 U_d、电力电子开关元件参数设置与单极性相同，负载电阻 $R=1\Omega$、电感 $L=0.01H$，滞环宽度 $-5\sim+5$。万用表 1 测量负载电流，万用表 2 测量负载电压。

5.6.3 模型仿真和仿真结果

（1）系统仿真。打开仿真参数窗口，选 ode23tb 算法，相对误差设为 1e-3，仿真开始时间为 0，停止时间为 0.04s。

（2）输出仿真结果。采用"示波器"输出方式，图 5-82 是电流跟踪型 PWM 逆变电路的仿真结果，其中 i^* 为电流给定信号波形，i_0 为负载输出的实际电流波形，u_0 为负载输出电压波形。示波器的几个重要参数 Time range0.04s，Sampling：Decimations 1，保存的数据 5000 个。

5.6.4 谐波分析

电流跟踪型 PWM 逆变电路的谐波分析图如图 5-83 所示。从图中可知，正弦波占了 64.3%。

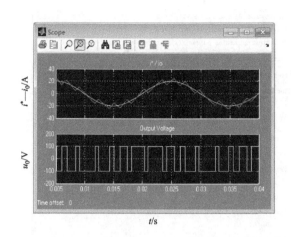
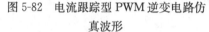

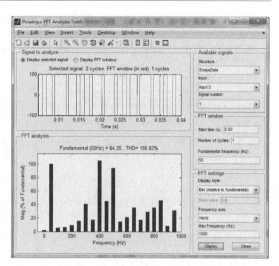

图 5-82　电流跟踪型 PWM 逆变电路仿　　　　图 5-83　电流跟踪型 PWM 逆变电路输出电压
　　　　真波形　　　　　　　　　　　　　　　　　　　　谐波分析

5.7　空间矢量 SVPWM 逆变电路的仿真

5.7.1　电气原理图

SVPWM 逆变电路拓扑结构与三相双极性电压 SPWM 逆变电路相同，差别是变流器的控制方式不一样。前者采用 SVPWM 信号发生器控制，而后者采用双极性 PWM 信号发生器控制。

5.7.2　电路的建模和参数设置

SVPWM 逆变电路的仿真模型如图 5-84 所示。

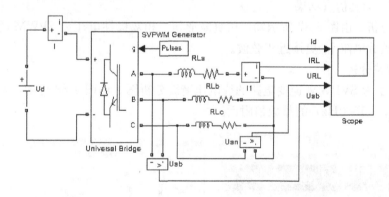

图 5-84　电压空间矢量 SVPWM 逆变电路仿真模型

电路由直流电源、通用变流器桥、三相负载、SVPWM 控制信号发生器等部分组成。

1. 模型中使用的主要模块与提取途径

SVPWM 信号发生器提取途径：SimPower Systems \ Extra Library \ Discrete Control Blocks \ Discrete SVPWM Genertor，产生 SVPWM 逆变器控制信号。

2. 仿真模型中使用的主要模块的参数设置

（1）电源电压 U_d＝180V。

（2）通用变流器桥参数设置如图 5-85 所示。

（3）SVPWM 控制信号参数设置如图 5-86 所示。

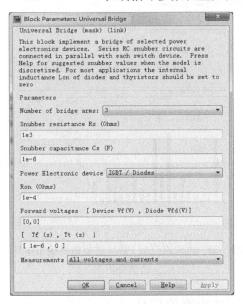

图 5-85　通用变流器桥参数设置对话框　　　　图 5-86　SVPWM 参数设置对话框

（4）负载电阻 $R=2\Omega$，电感 $L=0.01\mathrm{H}$。

5.7.3　模型仿真和仿真结果

（1）系统仿真。打开仿真参数窗口，选 ode23tb 算法，相对误差设为 1e-3，仿真开始时间为 0，停止时间为 0.06s。

（2）输出仿真结果。采用"示波器"输出方式，对图 5-84 的 SVPWM 逆变电路模型进行仿真，图 5-87 为其仿真结果。

（3）结果分析。由图 5-87 所示知，仿真波形与三相双极性电压型 SPWM 的仿真波形相似，区别在于负载电流 I_{RL} 更接近正弦波。

5.7.4　谐波分析

图 5-88 所示为 SVPWM 逆变电路的线电压谐波分析图。由图 5-88 可知，谐波分量主要分布在载波频率（1500Hz）的整数倍附近。

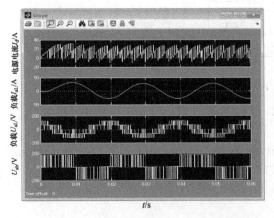

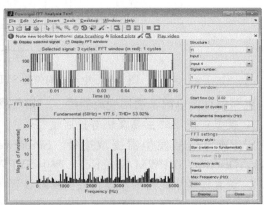

图 5-87　SVPWM 逆变电路的仿真波形图　　　　图 5-88　SVPWM 逆变器线电压谐波分析图

5.8 三电平SPWM逆变器的仿真

5.8.1 电气原理图

主电路为二极管钳位式三电平逆变电路，采用三角载波层叠法输出PWM信号。

二极管钳位式三电平逆变器主电路如图5-89所示。每相桥臂由四个主开关管、四个续流二极管和两个中点钳位二极管组成。

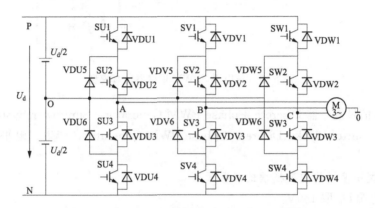

图5-89　二极管钳位式三电平逆变器主电路图

三角载波层叠法是两电平载波PWM法的直接扩展，由两组频率和幅值相同的三角载波上下层叠，且两组载波对称分布于同一调制波的正负半波，如图5-90所示。

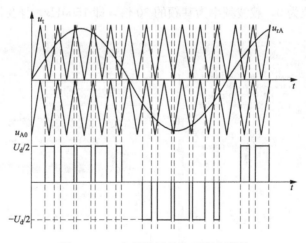

图5-90　三角载波层叠法PWM原理

5.8.2 电路的建模和参数设置

电路的仿真模型如图5-91所示。

1. 模型中使用的主要模块与提取途径

（1）三电平变流器桥Three-Level Bridge：Simpower systems\Power Electronics\Three-Level Bridge，该模块是二极管钳位式逆变器主电路模块。

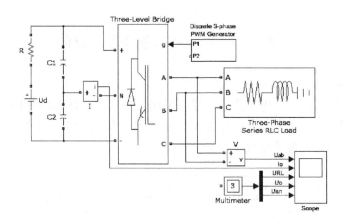

图 5-91　三电平 SPWM 逆变器仿真模型

（2）PWM 信号发生器 Discrete 3-phase PWM Generator：SimPower Systems\Extra Library\Discrete Control Blocks\Discrete 3-phase PWM Generator，产生三电平 PWM 逆变器控制信号。

2. 仿真模型中使用的主要模块的参数设置

（1）直流电源 U_d 取 180V。

（2）三电平通用变流器桥参数设置与图 5-92。在对话框中设置为三相，器件采用 IGBT。

（3）三电平 SPWM 控制信号参数设置。该模块可根据三角载波层叠法输出 PWM 信号，对话框中设置成三电平模式。该模块提供了两个输出，此处需采用第一个输出。在 Discrete 3-phase PWM Generator 模块中，选择内部发生模式，并将调制深度设为 1，输出基波频率设为 50Hz，初始相位为 0，载波频率为基频的 30 倍，即 1500Hz。详见图 5-93。

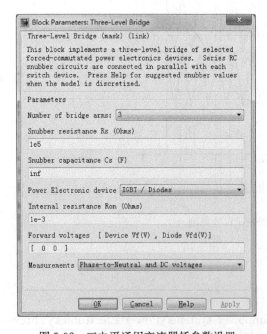

图 5-92　三电平通用变流器桥参数设置

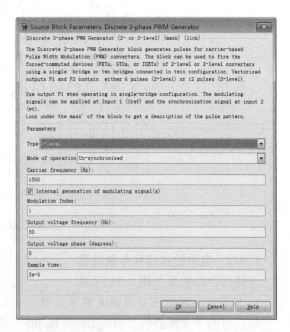

图 5-93　三电平 SPWM 控制信号参数设置

（4）电容 C1 和 C2 均为 $560\mu F$，初始值为 $U_d/2$。

（5）由于 MATLAB 仿真时不允许电压源与电容直接相连，故在直流电压源出口串联了一个 0.01Ω 的小电阻。

（6）三相负载的提取途径与前面有关内容相同，参数设置如图 5-94 所示。对话框中三相负载的有功功率为 1kW，感性无功为 100var。

5.8.3 模型仿真和仿真结果

（1）系统仿真。在 powergui 中设置为离散仿真模式，采样时间为 5e-7；打开仿真参数窗口，选 ode23tb 算法，相对误差设为 1e-3，仿真开始时间为 0，停止时间为 0.06s。

图 5-94　三相负载参数设置对话框

（2）输出仿真结果。采用"示波器"输出方式，对图 5-91 的三电平 SPWM 逆变电路模型进行仿真，得到图 5-95 的仿真结果。

（3）结果分析。图 5-59 中，从上至下依次为逆变器输出线电压 U_{ab}、流出电容中性点电流 I_c、负载相电压 U_{RL}、电容 C1 和 C2 上的电压以及逆变器输出点相对于电容中性点电压 U_{an}。随着电平数的升高，线电压和负载相电压较两电平逆变器更近似于正弦波。

5.8.4 谐波分析

图 5-96 所示为三电平 SPWM 逆变器的线电压谐波分析图。由图可知，谐波分量主要分布在载波频率（1500Hz）的整数倍附近。

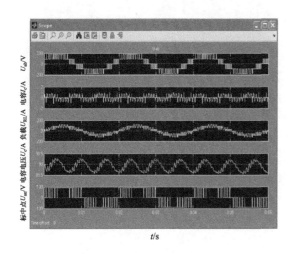

图 5-95　三电平 SPWM 逆变器仿真波形

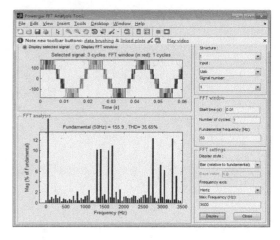

图 5-96　三电平 SPWM 逆变器线电压谐波分析图

练　习　题

　　1. 尝试构建使用强迫换流方式进行换流的 180°导电型的晶闸管交—直—交变频器仿真模型。

　　2. 在掌握教材中多重逆变器仿真建模方法的基础上，尝试构建更多重的逆变器仿真模型。

　　3. 尝试构建串联谐振逆变器电流连续情况时的仿真模型。

　　4. 构建不同控制方式 PWM 算法的仿真模型。

6 交流—交流变换电路的仿真

AC/AC变换器（AC/AC Converter）是将一种形式的交流电变换成另一种形式交流电的电力电子变换装置。正弦交流电有幅值、频率和相位等参数，根据变换参数的不同，AC/AC变换主要包括交流调压技术、交流调功或无触点开关技术、直接交流变频技术等。

交流调压电路只改变交流电压的大小，常用的交流调压技术分为相控调压和斩控调压两类。相控交流调压电路采用两只反并联晶闸管（或双向晶闸管）构成双向可控开关，通过调节晶闸管的触发控制角来改变输出电压的幅值。而PWM斩控调压则利用全控型器件构成交流开关斩波电路，以改变PWM占空比来调节输出交流电压的大小。

交流调功电路或无触点开关仅在交流电过零时刻对交流电源实现通断控制。

交—交变频电路也称直接变频电路（或周波变流器），是不通过中间直流环节将电网频率的交流电直接变换成不同频率的交流电的变换电路，包括相控式交—交变频和矩阵式交—交变频，主要用于大功率交流电机调速系统。

6.1 单相交流调压电路的仿真

6.1.1 晶闸管单相交流调压电路的仿真

1. 晶闸管单相交流调压电路（电阻性负载）仿真

（1）电气原理图。晶闸管单相交流调压器带电阻性负载电路原理如图6-1（a）所示，它由两只反并联的晶闸管或一只双向晶闸管与负载电阻 R 串联组成主电路。其工作波形如图6-1（b）所示。

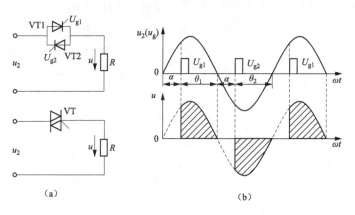

图6-1 晶闸管单相交流调压电路（电阻性负载）原理图和输出电压波形
(a) 电路原理图；(b) 输电压波形图

（2）电路的建模和参数设置。从电气原理图可知，该系统由交流电源、晶闸管、脉冲发生器等部分组成。图 6-2 为按照电气原理图方法连接成的晶闸管单相交流调压电路仿真模型。

1）模型中使用的主要模块、提取途径和作用

a. 交流电压源模块：SimPower Systems\Electrical Sources\AC Voltage Source，输入交流电源。

b. 晶闸管模块：Simpower Systems\Power Electronics\Detailed Thyristor，作为开关器件。

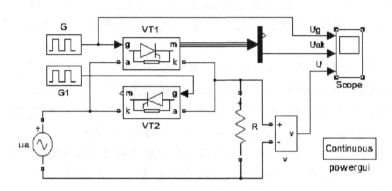

图 6-2　晶闸管单相交流调压电路仿真模型

c. 触发模块：Simulink\Sources\Pulse Generator，提供触发脉冲使晶闸管导通。

d. 电阻模块：SimPower Systems\Elements\Series RLC Branch，负载。

e. 测量模块：SimPower Systems\Measurements\Current Measurement 和 Voltage Measurement，测量电压和电流。

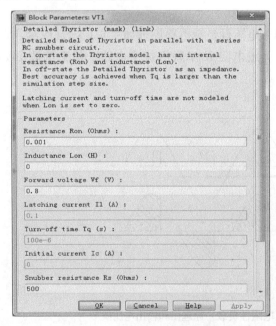

图 6-3　晶闸管模块参数设置

f. 示波器模块：Simulink\Sinks\Scope，用来观察信号。

2）典型模块的参数设置

a. 交流电源的幅值为 100V，频率为 50Hz，初相位为 0。

b. 负载电阻 10Ω。

c. 触发脉冲模块 G 的参数设置是幅值 1.8，周期 0.02s，脉宽 20%，相位延迟 0.00333s（$\alpha=60°$）；脉冲模块 G1 的相位延迟 0.01333s（$\alpha=240°$），其他参数与模块 G 相同。

d. 双击晶闸管图标，打开晶闸管的参数设置对话框，晶闸管模块的参数设置如图 6-3 所示。

按照图 6-1（a）所示的电气原理图，将上述各个模块按照图示关系连接起来，就可

得到图 6-2 所示的仿真模型。

（3）系统的仿真和仿真结果

1）系统仿真。算法选 ode23tb。模型的开始时间设为 0；模型的停止时间设为 0.08s，误差 1e-3。打开 Simulation 菜单，单击 Start 后，系统开始仿真，仿真结束后，双击示波器就可以查看到仿真结果。

2）输出仿真结果。双击"示波器"图标得到仿真输出波形，如图 6-4 所示。它们分别是控制角为 30°、60°、90°和 120°时触发信号 U_g、晶闸管端电压 U_{ak} 和交流输出电压 U 的仿真波形。

3）仿真结果分析。当负载为电阻性负载时，负载电流和负载电压波形一致，随着触发角的增大，电压的有效值减小，从而达到调压的目的。当触发角为 0°时，输出波形是完整的正弦波，晶闸管单相交流调压的触发角范围为 0°～180°。

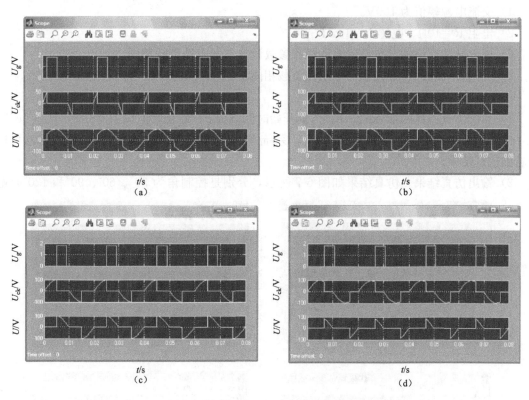

图 6-4　单相交流调压电路带电阻性负载不同控制角时的仿真实验波形

(a) $\alpha=30°$；(b) $\alpha=60°$；(c) $\alpha=90°$；(d) $\alpha=120°$

2. 晶闸管单相交流调压电路仿真（阻感性负载）

（1）电气原理图

晶闸管单相交流调压电路（阻感性负载）原理图如图 6-5 所示。

（2）电路的建模和参数设置

该系统由交流电源、晶闸管、脉冲发生器、电压表等部分组成。图 6-6 为采用电气原理结构图方法连接成的晶闸管单相交流调压电路带阻感负载的仿真模型。

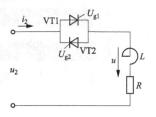

图 6-5　晶闸管单相交流调压电路（阻感负载）原理图

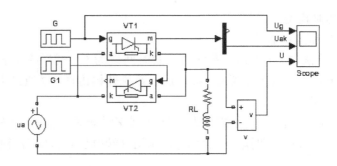

图 6-6　晶闸管单相交流调压电路（阻感负载）的仿真模型

典型模块的参数设置如下：

1）交流电源幅值为 100V。

2）电阻 $R=10\Omega$、电感 $L=1\text{mH}$。

3）触发脉冲模块的参数设置对话框和参数设置与电阻性负载相同。

4）晶闸管模块的参数设置与电阻性负载相同。

（3）系统的仿真、仿真结果的输出

1）系统仿真。算法选 ode23tb。仿真开始时间设为 0；停止时间设为 0.08s，误差 1e-3。

打开 Simulation 菜单，单击 Start 后，系统开始仿真，仿真结束后，双击示波器就可以查看到仿真结果。

2）输出仿真结果。仿真结果如图 6-7 所示，分别是控制角为 30°、60°、90°和 120°时触

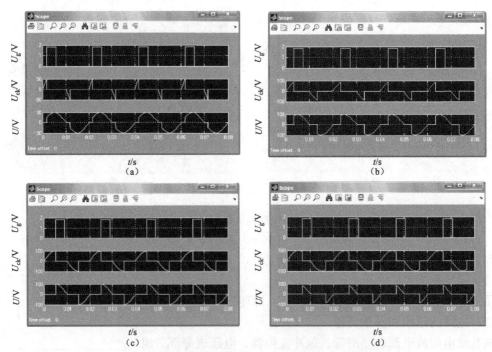

图 6-7　单相交流调压电路带阻-感负载不同控制角时的仿真波形

(a) $\alpha=30°$；(b) $\alpha=60$；(c) $\alpha=90°$；(d) $\alpha=120°$

发信号U_g、晶闸管端电压U_{ak}和交流输出电压U的仿真波形。

6.1.2　斩控式单相交流调压电路仿真

1. 电气原理图

斩控式单相交流调压电路电阻性负载的电路原理图与图6-1（a）相同，只要将晶闸管开关元件换成全控型器件。其工作波形如图6-8所示。

2. 电路的建模和参数设置

根据电气原理图的分析构建了图6-9所示的斩控式单相交流调压电路（带电阻性负载）的仿真模型。该模型由交流电源、IGBT、脉冲发生器、测量电路等部分组成。

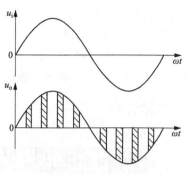

图6-8　斩控式单相调压电路
（电阻性负载）电压波形图

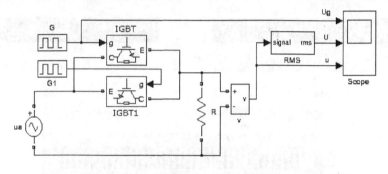

图6-9　斩控式单相交流调压电路（带电阻性负载）仿真模型

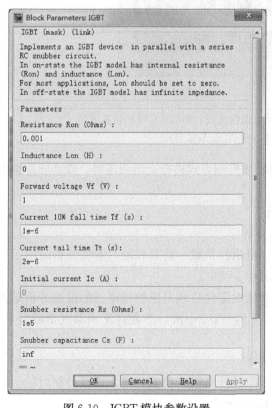

图6-10　IGBT模块参数设置

（1）模型中使用的主要模块、提取途径和作用。

1）开关模块IGBT：Simpower Systems\Power Electronics\IGBT，作为开关器件。

2）测量模块RMS：SimPower Systems\Extra Library\Measurement\RMS，测量电压有效值。

（2）典型模块的参数设置。

1）交流电源和负载电阻的参数设置。交流电源$Ua=80\text{V}$，负载电阻$R=10\Omega$。

2）触发脉冲模块参数设置。此处触发脉冲模块用于斩波控制，其参数设置如下：脉冲频率为500Hz（2ms），对应输入交流电压一个周期被斩波10次，改变脉冲宽度就可以实现调压。其他参数设置与晶闸管相控式中G和G1模块相同。

3）开关模块IGBT参数设置。IGBT模块的参数设置如图6-10所示。

3. 系统的仿真和仿真结果

（1）系统仿真。算法选ode23tb。仿真开始时间为 0；仿真停止时间为 0.08s，误差 1e-3。打开 Simulation 菜单，单击 Start 后，系统开始仿真，仿真结束后，双击示波器就可以查看到仿真结果。

（2）输出仿真结果。仿真结果如图 6-11 所示，它们分别是脉冲宽度为 25％、50％ 和 75％ 时触发信号 U_g、输出交流电压有效值 U 和交流输出电压 u 的仿真波形。

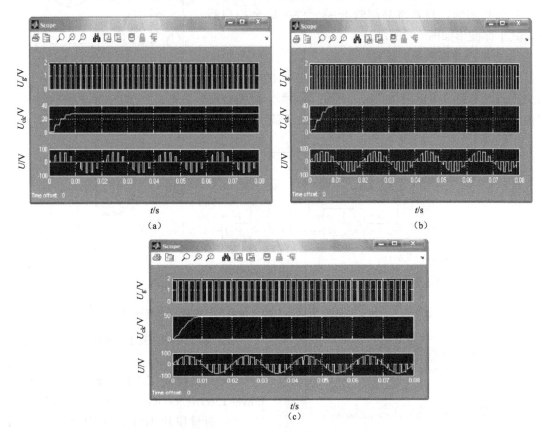

图 6-11   斩控式单相交流调压电路（带电阻性负载）不同脉宽时的仿真波形
(a) 脉宽 25％；(b) 脉宽 50％；(c) 脉宽 75％

（3）仿真结果分析。从图 6-11 可见，采用斩波控制方式进行交流调压时，改变脉冲宽度就可以实现交流调压。

6.1.3   几种单相交流调压电路的谐波分析

1. 单相交流调压带电阻性负载电路的谐波分析

（1）参数设置与晶闸管单相交流调压电路（电阻性负载）仿真相同，谐波分析时的示波器采样时间（Sample time）设置为 0.00005，其中 $\alpha=30°$。

（2）谐波分析结果与结果分析。单相交流调压电阻性负载电路输出电压的谐波分析结果如图 6-12 所示。图中输出电压成分主要是 1，3，5，7，9…次，不含直流和偶次谐波分量，且随着谐波次数的增加，其幅值下降。

2. 单相交流调压带阻感性负载电路的谐波分析

（1）参数设置与晶闸管单相交流调压电路（阻感性负载）仿真相同，谐波分析时的示波器采样时间（Sample time）设置为 0.00005，其中 $\alpha=30°$。

（2）谐波分析结果与分析。单相交流调压带阻感性负载电路输出电压的谐波分析结果如图 6-13 所示。图中输出电压成分主要是 1，3，5，7，9…次，不含直流和偶次谐波分量，且随着谐波次数的增加，其幅值下降。

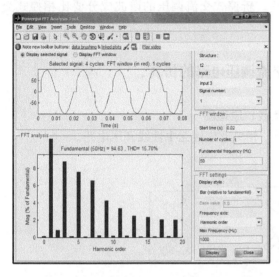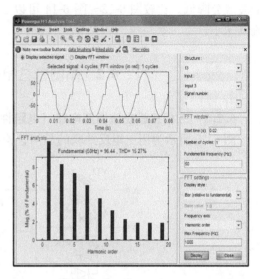

图 6-12　电阻性负载输出电压的谐波分析结果　　图 6-13　阻感性负载输出电压的谐波分析结果

比较电阻性负载和阻感性负载的谐波结果，在同样参数情况下，阻感性负载的基波成分更大一些，谐波更小些。

3. 斩控式单相交流调压电阻性负载电路的谐波分析

（1）参数设置与斩控型单相交流调压电路（电阻性负载）仿真相同，谐波分析时的示波器采样时间（Sample time）设置为 0.00005。

（2）谐波分析结果与结果分析。斩控式单相交流调压电路输出电压的谐波分析结果如图 6-14

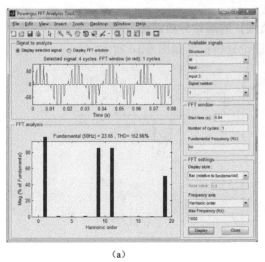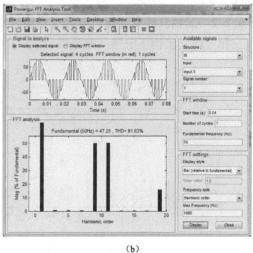

(a)　　　　　　　　　　　　　　　　(b)

图 6-14　斩控式单相交流调压电路电阻性负载输出电压的谐波分析
(a) 脉宽 30%；(b) 脉宽 60%

所示。图中输出电压成分主要是 1，9，11，19…次，不含直流分量，且随着谐波次数的增加，其幅值下降。

比较图 6-14 （a）、（b） 的谐波分析结果可以看到，随着脉冲宽度增大，基波分量增大，谐波成分降低。比较图 6-12～图 6-14 可以看到，斩控式交流调压的谐波成分要比相控式交流调压小。

6.2　晶闸管三相交流调压电路的仿真

6.2.1　三相三线交流调压电路（电阻性负载）原理图

图 6-15 所示为用三组反并联的晶闸管构成三相星形连接无中性线调压电路。

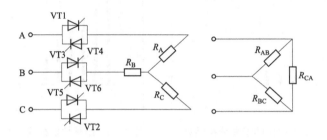

图 6-15　三相三线交流调压电路（电阻性负载）原理图

由单相调压电路分析可知，三相调压电路通过改变触发脉冲的相位控制角 α 即可改变输出电压的大小，为了使这种无中性线的电路构成导通的回路，在任何时刻都必须有两个晶闸管导通。因此对该电路有一定的要求：①触发脉冲相与相之间依次间隔 120°，而且每一相的正负触发脉冲之间要间隔 180°；②为了保证电路有效的工作，触发脉冲采用宽脉冲或双窄脉冲触发，而且脉冲与电源同步。注意：这种电路的控制角起始点在坐标原点，与三相整流电路有区别。

6.2.2　三相三线交流调压电路（电阻性负载）的理论分析波形

三相三线交流调压电路（电阻性负载）的理论分析波形如图 6-16 所示。

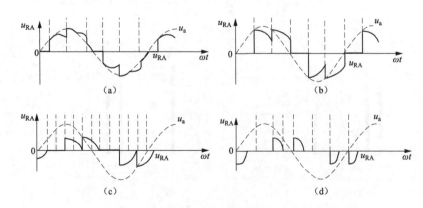

图 6-16　三相三线交流调压电路（电阻性负载）理论分析波形
(a) $\alpha=30°$；(b) $\alpha=60°$；(c) $\alpha=90°$；(d) $\alpha=120°$

6.2.3　电路的建模和参数设置

1. 电路的建模

三相三线交流调压电路（电阻性负载）仿真模型如图 6-17 所示。

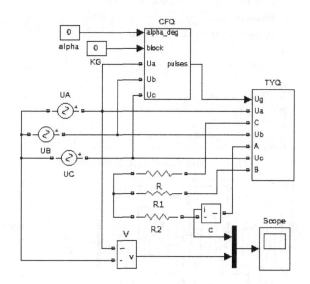

图 6-17　晶闸管三相三线交流调压电路（电阻性负载）的仿真模型

模型中大多数模块已经在前面使用过，现对几个子系统作一介绍。

（1）六触发脉冲电路子系统。六脉冲触发器封装前的模型和封装后的图标如图 6-18 所示，此模型在三相全控桥整流电路中已介绍过。

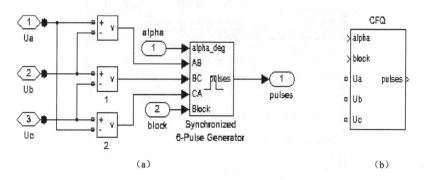

（a）　　　　　　　　　　　　　　（b）

图 6-18　六脉冲触发器封装前的模型和封装后的图标

同步六脉冲触发模块参数设置对话框和参数设置如图 6-19 所示。

（2）三相三线交流调压器主电路子系统。三相三线交流调压器主电路仿真模型及其封装后的图标如图 6-20 所示。

晶闸管 1 和 4、3 和 6、5 和 2 反并联接成三相桥，脉冲分配序号与晶闸管序号相同。晶闸管模块参数设置如图 6-21 所示。

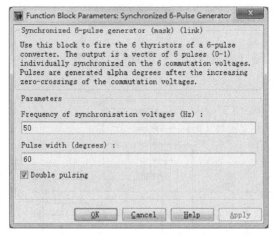

图 6-19　同步六脉冲触发模块参数设置

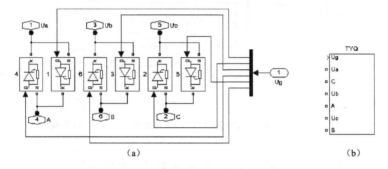

(a)　　　　　　　　　　　　　　　　　(b)

图 6-20　三相三线交流调压器主电路仿真模型及其封装后的图标
(a) 仿真模型；(b) 仿真模型图标

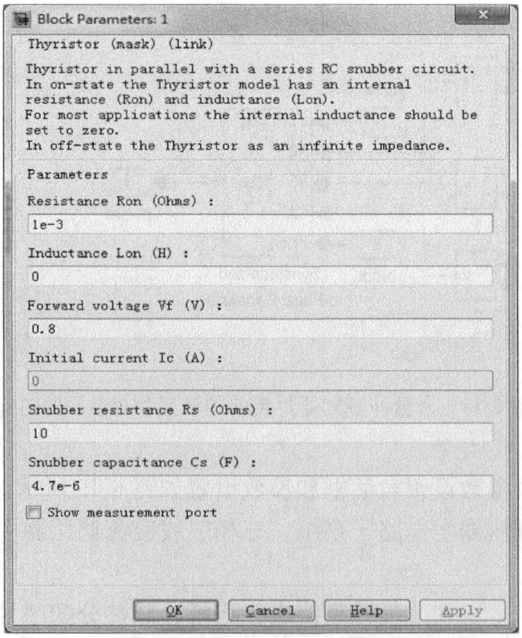

图 6-21　晶闸管模块参数设置

2. 典型模块的参数设置

（1）交流电源是幅值为 30V、频率为 50Hz 的三相对称交流电源。

（2）三相对称负载电阻 $R=1\Omega$。

6.2.4　系统的仿真和仿真结果

1. 系统仿真

算法选 ode23tb。仿真开始时间设为 0；停止时间为 0.08s，误差 1e-3。打开 Simulation 菜单，单击 Start 后，系统开始仿真，仿真结束后，双击示波器就可以查看到仿真结果。

2. 输出仿真结果

仿真结果如图 6-22（a）～（e）所示，它们分别是触发角为 30°、60°、90°、120° 和 150°

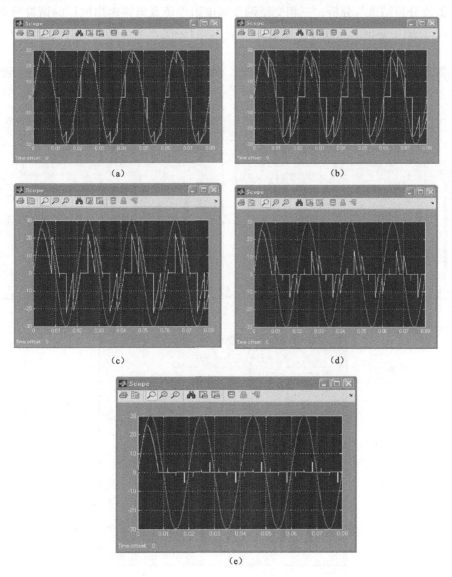

图 6-22　三相三线交流调压电路（电阻性负载）不同控制角时的仿真波形

（a）$\alpha=30°$；（b）$\alpha=60°$；（c）$\alpha=90°$；（d）$\alpha=120°$；（e）$\alpha=150°$

时的输入 U 相电压和负载电流的仿真波形。

3. 仿真结果分析。比较图 6-16 和图 6-22，可以看到两者波形非常一致。

此处要注意触发控制角起始点的定义。同步六脉冲触发器仿真模型中触发控制角的起始点定在相邻两相相电压的交点（与整流电路相同），而三相交流调压器理论分析时触发控制角的起始点定义在相电压的起始点。因此，模型中触发控制角 $\alpha=0$ 相当于理论分析时触发控制角的 $30°$，以此类推。

6.2.5 三相交流调压电阻性负载电路的谐波分析

（1）谐波分析时的示波器采样时间（Sample time）设置为 0.00005，其他参数设置与三相交流调压电路仿真（电阻性负载）中相同。

（2）谐波分析结果与分析。三相交流调压带电阻性负载电路输出电压的谐波分析结果如图 6-23 所示。图中输出电压成分主要是 1，5，7，11…次，不含直流和偶次谐波分量，且随

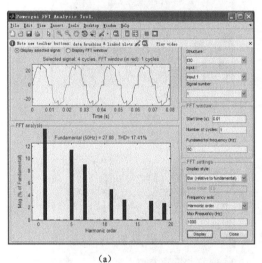

（a）

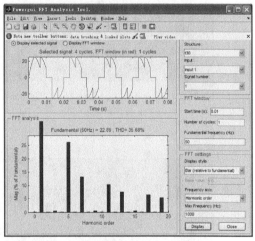

（b）

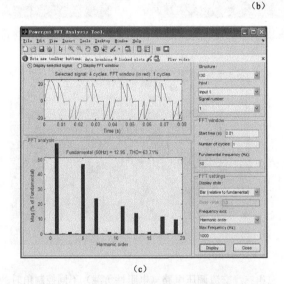

（c）

图 6-23 三相三线交流调压电路（带电阻性负载）不同控制角时的谐波分析结果

（a） $\alpha=30°$；（b） $\alpha=60°$；（c） $\alpha=90°$

着谐波次数的增加，其幅值下降。

从图 6-23 的谐波分析结果看到，随着控制角的增加，输出电流的基波分量减少；总谐波畸变率 THD 增大；由于没有中性线，3 的倍数次谐波没有通路，所以负载中也没有 3 的倍数次谐波电流。

6.3　晶闸管交—交变频电路的仿真

方波型交—交变频器的晶闸管整流时，其控制角 α 是一恒值，该整流组的输出电压平均值也保持恒定。若使控制角 α 在某一组整流工作时，由大到小再变大，如从 $\pi/2 \to 0 \to \pi/2$，这样必然引起整流输出平均电压由低到高再到低的变化，输出按正弦规律变化的电压。

交—交变频基于可逆整流，单相输出的交—交变频器实质上是一套逻辑无环流三相桥式反并联可逆整流装置，装置中的晶闸管靠交流电源自然换流。当触发装置的移相控制信号是直流信号时，变频器的输出电压是直流，可用于可逆直流调速；若移相控制信号是交流信号，变频器的输出电压也是交流，实现变频。与逻辑无环流直流可逆调速系统相比较，交—交变频器采用正弦交流信号作为移相信号，并且要求无环流死时小于 1ms，其余与逻辑无环流直流可逆调速系统区别不大（参见第 9 章的逻辑无环流直流可逆系统）。

鉴于此，下面首先建立基于逻辑无环流直流可逆原理的单相交—交变频器仿真模型，然后将三个输出电压彼此差 120°相位的单相交—交变频器仿真模型组成一个三相交—交变频器仿真模型。

6.3.1　逻辑无环流可逆电流子系统的建模及仿真

单相交—交变频器的基础是逻辑无环流可逆系统，逻辑无环流可逆系统主要的子模块包括：三相交流电源、反并联的晶闸管三相全控整流桥、同步 6 脉冲触发器、电流控制器 ACR、逻辑切换装置 DLC。除了同步 6 脉冲触发器、逻辑切换装置 DLC 两个模块需要自己封装外，其余均可从有关模块库中直接复制。

下面讨论逻辑切换装置 DLC 子系统的建模。用于交—交变频器的逻辑无环流可逆系统除了要求无环流切换死时小于 1ms，以及采用正弦交流信号作为移相信号外，其他都与逻辑无环流直流可逆系统一样。

1. 逻辑切换装置 DLC 子系统的建模

在逻辑无环流可逆系统中，DLC 是一个核心装置，其任务是：在正组晶闸管桥 Bridge 工作时开放正组脉冲，封锁反组脉冲；在反组晶闸管桥 Bridge1 工作时开放反组脉冲，封锁正组脉冲。

根据 DLC 的工作要求，它应由电平检测、逻辑判断、延时电路和连锁保护四部分组成。

（1）电平检测器的建模。电平检测的功能是将模拟量转换成数字量供后续电路使用，包括转矩极性鉴别器和零电流鉴别器。它将转矩极性信号 U_i^* 和零电流检测信号 U_{i0} 转换成数字量供逻辑电路使用，在实际系统中是用工作在继电状态的运算放大器构成；而用 MATLAB 建模时，可按路径 Simulink\Discontinuities\Relay 选择"Relay"模块来实现。

（2）逻辑判断电路的建模。逻辑判断电路根据可逆系统正反向运行要求，经逻辑运算后发出逻辑切换指令，封锁原工作组，开放另一组。其逻辑控制要求如下：

$$U_F = \bar{U}_R + U_T U_Z$$

$$U_R = \bar{U}_F + \bar{U}_T U_Z$$

有关符号含义如图 6-24 所示，利用路径 Simulink\Logic and Bit Operations\Logical Operator 选择 Logical Operator 模块可实现上述功能。

（3）延时电路的建模。在逻辑判断电路发出切换指令后，必须经过封锁延时 $t_{d1} = 3ms$ 才能封锁原导通组脉冲，再经开放延时 $t_{d2} = 7ms$ 后才能开放另一组脉冲。在数字逻辑电路的 DLC 装置中是在与非门前加二极管及电容来实现延时，它利用了集成芯片内部电路的特性。计算机仿真是基于数值计算，不可能通过加二极管和电容来实现延时。通过对数字逻辑电路的 DLC 装置功能分析发现：当逻辑电路的输出 $U_f(U_r)$ 由"0"变"1"时，延时电路应产生延时；当由"1"变"0"或状态不变时，不产生延时。根据这一特点，利用 Simulink 工具箱中 Discrete 模块组中的 Unit Delay（单位延迟）模块，按功能要求连接即可得到满足系统延时要求的仿真模型，如图 6-24 所示。

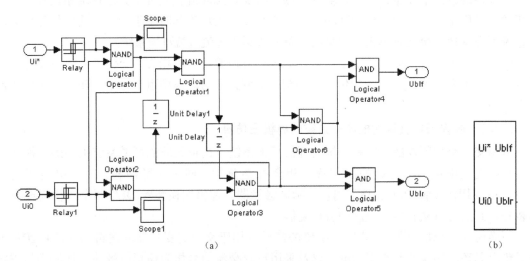

图 6-24 DLC 仿真模型及模块图标

(a) DLC 仿真模型；(b) DLC 模块图标

（4）连锁保护电路建模。DLC 装置的最后部分为逻辑连锁保护环节。正常时，逻辑电路输出状态 U_{blf} 和 U_{blr} 总是相反的。一旦 DLC 发生故障，使 U_{blf} 和 U_{blr} 同时为"1"，将造成两个晶闸管桥同时开放，必须避免此情况。利用 Simulink 工具箱的 Logic and Bit Operations 模块组中的逻辑运算（Logical Operator）模块可实现多"1"保护功能。

2. 逻辑无环流可逆电流子系统的建模

从 DLC 的工作原理可知，在逻辑无环流直流可逆系统中，任何时候只有一套触发电路在工作。所以，实际系统通常采用选触工作方式。按选触方式工作的、带电流负反馈的逻辑无环流可逆电流子系统的仿真模型如图 6-25（a）所示，封装后的子系统模块图标如图 6-25（b）所示。

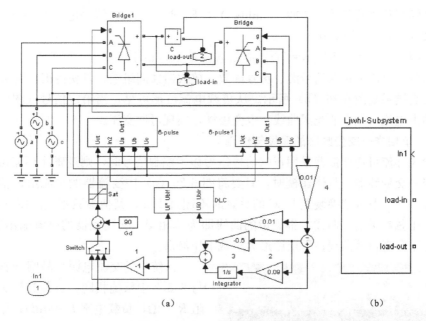

图 6-25　带电流负反馈的逻辑无环流可逆电流子系统仿真模型和子系统模块符号

（a）可逆电流子系统仿真模型；（b）子系统模块图标

6.3.2　逻辑无环流直流可逆变流器的建模及仿真

当逻辑无环流可逆电流子系统带上负载，并且采用恒定直流给定信号进行移相控制时，就构成了逻辑无环流直流可逆变流器。系统仿真模型如图 6-26（a），为了验证系统的正确性，以 RL 负载为例进行仿真实验。

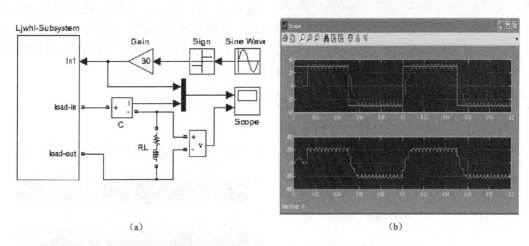

（a）　　　　　　　　　　　　　　（b）

图 6-26　逻辑无环流直流可逆变流器仿真模型和电流波形

（a）可逆变流器仿真模型；（b）可逆变流器电流波形

系统主要参数设置如下：

（1）交流电源：工频、幅值 133V。

（2）晶闸管整流桥参数：缓冲（snubber）电阻 $R_s=500\Omega$，缓冲电容 $C_s=0.1\mu F$，通态内阻 $R_{on}=0.001\Omega$，管压降 0.8V。

（3）负载参数：负载电阻 $R=7\Omega$，负载电感 $L=0.5mH$。

（4）给定信号源由正弦信号源、符号函数、放大器共同组成，以获得正、负给定信号。

系统仿真结果如图 6-26（b）所示。从负载电流波形可见，当给定信号（图中方波）变极性时，输出电流（图中非光滑曲线）也变极性，实现可逆变流。

6.3.3　单相交—交变频器的建模与仿真

当逻辑无环流可逆变流器采用正弦信号作为移相控制信号时，则逻辑无环流可逆变流器成为单相交—交变频器。具体建模时，只要将图 6-26（a）中变流器的直流给定信号换成正弦给定信号，并使逻辑切换装置 DLC 的总延时不超过 1ms，其他参数不变。图 6-27 上层图中光滑的是正弦参考信号曲线，带锯齿的曲线即为单相交—交变频器的电流输出实际波形，它非常接近于参考信号曲线；下层图形为负载电压波形。

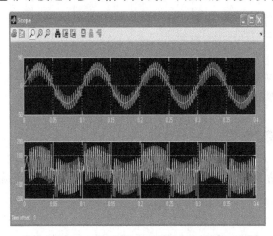

图 6-27　单相交—交变频器输出电流和负载电压波形

系统中的交流电源、晶闸管整流桥参数与 6.3.2 中系统相同；负载参数为，负载电阻 $R=2\Omega$，负载电感 $L=4mH$；给定信号源是正弦信号源。

6.3.4　三相交—交变频器的建模与仿真

1. 三相交—交变频器的建模

大容量三相交—交变频器输出通常采用Y形连接方式，即将三个单相输出交—交变频器的一个输出端连在一起，另一输出端Y输出。三相交—交变频器仿真模型结构图如图 6-28（a）所示。本例负载为串联 RL 负载，负载采用Y连接，三根引出线与变频器的三根输出线对应相连，移相控制信号 sinA、sinB、sinC 为三个相位互差 120°的正弦调制信号，Dxjjbpq、Dxjjbpq1、Dxjjbpq2 为 3 个经过封装的单相交—交变频器。

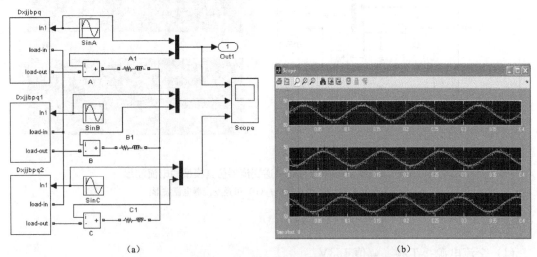

(a)　　　　　　　　　　　　　　　　(b)

图 6-28　三相交—交变频器仿真模型及电流输出波形

2. 三相交—交变频器的仿真

三相交—交变频器的仿真参数：负载电阻 1Ω，负载电感 $5mH$；工频三相对称交流电源 A、B、C 相幅值为 $133V$；正弦调制波 sinA、sinB、sinC 幅值为 30，频率 $10Hz$。

图 6-28（b）中光滑的波形为正弦调制波波形，非光滑的波形为三相交—交变频器输出波形。仿真结果表明：三相交—交变频器的输出波形接近于正弦调制波波形，改变正弦调制波频率时，三相交—交变频器的输出波形频率也改变，实现变频。

晶闸管三相交—交变频器在大功率场合有很高的实用价值，上述提出的三相交—交变频器建模方法不依赖于数学模型，为后面研究高性能的交—交变频器调速系统奠定了坚实的基础。

6.3.5 单相交—交变频器的谐波分析

单相交—交变频器谐波分析时的示波器采样时间（Sample time）设置为 0.00005。

单相交—交变频电路负载电压和电流的谐波分析结果如图 6-29 所示。图中输出电压谐波成分比较复杂，但是不含直流分量。

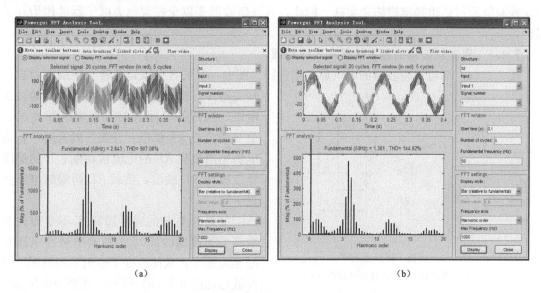

（a）　　　　　　　　　　　　　　　　（b）

图 6-29　单相交—交变频电路负载电压和电流的谐波分析结果

（a）负载电压波形谐波分析结果；（b）负载电流波形谐波分析结果

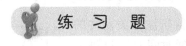　练　习　题

1. 对晶闸管三相交流调压器进行建模与仿真，注意其触发控制角的零位与晶闸管三相整流器触发控制角零位设置的区别。

2. 试构建斩控型电阻性负载的三相交流调压电路仿真模型。

3. 试用与教材上不同的原理构建交—交变频器仿真模型。

7 直流—直流变换电路的仿真

7.1 概　　述

将一种幅值的直流电压变换成另一幅值固定或可调的直流电压的过程称为直流—直流电压变换。它的基本原理是通过对电力电子器件的通断控制，将直流电压断续地加到负载上，通过改变占空比 D 来改变输出电压的平均值。这是一种开关型 DC/DC 变换电路，俗称直流斩波器（Chopper）。

在直流斩波器中，由于输入电源为直流电，电流无自然过零点，半控元件（如晶闸管）的切换只能通过强迫换流措施来实现。因此，直流斩波器多以全控型电力电子器件作为开关器件。

7.1.1 直流斩波器的基本结构和工作原理

图 7-1（a）为直流斩波器的电气原理结构图。图中，开关 S 可以是各种全控型电力电子开关器件，输入电源电压 U_S 为固定的直流电压。当开关 S 闭合时，直流电源经过开关 S 给负载 RL 供电；开关 S 断开时，直流电源供给负载 RL 的电流被切断，L 的储能经二极管 VD 续流，负载 RL 两端的电压接近于零。

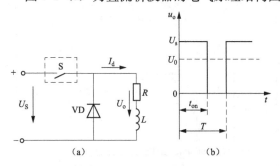

图 7-1　直流 PWM 原理图
(a) 电路结构图；(b) 电压波形图

如果开关 S 的通断周期 T 不变而只改变开关的接通时间 t_{on}，则输出脉冲电压宽度相应改变，从而改变了输出平均电压。脉冲波形如图 6-1（b）所示，其平均电压为

$$U_0 = \frac{1}{T}\int_0^{t_{on}} U_s \mathrm{d}t = \frac{t_{on}}{T} U_S = D U_S$$

式中：T 为输出脉冲电压周期；t_{on} 为开关导通时间；D 为占空比，$D = \dfrac{t_{on}}{T}$，$0 \leqslant D \leqslant 1$。

调节占空比 D 的方式是保持斩波开关器件的开关周期 T 不变，调节开关导通时间 t_{on}。这种方式中，PWM 脉冲一般采用直流信号与频率和幅值都固定的三角调制波相比较的方法产生，其原理示意图如图 7-2 所示。

可见，改变控制电压 u_r 的幅值就可以改变 u_G 的脉冲宽度，即改变占空比 D。

7.1.2 直流斩波器的分类

直流斩波器按变换电路的功能分类，有非隔离

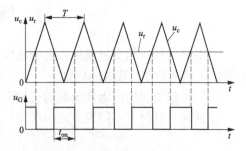

图 7-2　脉冲宽度调制（PWM）
方式原理示意图

变换电路和带隔离变压器的变换电路两种。

1. 非隔离变换电路

一般的直流斩波器可不用变压器隔离，输入输出之间存在直接的电连接；在直流开关电源中，直流—直流电压变换电路常常采用变压器实现电隔离。它包括：

（1）降压式直流—直流变换（Buck Converter）；

（2）升压式直流—直流变换（Boost Converter）；

（3）升—降压复合型直流—直流变换（Boost-Buck Converter），包括几种特殊的升—降压变换电路；

（4）全桥式直流—直流变换（Full Bridge Converter）。

2. 带隔离变压器的变换电路

在基本的非隔离 DC—DC 变换器（如 Buck、Boost、Buck-Boost 变换器、Cuk 变换器）中加入变压器，就可以派生出带隔离变压器的 DC—DC 变换器。由于变压器可插在基本变换电路中的不同位置，从而可得到多种形式的变压器隔离的变换器主电路，如单端正激变换器、反激变换器、半桥及全桥式降压变换器等。

直流斩波电路数量关系分析的基础是电感电压的伏秒平衡特性和电容电流的安秒平衡特性，即每个开关周期 T 中，电感电压 u_L 的积分恒为零、电容电流 i_C 的积分恒为零。

7.2　单管非隔离变换电路的仿真

7.2.1　降压式直流斩波电路（Buck）仿真

1. 电气原理图

降压式直流斩波电路（Buck）电路原理图如图 7-3（a）所示，工作波形如图 7-3（b）所示。

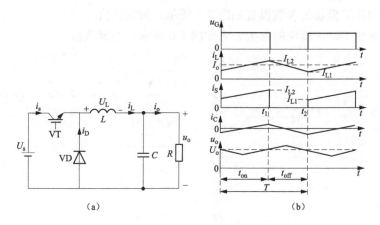

图 7-3　Buck 电路原理图和工作波形
（a）电路原理图；（b）工作波形

2. 电路的建模和参数设置

降压式（Buck）变换器电路由直流电源 U_s、绝缘栅双极型晶体管（IGBT）VT、二极管 VD、脉冲信号发生器、负载和储能电感等元件组合而成，其仿真模型如图 7-4 所示。下面介绍此系统各个部分的建模和参数设置。

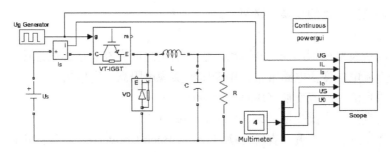

图 7-4　降压式（Buck）变换器的仿真模型

（1）仿真模型中用到的主要模块以及提取的路径和作用（注：每章第一个仿真模型中用到的模块将全面介绍，后续模型只介绍新增的模块）。

1）直流电源 U_S：SimPower System\Electrical Sources\DC Voltage Source，直流输入电源。

2）绝缘栅双极型晶体管 VT：SimPower System\Power Electronics\IGBT，开关管。

3）二极管 VD：SimPower System\Power Electronics\Diode。

4）脉冲信号发生器：Simulink\Sources\Pulse Generator。

5）负载电阻：SimPower System\Elements\Series RLC Branch。

6）储能电感：SimPower System\Elements\Series RLC Branch。

7）电压测量：SimPower System\Measurements\Voltage Measurement。

8）电流测量：SimPowerSystem\Measurements\Current Measurement。

9）示波器：Simulink\Sinks\Scope。

（2）仿真模型中模块的参数值（注：部分简单的且在前面章节中使用过的模块的参数设置只给出相关数据，不再给出参数设置对话框）

1）电压源 U_S 设置为 100V。

2）开关管 IGBT 模块的参数设置如图 7-5 所示，为默认值。

3）续流二极管 Diode 模块的参数设置如图 7-6 所示，为默认值。

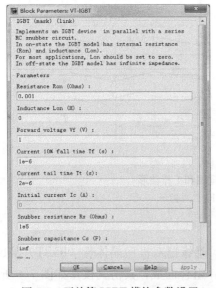

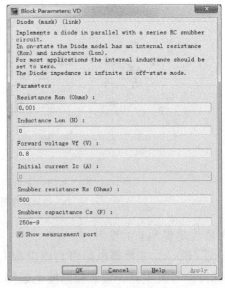

图 7-5　开关管 IGBT 模块参数设置　　　　图 7-6　续流二极管模块参数设置

此外，电流测量模块、电压测量模块的参数设置在本模型中已经介绍过，且也都设置为默认值，这些模块后续模型还要用到。

4）脉冲发生器模块的参数设置。参数设置对话框和参数设置的值如图 7-7 所示，此模块的参数设置是至关重要的。

5）负载电阻 $R = 10\Omega$，电容 $C = 20\mu F$，电感 $L = 2mH$。

3. 系统的仿真和仿真结果

（1）系统仿真。在 MATLAB 模型窗口中打开 Simulink 菜单，进行 Simulation parameters 的设置，单击 Configura-tion parameters，算法为 ode23tb。开始仿真时间为 0；停止时间为 0.001s，误差 1e-5。在 MATLAB 的窗口中打开 Simulation 这个菜单，单击 Start 后，系统开始仿真，仿真结束后，双击示波器就可以查看到仿真结果。

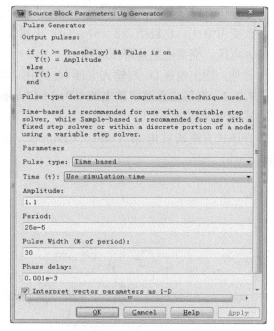

图 7-7　脉冲发生器模块的参数设置

（2）输出仿真结果。采用"示波器"模块来观察仿真结果，双击"示波器"的图标就可观察仿真输出波形。仿真结果如图 7-8（a）、（b）所示，图中从上至下依次为驱动信号 U_G，电感电流 I_L，流过直流电源 U_S 和开关管 VT 的电流 I_S、电容电流 I_C，输入直流电源 U_S 和直流输出电压 U_o。其中，图 7-8（a）为占空比 30% 时的电流和电压波形，图 7-8（b）为占空比 50% 时的电流和电压波形。

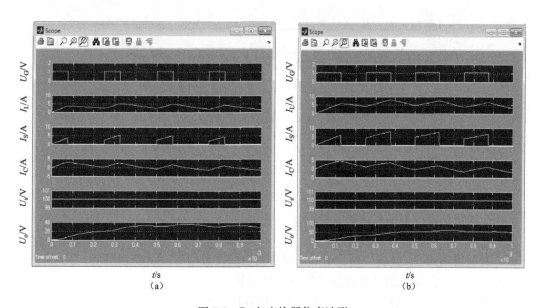

图 7-8　Buck 变换器仿真波形
(a) $D = 30\%$；(b) $D = 50\%$

（3）仿真结果分析。由图 7-8（a）、（b）可知，仿真实验波形与图 7-3 的理论分析波形一致；改变占空比，比较图 7-8（a）、（b）不难看出，输出电压 U_o 也发生变化，且输出电压小于输入电压，变换电路是降压型的。

另外，输出电压 U_o 与输入电压 U_s 同相；输入电流 I_s 脉动大，输出电流 I_L 脉动小。

7.2.2 升压式直流斩波电路（Boost Chopper）仿真

1. 电气原理图

升压式直流斩波电路（Boost Chopper）原理结构图如图 7-9（a）所示，工作波形如图 7-9（b）所示。

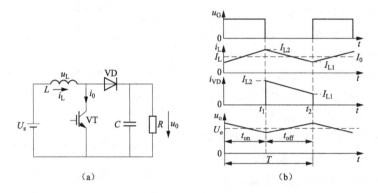

图 7-9 升压式直流斩波变换电路原理图和工作波形
(a) 电路原理图；(b) 工作波形

2. 电路的建模和参数设置

此电路由直流电源 U_s、开关管 IGBT、二极管 Diode、驱动信号发生器、负载和储能电感等元件组合构成。升压式直流斩波变换电路的仿真模型如图 7-10 所示。

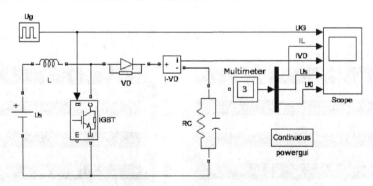

图 7-10 升压式直流斩波变换电路的仿真模型

下面介绍该仿真模型中模块的参数设置。

（1）电压源 U_s 设置为 100V。

（2）开关管 IGBT、续流二极管 Diode 模块的参数设置与 Buck 模型相同，为默认值。

（3）脉冲发生器模块的参数设置与 Buck 模型相同。

（4）负载电阻 $R = 10\Omega$，电容 $C = 100\mu F$，电感 $L = 50mH$。

3. 系统的仿真和仿真结果

（1）系统仿真。算法选 ode23tb。仿真开始时间设为 0；仿真停止时间为 0.005s，误差

1e-5。打开 Simulation 菜单，单击 Start 系统开始仿真，仿真结束后双击示波器就可以查看到仿真结果。

（2）输出仿真结果。仿真结果如图 7-11（a）、（b）所示。图 7-11（a）从上至下依次为驱动信号 U_G、电感电流 I_L、流过二极管 VD 的电流 I_{VD}、直流输入电源 U_s 和直流输出电压 U_o。

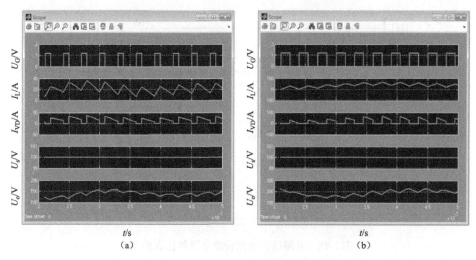

t/s
（a）

t/s
（b）

图 7-11 升压式变换器的仿真波形

（a）$D=30\%$；（b）$D=50\%$

（3）仿真结果分析。由图 7-11 可知，$D=50\%$ 时，电路稳态输出的是 200V 并有少许纹波的直流电压，输出电压大于输入电压（100V），仿真结果与升压变换器的理论吻合；改变占空比，比较图 7-11（a）、（b），不难看出，输出电压 U_o 也发生变化，且变换电路是升压型的。

另外，输出电压 U_o 与输入电压 U_s 同相；输入电流 I_L 脉动小，输出电流 I_{VD} 脉动大。

7.2.3 升降压式直流斩波电路（Boost-Buck Chopper）仿真

1. 电气原理图

升降压式直流斩波电路（Boost-Buck Chopper）电路原理图如图 7-12（a）所示，工作波形如图 7-12（b）所示。

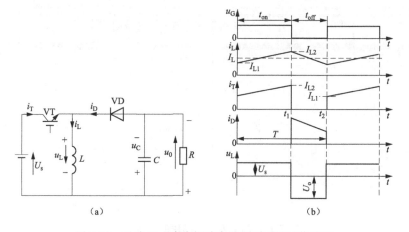

（a）

（b）

图 7-12 升降压式直流斩波电路原理图和工作波形

（a）升降压式直流斩波电路原理图；（b）工作波形

2. 电路的建模和参数设置

此系统由直流电源 U_S、开关管 IGBT、二极管 Diode、驱动信号发生器、负载和储能电感等元件组合而成。升降压式直流斩波电路（Boost-Buck Chopper）的仿真模型如图 7-13 所示。

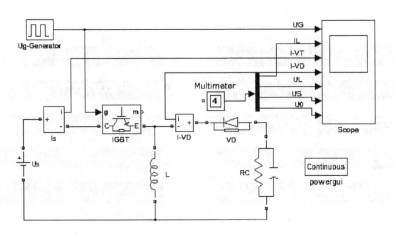

图 7-13　升降压式直流斩波电路的仿真模型

下面介绍该仿真模型中模块的参数设置。

（1）电压源 U_S 设置为 100V。

（2）开关管 IGBT、续流二极管 Diode 模块的参数设置与 Buck 模型相同，为默认值。

（3）脉冲发生器模块的参数设置。

参数设置对话框和参数设置的值如图 7-14（a）、（b）所示。图 7-14（a）占空比 $D=$

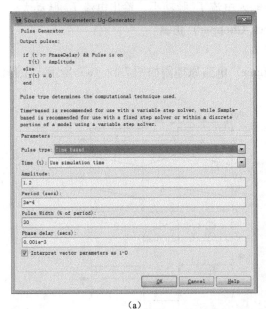

（a）

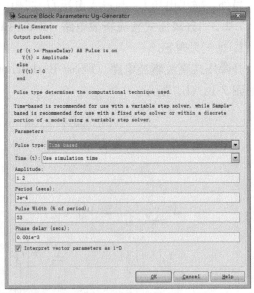

（b）

图 7-14　脉冲发生器模块的参数设置

(a) $D=30\%$; (b) $D=53\%$

30%，对应于降压；图 7-14（b）占空比 $D=53\%$，对应于升压。

（4）负载电阻 $R=10\Omega$，电容 $C=200\mu F$，电感 $L=0.35mH$。

3. 系统的仿真和仿真结果

（1）系统仿真。算法选 ode45。仿真开始时间为 0；仿真停止时间为 0.004s，误差 1e-3。打开 Simulation 菜单，单击 Start，系统开始仿真，仿真结束后双击示波器就可查看到仿真结果。

（2）输出仿真结果。仿真结果如图 7-15（a）、（b）所示。图中从上至下依次为驱动信号 U_G、电感电流 I_L、开关管 VT 的电流 I_T、流过二极管 VD 的电流 I_D、电感电压 U_L、直流电源输入电压 U_S 和直流输出电压 U_o。其中，图 7-15（a）为占空比 30% 时的电流和电压波形，图 7-15（b）占空比 53% 时的电流和电压波形。

（3）仿真结果分析。通过改变占空比能方便地调节输出电压。由理论公式求得

当 $D=0.53$ 时，$U_o=\dfrac{t_{on}}{T-t_{on}}U_S=\dfrac{D}{1-D}U_S=\dfrac{0.53}{1-0.53}\times100=113(V)$；

当 $D=0.3$ 时，$U_o=\dfrac{t_{on}}{T-t_{on}}U_S=\dfrac{D}{1-D}U_S=\dfrac{0.3}{1-0.3}\times100\approx43(V)$。

由图 7-15（a）、（b）可知，稳态时输出电压前者小于 100V，而后者大于 100V，仿真结果与升降压变换器的理论分析吻合。另外，输出电压 U_o 与输入电压 U_S 反向；输入电流 I_T、输出电流 I_D 脉动大。

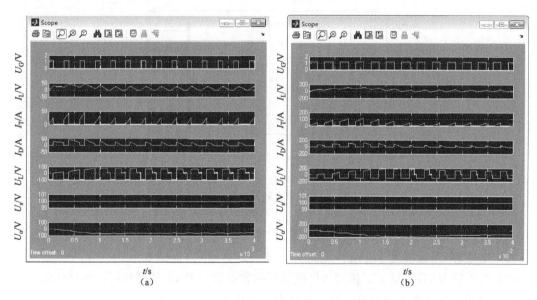

图 7-15　升降压式直流斩波电路的仿真波形

(a) $D=30\%$；(b) $D=53\%$

7.2.4　库克式直流斩波电路（Cuk Chopper）仿真

1. 电气原理图

库克直流斩波电路（Cuk Chopper）电气原理图如图 7-16（a）所示，工作波形如图 7-16（b）所示。

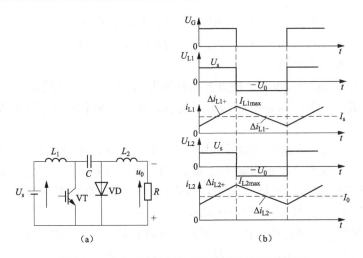

图 7-16　库克式直流斩波电路原理图和工作波形

(a) 库克式直流斩波电路原理图；(b) 工作波形图

2. 电路的建模和参数设置

此系统由直流电源 U_S、开关管 IGBT、二极管 VD、驱动信号发生器、负载和储能电感等元件组合而成。库克式直流斩波电路的仿真模型见图 7-17 所示。

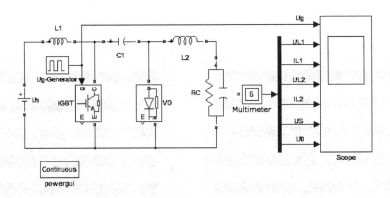

图 7-17　库克式直流斩波电路的仿真模型

下面介绍该仿真模型中模块的参数设置。

(1) 电压源 U_S 设置为 100V。

(2) 开关管 IGBT、续流二极管 VD 模块的参数设置与 Buck 模型相同，为默认值。

(3) 脉冲发生器模块的参数设置：占空比 $D=30\%$。

(4) 负载电阻 $R=10\Omega$，电容 $C=5\mu F$，电感 $L_1=L_2=2mH$，$C_1=1.5\mu F$。

3. 系统的仿真、仿真结果的输出及结果分析

(1) 系统仿真。算法选 ode23tb。仿真开始时间设为 0；仿真停止时间为 0.001s，误差 1e-5。打开 Simulation 菜单，单击 Start 后系统开始仿真，仿真结束后双击示波器就可看到仿真结果。

(2) 输出仿真结果。仿真结果如图 7-18 所示。图中从上至下依次为驱动信号 U_G、电感

L_1 的电压 U_{L1} 和电流 I_{L1}、电感 L_2 的电压 U_{L2} 和电流 I_{L2}、直流输入电压 U_S 和直流输出电压 U_o 波形。

（3）仿真结果分析。库克式直流斩波电路既可以实现升压也可以实现降压。当 $D<0.5$ 时库克变换器为降压变换器。当 $D>0.5$ 时为升压变换器。该电路的优点是：输出直流电压的纹波明显小于升降压变换器输出的纹波。另外，输出电压 U_o 与输入电压 U_S 反向；输入电流 I_{L1}、输出电流 I_{L2} 脉动小。

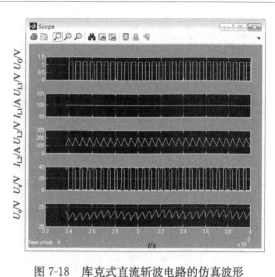

图 7-18　库克式直流斩波电路的仿真波形

7.2.5　Sepic 直流斩波电路仿真

1. 电气原理图

Sepic 直流斩波电路是正输出变换器，其输出电压极性和输入电压极性相同。其电气原理图如图 7-19 所示。与库克式直流斩波电路类似，由于 C_1 的容量很大，稳态时 C_1 的电压 U_{C1} 基本保持恒定。

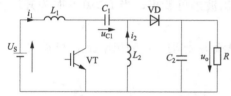

图 7-19　Sepic 直流斩波电路原理图

2. 电路的建模和参设置

此系统由直流电源 U_S、开关管 IGBT、二极管 VD、驱动信号发生器、负载和储能电感等元件组合而成。升降压式直流斩波电路（Sepic）的仿真模型如图 7-20 所示。

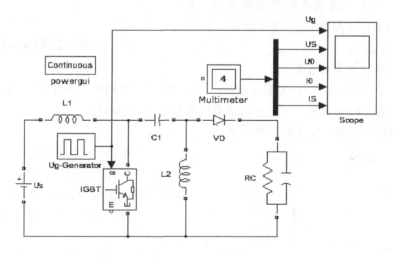

图 7-20　Sepic 直流斩波电路的仿真模型

下面介绍仿真模型中模块的参数设置。

（1）电压源 U_S 设置为 100V。

（2）开关管 IGBT、续流二极管 VD 模块的参数设置与 Buck 模型相同，为默认值。

（3）脉冲发生器模块的参数设置：占空比 $D=60\%$。

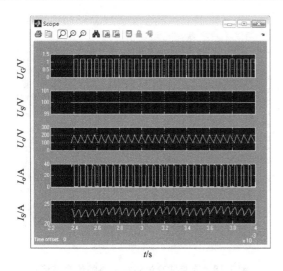

图 7-21　Sepic 直流斩波电路的仿真波形

（4）负载电阻 $R=10\Omega$，电容 $C=5\mu F$；电感 $L_1=L_2=2mH$，电容 $C_1=1.5\mu F$。

3. 系统的仿真和仿真结果

（1）系统仿真。算法选 ode23tb。仿真开始时间为 0；停止时间 0.004s，误差 1e-5。打开 Simulation 菜单，单击 Start 后，系统开始仿真，仿真结束后双击示波器就可以查看到仿真结果。

（2）输出仿真结果。仿真结果如图 7-21 所示。图中从上至下依次为驱动信号 U_G、直流输入电压 U_S 和直流输出电压 U_o、输出电流 I_0 和输入电流 I_S 波形。

（3）仿真结果分析。Sepic 变换器既可以实现升压也可以实现降压。当 $D<0.5$ 时 Sepic 直流斩波电路为降压变换器，通过示波器的输出波形可看出；当 $D>0.5$ 时为升压变换器。

另外，输出电压 U_o 与输入电压 U_S 同向；输入电流 I_S 脉动小，输出电流 I_o 脉动大。

7.2.6　Zeta 直流斩波电路仿真

1. 电气原理图

Zeta 直波斩波电路也是正输出变换器，其输出电压极性和输入电压极性相同。其电路原理图如图 7-22 所示。与库克式直流斩波电路相比，Zeta 斩波器是将 Cuk 斩波器的 L_1 与 VT 对调、并改变 VD 的方向后形成的。

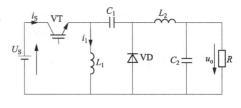

图 7-22　Zeta 直流斩波电路原理图

2. 电路的建模和参数设置

此系统由直流电源 U_S、开关管 IGBT、二极管 VD、驱动信号发生器、负载和储能电感等元件组合而成。Zeta 直流斩波电路的仿真模型如图 7-23 所示。

下面介绍仿真模型中模块的参数设置。

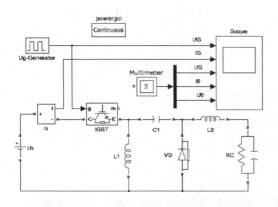

图 7-23　Zeta 直流斩波电路的仿真模型

（1）电压源 U_S 设置为 100V。

（2）开关管 IGBT、续流二极管 VD 模块的参数设置与 Buck 模型相同，为默认值。

（3）脉冲发生器模块的参数设置：占空比 $D=52\%$。

（4）负载电阻 $R=10\Omega$，电容 $C=200\mu F$；电感 $L_1=L_2=0.35mH$，电容 $C_1=200\mu F$。

3. 系统的仿真和仿真结果的输出及结果分析

（1）系统仿真。算法选 ode45。仿真开始时间设为 0；仿真停止时间设为 0.005s，误差 1e-3。打开 Simulation 菜单，单击 Start 后系统开始仿真，仿真结束后，双击示波器就可查看到仿真结果。

（2）输出仿真结果。仿真结果如图 7-24 所示。图中从上至下依次为驱动信号 U_G、输入电流 I_S、直流输入电压 U_S、输出电流 I_0 和直流输出电压 U_0 波形。

（3）仿真结果分析。Zeta 直流斩波电路既可以实现升压也可以实现降压。通过示波器的输出波形可看出；当 $D>0.5$ 时为升压变换器。另外，输出电压 U_0 与输入电压 U_s 同向；输入电流 I_S 脉动大，输出电流 I_0 脉动小。

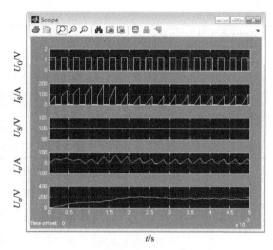

图 7-24 Zeta 直流斩波电路的仿真波形

7.3 H 桥式直流变换器的仿真

7.3.1 H 桥式 PWM 直流变换器的电气原理图
H 桥式 PWM 直流变换器电气原理图和工作波形如图 7-25 所示（以直流电动机负载为例）。

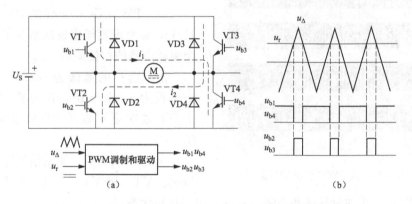

图 7-25 H 桥式 PWM 直流可逆变换器电路原理图和工作波形

7.3.2 H 桥式 PWM 直流变换器的双极式、单极式、受限单极式控制模式的建模与仿真
H 桥式 PWM 可逆直流变换的重要内容是 H 型 PWM 电路的调制方式，其中各种调制方式所需要的 PWM 驱动信号的产生是核心内容。表 7-1 为 H 桥式 PWM 电路各种调制所对应的 VT1～VT4 通断情况和要求的驱动信号。

表 7-1　　　　　　　　双极式、单极式和受限单极可逆 PWM 工作方式

控制方式	电机转向	开关状态
双极式	正转	VT1 和 VT4、VT2 和 VT3 两两成对按照 PWM 方式同时导通和关断，工作于互补状态
	反转	

续表

控制方式	电机转向	开关状态	
单极式	正转	VT3 恒关断 VT4 恒导通	VT1 和 VT2 工作于互补的 PWM 方式
	反转	VT3 恒导通 VT4 恒关断	
受限单极式	正转	VT4 始终处于导通状态 而 VT2 和 VT3 都关断	VT1 工作于 PWM 方式
	反转	VT3 始终处于导通状态 而 VT1 和 VT4 都关断，	VT2 工作于 PWM 方式

为了熟悉 H 桥式直流变换器的建模与仿真，首先讨论 PWM 调制方式的建模与仿真。

1. 双极式 PWM 调制方式的建模与仿真

双极式 PWM 调制方式的仿真模型如图 7-26 所示。

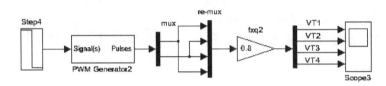

图 7-26　双极式 PWM 调制方式的仿真模型

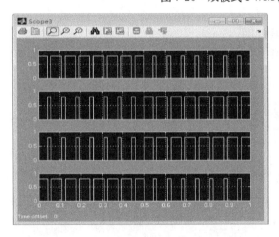

图 7-27　双极式 PWM 驱动信号波形

仿真模型参数设置为：

（1）输入阶跃信号的阶跃时间 0.5s；初始值 0.5，终了值 −0.5。

（2）PWM Generator 的调制频率设置为 15Hz，频率设置得比较低是为了能够看出 4 个驱动信号的相位关系。

仿真选择的算法为 ode23t；仿真 Start time 设为 0，Stop time 设为 1。图 7-27 中从上至下依次是双极式 PWM 驱动信号波形 $U_{g1} \sim U_{g4}$。

由图 7-27 可见，驱动信号完全符合如下情况：VT1 和 VT4、VT2 和 VT3 两两成对，按照 PWM 方式同时导通和关断，并且工作于互补状态。

2. 单极式 PWM 调制方式的建模与仿真

单极式 PWM 调制方式的仿真模型如图 7-28 所示。仿真模型参数设置同双极式方式。

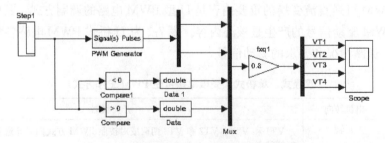

图 7-28　单极式 PWM 调制方式的仿真模型

仿真选择的算法为 ode23t；仿真 Start time 设为 0，Stop time 设为 1。图 7-29 中从上至下依次是单极式 PWM 驱动信号波形 $U_{g1}\sim U_{g4}$。

由图 7-29 可见，驱动信号完全符合如下情况：正转时，VT3 恒关断 VT4 恒导通；反转时 VT3 恒导通 VT4 恒关断；而无论是正转还是反转，VT1 和 VT2 总是工作于互补的 PWM 方式的。

3. 受限单极式 PWM 调制方式的建模与仿真

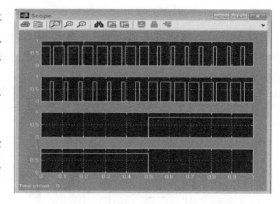

图 7-29 单极式 PWM 驱动信号波形

受限单极式 PWM 调制方式的仿真模型如图 7-30 所示。选择开关的第二输入端的值设置为 1，其他参数设置同单极式方式。

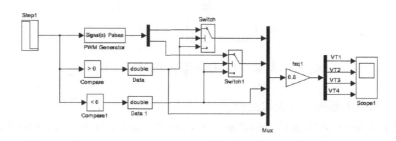

图 7-30 受限单极式 PWM 调制方式的仿真模型

仿真选择的算法为 ode23t；仿真 Start time 设为 0，Stop time 设为 1。图 7-31 中自上而下为受限单极式 PWM 驱动信号波形 $U_{g1}\sim U_{g4}$。

由图 7-31 可见，驱动信号完全符合如下情况：正转时，VT1 工作于 PWM 方式，VT4 处于恒导通而 VT2 和 VT3 恒关断；反转时，VT2 工作于 PWM 方式，VT3 处于恒导通而 VT1 和 VT4 恒关断方式。

7.3.3 H 桥式直流 PWM 斩波电路的建模与仿真（双极式）仿真

1. 电气原理图

H 桥式直流 PWM 斩波电路原理图如图 7-32 所示。

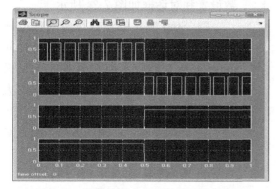

图 7-31 受限单极式 PWM 驱动信号波形

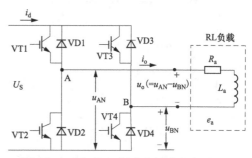

图 7-32 双极式 H 桥直流斩波电路原理图

2. 电路的建模和参数设置

此系统由直流电源 U_s、通用变流器桥 Universal Bridge、驱动信号发生器、负载和测量环节等元件组合而成。双极式 H 桥直流 PWM 斩波电路的仿真模型如图 7-33 所示。下面介绍此系统各个部分的建模和参数设置。

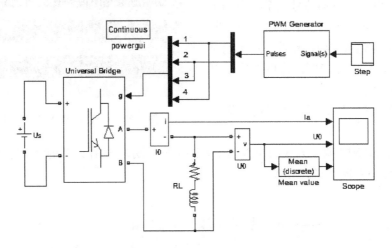

图 7-33　双极式 H 桥直流斩波电路的仿真模型

(1) 仿真模型中主要模块的提取路径。

1) 变流器桥 Universal Bridge：SimPower System\Power Electronics\Universal Bridge。

2) 阶跃信号 Step：Simulink\Sources\Step。

3) PWM 信号发生器：SimPower System\Control Blocks\PWM Generator。

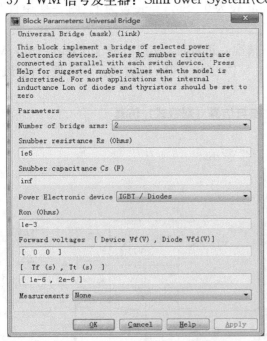

图 7-34　Universal Bridge 模块的参数设置

4) 平均值输出：SimPower Systems \ Extra Library \ Measurements \ Mean Value。

(2) 仿真模型中主要模块的参数设置。

1) 电源 U_s 设置为 80V。

2) 变流器桥 Universal Bridge 的参数设置和对话框如图 7-34 所示。

3) Step 模块的参数设置对话框和参数设置如图 7-35 所示。阶跃时间 (step time) 确定了双极性控制的变极性时间；阶跃输入为调制信号，它的大小决定了输出脉冲波的宽度。

4) PWM 发生器模块的参数设置对话框和参数设置如图 7-36 所示。

5) 负载电阻 $R = 2\Omega$，电感 $L = 1\text{mH}$。

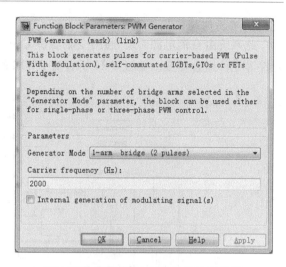

图 7-35　Step 模块的参数设置　　　　图 7-36　PWM 发生器模块的参数设置

3. 系统的仿真和仿真结果

（1）系统仿真。算法选 ode23tb。模型仿真的开始时间为 0；停止时间设置为 0.006s，误差 1e-6。打开 Simulation 菜单，单击 Start 后系统开始仿真，仿真结束后，双击示波器就可看到仿真结果。

（2）输出仿真结果。仿真结果如图 7-37（a）、（b）所示。图 7-37（a）从上至下依次为输出负载电流 I_a、负载电压 U_o 和输出电压平均值 U_d。图 7-37（a）、（b）为不同调制波幅度时的电流和电压波形。

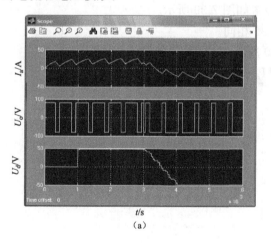
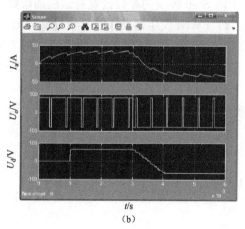

图 7-37　双极式 H 桥直流斩波电路的仿真波形
（a）step 幅度值为 0.5；（b）step 幅度值为 0.8

（3）仿真结果分析。由图 7-37 可知，在 $t=0.003$s 时改变调制波 step 的极性，则输出电压平均值也变极性；改变 setp 的幅值，输出脉冲波宽度改变，输出电压平均值也变化。

7.3.4　单极式 H 桥直流 PWM 斩波电路仿真

1. 电气原理图

单极式 H 桥直流 PWM 斩波电路原理结构图与双极式相同，只是开关管控制方式不一样。

2. 电路的建模和参数设置

此系统由直流电源 U_S、通用变流器桥 Universal Bridge、驱动信号发生器、负载和测量元件等元件组合而成。单极式 H 桥直流 PWM 斩波电路的仿真模型如图 7-38 所示。

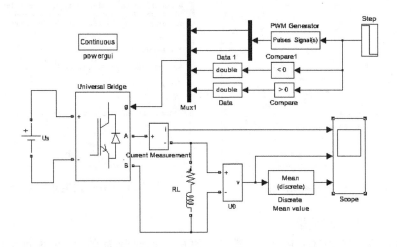

图 7-38　单极式 H 桥直流 PWM 斩波电路的仿真模型

仿真模型中主要模块的参数设置：

（1）电源 U_S 设置为 80V。

（2）变流器桥 Universal Bridge 的参数设置和对话框如图 7-34 所示。

（3）Step 模块的参数设置对话框和参数设置如图 7-39 所示。

（4）PWM 发生器模块的参数设置与图 7-36 相同。

（5）平均值输出模块的参数设置如图 7-40 所示。

（6）负载电阻 $R=0.5\Omega$，电感 $L=0.5\text{mH}$。

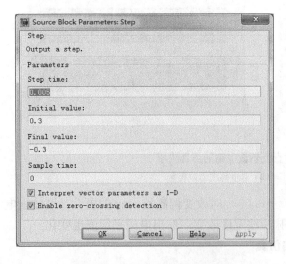

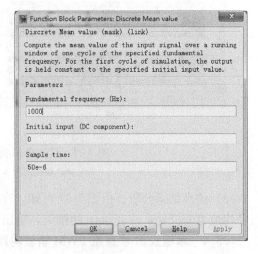

图 7-39　Step 模块的参数设置　　　　　　图 7-40　平均值输出模块的参数设置

3. 系统的仿真和仿真结果

（1）系统仿真。算法选 ode23tb。模型仿真的开始时间为 0；停止时间为 0.01s，误差 1e-6。打开 Simulation 菜单，单击 Start 后系统开始仿真，仿真结束后双击示波器就可查看到仿真结果。

（2）输出仿真结果。仿真结果如图 7-41（a）、（b）所示。图 7-41（a）从上至下依次为输出负载电流 I_a、负载电压 U_o 和输出电压平均值 U_d。图 7-41（a）、（b）为不同调制波幅度时的电流和电压波形。

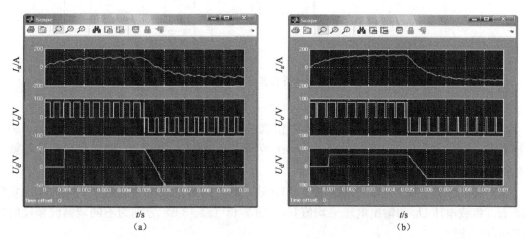

图 7-41　单极式 H 桥直流 PWM 斩波电路的仿真波形
(a) step 幅度值为 0.3；(b) step 幅度值为 0.7

（3）仿真结果分析。由图 7-41 可知，在 $t=0.005$s 时改变调制波 setp 的极性，则输出电压平均值也变极性，输出为单极性脉冲；改变 step 的幅值，输出脉冲宽度改变，输出电压平均值改变。

7.3.5 H 型直流 PWM 斩波电路（受限单极式）仿真

1. 电气原理图

受限单极式 H 型直流 PWM 斩波电路原理图与双极式相同，只是开关管控制方式不相同。

2. 电路的建模和参数设置

此系统由直流电源 U_S、通用变流器桥 Universal Bridge、驱动信号发生器、负载和测量元件等组合而成。受限单极式 H 型直流 PWM 斩波电路的仿真模型如图 7-42 所示。

下面介绍仿真模型中主要模块的参数设置。

（1）电源 U_S 设置为 80V。

（2）变流器桥 Universal Bridge 的参数设置和对话框与图 7-34 相同。

（3）Step 模块的参数设置对话框和参数设置与图 7-39 相同。

（4）PWM 发生器模块的参数设置对话框和参数设置与图 7-36 相同。

（5）负载电阻 $R=0.5\Omega$，电感 $L=0.5$mH。

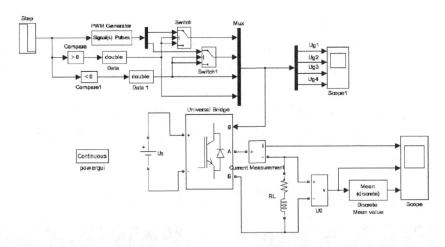

图 7-42　受限单极式 H 桥直流 PWM 斩波电路的仿真模型

3. 系统的仿真和仿真结果

（1）系统仿真。算法选 ode23tb。模型仿真的开始时间设为 0；仿真停止时间为 0.01s，误差 1e-6。打开 Simulation 菜单，单击 Start 后系统开始仿真，仿真结束后双击示波器就可查看到仿真结果。

（2）输出仿真结果。仿真结果如图 7-43（a）、（b）所示。图中从上至下依次为输出负载电流 I_a、负载电压 U_o 和输出电压平均值 U_d。图 7-43（a）、（b）分别为不同调制波幅度时的电流和电压波形。

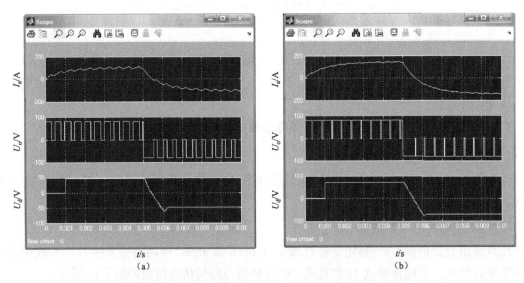

图 7-43　受限单极式 H 桥直流 PWM 斩波电路的仿真波形
（a）step 幅度值为 0.3；（b）step 幅度值为 0.7

受限单极式 H 桥直流斩波电路的驱动信号仿真波形如图 7-44 所示。

（3）仿真结果分析。由图 7-44 可知，在 $t=0.005s$ 时改变调制波 step 的极性，则输出电压平均值也变极性，输出为单极性脉冲；改变 step 的幅值，输出脉冲宽度改变，输出电压平均值改变。

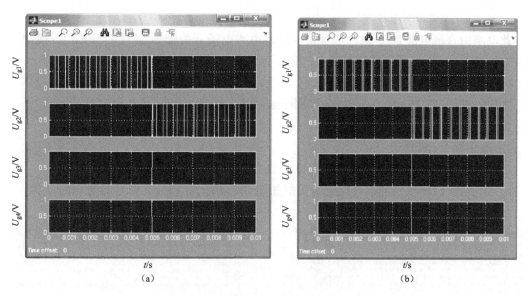

图 7-44　受限单极式 H 桥直流斩波电路的驱动信号仿真波形

（a）step 幅值为 0.3；（b）step 幅值为 0.7

7.4　带变压器隔离的直流—直流变换器的仿真

7.4.1　单端正激变换器仿真

1. 电气原理图

单端正激变换器由 Buck 变换器派生而来，图 7-45 为单端正激变换器的电路原理图，其仿真模型如图 7-46所示。除去测量模块外，仿真模型与其电气原理图一一对应。

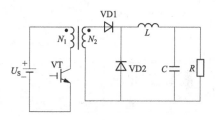

图 7-45　单端正激变换器电气结构图

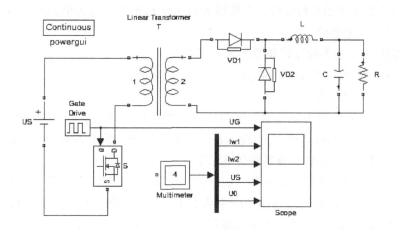

图 7-46　单端正激变换器仿真模型

2. 电路的建模和参数设置

此电路由直流电源 U_S、脉冲信号发生器、电力电子开关管 S（P-MOSFET）、隔离变压器、二极管 VD（Diode）、储能电感和负载等元件组合而成。

（1）新增模块提取途径和作用。

变压器模块 T：SimPower System\Elements\Liner Transformer，隔离变压器。

（2）仿真模型中模块的参数值。

1）电压源 U_S 设置为 100V。

2）开关管 P-MOSFET 模块的参数设置如图 7-47 所示对话框。

3）二极管 VD1 模块的参数设置对话框如图 7-48 所示，VD1、VD2 参数相同。

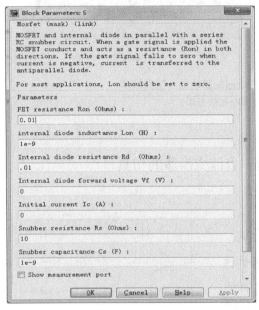

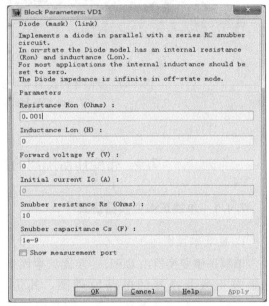

图 7-47　开关管 P-MOSFET 模块参数设置对话框　　　图 7-48　二极管模块参数设置对话框

4）脉冲发生器模块的参数设置。参数设置对话框和参数设置的值如图 7-49 所示，此模块的参数设置是至关重要的。

5）变压器模块 T 的参数设置如图 7-50 对话框。

6）负载电阻 $R=4\Omega$，电容 $C=40\mu\mathrm{F}$，电感 $L=10\mathrm{mH}$。

3. 系统的仿真和仿真结果

（1）系统仿真。算法选为 ode23t。模型仿真开始时间为 0；停止时间设置为 0.02s，误差 1e-3。在 MATLAB 的窗口中打开 Simulation 这个菜单，单击 Start 后，系统开始仿真，在仿真结束后，双击示波器就可查看到仿真结果。

（2）输出仿真结果。采用"示波器"观察仿真结果，双击"示波器"的图标就可观察仿真输出波形。仿真结果如图 7-51 所示。图中从上至下依次为驱动信号 U_G、隔离变压器一次侧电流 I_W1、二次侧电流 I_W2、输入直流电源 U_S 和直流输出电压 U_o 波形。占空比为 60%。其中，示波器的几个重要参数 Time range 0.02s，Sampling：Decimations 1，保存数据 3000 个。

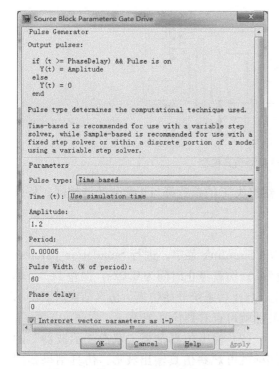

图 7-49　脉冲发生器模块的参数设置

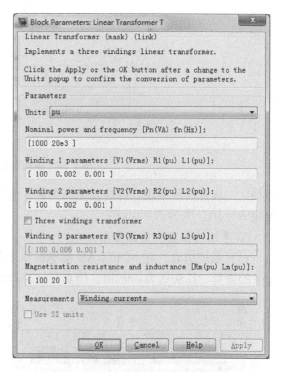

图 7-50　变压器模块的参数设置

（3）仿真结果分析。由图 7-51 可知，变压器一、二次侧电流为脉冲形式，由于单端正激变换器的本质是降压直流变换器，从图中不难看出，输出电压 U_o 小于输入电压 U_S。图中 U_o 波形虽然是脉动的，但从坐标数值看脉动很小。

7.4.2　单端反激变换器仿真

1. 电气原理图

单端反激变换器电路如图 7-52 所示。与升—降压变换器相比较，单端反激变换器用变压器代替了升—降压变换器中的储能电感。这里的变压器除了起输入输出电隔离作用外，还起储能电感的作用。

根据电气原理图构建的单端反激变换器仿真模型如图 7-53 所示，除去测量模块外，仿真模型与其电气原理图一一对应。

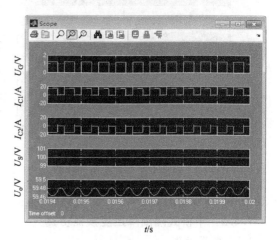

图 7-51　单端正激变换器仿真波形

2. 电路的建模和参数设置

此电路由直流电源 U_S、脉冲信号发生器、电力电子开关管 S（P-MOSFET）、隔离变压器、二极管 VD（Diode）和负载等元件组合而成。

在仿真模型中，电压源 U_S、开关管 P-MOSFET

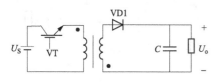

图 7-52　单端反激变换器电路原理图

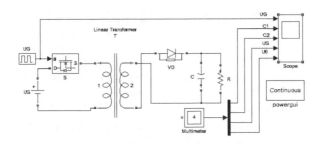

图 7-53　单端反激变换器仿真模型

模块、二极管 VD 模块、脉冲发生器模块、变压器模块 T 的参数都与正激变换器相同。负载电阻 $R=4\Omega$，电容 $C=40\mu F$。

3. 系统的仿真和仿真结果

（1）系统仿真。在 MATLAB 模型窗口中打开 Simulink 菜单，进行 Simulation parameters 的设置。算法选为 ode23t。仿真开始时间设为 0；仿真停止时间为 0.02s，误差 1e-3。单击 Start 后系统开始仿真，仿真结束后双击示波器就可查看到仿真结果。

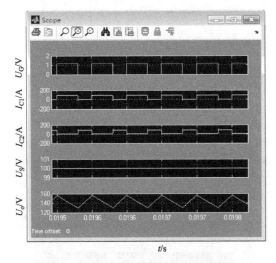

图 7-54　单端反激变换器仿真波形

（2）输出仿真结果。双击"示波器"的图标就可观察仿真输出波形。仿真结果如图 7-54 所示。图中从上至下依次为驱动信号 U_G、隔离变压器一次侧电流 I_{C1}、二次侧电流 I_{C2}、输入直流电源 U_S 和直流输出电压 U_o。波形。占空比为 60%。其中，示波器的几个重要参数 Time range0.02s，Sampling：Decimations 1，保存的数据 3000 个。

（3）仿真结果分析。由图 7-54 可知，变压器一、二次侧电流为脉冲形式，由于单端反激变换器的本质是升—降压直流变换器，从图中可看出，由于占空比为 60%，变换器是升压型的，所以输出电压 U_o 大于输入电压 U_S。

7.4.3　半桥式隔离降压变换器仿真

1. 电气原理图

半桥式隔离降压变换器是在降压变换器中插入桥式隔离变压器，其电气原理图如图 7-55 所示。根据电气原理图构建的半桥式隔离降压变换器仿真模型如图 7-56 所示，除去测量模块和电源均压电容外，仿真模型与其电气原理图基本对应。

2. 电路的建模和参数设置

此电路由直流电源 U_S、脉冲信号发生器、电力电子开关管 S（P-MOSFET）、隔离变压器、二极管 VD（Diode）、储能电感和负载等元件组合而成。

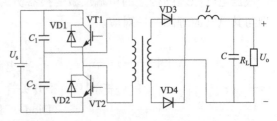

图 7-55　半桥式隔离降压变换器电路原理图

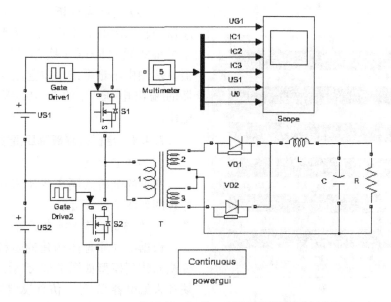

图 7-56　半桥式隔离降压变换器仿真模型

在仿真模型中，电压源 U_S、开关管 P-MOSFET 模块、二极管 VD 模块的参数都与正激变换器一样。负载电阻 $R=4\Omega$，电容 $C=40\mu F$，储能电感 $L=5mH$。

脉冲发生器模块 2 与 1 相比延迟了半个周期，其他参数相同；变压器模块 T 采用了 3 绕组变压器，其参数设置对话框如图 7-57 所示。

3. 系统的仿真和仿真结果

（1）系统仿真。在 MATLAB 模型窗口中打开 Simulink 菜单，进行 Simulation parameters 的设置。算法选为 ode23tb。仿真开始时间设为 0；仿真停止时间为 0.02s，误差 1e-3。在 MATLAB 的窗口中打开 Simulation 这个菜单，单击 Start 后，系统开始仿真，在仿真时间结束后，双击示波器就可以查看到仿真结果。

（2）输出仿真结果。双击"示波器"的图标就可观察仿真输出波形。仿真结果如图

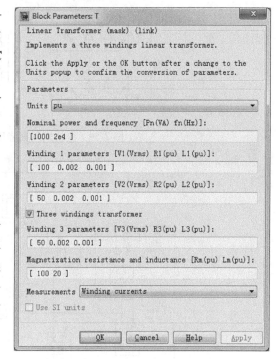

图 7-57　三绕组变压器参数设置

7-58 所示。图中从上至下依次为驱动信号 U_G、隔离变压器一次侧电流 I_{C1}、二次侧第一绕组电流 I_{C2}、第二绕组电流 I_{C3}、输入直流电源 U_S 和直流输出电压 U_o 波形。占空比为 50%。其中，示波器的几个重要参数 Time range 0.02s，Sampling：Decimations 1，保存的数据 12000 个。

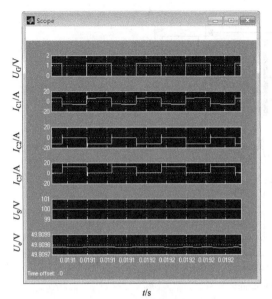

图 7-58　半桥式隔离降压变换器仿真波形

（3）仿真结果分析。由图 7-58 可知，变压器一、二次的 3 个电流均为脉冲形式，由于半桥式隔离降压变换器是降压直流变换器，从图中不难看出，占空比为 50%，变换器的输出电压 U_0 约为 49.8V，小于输入电压。

7.4.4　全桥式隔离降压变换器仿真

1. 电气原理图

常见的全桥式隔离降压直流变换器电路原理图如图 7-59 所示。

2. 电路的建模和参数设置

根据电气原理图构建的全桥式隔离降压变换器仿真模型如图 7-60 所示。除去测量模块和去偏电容 C_0 外，仿真模型与其电气原理图一一对应。

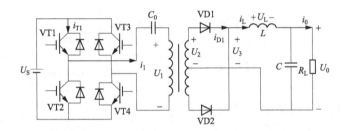

图 7-59　全桥式隔离降压变换器电路原理图

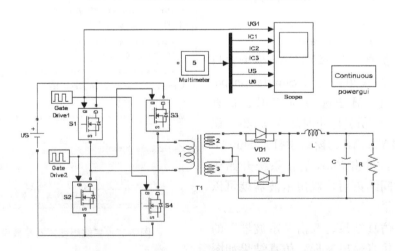

图 7-60　全桥式隔离降压变换器仿真模型

在仿真模型中，电压源 U_S、开关管 P-MOSFET 模块、二极管 VD 模块的参数都与半桥式隔离降压变换器一样。负载电阻 $R=4\Omega$，电容 $C=40\mu F$，储能电感 $L=1mH$。

脉冲发生器模块 2 与 1 相比延迟了半个周期，其他参数相同；变压器模块 T1 采用了三绕组变压器，其参数设置也与半桥式隔离降压变换器相同。

3. 系统的仿真和仿真结果

（1）系统仿真。算法选 ode23tb。仿真开始时间设为 0；停止时间为 0.02s，误差 1e-3。单击 Start 后系统开始仿真，仿真结束后，双击示波器就可以查看到仿真结果。

（2）输出仿真结果。仿真结果如图 7-61 所示。图中从上至下依次为驱动信号 U_G、隔离变压器一次侧电流 I_{C1}、二次侧第一绕组电流 I_{C2}、第二绕组电流 I_{C3}、输入直流电源 U_s 和直流输出电压 U_o 波形。占空比为 50%。其中，示波器的几个重要参数 Time range0.02s，Sampling：Decimations 1，保存的数据 10000 个。

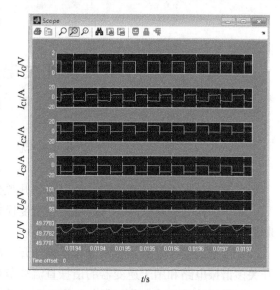

图 7-61　全桥式隔离降压变换器仿真波形

（3）仿真结果分析。由图 7-61 可知，变压器一、二次的 3 个电流均为脉冲形式，由于全桥式隔离降压变换器是降压直流变换器，从图中不难看出，占空比为 50%，变换器的输出电压 U_o 约为 49.8V，小于输入电压。

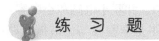

练　习　题

将本章教材电路中现用的全控型电力电子开关器件，改换成其他类型的全控型器件后，重复进行这些电路的仿真实验，再与理论分析波形比较。

8 软开关电路的仿真

8.1 概　　述

根据软开关技术发展的历程，可以将软开关分为四大类：

（1）全谐振型变换电路。一般称谐振型变换电路。按谐振类型，谐振变换电路可以分为串联谐振变换电路和并联谐振变换电路两类。

（2）准谐振变换电路。可以分为零电压开关准谐振电路、零电流开关准谐振电路、零电压开关多谐振电路和用于逆变器的谐振直流环节电路四类。

（3）零开关 PWM 电路。可分为零电压开关 PWM 变换电路和零电流开关 PWM 变换电路两类。

（4）零转换 PWM 变换电路。可以分为零电压转换 PWM 变换电路和零电流转换 PWM 变换电路两类。

8.1.1　准谐振电路（QRC）

准谐振电路是在主开关电路中串、并联小电感和小电容，这类变换电路的特点是谐振元件只参与能量变换的某个阶段，而不是全程参与。谐振电路中的电压或电流波形为正弦半波，因此称之为准谐振。准谐振电路可以分为：

（1）零电压开关准谐振电路（Zero-Voltage-Switching Quasi-Resonant Converter，ZVSQRC）；

（2）零电流开关准谐振电路（Zero-Current-Switching Quasi-Resonant Converter，ZCSQRC）；

（3）零电压开关多谐振电路（Zero-Voltage-Switching Multi-Resonant Converter，ZVSMRC）；

（4）用于逆变器的谐振直流环节电路（Resonant DC Link）。

图 8-1 给出了前三种准谐振电路的基本开关单元。

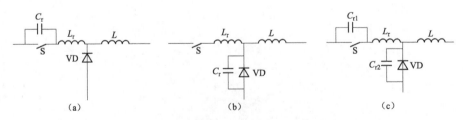

图 8-1　准谐振电路的基本开关单元

（a）零电压开关准谐振电路的基本开关单元；（b）零电流开关准谐振电路的基本开关单元；

（c）零电压开关多谐振电路的基本开关单元

8.1.2　零开关 PWM 电路

零开关 PWM 变换电路是在准谐振电路的基础上，增加了辅助开关而构成的。辅助开关的引入，用于控制谐振的开始时刻，使谐振仅发生于开关过程前后，这样电路就可以采用恒频控制方式即 PWM 控制方式。零开关 PWM 电路可以分为：

(1) 零电压开关 PWM 电路（Zero-Voltage-Switching PWM Converter，ZVSPWM）；

(2) 零电流开关 PWM 电路（Zero-Current-Switching PWM Converter，ZCSPWM）。

要实现准谐振电路的 PWM 控制，只需控制 L_r 与 C_r 的谐振时刻。控制谐振时刻的方法是：①在适当时刻先短接谐振电感，在需要谐振的时刻再断开；②在适当时刻先断开谐振电容，在需要谐振的时刻再接通。由此得到不同形式的零开关 PWM 电路的基本开关单元，如图 8-2 所示。图中 S1 为辅助开关。

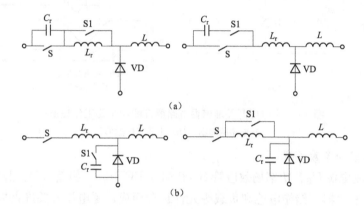

图 8-2　零开关 PWM 电路的基本开关单元
(a) 零电压开关 PWM 电路的基本开关单元；(b) 零电流开关 PWM 电路的基本开关单元

8.1.3　零转换 PWM 电路

准谐振电路的谐振电感和谐振电容一直参与能量传递。零开关 PWM 电路中的谐振元件虽然不是一直谐振工作，但谐振电感却串联在主功率回路中，损耗较大。为了克服这些缺陷，设计了零转换 PWM 变换器。零转换 PWM 电路可以分为：

(1) 零电压转换 PWM 电路（Zero-Voltage-Transition PWM Converter，ZVT PWM）；

(2) 零电流转换 PWM 电路（Zero-Current-Transition PWM Converter，ZCT PWM）。

这两种电路的基本开关单元如图 8-3 所示。

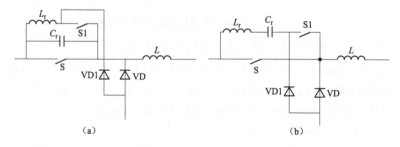

图 8-3　零转换 PWM 电路的基本开关单元
(a) 零电压转换 PWM 电路的基本开关单元；(b) 零电流转换 PWM 电路的基本开关单元

8.2　准谐振电路（QRC）的仿真

8.2.1　零电压开关准谐振电路（ZVS-QRC）的仿真

1. 电气结构图

图 8-4（a）为零电压开关准谐振电路的电气原理图，其工作波形如图 8-4（b）所示。

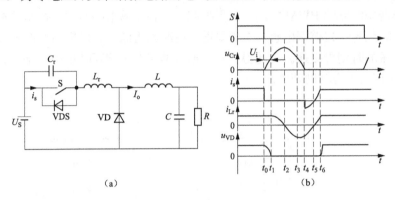

图 8-4　零电压开关准谐振电路原理图和主要工作波形

（a）电路原理图；（b）主要工作波形

2. 电路的建模和参数设置

此电路由直流电源 U_S、功率场效应管 S（P-MOSFET）、二极管 VD、谐振电感 L_r 与电容 C_r、脉冲信号发生器、储能电感和负载等元件组合而成，零电压开关准谐振电路的仿真模型如图 8-5 所示。除测量环节外，仿真模型与电路原理图一一对应。

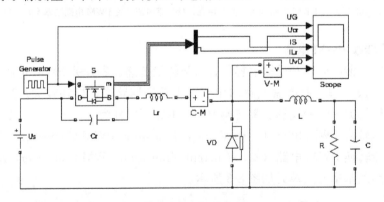

图 8-5　零电压开关准谐振电路的仿真模型

（1）仿真模型中用到的主要模块以及提取的路径和作用。

1）直流电源 U_S：SimPower System\Electrical Sources\DC Voltage Source，输入直流电源。

2）功率场效应管 S：SimPower System\Power Electronics\P-MOSFET，开关管。

3）二极管 VD：SimPower System\Power Electronics\Diode。

4）脉冲信号发生器：Simulink\Sources\Pulse Generator。

5）负载电阻、电容和谐振电容：SimPower System\Elements\Series RLC Branch。

6）储能电感和谐振电感：SimPower System\Elements\Series RLC Branch。

7）电压测量：SimPower System\Measurements\Voltage Measurement。

8）电流测量：SimPower System\Measurements\Current Measurement。

9）示波器：Simulink\Sinks\Scope。

（2）仿真模型中模块的参数值

1）电压源 U_S 设置为 50V。

2）开关管 P-MOSFET 模块的参数设置如图 8-6 所示。

3）二极管 VD 模块的参数设置如图 8-7 所示。

4）脉冲发生器模块的参数设置。参数设置对话框和参数设置的值如图 8-8 所示，此模块

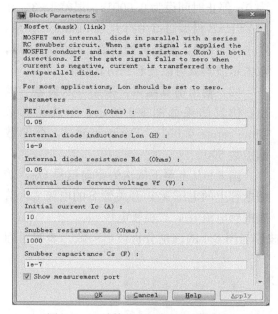

图 8-6　开关管 P-MOSFET 参数设置

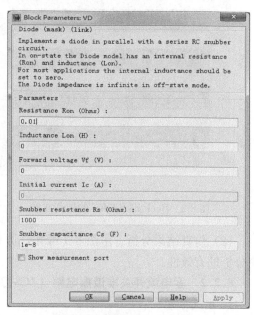

图 8-7　二极管 VD 参数设置

图 8-8　脉冲发生器模块的参数设置

的参数设置是至关重要的。

　　5）谐振电感 L_r＝2e-6H，谐振电容 C_r＝3e-7F。

　　6）负载电阻 R＝1Ω，电容 C＝70μF，电感 L＝0.1mH。

将上述模块按照零电压开关准谐振电路原理图关系连接，即可得到图 8-5 所示的仿真模型。

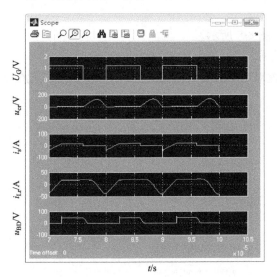

图 8-9　Buck ZVS-QRC 的仿真波形

　　3. 系统的仿真和仿真结果分析

　　（1）系统仿真。在 MATLAB 模型窗口中单击 Configuration parameters 后，在对话框中，选择算法 ode23tb。仿真开始时间设为 0；停止时间设为 0.0001s，误差 1e-3。在 MATLAB 模型窗口中打开 Simulation 菜单，单击 Start 后，系统开始仿真，仿真结束后，双击示波器就可以查看到仿真结果。

　　（2）输出仿真结果。采用"示波器"输出，仿真结果如图 8-9 所示。示波器参数 Time range 0.001s，Decimation 1，存储数据点数 500。

　　图 8-9 从上至下依次为驱动信号 U_G，谐振电容上的电压 u_{cr}，开关管 S 的电流 i_s，谐振电感电流 i_{Lr}，二极管电压 u_{VD}。

　　（3）仿真结果分析。由图 8-9 可知，仿真波形与图 8-4 的理论分析波形一致。表明了理论分析的有效性。

8.2.2　零电流开关准谐振电路（ZCS-QRC）

1. 电气原理图

图 8-10（a）给出了降压斩波器中常用的全波型零电流开关准谐振电路图。其工作波形如图 8-10（b）所示。

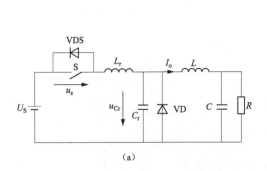
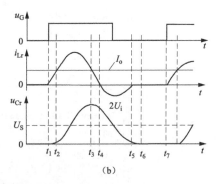

（a）　　　　　　　　　　　　　　　　（b）

图 8-10　零电流开关准谐振电路原理图和主要工作波形

(a) 电路原理图；(b) 主要工作波形

2. 电路的建模和参数设置

零电流开关准谐振的仿真模型如图 8-11 所示。

此模型由直流电源 U_s、功率场效应管 S（P-MOSFET）、二极管 VD、谐振电感 L_r 与电

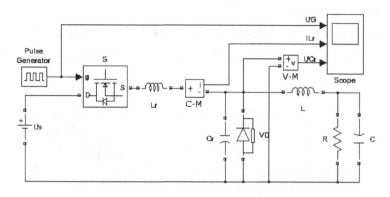

图 8-11　零电流开关准谐振电路的仿真模型

容 C_r、脉冲信号发生器、储能电感和负载等元件组合而成，除测量环节外，仿真模型与电气原理图一一对应。下面介绍此系统各个部分的建模和参数设置。

仿真模型中全部模块的参数值都与零电压开关准谐振电路仿真模型中模块的参数相同。

3. 系统仿真和仿真结果分析

（1）系统仿真。选择算法 ode23tb。仿真的开始时间设为 0；停止时间设为 0.0001s，误差 1e-3。

（2）输出仿真结果。采用"示波器"输出，仿真结果如图 8-12 所示。示波器参数 Time range 2e-5s，Decimation 1，存储数据点数 400。

图 8-12 从上至下依次为驱动信号 U_G，谐振电感电流 i_{Lr}，谐振电容上的电压 u_{cr} 波形。

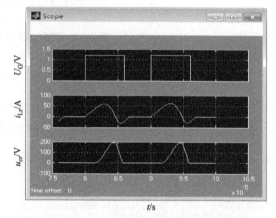

图 8-12　零电流开关准谐振电路的仿真波形

（3）仿真结果分析。由图 8-12 可知，仿真实验波形与图 8-10 的理论分析波形一致。

8.2.3　谐振直流环节电路仿真

1. 电气原理图

谐振直流环节电路应用于交—直—交变换电路的中间直流环节（DC-Link），其电路原理图如图 8-13（a）所示，其主要工作波形如图 8-13（b）所示。

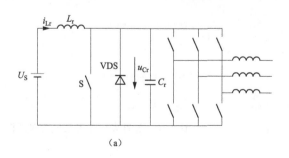
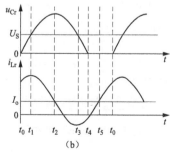

（a）　　　　　　　　　　　　　　（b）

图 8-13　谐振直流环节电路原理图和主要工作波形

（a）电路原理图；（b）主要工作波形

2. 电路的建模和参数设置

谐振直流环节电路的仿真模型如图 8-14 所示。此模型由直流电源 U_S、功率场效应管 S（P-MOSFET）、二极管 VD、谐振电感 L_r 与电容 C_r、脉冲信号发生器、储能电感和负载等元件组合而成。

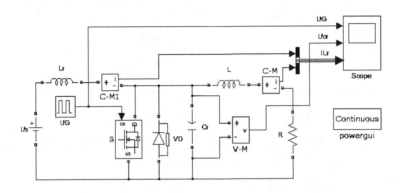

图 8-14　谐振直流环节电路的仿真模型

下面介绍仿真模型中模块的参数值。

（1）电压源 U_S 设置为 50V。

（2）开关管 P-MOSFET 模块的参数设置对话框如图 8-15 所示。

（3）脉冲发生器模块的参数设置对话框如图 8-16 所示。

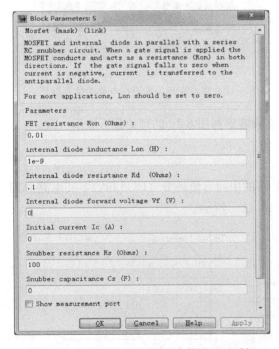

图 8-15　开关管 P-MOSFET 参数设置对话框

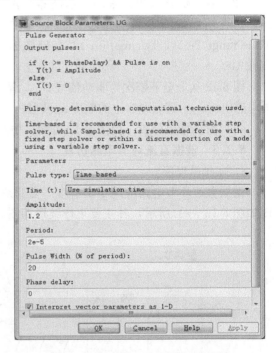

图 8-16　脉冲发生器参数设置对话框

（4）谐振电感 L_r＝5e-6H，谐振电容 C_r＝1e-6F。

（5）二极管参数与零电流开关准谐振电路参数相同。

（6）负载电阻 $R=1\Omega$，电感 $L=1\text{mH}$。

3. 系统仿真和仿真结果分析

（1）系统仿真。在参数设置对话框中，选择算法 ode23tb。仿真开始时间设为 0；停止时间设为 0.0001s，误差 1e-4。

（2）输出仿真结果。采用"示波器"输出，仿真结果如图 8-17 所示。示波器参数 Time range 0.0001s，Decimation 1，存储数据点数 50000。图 8-17 从上至下依次为驱动信号 U_G，谐振电容电压 u_{cr}，谐振电感电流 i_{Lr} 波形。

（3）仿真结果分析。由图 8-17 可知，仿真波形与图 8-13 的理论分析波形一致。

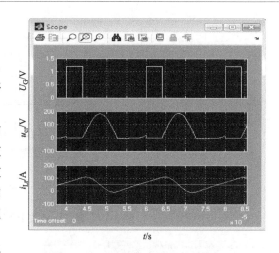

图 8-17　谐振直流环节电路的仿真波形

8.3　零开关 PWM 变换电路（ZS-PWM）的仿真

8.3.1　零电压开关 PWM 变换电路（ZVS-PWM）仿真

1. 电气原理图

零电压开关 PWM 电路原理图如图 8-18（a）所示的。其工作波形如图 8-18（b）所示。

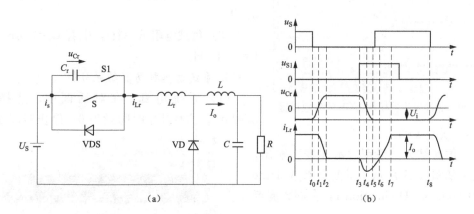

(a)　　　　　　　　　　　　　　　　(b)

图 8-18　零电压开关 PWM 变换电路和主要工作波形

(a) 电路原理图；(b) 主要工作波形

2. 电路的建模和参数设置

零电压开关 PWM 变换电路的仿真模型如图 8-19。此模型由直流电源 U_S、功率场效应管 S、S1（P-MOSFET）、二极管 VD、谐振电感 L_r 与电容 C_r、脉冲信号发生器、储能电感和负载等元件组合而成，除测量环节外，仿真模型与电气原理图一一对应。下面介绍此系统各个部分的建模和参数设置。

下面介绍仿真模型中模块的参数值。

（1）电压源 U_S 设置为 50V。

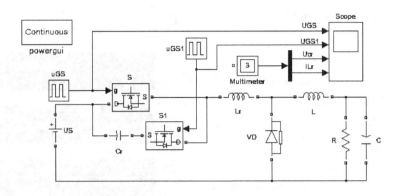

图 8-19　零电压开关 PWM 变换电路的仿真模型

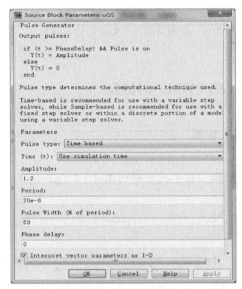

图 8-20　脉冲发生器模块 UGS 的参数设置

0.0001s，误差 1e-3。

（2）仿真结果。采用"示波器"输出，仿真结果如图 8-21 所示。示波器参数 Time range 0.00002s，Decimation 1，存储数据点数 600。

图 8-21 从上至下依次为主开关 S 驱动信号 U_{GS}，辅助开关 S1 驱动信号 U_{GS1}，谐振电容上的电压 u_{cr}，谐振电感电流 i_{Lr}。

（3）仿真结果分析。由图 8-21 可知，仿真波形与图 8-18 的理论分析波形一致。

8.3.2　零电流开关 PWM 变换电路 (ZCS-PWM) 仿真

1. 电路原理图

零电流开关 PWM 变换电路原理图如

（2）脉冲发生器模块 UGS 的参数设置。参数设置对话框和参数设置的值如图 8-20 所示。UGS1 的参数除了脉冲宽度为 35%，相位延迟 18e-6 外，其他参数与 UGS 的参数相同。

（3）开关管 S、S1 模块的参数设置与零电压开关 PWM 变换电路中的 P-MOSFET 参数相同。

（4）二极管 VD 模块的参数设置与零电压开关 PWM 变换电路中的二极管参数相同。

（5）谐振电感 $L_r = 2e-6H$，谐振电容 $C_r = 3e-7F$。

（6）负载电阻 $R = 1\Omega$，电容 $C = 70\mu F$，电感 $L = 0.1mH$。

3. 系统仿真和仿真结果分析

（1）系统仿真。在对话框中，选择算法 ode23tb。仿真开始时间设为 0；停止时间设置为

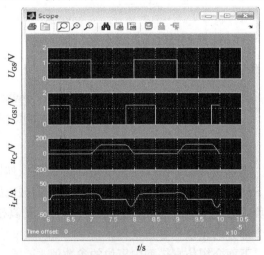

图 8-21　零电压开关 PWM 变换电路的仿真波形

图 8-22（a）所示的，其工作波形如图 8-22（b）所示。

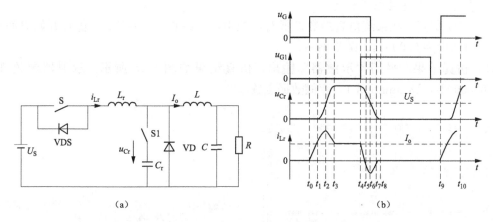

图 8-22　零电流开关 PWM 变换电路原理图和工作波形

(a) 电路原理图；(b) 主要工作波形

2. 电路的建模和参数设置

ZVS-PWM 电路的仿真模型如图 8-23 所示。此模型由直流电源 U_S、功率场效应管 S、S1（P-MOSFET）、二极管 VD、谐振电感 L_r 与电容 C_r、脉冲信号发生器、储能电感和负载等元件组合而成，除测量环节外，仿真模型与电气原理图一一对应。下面介绍此系统各个部分的建模和参数设置。

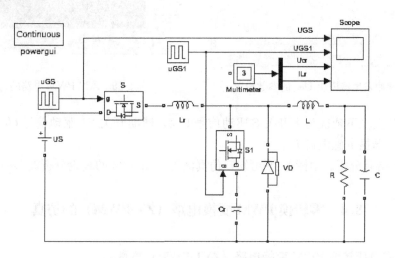

图 8-23　ZCS-PWM 电路的仿真模型

下面介绍仿真模型中模块的参数值。

（1）电压源 U_S 设置为 50V。

（2）脉冲发生器模块 UGS 的参数设置与 ZVS-PWM 相同；UGS1 的参数设置见图 8-24 所示。

（3）开关管 S、S1 模块的参数设置与 ZVS-QRC 中的 P-MOSFET 参数相同。

（4）二极管 VD 模块的参数设置与 ZVS-QRC 中的二极管参数相同。

（5）谐振电感 $L_r = 2e\text{-}6H$，谐振电容 $C_r = 3e\text{-}7F$。

（6）负载电阻 $R=1\Omega$，电容 $C=70\mu\mathrm{F}$，电感 $L=0.1\mathrm{mH}$。

3. 系统仿真和仿真结果分析

（1）系统仿真。在系统仿真参数设置对话框中，选择算法 ode23tb。仿真开始时间设为 0；停止时间设为 0.0001s，误差 1e-3。

（2）仿真结果。采用"示波器"输出，仿真结果如图 8-25 所示。示波器参数 Time range 0.00002s，Decimation 1，存储数据点数 600。

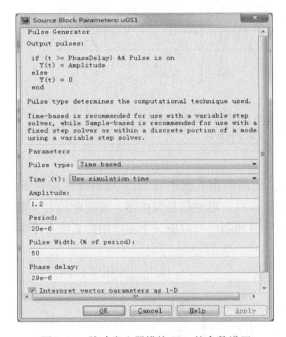

图 8-24　脉冲发生器模块 U_{GS1} 的参数设置

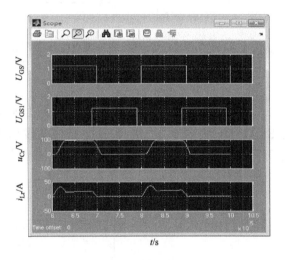

图 8-25　ZCS-PWM 电路的仿真波形

图 8-25 从上至下依次为主开关 S 驱动信号 U_{GS}，辅助开关 S1 驱动信号 U_{GS1}，谐振电容上的电压 u_{cr}，谐振电感电流 i_{Lr}。

（3）仿真结果分析。由图 8-25 可知，仿真波形与图 8-22 的理论分析波形一致。

8.4　零转换 PWM 变换电路（ZT-PWM）的仿真

8.4.1　零电压转换 PWM 变换电路（ZVT-PWM）仿真

1. 电气原理图

零电压转换 PWM 变换器的电路原理图如图 8-26（a）所示，其主要工作波形如图 8-26（b）所示。

2. 电路的建模和参数设置

ZVT-PWM 电路的仿真模型如图 8-27 所示。此模型由直流输入电源 U_{S}、功率场效应管 S、S1（P-MOSFET）、二极管 VD、谐振电感 L_{r} 与电容 C_{r}、脉冲信号发生器、储能电感和负载等元件组合而成，除测量环节外，仿真模型与电气原理图一一对应。

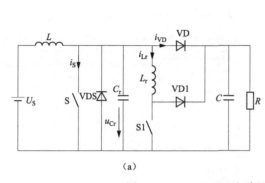 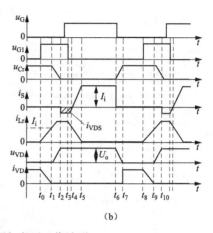

(a)　　　　　　　　　(b)

图 8-26　ZVT-PWM 电路原理图与主要工作波形

（a）电路原理图；（b）主要工作波形

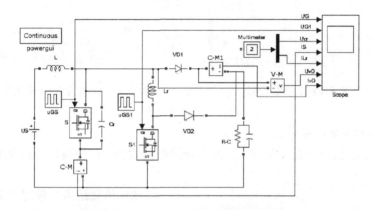

图 8-27　ZVT-PWM 电路的仿真模型

下面介绍仿真模型中模块的参数值。

（1）电压源 U_i 设置为 50V。

（2）脉冲发生器模块 UGS 的参数设置。参数设置对话框和参数设置的值如图 8-28 所示。UGS1 的参数除了脉冲宽度为 30%，相位延迟 15e-6 外，其他参数与 UGS 的参数相同。

（3）开关管 S 模块的参数设置如图 8-29 所示。开关管 S1 模块的参数 L_{on}＝1e-8H，C_s＝1e-9F，其他与开关管 S 的参数相同。

（4）二极管 VD1 模块的参数设置如图 8-30所示，VD2 模块的参数设置与二极管 VD1 参数相同。

（5）谐振电感 L_r＝2e-6H，谐振电容 C_r＝5e-8F。

（6）负载电阻 R＝10Ω，电容 C＝10μF，电感 L＝0.5mH。

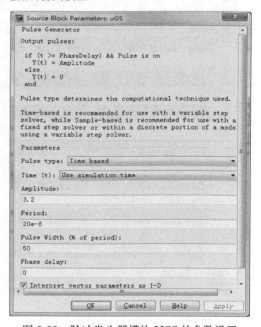

图 8-28　脉冲发生器模块 UGS 的参数设置

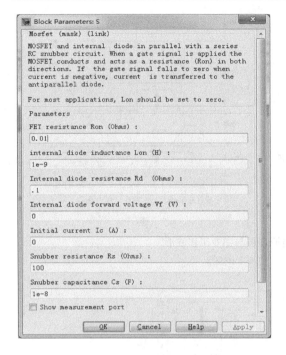

图 8-29　开关管 S 模块的参数设置

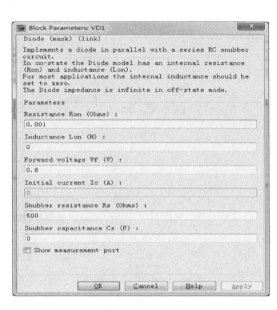

图 8-30　二极管 VD1 模块的参数设置

3．系统仿真和仿真结果分析

（1）系统仿真。选择算法 ode23tb。仿真开始时间设为 0；仿真停止时间设为 0.0003s，误差 1e-4。

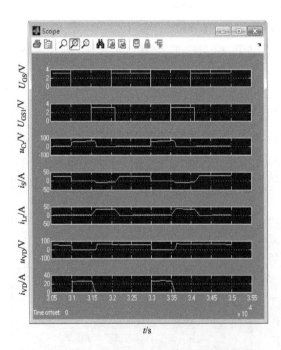

图 8-31　ZVT-PWM 电路的仿真波形

（2）仿真结果。采用"示波器"输出，仿真结果如图 8-31 所示。示波器参数 Time range 6e-5s，Decimation 1，存储数据点数 1500。

图 8-31 从上至下依次为主开关 S 驱动信号 U_{GS}，辅助开关 S1 驱动信号 U_{GS1}，谐振电容上的电压 u_{Cr}，流过主开关 S 的电流 i_S，谐振电感电流 i_{Lr}，二极管 VD1 的电压 u_{VD} 和电流 i_{VD}。

（3）仿真结果分析。由图 8-31 可知，仿真实验波形与图 8-26 的理论分析波形一致。

8.4.2　零电流转换 PWM 变换电路（ZCT-PWM）仿真

1．电气原理图

零电流转换 PWM 变换器电路原理图如图 8-32（a）所示，其主要工作波形如图 8-32（b）所示。

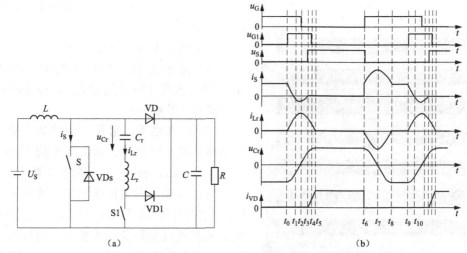

图 8-32 零电流转换 PWM 变换电路原理图与主要工作波形

(a) 电路原理图；(b) 主要工作波形

2. 电路的建模和参数设置

ZCT-PWM 电路的仿真模型如图 8-33 所示。此模型由直流电源 U_i、功率场效应管 S、S1（P-MOSFET）、二极管 VD、谐振电感 L_r 与电容 C_r、脉冲信号发生器、储能电感和负载等元件组合而成，除测量环节外，仿真模型与电气原理图一一对应。

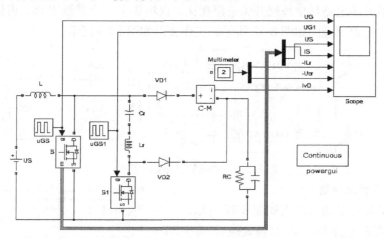

图 8-33 ZCT-PWM 电路的仿真模型

下面介绍仿真模型中模块的参数值

(1) 电压源 U_i 设置为 50V。

(2) 脉冲发生器模块 UGS 的参数设置与 ZVT-PWM 电路中 UGS 的参数相同，UGS1 的参数除了脉冲宽度为 25%，相位延迟 27e-6 外，其他参数与 UGS 的参数相同。

(3) 开关管 S 模块的参数设置与 ZVT-PWM 电路中 S 的参数相同，开关管 S1 模块的参数 $L_{on}=1e-8H$，$R_S=50\Omega$，$C_S=1e-9F$，其他与开关管 S 的参数相同。

(4) 二极管 VD1 模块的参数设置与 ZVT-PWM 电路中 VD1 的参数相同，VD2 模块的参数设置除 $R_S=1000\Omega$ 外，其他参数与二极管 VD1 的参数相同。

(5) 谐振电感 $L_r=34e-7H$，谐振电容 $C_r=95e-8F$。

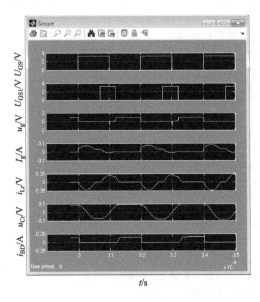

图 8-34　ZCT-PWM 电路的仿真波形

（6）负载电阻 $R=10\Omega$，电容 $C=10\mu F$，电感 $L=510mH$。

3. 系统仿真和仿真结果分析

（1）系统仿真。在对话框中，选择算法 ode23tb。仿真开始时间设为 0；停止时间设为 0.00035s，误差 1e-4。

（2）仿真结果。采用"示波器"输出，仿真结果如图 8-34 所示。示波器参数 Time range 4e-4s，Decimation 1，存储数据点数 1000。

图 8-34 从上至下依次为主开关 S 驱动信号 U_{GS}，辅助开关 S1 驱动信号 U_{GS1}，主开关上的电压 u_S 和流过主开关的电流 i_S，谐振电感电流 i_{Lr}，谐振电容上的电压 u_{Cr}，二极管 VD1 的电流 i_{VD}。

（3）仿真结果分析。由图 8-34 可知，仿真波形与图 8-32 的理论分析波形一致。

8.4.3　移相全桥型零电压开关（ZVS-PWM）电路仿真

1. 电气原理图

移相全桥软开关电路与全桥硬开关电路相比，仅增加了一个谐振电感，可使 4 个开关均为零电压开通，电路原理图如图 8-35 所示，工作波形如图 8-36 所示。

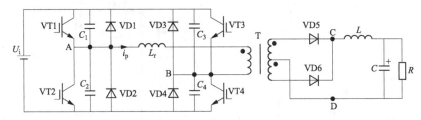

图 8-35　ZVS-PWM 电路原理图

2. 电路的建模和参数

ZVS-PWM 电路的仿真模型如图 8-37 所示。

此模型由直流电源 U_S、功率场效应管 S1～S4（P-MOSFET）、二极管 VD1～VD2、谐振电感 L_r、脉冲信号发生器 1～4、三绕组变压器、储能电感和负载等元件组合而成，除测量环节外，仿真模型与电气原理结构图一一对应。

下面介绍仿真模型中模块的参数值。

（1）电压源 U_S 设置为 50V。

（2）脉冲发生器模块 UG1 的参数设置如图 8-38 所示。而 UG2、UG3、UG3 除了相位分别延迟 25e-6、30e-6s 和 5e-6s 外，其他参数与 UGS 的参数相同。

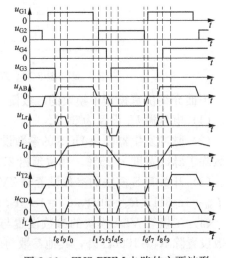

图 8-36　ZVS-PWM 电路的主要波形

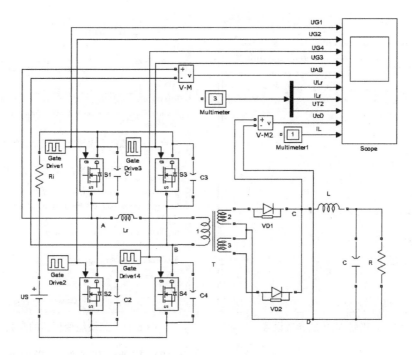

图 8-37　ZVS-PWM 电路的仿真模型

（3）开关管 S1 模块的参数设置如图 8-39 所示，S2～S4 的参数与 S1 的参数相同。

（4）二极管 VD1 模块的参数设置如图 8-40 所示，VD2 的参数设置与 VD1 的参数相同。

（5）三绕组变压器模块的参数设置如图 8-41 所示。

（6）谐振电感 L_r=2e-6H。

（7）负载电阻 R=0.4Ω，电容 C=100μF，电感 L=0.05mH。

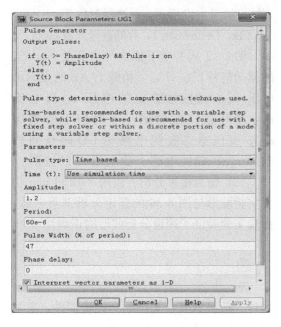

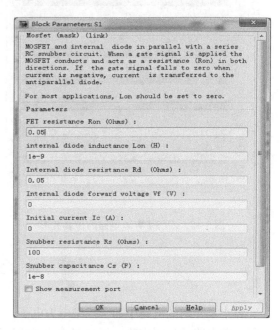

图 8-38　脉冲发生器 UG1 的参数设置　　　　　图 8-39　开关管 S1 的参数设置

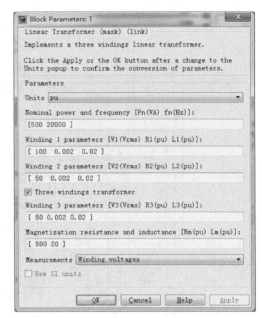

图 8-40　二极管 VD1 的参数设置　　　　图 8-41　三绕组变压器的参数设置

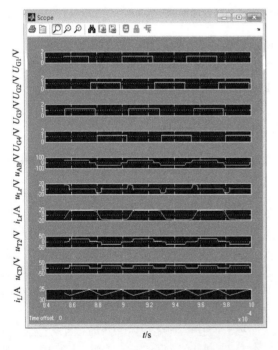

图 8-42　ZVS-PWM 电路的仿真波形

（8）其他。开关管并联电容 C1～C4 取 0.1μF，与电压源串联的小电阻取 0.01Ω。

3. 系统仿真和仿真结果分析

（1）系统仿真。选择算法 ode23tb。仿真开始时间设为 0；停止时间设为 0.001s，误差 1e-3。

（2）仿真结果。采用"示波器"输出，仿真结果如图 8-42 所示。示波器参数 Time range 0.0001s，Decimation 1，存储数据点数 2000。

图 8-42 从上至下依次为主开关 S1～S4 的驱动信号 U_{G1}～U_{G4}，桥臂上 AB 两点间的电压 u_{AB}，谐振电感上的电压 u_{Lr} 和电流 i_{Lr}，变压器二次侧第一个绕组上的电压 u_{T2}，变压器二次侧电路中 CD 两点间的电压 u_{CD}，储能电感上的电流 i_L 的波形。

（3）仿真结果分析。由图 8-42 可知，仿真实验波形与图 8-36 的理论分析波形一致，仿真实验验证了理论分析波形的正确性。

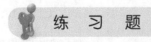
练 习 题

将本章介绍的电路中的全控型电力电子开关器件，改换成其他类型的全控型器件，重复进行这些电路的仿真实验，再与理论分析波形比较。

第三篇 电机与电力拖动系统的仿真技术

9 电机及电力拖动系统的仿真

"电机与拖动基础"是一门理论性和实践性都很强的课程，在学习了电机与拖动系统的理论知识后，必须通过一定的实践才能更清楚地掌握其理论本质。应用 MATLAB 仿真技术对电机与电力拖动系统进行仿真分析，可以加深学生对所学理论的理解，提高其实践动手能力。计算机仿真还是一种低成本的实验手段，近年来获得了广泛应用。

面向电气原理图的电机拖动系统仿真是以拖动系统的电气原理图为基础，按照系统的构成，从 SimPower System 和 Simulink 模型库中找出对应的模块，按系统的结构进行连接，完成建模工作，在此基础上进行参数设置和仿真研究。因此，本章仿真内容的编写将首先简要回顾电机拖动系统的电气原理，然后讨论建模方法并进行建模，在此基础上进行参数设置和仿真分析。

面向电气原理图的电机拖动系统仿真内容包括典型的交直流电机启动、调速和制动，调速方面主要讨论后续课程——交直流调速系统中不涉及的内容。

9.1 电动机模块简介

9.1.1 直流电机模块

SimPower Systems 库中直流电机模块的图标如图 9-1 所示。

直流电机模块有 1 个输入端子、1 个输出端子和 4 个电气连接端子。电气连接端子 F＋和 F－与直流电机励磁绕组相连。A＋和 A－与电机电枢绕组相连。输入端子（TL）是电机负载转矩的输入端。输出端子（m）输出一系列的电机内部信号，它由 4 路信号组成，见表 9-1。通过信号分离（Demux）模块可以将输出端子 m 中的各路信号分离出来。

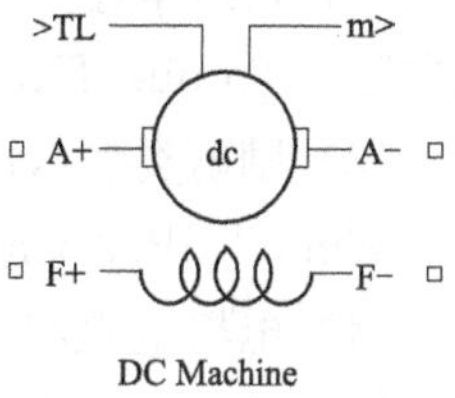

图 9-1 直流电机模块图标

表 9-1	直流电机输出信号		
输出	符号	定义	单位
1	ω_n	电机转速	rad/s
2	I_a	电枢电流	A
3	I_f	励磁电流	A
4	T_e	电磁转矩	N·m

　　直流电机模块是建立在他励直流电机基础上的，可以通过励磁和电枢绕组的并联和串联组成并励或串励电机。直流电机模块可以工作在电动机状态，也可以工作在发电机状态，这完全由电机的转矩方向确定。

　　双击直流电机模块，将弹出该模块的参数对话框，如图 9-2 所示。在该对话框中含有如下参数：

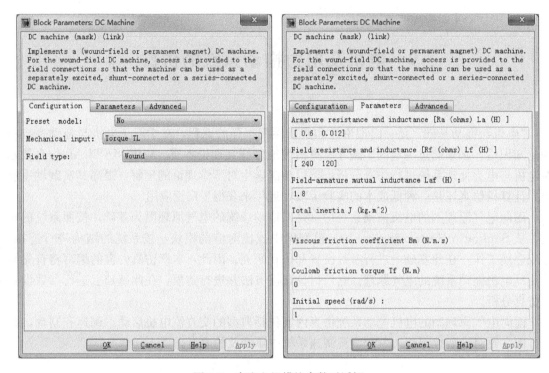

图 9-2　直流电机模块参数对话框

　　（1）预设模型（Preset model）下拉框：选择系统设置的内部模型，电机将自动获取各项参数，如果不想使用系统给定的参数，请选择 No。

　　（2）机械量输入（Mechanical input）复选框：单击该复选框，可以浏览并选择电机的机械参数（Torque TL、Speed ω、Mechanical rotational port）。

　　（3）励磁类型（Field type）复选框：单击该复选框，可以浏览并选择电机磁场励磁的类型（Wound、Permanent magnet）。

　　（4）电枢电阻和电感（Armature resistance and inductance）文本框：电枢电阻 R_a（单位：Ω）和电枢电感 L_a（单位：H）。

　　（5）励磁电阻和电感（Field resistance and inductance）文本框：励磁电阻 R_f（单位：Ω）和励磁电感 L_f（单位：H）。

　　（6）励磁和电枢互感（Field-armature mutual inductance）文本框：互感 L_{af}（单位：H）。

　　（7）转动惯量（Total inertia J）文本框：转动惯量 J（单位：kg·m^2）。

　　（8）粘滞摩擦系数（Viscous friction coefficient）文本框：直流电机的总摩擦系数 B_m（单位：N·m·s.）。

（9）干摩擦转矩（Coulomb friction torque）文本框：直流电机的干摩擦转矩常数 T_f（单位：N・m）。

（10）初始角速度（Initial speed）文本框：指定仿真开始时直流电机的初始速度（单位：rad/s）。

【例 9.1】 一台直流并励电动机，铭牌额定参数为：额定功率 $P_N=17kW$，额定电压 $U_N=220V$，额定电流 $I_N=88.9A$，额定转速 $n_N=3000r/min$，电枢回路总电阻 $R_a=0.087\Omega$，励磁回路总电阻 $R_f=181.5\Omega$。电动机转动惯量 $J=0.76kg・m^2$。试计算参数，并且修改电动机参数设置对话框。

解： 计算电动机参数。励磁电流 I_f 为

$$I_f = \frac{U_N}{R_f} = \frac{220}{185.1} = 1.21(A)$$

励磁电感在恒定磁场控制时可取为零，由于电枢电阻 $R_a=0.087\Omega Q$，则电枢电感估算为

$$L_a = 19.1 \times \frac{CU_N}{2pn_N I_N} = 19.1 \times \frac{0.4 \times 220}{2 \times 1 \times 3000 \times 88.9} = 0.0032(H)$$

式中：p 为极对数；C 为计算系数，补偿电机 $C=0.1$，无补偿电机 $C=0.4$。

因为电动势常数

$$C_e = \frac{U_N - I_N R_a}{n_N} = \frac{220 - 88.9 \times 0.087}{3000} = 0.0708(V・min/r)$$

转矩常数

$$K_E = \frac{60}{2\pi}C_e = \frac{60}{2\pi} \times 0.0708 = 0.676(V・s)$$

所以电枢互感

$$L_{af} = \frac{K_E}{I_f} = \frac{0.676}{1.21} = 0.56(H)$$

额定负载转矩

$$T_L = 9.55 C_e I_N = 9.55 \times 0.0708 \times 88.9$$
$$= 60.1(N・m)$$

双击直流电机模块，设置参数，如图 9-3 所示。

9.1.2　交流电机模块

在 SimPower System 工具箱中有一个电机模块库，模块库中有两个异步电动机模型，一个是标幺值单位制（PU unit）下的异步电动机模型，另一个是国际单位制（SI unit）下的异步电动机模型，本系统采用后者。国际单位制下的异步电动机模型图标如图 9-4 所示。

描述异步电动机模块性能的状态方程包括电气和机械两个部分，电气部分有 5 个状态方程，机械部分有 2 个状态方程。该模块

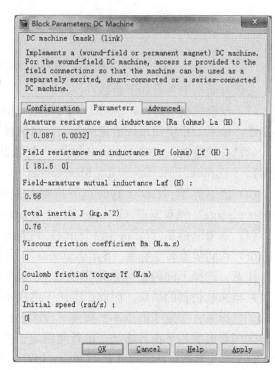

图 9-3　直流电机参数设置

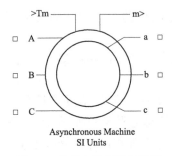

图 9-4　异步电动机模块图标

有 4 个输入端子，4 个输出端子：第 1 个输入端一般接负载，为加到电机轴上的机械负载，该端子可直接接 Simulink 信号；后 3 个输入端子（A，B，C）为电机的定子电压输入端。模块的第 1 个输出端为 m 端子，其返回一系列电机内部信号（共 21 路）；后 3 个输出端子（a，b，c）为转子电压输出，一般短接在一起，或连接其他附加电路。当异步电动机为笼型电机时，电机模块符号将不显示输出端子（a，b，c）。MATLAB R2012a 版本中不再有电机测试信号分路器模块。

异步电动机的参数设置对话框如图 9-5 所示。也可通过电动机模块的参数设置对话框来输入参数。

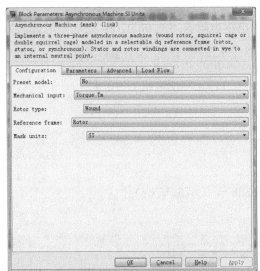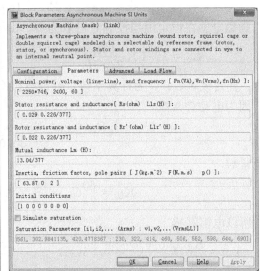

图 9-5　异步电动机参数设置对话框

在该对话框中含有如下参数：

（1）预设模型（Preset model）下拉框：选择系统设置的内部模型，电机将自动获取各项参数，如果不想使用系统给定的参数，请选择 No。

（2）机械量输入（Mechanical input）复选框：单击该复选框，可以浏览并选择电机的机械参数（Torque Tm、Speed ω、Mechanical rotational port）。

（3）绕组类型（Rotor type）下拉框：说明转子的结构，分绕线式（Wound）、笼型（Squirrel-cage）和双笼型（Double Squirrel-cage）三种，此处选笼型（Squirrel-cage）。

（4）参考坐标系（Reference frame）列表框：有定子坐标系（Stationary）、转子坐标系（Rotor）和同步旋转坐标系（Synchronous）。此处选同步旋转坐标系。

注意：选择不同的坐标系将影响 d、q 轴上电压电流的波形，同时也影响仿真的速度，有时甚至影响仿真的结果。因此：①转子电压不平衡或不连续，而定子电压平衡时，推荐使用转子坐标系；②定子电压不平衡或不连续，而转子电压平衡或为零时，推荐使用定子坐标系；③所有电源均平衡且连续，推荐使用定子或同步旋转轴。

（5）额定参数：额定功率 P_N（单位：kW），线电压 U_N（单位：V），频率 f_N（单位：Hz）。

（6）定子电阻 R_s（Stator）（单位：Ω）和定子电感（L_{1s}）（单位：H）。

（7）转子电阻 R_r（Rotor）（单位：Ω）和转子电感（L_{1r}）（单位：H）。

（8）互感（Mutual inductance）L_m（单位：H）。

（9）机械参数（Inertia constant，friction factor and pairs of poles）文本框：对于 SI 异步电动机模块，该项参数包括转动惯量 J（单位：kg·m²）、阻尼系数 F（单位：N·m·s）和极对数 p 三个参数；对于 pu 异步电动机模块，该项参数包括惯性时间常数 H（单位：s）、阻尼系数 F（单位：p.u.）和极对数 p 三个参数。

（10）初始条件（Initial conditions）：初始转差率 s，转子初始角位 th（单位：°），定子电流幅值 i_{as}、i_{bs}、i_{cs}（单位：A 或 p.u.）和相角 $phase_{as}$、$phase_{bs}$、$phase_{cs}$（单位：°）。

【例 9.2】 一台三相四极鼠笼型转子异步电动机，额定功率 $P_N=10\text{kW}$，额定电压 $U_{1N}=380\text{V}$，额定转速 $n_N=1455\text{r/min}$，额定频率 $f_N=50\text{Hz}$。已知定子每相电阻 $R_s=0.458\Omega$，漏抗 $X_{ls}=0.81\Omega$，转子每相电阻 $R'_r=0.349\Omega$，漏抗 $X'_{1r}=1.467\Omega$，励磁电抗 $X_m=27.53\Omega$。计算电动机参数对话框中的参数。

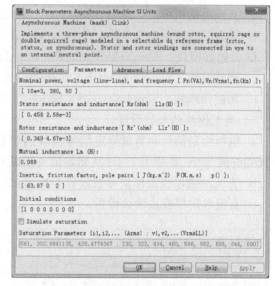

解：（1）额定功率 $P_N=10\text{kW}$；额定电压 $U_{1N}=380\text{V}$；额定频率 $f_N=50\text{Hz}$。

（2）定子每相电阻 $R_s=0.458\Omega$；定子每相电感 $L_{1S}=X_{ls}/(2\pi sf_N)=0.81/314=2.58e-3\text{H}$。

（3）转子每相电阻 $R'_r=0.349\Omega$；转子每相电感 $L'_{1r}=X'_{1r}/(2\pi f_N)=1.467/314=4.67e-3\text{H}$。

（4）励磁电抗 $X_m=27.53\Omega$，则互感 $L_m=27.53/314=0.088\text{H}$。

其他参数为默认值。将上述计算结果输入后，电动机参数设置对话框如图 9-6 所示。

图 9-6　[例 9.2] 异步电动机参数设置对话框

9.2　直流电动机拖动系统仿真

9.2.1　直流电动机拖动系统启动仿真

1. 他励式直流电动机的直接启动仿真

（1）电气原理图。将额定电压直接加至电动机电枢两端进行启动。直接启动存在的问题是启动电流大。

（2）系统建模从电气原理分析可知，该系统由直流电源、直流电动机等部分组成。图 9-7 是采用面向电气原理结构图方法搭建的他励直流电机直接启动系统的仿真模型。下面介绍各部分建模与参数设置过程。

1）模型中使用的主要模块、提取途径和作用。

a. 阶跃信号模块：Simulink\Source\Step，作为电枢给定信号和负载给定信号。

b. 受控电压源模块：SimPowerSystems\Electrical sources\Controlled Voltage Source，作为电枢电源。

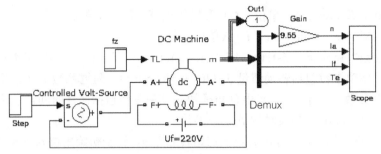

图 9-7　他励直流电动机直接启动系统的仿真模型

c. 直流电压源模块：SimPower Systems\Electrical sources\DC Voltage Source，作为励磁电源。

d. 直流电动机模块：SimPower Systems\Machines\DC Machine，被控对象。

e. 输出端口模块：Simulink\Sinks\Out1，将数据输出到工作空间。

f. 分路器模块：Simulink\Signal Routing\Demux，将一路信号转换成多路信号。

g. 增益模块：Simulink\Math Operation\Gain，将角速度转换成 rpm\min。

h. 示波器模块：Simulink\Sinks\Scope。

2）典型模块的参数设置。

a. 电枢给定信号和负载给定信号模块的参数设置。电枢给定信号 step 在 2s 从初始值 0 阶跃到终值 220；负载 fz 在 5s 从初始值 0 阶跃到终值 100。

b. 直流励磁电压源模块参数设置为直流 220V。

c. 直流电动机模块参数设置。

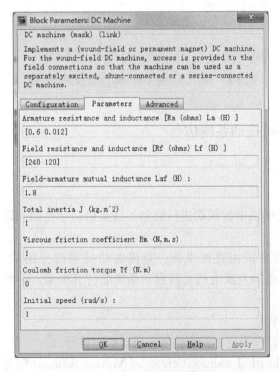

图 9-8　直流电动机的参数设置

直流电动机模块的励磁绕组"F＋—F—"接直流恒定励磁电源模块，电压参数设置为 220V；电枢绕组"A＋—A—"接受控电压源；电动机经 TL 端口接转矩负载，直流电动机的输出参数有转速 n、电枢电流 I_a、励磁电流 I_f、电磁转矩 T_e，分别通过"示波器"模块观察仿真输出和用"out1"模块将仿真输出信息返回到 MATLAB 命令窗口，再用绘图命令 plot（tout，yout）在 MATLAB 命令窗口里绘制出输出图形。

电动机的参数设置可按下述步骤进行：双击直流电动机图标，打开直流电动机的参数设置对话框，进行参数设置，如图 9-8 所示。

d. 分路器模块参数设置。将一路信号 m 转换成转速 n、电枢电流 I_a、励磁电流 I_f、电磁转矩 T_e 等 4 路信号输出。分路器模块参数设置如图 9-9 所示。

e. 增益模块参数设置。

将角速度 ω_n（rad/s）转换成 n（rpm/

min)，转换系数 $30/\pi = 9.55$，即增益为
9.55 的放大器。

f. 示波器模块参数设置：示波器模块的
参数设置为 4 坐标轴。

（3）系统的仿真参数设置。仿真算法选
择为 ode23t，仿真 Start time 设为 0；Stop
time 设置为 8s。

如果用 out1 模块将仿真输出信息返回
到 MATLAB 命令窗口，再用绘图命令 plot
（tout，yout）在 MATLAB 命令窗口里绘制
图形，观察仿真输出，则图 9-10 中的 Limit
data points to last 的值要设大一点，否则 Figure 输出的图形会不完整。

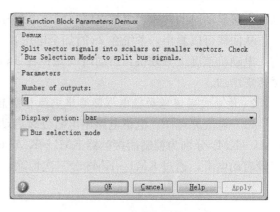

图 9-9　分路器模块参数设置

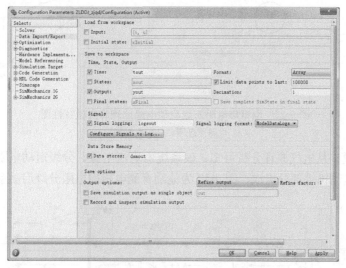

图 9-10　采用 out1 模块输出仿真结果时 Limit data points to last 的设置

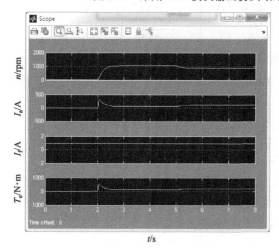

图 9-11　直流电动机直接启动时的转速、电枢
电流、励磁电流和电磁转矩曲线

如果通过"示波器"模块观察仿真输
出，同样示波器图中的 Limit data points to
last 值也要设大一点。

（4）系统仿真和仿真结果。当建模和参
数设置完成后，即可开始进行仿真。在
MATLAB 的模型窗口打开 Simulation 菜单，
单击 Start 命令后，系统开始进行仿真，仿
真结束后可输出仿真结果。

根据图 9-7 所示模型，系统有两种输出
方式。当采用"示波器"模块观察仿真输出
结果时，只要在系统模型图上双击"示波
器"图标即可。

图 9-11 中从上至下分别显示的是直流电

动机直接启动时的转速、电枢电流、励磁电流和电磁转矩曲线。

从曲线可以看出，系统在 2s 时加全电压，直流电动机直接启动，启动电流达到 300A 左右，电动机速度上升较快，启动时间短；在 5s 时刻，加入负载，电动机速度有所下降，电磁转矩增加。

2. 他励式直流电动机电枢回路串电阻分级启动仿真

（1）电气原理图。电枢电路串电阻分级启动电路原理图和机械特性如图 9-12 所示。图中 KM1～KM3 分别为控制用接触器 KM1～KM3 的主触点，R_{st1}、R_{st2}、R_{st3} 为电枢回路串入的三段启动电阻，通过 KM1～KM3 分三次切除，称为三级启动。

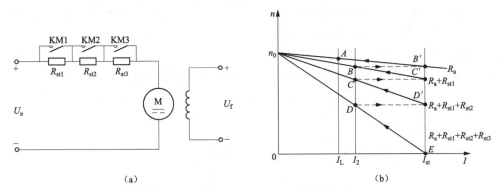

图 9-12   电枢串电阻三级启动电路原理和机械特性图

(a) 电路原理图；(b) 机械特性

（2）电路建模。从电气原理分析可知，该系统由直流电源、分级启动电阻、切除启动电阻的接触器、直流电动机等部分组成。图 9-13 为他励直流电机串电阻分级启动系统的仿真模型。

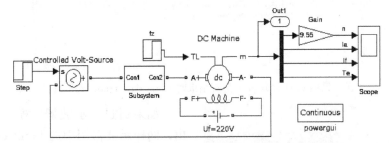

图 9-13   他励直流电动机串电阻分级启动系统的仿真模型

与他励直流电动机直接启动系统的仿真模型相比较，该系统主要是增加了启动电阻分级切除子系统 Subsystem，其仿真模型如图 9-14 所示。

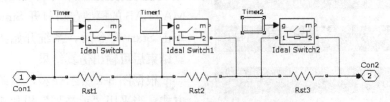

图 9-14   启动电阻分级切除子系统仿真模型

1）Subsystem 子系统中使用的主要模块、提取途径和作用。

a. 定时器模块：SimPower Systems\Extra Library\Control Blocks\Timer，作为分级切

除启动电阻的时间控制器。

　　b. 理想开关模块：SimPower Systems\Power Electronics\Ideal Switch，可用作为切除启动电阻的断路器使用。

　　c. 连接端口模块：SimPower Systems\Elementes\Connection Port，作为子系统的连接端口。

　　d. 电阻模块：SimPower Systems\Elementes\Series RLC Branch，作为启动电阻。

　　2）典型模块的参数设置。

　　a. 电枢给定信号模块的参数设置：电枢给定信号 step 在 0s 从初始值 0 阶跃到终值 220。

　　b. 负载给定信号模块的参数设置：负载 fz 在 0s 从初始值 0 阶跃到终值 50。

　　c. 定时器模块参数设置。定时器 Timer 参数设置对话框和参数设置如图 9-15 所示，在 0s 时刻控制相应开关接通；Timer1 和 Timer2 分别在 2s 和 4s 接通。

　　d. 理想开关模块参数设置。其参数设置对话框和参数设置如图 9-16 所示，为默认值。

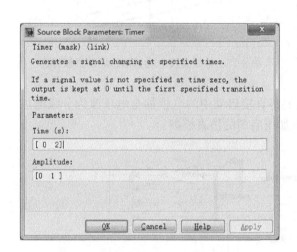

图 9-15　定时器 Timer 模块参数设置　　　　图 9-16　理想开关模块参数设置

　　e. 启动电阻模块参数设置。参数分别设置为 $R_{st1} = 0.5\Omega$、$R_{st2} = 0.5\Omega$、$R_{st3} = 0.25\Omega$。其他与直接启动相同。

　　（3）系统仿真和仿真结果。当建模和参数设置完成后，即可开始进行仿真。在 MAT-LAB 的模型窗口打开 Simulation 菜单，单击 Start 命令后，系统开始进行仿真，仿真结束后可输出仿真结果。

　　采用"示波器"模块观察仿真输出结果。图 9-17 中从上至下分别显示的为直流电动机串电阻启动时的转速、电枢电流、励磁电流和电磁转矩曲线。

　　从图 9-17 可以看出，第一级启动时，电流由 0A 突增到 120A，转速逐渐上升，电流慢慢减小，加速度变小。为了得到较大的加速度，在 2s 时刻切除电阻 R_{st1}，在切除电阻瞬间，由于机械惯性，转速来不及变化，电动势也保持不变，因而电枢电流突然增大，转矩也按比例增加。随着转速的增大，电枢电流减小。在 4s 时再切除第二段电阻，在 6s 时切除第三段电阻，其过程同第一级。这样逐级切除电阻，直至加速到稳态运行点，使电动机稳定运行，整个启动过程结束。

与直流电动机直接启动相比较，启动电流下降了不少。

3. 他励直流电动机电枢回路逐步加压启动仿真

（1）电气原理。直流电动机全压启动时启动电流大，为此可采用电枢逐步加电压的方法启动。他励直流电动机电枢加压启动的机械特性如图 9-18 所示。

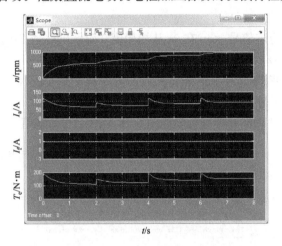

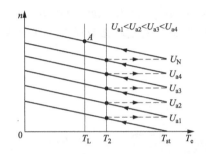

图 9-17   直流电动机串电阻启动时的转速、   图 9-18   他励直流电动机加压启动机械特性
电枢电流、励磁电流和电磁转矩曲线

（2）电路建模。从电气原理分析可知，只要将直接启动中的电枢加全电压改为分级增加电枢电压。图 9-19 为他励直流电动机电枢回路加压启动的仿真模型。

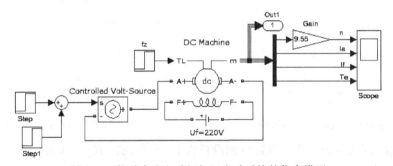

图 9-19   他励直流电动机加压启动系统的仿真模型

与他励直流电动机直接启动系统的仿真模型相比较，主要是将系统的输入给定信号进行了组合，如图 9-9 左端所示。本系统没有增加新的模块。

电枢给定信号模块的参数设置：Step 的参数为初始值 100，在 2s 时刻从 100 跳变到 160；Step1 初始值 0，在 4s 时刻从 0 跳变到 60；两者组合的电枢给定信号是：初始值为 100，2s 时从 100 跳变到 160，4s 时从 160 跳变到 220。

其他参数设置与上系统相同。

（3）系统仿真和仿真结果。当建模和参数设置完成后，在 MATLAB 的模型窗口打开 Simulation 菜单，单击 Start 命令后，系统开始进行仿真，仿真结束后可输出仿真结果。

图 9-20 中从上至下显示的分别是直流电机降压启动时的转速、电枢电流、励磁电流和电

磁转矩曲线。

从图 9-20 可以看出,当增加电枢电压时,由于机械惯性,转速保持不变,电枢电流急剧增大,随着转速的上升,反电动势增大,在电枢电压不变的时候,电枢电流减小;电枢电压逐级上升,转速也随之逐步上升,这样,启动电流和启动转矩都能得到很好的限制。由图 9-20 也可以看出,电枢电流与电磁转矩成一定的比例,这与公式 $T_{e} = C_{T}\Phi I_{a}$ 是相符合的。

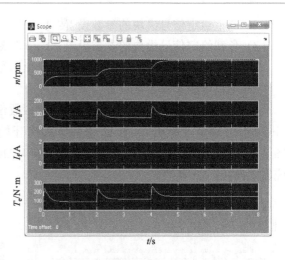

图 9-20　直流电动机降压启动时的转速、电枢电流、励磁电流和电磁转矩曲线

9.2.2　直流电动机拖动系统调速仿真

本节介绍的调速方法都是有级调速,利用现代电力电子技术实现的无级调速方法将在后续交直流调速系统课程中介绍。

1. 他励直流电动机电枢回路串电阻调速仿真

(1) 电气原理图。电枢回路串电阻调速电路原理图和机械特性如图 9-21 所示。

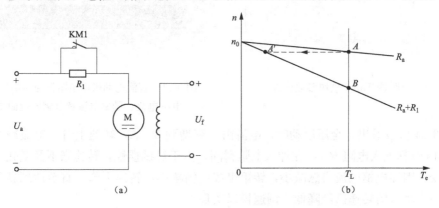

图 9-21　他励直流电动机电枢串电阻调速电路原理图和机械特性

(a) 电路原理图;(b) 机械特性

(2) 电路建模。从电气原理分析可知,该系统由直流电源、调速电阻、切除电阻的接触器、直流电动机等部分组成。启动时刻,开关闭合,调速电阻被切除;需要调速时,开关打开,调速电阻被串入电枢回路,实现减速。图 9-22 为他励直流电动机串电阻调速系统的仿真模型。

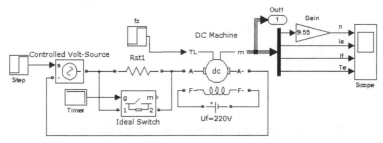

图 9-22　他励直流电动机串电阻调速系统的仿真模型

1) 电枢给定信号模块的参数设置：$t=0$ 时刻，电压从 0 阶跃到 220V。

2) 负载给定信号模块的参数设置：$t=0$ 时刻，负载从 0 阶跃到 50。

3) 定时器模块参数设置。定时器 Timer 参数设置对话框和参数设置如图 9-23 所示。

4) 电枢电阻模块参数设置：$R_{st1}=3\Omega$。

(3) 系统仿真和仿真结果。当建模和参数设置完成后，在 MATLAB 的模型窗口打开 Simulation 菜单，单击 Start 命令后，系统开始进行仿真，仿真结束后可输出仿真结果。图 9-24 中从上至下显示的分别是直流电机串电阻调速时的转速、电枢电流、励磁电流和电磁转矩曲线。

图 9-23　定时器 Timer 模块参数设置

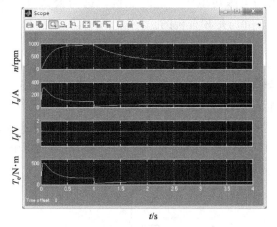

图 9-24　直流电动机串电阻调速时的转速、
电枢电流、励磁电流和电磁转矩曲线

从图 9-24 可以看出，全压启动时，电流由 0 突增到 300A，转速上升，电流减小，直至稳定。在 1s 时刻加入电阻 R_{st1}，在加入电阻瞬间，由于机械惯性，转速来不及变化，电动势也保持不变，因而电枢电流突然减小，转矩也按比例减小，转速下降，直至达到新的稳定转速。这时，电动机的转速已经降低，调速得以实现。

2. 他励直流电动机变磁通调速仿真

(1) 电气原理图。保持电枢电压额定，调节励磁电流使磁场减小，亦即减弱磁通，从而调节转速。变磁通调速电路原理图和机械特性如图 9-25 所示。

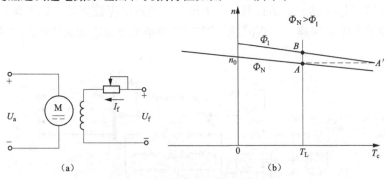

图 9-25　他励直流电动机变磁通调速电路原理图和机械特性

(a) 电路原理图；(b) 机械特性

（2）电路建模。从电气原理分析可知，该系统由直流电源、励磁调节电阻、切除电阻的接触器、直流电动机等部分组成。启动时刻，开关闭合，调速电阻被切除；需要调速时，开关打开，调速电阻被串入励磁回路，实现弱磁升速。图 9-26 为他励直流电动机变磁通调速系统的仿真模型。

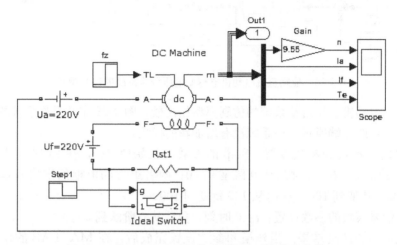

图 9-26　他励直流电动机变磁通调速系统的仿真模型

1）控制理想开关的阶跃给定信号模块的参数设置：$t=2$s 时刻，输出从 1 阶跃到 0，将开关从闭合转换到打开，励磁调节电阻加入。

2）负载给定信号模块的参数设置：$t=0$ 时刻，负载从 0 阶跃到 50。

3）励磁调节电阻模块参数设置：$R_{st1}=125\Omega$。

（3）系统仿真和仿真结果。当建模和参数设置完成后，在 MATLAB 的模型窗口打开 Simulation 菜单，单击 Start 命令后，系统开始进行仿真，仿真结束后可输出仿真结果。图 9-27 从上至下显示的分别是直流电动机变磁通调速时的转速、电枢电流、励磁电流和电磁转矩曲线。

从图 9-27 可以看出，启动时励磁电流为额定值，转速上升，电枢电流减小，直至转速稳定。在 2s 时刻加入励磁调节电阻 R_{st1} 后，励磁电流减小，转速上升，超过原来的稳态转速，调速得以实现。

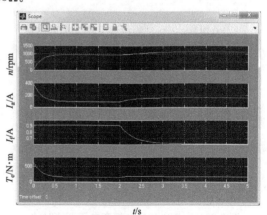

图 9-27　直流电动机变磁通调速时的转速、电枢电流、励磁电流和电磁转矩曲线

3. 他励直流电动机电枢变电压调速仿真

（1）电气原理图。升压启动是电枢电压随着转速的升高逐级加大。电枢变电压调速与之类似，是电枢电压从额定转速对应的额定电压逐级减小，从而调节转速，其机械特性类似于图 9-18。

（2）电路建模。图 9-28 为他励直流电动机电枢变电压调速系统的仿真模型。

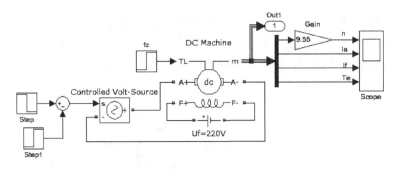

图 9-28　他励直流电动机电枢变电压调速系统的仿真模型

与他励直流电动机直接启动系统的仿真模型相比较，图 9-28 主要是将系统的输入给定信号进行了组合，见图左端所示。该系统没有增加新的模块。

电枢给定信号模块的参数设置：Step 的参数为初始值 220，在 2s 时刻从 220 跳变到 160；Step1 初始值 0，在 4s 时刻从 0 跳变到 60；两者组合的电枢给定信号是：初始值为 220，2s 时从 220 跳变到 160，4s 时从 160 跳变到 100。

负载给定信号模块的参数设置：$t=0$ 时刻，负载从 0 阶跃到 50。

（3）系统仿真和仿真结果。当建模和参数设置完成后，在 MATLAB 的模型窗口打开 Simulation 菜单，单击 Start 命令后，系统开始进行仿真，仿真结束后可输出仿真结果。图 9-29 中从上至下显示的分别是直流电动机变电压调速时的转速、电枢电流、励磁电流和电磁转矩曲线。

从图 9-29 可以看出，全压启动时，稳态转速较高；在 2s 时刻减小电枢电压，稳态转速

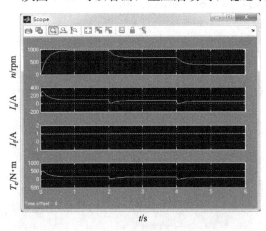

图 9-29　直流电动机电枢变电压调速时的
转速、电枢电流、励磁电流和电磁转矩曲线

减小；4s 时刻继续减小电枢电压，稳态转速进一步减小。调速得以实现。

9.2.3　直流电动机拖动系统制动仿真

制动运转状态的特点是电磁转矩 T_e 与转速 n 的方向相反。此时，电动机吸收机械能并转化为电能。其目的是使电力拖动系统停车，有时也为了使拖动系统的转速降低。对于位能性负载的工作机构，用制动可获得稳定的下降速度。

1. 他励直流电动机能耗制动仿真

（1）电气原理图。他励直流电动机能耗制动电路原理图和机械特性如图 9-30 （a）、（b）所示。

他励直流电动机拖动反抗性恒转矩负载 T_L 原工作于正向电动运行状态，如图 9-30 （b）中的 A 点，现将接触器 KM 断电，使电枢从电源 U_a 上断开，同时串入能耗制动电阻 R_{eb}，能耗制动开始。在切换瞬间，由于转速 n 不能突变，使电动机的工作点从 $A \rightarrow B$。这时，由于 $U_a=0$，电枢回路在反电动势作用下产生的电枢电流改变方向，电动机的电磁转矩随之改变方向，即 T_B 与 T_L 同方向。这样，在 T_B 与 T_L 的共同作用下，系统沿特性 $B0$ 减速。随着转速下降，反电动势不断减小，电枢电流和电磁转矩相应减小，直到 0 点，电动机停止转

动，能耗制动结束。

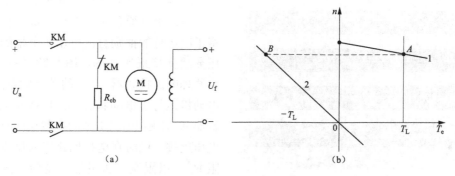

图 9-30 他励直流电动机能耗制动电路原理图和机械特性
(a) 电路原理图；(b) 机械特性

（2）电路建模。从电气原理分析可知，该系统由直流电源、能耗制动电阻、切除启动电阻的接触器、直流电动机等部分组成。图 9-31 为他励直流电动机能耗制动系统的仿真模型。

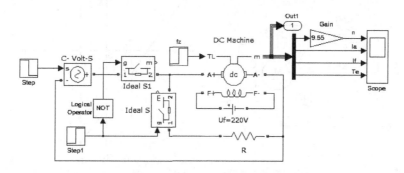

图 9-31 他励直流电动机能耗制动系统的仿真模型

1）该仿真模型相中增加一个逻辑控制模块 NOT。它的提取途径是 Simulink\Logic and Bit Operations\Logical Operator；

2）电枢给定信号模块 Step 的参数设置：初始值 220，在 2s 时刻从 220 跳变到 0；

3）理想开关的控制信号 Step1 初始值 0，在 2s 时刻从 0 跳变到 1；打开开关 S1，同时闭合开关 S，将能耗制动电阻 R 接入电枢回路。

4）负载给定信号模块的参数设置：$t=0$ 时刻，负载从 0 阶跃到 10。

5）能耗制动电阻：$R=1\Omega$。

（3）系统仿真和仿真结果。在 MATLAB 的模型窗口打开 Simulation 菜单，单击 Start 命令后，系统开始进行仿真，仿真结束后可输出仿真结果。图 9-32 中从上至下显示的分别是直流电动机能耗制动时的转速、电枢电流、励磁电流和电磁转矩曲线。

从图 9-32 可以看出，电动机原工作于正向电动运行状态，转速为正，在 $t=2s$ 时刻，切除电枢电压，同时串入能耗制动电阻，能耗制动开始。在切换瞬间，由于转速不能突变，电枢电路在反电动势作用下产生的电枢电流改变方向，电动机的电磁转矩随之改变方向。随着转速下降，反电动势不断减小，电枢电流和电磁转矩（绝对值）相应减小，电动机停止转动，能耗制动结束，该方法可以使电机准确停车。可见，在能耗制动阶段转速为正，而电磁

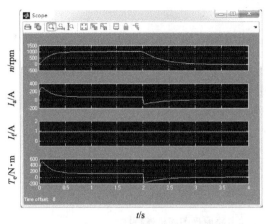

图 9-32 直流电动机能耗制动时的转速、
电枢电流、励磁电流和电磁转矩曲线

转矩为负，符合制动特征。

2. 他励直流电动机电枢电源反接制动仿真

（1）电气原理图。电枢电源反接制动是将正向运行的他励直流电动机电枢的电源电压突然反接来实现的，图 9-33（a）为其电路原理图。接触器 KM1 的动合触点闭合时，电动机运行于电动状态；当反接制动时，接触器 KM1 断开，KM2 动合触点闭合，电枢电压反接，同时在电枢回路串入反接制动电阻 R_{rb}，以限制过大的制动电流，这时电动机进入反接制动过程。其机械特性如图 9-33（b）所示。

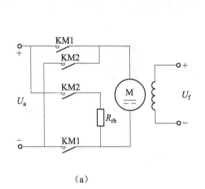

（a）

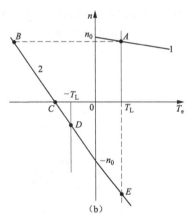

（b）

图 9-33 他励直流电动机电枢电源反接制动电路原理图和机械特性
（a）电路原理图；（b）机械特性

（2）电路建模。根据图 9-33，可得到他励直流电动机反接制动系统的仿真模型，如图 9-34 所示。

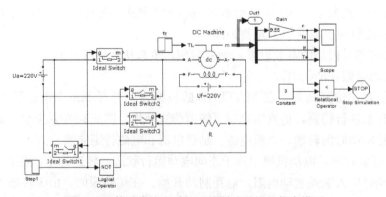

图 9-34 他励直流电动机反接制动系统的仿真模型

该仿真模型中新增的模块和提取途径如下：

1）常量输入模块：Simulink\Sources\Constant。

2）比较运算模块：Simulink\Commonly Used Blocks\Relational Operator。

3）停止仿真模块：Simulink\Sinks\Stop Simulation。该部分仿真模块的功能是在转速制动到零时刻，使仿真停止，不让电动机在反向启动。

有关模块的参数设置如下：

1）理想开关的控制信号 Step1 初始值 0，在 1s 时刻从 1 跳变到 0。控制理想开关将电源反接，同时将反接制动电阻 R 接入电枢回路。

2）负载给定信号模块的参数设置：$t=0$ 时刻，负载从 0 阶跃到 10。

3）反接制动电阻：$R=2\Omega$。

（3）系统仿真和仿真结果。在 MATLAB 的模型窗口打开 Simulation 菜单，单击 Start 命令后，系统开始进行仿真，仿真结束后可输出仿真结果。图 9-35 中从上至下显示的分别是直流电动机反接制动时的转速、电枢电流、励磁电流和电磁转矩曲线。

从图 8-35 可以看出，电动机原工作于正向电动运行状态，转速为正，在 $t=1s$ 时刻，将电枢正电压转换成负电压，同时串入反接制动电阻，制动开始。电枢电流和电磁转矩随改变方向。随着转速下降，反电动势不断减小，电枢电流和电磁转矩（绝对值）相应减小，直至电机停止转动，反接制动结束。由于仿真模型中设置了"转速为零停止仿真"的控制环节，该环节可以使电机准确停车，否则电动机将反向启动。在反接制动阶段转速为正，而电磁转矩为负，也符合制动特征。

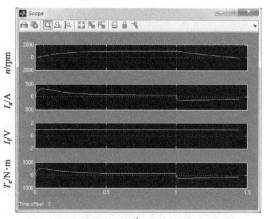

图 9-35　直流电动机反接制动时的转速、电枢电流、励磁电流和电磁转矩曲线

3. 他励直流电动机负载倒拉反接制动仿真

（1）电气原理图。他励直流电动机拖动位能性负载时，若在电枢回路串入大电阻，导致电磁转矩小于负载转矩，电动机将被制动减速，并被负载反拖进入第四象限运行，如图 9-36 所示。这种制动方式被称为倒拉反接制动。

设电动机带位能性恒转矩负载（如起重机提升重物）工作在正向电动状态，如图 9-36（b）中固有特性上的 A 点，以转速 n_A 稳定提升重物。现将接触器 KM 的触点断开，在电枢回路串入反接制动电阻 R_{rb}，得到机械特性 2。由于机械惯性，转速不能突变，电动机的工作点从 $A \rightarrow B$，此时电磁转矩 $T_B < T_L$，电动机沿特性 BC 开始减速，到 C 点时 $n=0$，电动机停止提升。但此时 $T_C < T_L$，在位能负载 T_L 的拖动下，电动机进入第四象限，沿特性 CD 反向加速，直到 D 点，电磁转矩 T_e 与负载转矩 T_L 相等，电动机以转速 n_D 匀速下放重物。此时，T_L 为拖动性转矩，与 n 方向相同；电磁转矩 T_e 与 n 方向相反，故为制动转矩，所以电动机处于制动运行状态。

（2）电路建模。根据电气原理分析，可得到他励直流电动机负载倒拉反接制动系统的仿真模型，如图 9-37 所示。

有关模块的参数设置如下：

1）电枢给定信号模块的参数设置：Step 初始值 1，在 3s 时刻从 1 跳变到 0。控制理想

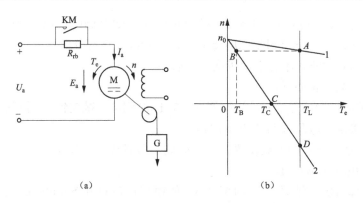

图 9-36   他励直流电动机负载倒拉反转制动电路原理图和机械特性

(a) 电路原理图；(b) 机械特性

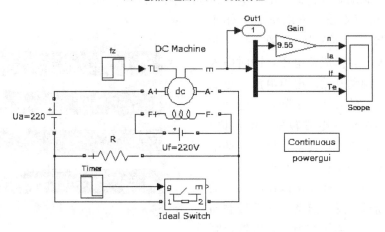

图 9-37   他励直流电动机负载倒拉反接制动系统的仿真模型

开关从闭合状态转换为断开状态，在电枢回路串入大电阻，进入倒拉反接制动状态。

2）负载给定信号模块的参数设置：$t=3s$ 时刻，负载从 0 阶跃到 200（大负载）。

3）电枢回路电阻 $R=5\Omega$。

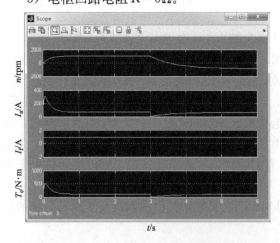

图 9-38   直流电机倒拉反接制动时的转速、
电枢电流、励磁电流和电磁转矩曲线

（3）系统仿真和仿真结果。在 MAT-LAB 的模型窗口打开 Simulation 菜单，单击 Start 命令后，系统开始进行仿真，仿真结束后可输出仿真结果。图 9-38 中从上至下显示的分别是直流电机倒拉反接制动时的转速、电枢电流、励磁电流和电磁转矩曲线。

从图 9-38 可以看出，电动机原工作于正向电动运行状态，转速为正，在 $t=3s$ 时刻，将电枢回路串入大电阻，使机械特性变得较软，同时接入大负载，使电动机工作在倒拉反接制动状态。在倒拉反接制动阶段转速为负，而电磁转矩为正，同样符合制动特征，如图中 $t=3.5\sim6s$ 阶段的波形。

4. 他励直流电动机回馈制动仿真

电动状态下运行的电动机，在某种条件下会出现运行转速 n 高于理想空载转速 n_0 的情况，此时电机反电动势大于电枢电压，电枢电流 I_a 反向，电磁转矩 T_e 方向也随之改变，由拖动性转矩变成制动性转矩，即 T_e 与 n 方向相反。回馈制动时的机械特性方程式与电动状态时相同，只是运行在特性曲线上不同的区段而已。正向回馈制动时的机械特性位于第二象限，反向回馈制动时的机械特性位于第四象限。

（1）正向回馈制动仿真。

1）电气原理图。在调压调速系统中，电压降低的幅度稍大时，会出现电动机经过第二象限的减速过程。如图 9-39 所示，设电动机带反抗性恒转矩负载原工作在固有机械特性的 A 点上，当电压突然降为 U_1 的瞬间，转速来不及变化，反电动势不变，电动机的运行点从 $A \rightarrow B$，此时 $n_B > n_{01}$，$E_{AB} >$ U_1，电枢电流 I_a 与电磁转矩 T_e 变成负值，而 n 为正，即 T_e 与 n 反方向为制动转矩。在 T_e 和 T_L 的共同作用下，转速沿特性 BC 迅速下降，到 $n = n_{01}$、$T_e = 0$ 时，制动过程结束。因为进入第一象限正向电动状态后，仍有 $T_L > T_e$ 的关系，系统在电动状态下沿特性 CD 继续减速，直到 D 点时 $T_e = T_L$，电动机以较低的转速 n_D 稳定运行。正向回馈制动过程仅仅是降速过程中的一个阶段。在降压调速过程中，只要是

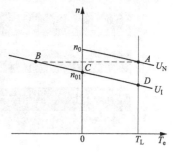

图 9-39 正向回馈制动机械特性

降压前的稳态转速大于降压后的理想空载转速，而且电源允许电枢电流反向，则在降速过程中，电动机就要经过正向回馈制动过程和正向电动状态减速两个阶段。

2）电路建模。根据电气原理分析，可得到他励直流电动机正向回馈制动系统的仿真模型，如图 9-40 所示。

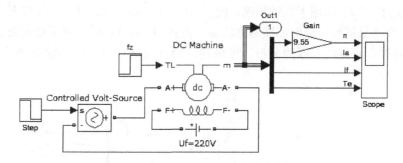

图 9-40 他励直流电动机正向回馈制动系统的仿真模型

该仿真模型实质上就是一个调压调速系统。有关模块的参数设置如下：

a. 电枢给定信号模块的参数设置：Step 初始值 220，在 1.5s 时刻从 220 跳变到 110，下降幅度较大，出现正向回馈制动运行状态。

b. 负载给定信号模块的参数设置：$t = 0$ 时刻，负载从 0 阶跃到 10。

c. 系统仿真和仿真结果。

在 MATLAB 的模型窗口打开 Simulation 菜单，单击 Start 命令后，系统开始进行仿真，仿真结束后可输出仿真结果。图 9-41 从上至下显示的分别是直流电机正向回馈制动时的转速、电枢电流、励磁电流和电磁转矩曲线。

从图 9-41 可以看出，电动机原工作于正向电动运行状态，转速为正，在 $t=1.5\text{s}$ 时刻，将电枢正电压下降一半，这时出现正向回馈制动状态。电枢电流和电磁转矩改变方向。在回馈制动阶段转速为正，而电磁转矩为负，符合制动特征。如图中 $t=1.5\sim1.7\text{s}$ 阶段的波形。

（2）反向回馈制动仿真。

1）电气原理图。他励直流电动机反向回馈制动机械特性如图 9-42 所示。

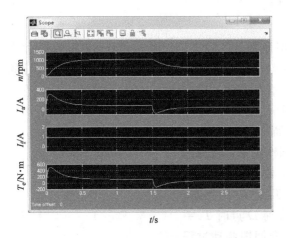

图 9-41　直流电机正向回馈制动时的转速、
电枢电流、励磁电流和电磁转矩曲线

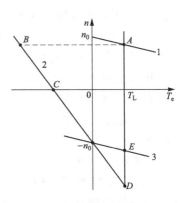

图 9-42　反向回馈制动机械特性

电动机原工作在 A 点，以 n_A 提升重物。现将电源反接，同时串入大电阻，进行反接制动。工作点由 $A{\rightarrow}B{\rightarrow}C$，在 C 点 $n=0$，停止提升重物。此时如果不及时切除电源，那么电动机就会在电磁转矩 T_e 和负载转矩 T_L 的共同作用下反向启动，经反向电动状态到 $n=-n_0$、$T_e=0$ 后，电动机在 T_L 作用下继续加速，使 $|-n|>|-n_0|$，$E_a>U_N$，I_a 与 E_a 同方向，进入第四象限，电动机运行于反向回馈制动状态，直到 D 点，以 n_D 转速下放重物。

2）电路建模。根据电气原理分析，可得到他励直流电动机反向回馈制动系统的仿真模型，如图 9-43 所示。

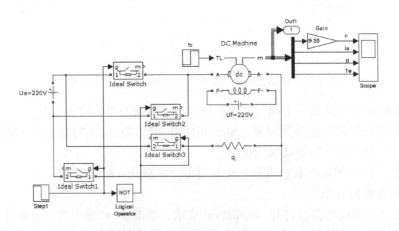

图 9-43　他励直流电动机反向回馈制动系统的仿真模型

该仿真模型实质上是一个反接制动系统。有关模块的参数设置如下：

a. 理想开关控制信号模块的参数设置：Step1 初始值 1，在 2s 时刻从 1 跳变到 0。控制理想开关将电枢正电源切除，同时将负电源和制动电阻接入。

b. 负载给定模块的参数设置：$t=0$ 时刻，负载从 0 阶跃到 250。

c. 电枢回路电阻 $R=1\Omega$。

3）系统仿真和仿真结果

在 MATLAB 的模型窗口打开 Simulation 菜单，单击 Start 命令后，系统开始进行仿真，仿真结束后可输出仿真结果。图 9-44 中从上至下显示的分别是直流电机反向回馈制动时的转速、电枢电流、励磁电流和电磁转矩曲线。

从图 9-44 可以看出，电动机原工作于正向电动运行状态，转速为正，在 $t=2$s 时刻，将电枢正电压变为负，并串入制动电阻。这时，电动机工作在图 8-42 机械特性的 BC 段，对应于图 9-44 的 $t=2\sim2.15$s 段，电动机转速为正，电磁转矩为负，属于反接制动运行状态；在机械特性的 $C—(-n_0)$ 段，对

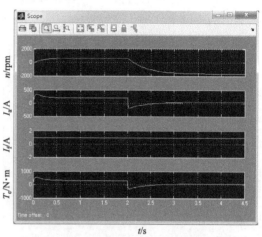

图 9-44　直流电机反向回馈制动时的转速、
电枢电流、励磁电流和电磁转矩曲线

应于图 8-44 的 $t\approx2.15\sim2.7$s 段，电动机转速为负，电磁转矩为负，属于反向电动运行状态；在机械特性的 $-n_0—D$ 段，对应于图 8-44 的 $t=2.7\sim4.5$s 段，电动机转速为负，电磁转矩为正，属于反向回馈制动运行状态。

9.3　交流电动机拖动系统仿真

面向电气原理结构图的交流电机拖动系统仿真内容包括典型的交流电动机启动、调速和制动，调速方面主要讨论后续课程——交直流调速系统中不涉及的内容。

9.3.1　交流电动机拖动系统启动仿真

1. 交流电动机的直接启动仿真

（1）电气原理图。采用三相闸刀或磁力启动器，直接接通额定电压的电源。特点是启动电流大，一般容量为 7.5kW 以下的电动机都可以直接启动。

（2）电路建模。

根据电气原理可得到交流电动机直接启动系统的仿真模型，如图 9-45 所示。

该仿真模型中新增的模块和提取途径如下：

1）交流电压源模块：SimPower Systems\Electrical sources\AC Voltage Source，作为定子电源。

2）三相断路器模块：SimPower Systems\Elements\Three-Phase Breaker。

3）交流电动机模块：SimPower Systems\Machines\Asynchronous Machine SI Units，被控对象。

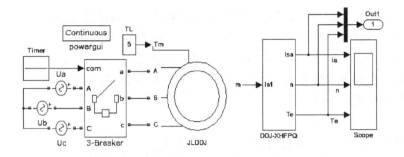

图 9-45　交流电动机直接启动系统的仿真模型

图 9-46　电源 A 相参数设置

4）总线选择器模块：Simulink\Signal Routing\Bus Selector，选择交流电动机的某些信号进行输出。

有关模块的参数设置如下：

1）交流电压源模块参数设置：参数设置对话框和电源 A 相参数设置如图 9-46 所示，B、C 相参数设置区别是相位依次滞后 120°。

2）三相断路器取默认值。

3）交流异步电动机和电机测试信号分配器的参数设置。交流异步电动机模块详见 9.2.2 有关内容，电动机内部信号共有 21 路可供输出，该模块的 21 路输出信号构成如下：

第 1～3 路：转子电流 i_{ra}、i_{rb}、i_{rc}。

第 4～9 路：同步 d-q 坐标系下的转子信号，依次为 q 轴电流 i_{qr}，d 轴电流 i_{dr}；q 轴磁通 ψ_{qr}，d 轴磁通 ψ_{dr}；q 轴电压 U_{qr}，d 轴电压 U_{dr}。

第 10～12 路：定子电流 i_{sa}、i_{sb}、i_{sc}。

第 13～18 路：同步 d-q 坐标系下的定子信号，依次为 q 轴电流 i_{qs}，d 轴电流 i_{ds}；q 轴磁通 ψ_{qs}，d 轴磁通 ψ_{ds}；q 轴电压 U_{qs}，d 轴电压 U_{ds}。

第 19～21 路：电动机转速 ω_m，机械转矩 T_e，电动机转子角位移 θ_m。

在 MATLAB 早期的版本中，具体要输出哪些信号，可根据实际问题，通过电机测试信号分配器模块的设置对话框来选择。而 MATLAB R2012a 中已经取消了电机测试信号分配器。读者可以自己设计一个电机信号分配器 DDJ-XHFPQ 模块，如图 9-47 所示。其中要掌握 Bus Selector 模块与交流电动机模块配合使用获取电动机输出信号的方法。

异步电动机的参数见图 9-48 所示的参数对话框。

4）定时器的参数设置：$t=0$ 时刻，从 0 阶跃到 1。

（3）系统仿真和仿真结果。在 MATLAB 的模型窗口打开 Simulation 菜单，单击 Start 命令后，系统开始进行仿真，仿真结束后可输出仿真结果。图 9-49 中从上至下显示的分别是交流电动机直接启动时的定子 A 相电流、转速和电磁转矩曲线。

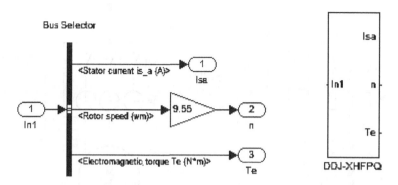

图 9-47　自制电机信号分配器 DDJ-XHFPQ 模块和图标

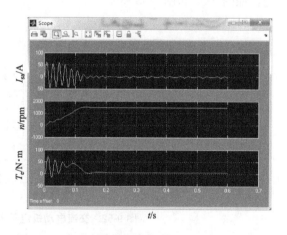

图 9-48　异步电动机参数设置对话框及参数设置　　图 9-49　交流电动机直接启动时的定子 A 相电流、
　　　　　　　　　　　　　　　　　　　　　　　　　　　　转速和电磁转矩曲线

　　从图 9-49 可以看出，直接启动时启动电流很大，达到 60A，但在很短的时间内，速度、转矩等参数均趋于稳定状态，说明电机启动性能好。

　　直接启动方法的优点是操作简便、启动设备简单；缺点是启动电流大，会引起电网电压波动。

　　2. 交流电动机定子串电阻或电抗器启动仿真

　　（1）电气原理图。交流电动机启动时，在定子回路中串联电阻或电抗，启动电流在电阻或电抗上产生压降，降低了定子绕组上的电压，启动电流也减小。由于大型电动机串电阻启动能耗太大，多采用串电抗进行减压启动。

　　交流电动机定子串电阻或电抗器减压启动电路原理图分别如图 9-50 和图 9-51 所示。电动机启动时，先合 KM1，然后 KM2 断开，串入电阻或电抗启动；启动结束后，断开 KM1，合 KM2 运行，电源直接与电动机连接。

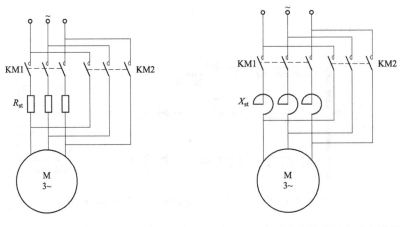

图 9-50   定子串电阻降压启动电路原理图   图 9-51   定子串电抗降压启动电路原理图

（2）电路建模。根据电气原理可得到交流电动机定子串电阻或电抗器启动系统的仿真模型，如图 9-52 和图 9-53 所示。

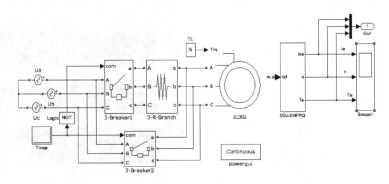

图 9-52   交流电动机定子串电阻启动系统的仿真模型

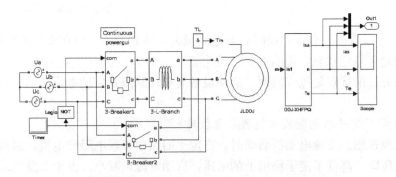

图 9-53   交流电动机定子串电抗启动系统的仿真模型

该仿真模型中新增的模块是三相 RLC 负载，其提取途径为：SimPowerSystems\Elements\Three-Phase Series RLC Branch。

有关模块的参数设置如下：

1）三相电阻模块参数 $R=5\Omega$。

2）三相电抗器模块参数 $L=0.016H$。

3）定时器的参数设置：串电阻启动，$t=0.4s$ 时刻，从 0 阶跃到 1；串电抗器启动，$t=0.8s$ 时刻，从 0 阶跃到 1。

（3）系统仿真和仿真结果。在 MATLAB 的模型窗口打开 Simulation 菜单，单击 Start 命令后，系统开始进行仿真，仿真结束后可输出仿真结果。

图 9-54 和图 9-55 中从上至下显示的分别是交流电动机串电阻和串电抗器启动时的定子 A 相电流、转速和电磁转矩曲线。

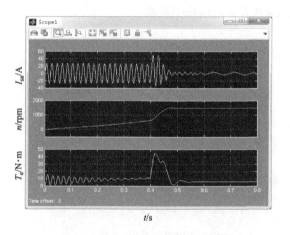

图 9-54　交流电动机串电阻启动时的定子
A 相电流、转速和电磁转矩曲线

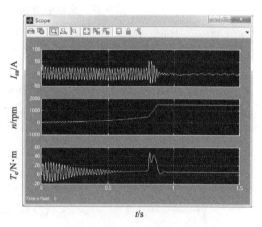

图 9-55　交流电动机串电抗器启动时的定子
A 相电流、转速和电磁转矩曲线

从图 9-54 和图 9-55 可以看出，定子电路中串接电阻或电抗器，降低了定子绕组端电压，启动转矩与端电压的平方成正比。与直接启动相比，启动电流与启动转矩明显地变小了。因此，该方法的优点是启动电流冲击小，运行可靠，启动设备构造简单。

3. 交流电动机变压器降压启动仿真

（1）电气原理图。通过变压器降低加到电动机定子上的电压，控制电路如图 9-56 所示。启动时，合上 KM2，经变压器降压启动，后断开 KM2，合 KM1 运行。其与定子回路中串联电阻或电抗器的效果有些类似。

（2）电路建模。根据电气原理可得到交流电动机变压器降压启动系统的仿真模型，如图 9-57 所示。

该仿真模型中新增的变压器模块提取途径为：Sim-PowerSystems\Elements\Three-Phase Transformer（Two Windings）。

有关模块的参数设置如下：

1）定时器的参数设置：在 $t=0.4s$ 时刻，从 0 阶跃到 1。

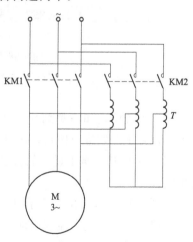

图 9-56　交流电动机变压器降压
启动电路原理图

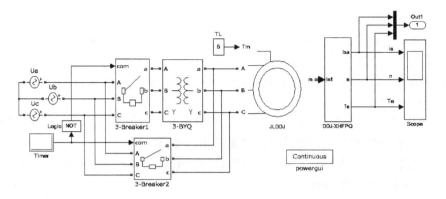

图 9-57　交流电动机变压器降压启动系统的仿真模型

2）三相变压器模块参数设置如图 9-58 所示。

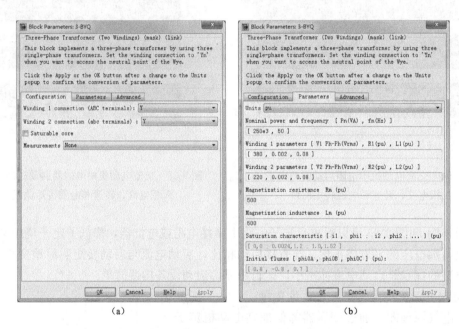

　　　　　　（a）　　　　　　　　　　　　　　（b）

图 9-58　变压器参数设置对话框和参数设置

（a）变压器的绕组连接方式；（b）变压器的参数设置

（3）系统仿真和仿真结果。在 MATLAB 的模型窗口打开 Simulation 菜单，单击 Start 命令后，系统开始进行仿真，仿真结束后可输出仿真结果。

图 9-59 中从上至下显示的分别是交流电动机变压器降压启动时的定子电流、转速和电磁转矩曲线。

从图 9-59 可以看出，定子电路中串变压器，降低了定子绕组端电压，启动转矩与端电压的平方成正比，启动电流与启动转矩明显地变小了。

4. 绕线式电动机转子回路串电阻启动仿真

（1）电路原理图。转子串电阻分级启动是指：在绕线式异步电动机转子回路串多级电阻，启动时逐级切除串接的电阻的启动方法。图 9-60 为绕线式异步电动机转子串三级电阻的分级启动接线图与机械特性。启动时，接通定子绕组电源，KM1～KM3 断开，三级启动电阻 R_{c1}～R_{c3} 全部串入转子回路，其机械特性如图 9-60（b）中曲线 1 所示。绕线式异步电动机拖动负载转动，转速 n 沿曲线 1 上升。当转矩降到 T_{st2} 转速升到 b 点时，KM3 闭合，转子回路串接的三相电阻 R_{c3} 被短接，电动机立即切换到特性曲线 2，运行点从 b 点平移到 c 点，转速 n 再沿曲线 2 上升。当转速升到 d 点时，切除电阻 R_{c2}。

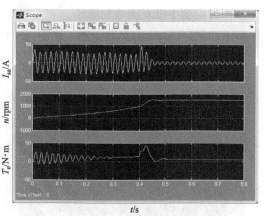

图 9-59　交流电动机变压器降压启动时的
定子 A 相电流、转速和电磁转矩曲线

这样电阻逐段切除，电动机逐段加速，直到在固有特性上的 i_1 点稳定运行时，启动过程结束。

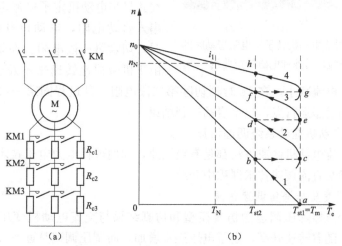

图 9-60　绕线式异步电动机串电阻多级启动接线及其启动特性
(a) 电路原理图；(b) 三级启动特性

　　（2）电路建模。根据电气原理图，可得到交流绕线式异步电动机转子回路串电阻启动系统的仿真模型，如图 9-61 所示。

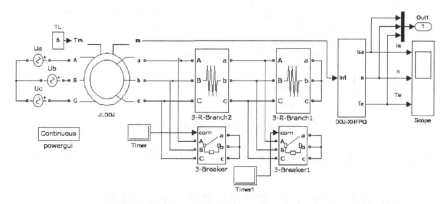

图 9-61　交流绕线式异步电动机转子回路串电阻启动系统的仿真模型

该仿真模型中没有新增的模块。有关模块的参数设置如下：

1）定时器 Timer 的参数设置：在 $t=1s$ 时刻，从 0 阶跃到 1。

2）定时器 Timer1 的参数设置：在 $t=0.5s$ 时刻，从 0 阶跃到 1。

3）转子回路串联电阻 $R_{st1}=10\Omega$，$R_{st2}=5\Omega$。

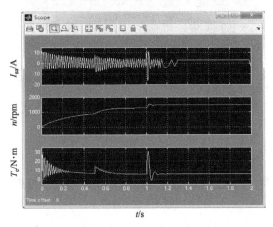

图 9-62　绕线式异步电动机转子串电阻启动时的
定子 A 相电流、转速和电磁转矩曲线

（3）系统仿真和仿真结果。在 MAT-LAB 的模型窗口打开 Simulation 菜单，单击 Start 命令后，系统开始进行仿真，仿真结束后可输出仿真结果。

图 9-62 中从上至下显示的分别是绕线式异步电动机转子串电阻启动时的定子电流、转速和电磁转矩曲线。

本例仿真采用二级启动，这样，转速就能一点一点地平缓上升。从图 9-62 可见，绕线式异步电动机定子接额定电压、转子每相串入启动电阻，电动机开始启动，在 0.5s 时，切除第一段电阻。在切除电阻的瞬间，由于机械惯性转速来不及变化，电流增大，随着转速的升高，电流减小。在 1s 时刻切除第二段电阻，其过程同第一段。这样逐级切除电阻，直至加速到稳态运行点，整个启动过程结束。

9.3.2　交流电动机拖动系统调速仿真

本节介绍的交流电动机调速方法都是有级调速，利用现代电力电子技术实现的交流无级调速方法将在后续交直流调速技术课程中介绍。

1. 交流电动机变压器降压调速仿真

交流电动机变压器降压调速的仿真模型和仿真结果与交流电动机变压器降压启动差不多。降压启动时，随着转速升高，定子电压逐步增加，而调压调速是逐步降低定子电压。其仿真模型如图 9-63 所示。

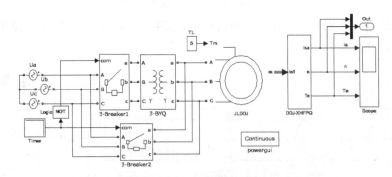

图 9-63　交流电动机变压器降压调速仿真模型

图 9-64 中从上而下显示的是交流电动机变压器降压调速时的定子电流、转速和电磁转矩曲线。

从图 9-64 可见，在 $t=0.3s$ 时刻，定子电压降低，速度也降低。

2. 交流电动机串电阻调速仿真

交流电动机串电阻调速的仿真模型和仿真结果与交流电动机串电阻启动差不多。串电阻启动时，随着转速升高，逐步切除电阻。而串电阻调速时一般是逐步串入电阻，转速降低。其仿真模型如图 9-65 所示。

图 9-66 中从上而下显示的分别是交流电动机串电阻调速时的定子电流、转速和电磁转矩曲线。

3. 交流电动机串级调速仿真

转子回路串电阻调速，转差功率被转子回路电阻消耗，能量损耗大，不经济。为使调速时转差功率大部分能回收利用，可采用

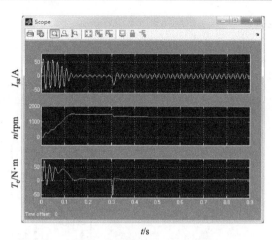

图 9-64 交流电动机变压器降压调速时的定子 A 相电流、转速和电磁转矩曲线

串级调速方法。所谓串级调速，就是在绕线式异步电动机转子电路中串入一个与转子电动势频率相同而相位相同或相反的附加电动势，通过改变附加电动势的大小来实现调速。串级调速系统详细的建模和参数设置参考第 11 章相关内容。

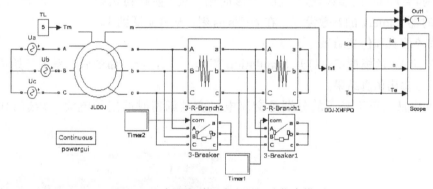

图 9-65 交流电动机串电阻调速仿真模型

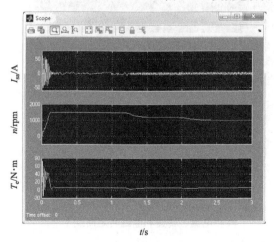

图 9-66 交流电动机串电阻调速时的定子 A 相电流、转速和电磁转矩曲线

4. 交流电动机变频调速仿真

（1）电气原理。从 $n_0 = 60f_1/p$ 可知，改变 f_1，即改变 n_0，从而调节 n。变频调速需要变频电源，可采用电力电子变频装置，将在电动机调速课程中进行专门的研究。这里则通过两个不同频率的电压源的切换来实现变频调速。

（2）电路建模。根据电气原理分析，可得到交流电动机变频调速系统的仿真模型，如图 9-67 所示。其中交流电源子系统 JLDY 如图 9-68 所示，它是一个频率为 50Hz 的三相对称交流电源。JLDY1 和 JLDY2 则是频率分别为 40Hz 和 35Hz 的三相对称交流

电源。

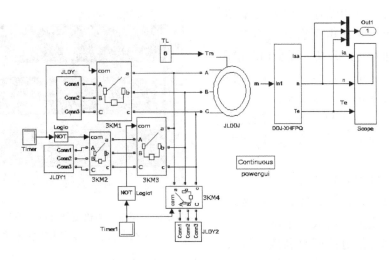

图 9-67 交流电动机变频调速系统的仿真模型

有关模块的参数设置如下：

1）定时器 Timer 的参数设置：在 $t=1\mathrm{s}$ 时刻，从 1 阶跃到 0。

2）定时器 Timer1 的参数设置：在 $t=2\mathrm{s}$ 时刻，从 0 阶跃到 1。

（3）系统仿真和仿真结果

在 MATLAB 的模型窗口打开 Simulation 菜单，单击 Start 命令后，系统开始进行仿真，仿真结束后可输出仿真结果。

图 9-69 中从上至下显示的分别是交流电机变频调速时的定子电流、转速和电磁转矩曲线。

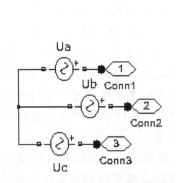

图 9-68 三相交流电源子系统 JLDY

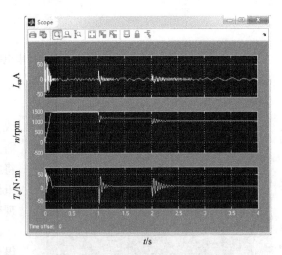

图 9-69 交流电动机变频调速时的定子
A 相电流、转速和电磁转矩曲线

从图 9-69 可以看出，随着定子电源频率在 $t=1\mathrm{s}$ 时刻从 $50\mathrm{Hz}$ 下降到 $40\mathrm{Hz}$，$t=2\mathrm{s}$ 时刻从 $40\mathrm{Hz}$ 下降到 $35\mathrm{Hz}$，电动机转速逐步下降。

9.3.3 交流电动机拖动系统制动仿真

与直流电动机相同，三相异步电动机也可以工作在制动运转状态。制动时，电动机的电磁转矩方向与转子转动方向相反，起着制止转子转动的作用，电动机由轴上吸收机械能并转换成电能。电动机制动有制动停车、加快减速过程和变加速运动为等速运动等作用，制动的主要方法有能耗制动、反接制动和回馈制动。

1. 交流电动机自然制动停车仿真

（1）电气原理。当交流电动机正常运行时，通过电气开关切除加到电动机定子上的电源，而不加其他的制动措施，这就是自然制动工作过程。电动机空载制动比负载时制动时间长。

（2）电路建模。根据电气原理可得到交流电动机自然制动系统的仿真模型，如图 9-70 所示。

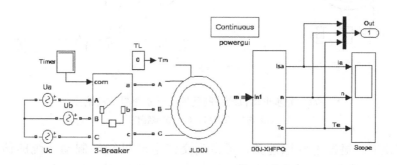

图 9-70　交流电动机自然制动系统的仿真模型

该仿真模型中没有新增的模块。有关模块的参数设置如下：

1）定时器的参数设置：在 $t=2s$ 时刻，从 1 阶跃到 0；开关从闭合转换到断开，将电动机电源切除，电动机自然制动停车。

2）负载设置为零，表示空载，主要是为了防止倒拉反转。

（3）系统仿真和仿真结果。在 MATLAB 的模型窗口打开 Simulation 菜单，单击 Start 命令后，系统开始进行仿真，仿真结束后可输出仿真结果。图 9-71 中从上至下显示的分别是交流电动机自然制动时的定子电流、转速和电磁转矩曲线。由图 9-71 可以看出，在 $t=2s$ 时切除定子电源，电动机自然制动停车且停车时间较长。

2. 交流电动机能耗制动仿真

（1）电气原理。在图 9-72（a）中，将 KM1 断开 KM2 接通，让电动机从三相电源断开，定子绕组通入一定大小的直流励磁电流。转子由于惯性，继续旋转时，转子绕组切割定子绕组产生的恒

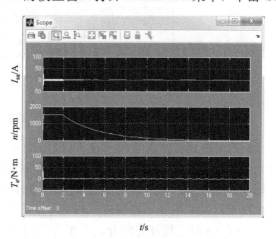

图 9-71　交流电动机自然制动时的定子
A 相电流、转速和电磁转矩曲线

定磁场，感应电动势和电流，转子载流导体在磁场中受到电磁力的作用，产生与转向相反的转矩，电动机进入制动状态。随着转速的降低，制动转矩亦随之减少，到 $n=0$ 时，$T_e=0$，故可用于准确停车。

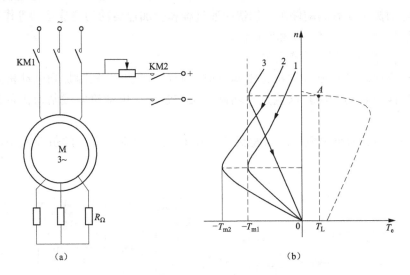

图 9-72　异步电动机能耗制动的电路原理图及机械特性

(a) 电路原理图；(b) 机械特性

　　(2) 电路建模。根据电气原理图，可得到交流电动机能耗制动系统的仿真模型，如图 9-73 所示。定时器 Timer 的参数设置：在 $t=0.6$s 时刻，从 1 阶跃到 0，开始能耗制动。其他参数如上标注。

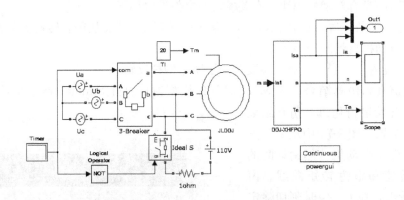

图 9-73　交流电动机能耗制动系统仿真模型

　　(3) 系统仿真和仿真结果。在 MATLAB 的模型窗口打开 Simulation 菜单，单击 Start 命令后，系统开始进行仿真，仿真结束后可输出仿真结果。

　　图 9-74 从上至下显示的分别是交流电动机能耗制动时的定子电流、转速和电磁转矩曲线。由图 9-74 可以看出，在额定三相对称正弦电压下直接启动，很快进入稳定的电动运行状态，在 $t=0.6$s 时三相开关断开，单相开关闭合，在电动机 B、C 两相加入 110V 的直流电源，电动机进入能耗制动状态。制动时，旋转的转子导体切割定子磁场感应出电流，它与静止磁场相互作用产生与转子转向相反的电磁转矩，电动机很快减速，制动性质的电磁转矩逐

渐减小，电动机自由停车。与自然制动相比较停车时间缩短了不少。

3. 交流电动机正反转运行和反接制动仿真

（1）电气原理。交流电动机要实现正反转运行，只要交换定子三相电源的任意两相，改变电源相序就可以实现反转运行。从电源反向电磁转矩为负到转速从原来的正向下降到零这一阶段即为反接制动。

（2）电路建模。根据电气原理分析，可得到交流电动机正反转运行和反接制动的仿真模型，如图 9-75 所示。定时器 Timer 的参数设置：在 $t=1\mathrm{s}$ 时刻，从 1 阶跃到 0，开始反转。

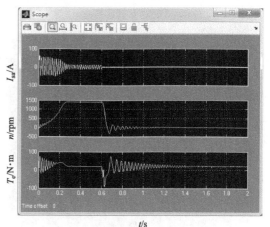

图 9-74 交流电动机能耗制动时的定子
A 相电流、转速和电磁转矩曲线

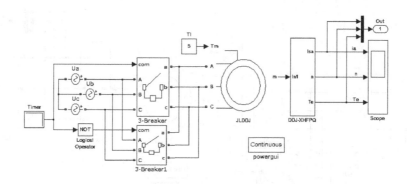

图 9-75 交流电动机正反转运行和反接制动仿真模型

（3）系统仿真和仿真结果。在 MATLAB 的模型窗口打开 Simulation 菜单，单击 Start 命令后，系统开始进行仿真，仿真结束后可输出仿真结果。图 9-76 中从上至下显示的分别是交流电动机正反转运行和反接制动时的定子电流、转速和电磁转矩曲线。

从图 9-76 可以看出，在 $t=0\mathrm{s}$ 接入三相对称正交流电压，电动机正向直接启动，很快进入稳定的电动运行状态，在 $t=1\mathrm{s}$ 时切除正电压接入负电源，电机进入反向制动及其运行状态。在 $t=1\sim1.1\mathrm{s}$ 之间，转速从正向原稳定运行速度下降到 0，而此时电磁转矩为负，这一阶段即为反接制动阶段。

4. 交流电动机反向回馈制动仿真

（1）电气原理。当交流电动机拖动位能性恒转矩负载且电源为负相序时，电动机会高速运行于第Ⅳ象限，此时电磁转矩为 T_e，转速为 $-n$，如图 9-77 中的 B 点。

拖动位能负载的三相异步电动机在正向电动状态运行时，如果采用反接制动停车，当转速降到 $n=0$ 时若不采取停车措施，那么电动机将会反向启动，最后运行于反向回馈制动状态。

（2）电路建模。根据电气原理分析，可得到交流电动机反向回馈制动的仿真模型，如图 9-78 所示。

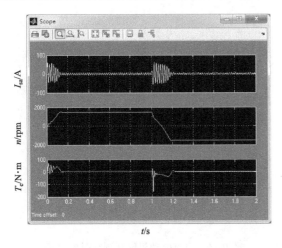

图 9-76 交流电动机正反转运行和反接制动时的
定子 A 相电流、转速和电磁转矩曲线

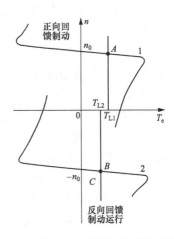

图 9-77 三相交流电动机反向回馈制动运行
1—固有机械特性；2—负相序固有机械特性

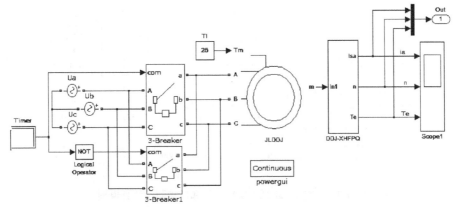

图 9-78 交流电动机反向回馈制动仿真模型

定时器 Timer 的参数设置：在 $t=1\text{s}$ 时刻，从 1 阶跃到 0，开始反转，然后进入反向回馈制动状态。

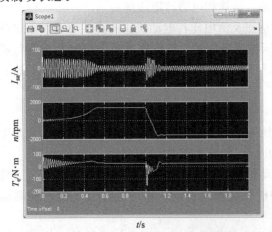

图 9-79 交流电动机正反转运行、反接制动和反向
回馈制动时的定子 A 相电流、转速和电磁转矩曲线

（3）系统仿真和仿真结果。在 MAT-LAB 的模型窗口打开 Simulation 菜单，单击 Start 命令后，系统开始进行仿真，仿真结束后可输出仿真结果。

图 9-79 中从上至下显示的分别是交流电动机正反转运行、反接制动和反向回馈制动时的定子电流、转速和电磁转矩曲线。

由图 9-79 可以看出，在 $t=0\text{s}$ 接入三相对称正交流电源，电动机正向启动，进入稳定的电动运行状态。在 $t=1\text{s}$ 时切除正电源接入负电源，电动机进入反向制动及其运行状态。在 $t=1\sim1.05\text{s}$ 之间，转速从正向原稳定运行速度下降到 0，而此时电磁转矩为负，这一阶段即为反接制动阶段。在 $t=1.05\sim1.15\mathrm{s}$ 之间，转速从 0 变化到负的稳定运行速度，而此时电磁转矩也为负，这一阶段即为反向电动阶段。而在 $t=1.15\sim2\mathrm{s}$ 之间，转速为负的稳态速度，此时电磁转矩为正，这一阶段则为反向回馈制动阶段。此时，负载转矩与电磁转矩相平衡时，电动机稳定运行在第四象限。

练 习 题

1. 熟悉直流电动机、交流电动机仿真模块的电气方程，掌握两个模块的参数含义。

2. 自制交流电动机信号分配器模块。

3. 基于直流电动机的启动、调速、制动电气原理，分别构造一种控制系统仿真模型，并验证其电气性能。

4. 基于交流电动机的启动、调速、制动电气原理，分别构造一种控制系统仿真模型，并验证其电气性能。

10 直流调速系统的工程计算与仿真

交直流调速技术是一门实践性很强的课程，在学习了调速系统的理论知识后，必须通过一定的实践才能更清楚地掌握控制系统的组成和本质，使理论得到深化，并与实践融为一体。

10.1 开环直流调速系统的工程计算和仿真

仿真实验是以工程计算为基础的，本章以江苏扬州市某电机厂生产的 Z4 系列某型号直流电动机的技术参数为基础，对直流调速系统仿真实验所需要的参数进行工程计算，再将求出的参数代入到仿真模型中进行仿真实验研究。

10.1.1 开环直流调速系统的工程计算

开环直流调速系统的计算主要是主回路参数的计算。

1. 电动机有关参数的计算

电机生产商提供的电动机参数见表 10-1。

表 10-1   **Z4 系列某型号电机参数**

型号	额定功率	额定转速	额定电压	电枢电流	励磁功率	电枢回路电阻	电枢回路电感	磁场电感	效率	惯量矩
	P_N	n_N	U_N	I_N	P_f	R_a	L_s	L_f	η	GD_a^2
	(kW)	(r/min)	(V)	(A)	(W)	(Ω)	(mH)	(H)	(%)	(kg·m²)
Z4-××-××	15	1360	270	44.5	200	0.6	12	8	64.9	0.4

在后面的仿真中，电动机模型参数对话框中需要知道电枢回路电阻、电枢回路电感、励磁回路电阻、励磁回路电感、电枢回路和励磁回路间的互感、总的转动惯量等。除表 10-1 中的已知参数外，其他参数计算如下：

(1) 励磁回路电阻。已知直流励磁功率为 200W，在模型中设定励磁电压 220V，则励磁回路电阻

$$R_f = U_f^2/P_f = 220^2/200 = 242(\Omega)$$

(2) 电枢和励磁回路间的互感取电动机仿真模型的默认值。即 1.8H。

(3) 总的转动惯量。在考虑了传动机构的转动惯量后，根据经验公式，取总的转动惯量

$$J = 2.5GD_a^2 = 2.5 \times 0.4 = 1(\text{kg} \cdot \text{m}^2)$$

此外，电枢回路外接电感取 5mH。

2. 整流变压器参数计算

(1) 整流变压器二次侧电压

$$U_2 = \frac{\left(\dfrac{I_{dmax}}{I_N}\right)I_N R_a + U_N + \left(\dfrac{I_{Tmax}}{I_N} - 1\right)I_N R_a}{K_{UV}\left(b\cos\alpha_{min} - K_X U_{dl}\dfrac{I_{Tmax}}{I_N}\right)}$$

$$= \frac{1.5 \times 44.5 \times 0.6 + 270 + (1.5-1) \times 44.5 \times 0.6}{2.34 \times (0.95 \times 0.98 - 0.5 \times 0.05 \times 1.5)} = 155(\text{V})$$

式中：U_2 为变压器的二次侧相电压，V；U_N 为电动机的额定电压，V；K_{UV} 为整流电压计算系数；b 为电网电压的波动系数，一般取 $b=0.90 \sim 0.95$；a 为晶闸管的触发延迟角；K_X 为换相电感压降计算系数；U_{dl} 为变压器阻抗电压比，100kVA 以下取 0.05，容量越大，U_{dl} 也越大（最大为 0.1）；I_{Tmax} 为变压器的最大工作电流，等于电动机的最大电流 I_{dmax}，A；I_N 为电动机的额定电流，A。

通常，三相全控桥式整流电路的计算系数 $K_{UV}=2.34$，$K_X=0.5$。其他参数 $U_{dl}=0.05$，$b=0.95$，$\alpha_{min}=10°$，$\cos\alpha_{min}=0.98$；$I_{dmax}/I_N = I_{Tmax}/I_N = 1.5$。

（2）整流变压器二次侧相电流 I_2

$$I_2 = K_{IV}I_N = 0.816 \times 44.5 = 36.3(\text{A})$$

式中：K_{IV} 为二次侧相电流计算系数，三相全控桥式整流电路的 $K_{IV}=0.816$；I_N 为整流器额定直流电流。

10.1.2　开环直流调速系统的仿真

由于面向电气原理图的仿真建模方法是以调速系统的电气原理图为基础，按照系统的构成，从 SimPower System 和 Simulink 模块库中找出对应的模块，按系统的结构进行连接。为了方便建模，将开环直流调速系统的电气原理结构图重新绘于图 10-1（其他的系统也如此）。由图可知，该系统由给定环节、脉冲触发器、晶闸管整流桥、平波电抗器、直流电动机等部分组成。图 10-2 为采用面向电气原理图方法构作的开环直流调速系统的仿真模型。下面介绍各部分建模与参数设置过程。

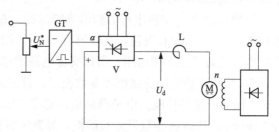

图 10-1　晶闸管开环直流调速系统原理图

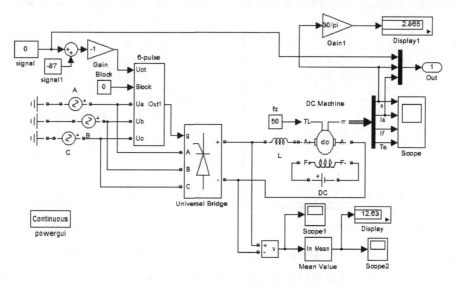

图 10-2　开环直流调速系统的仿真模型

1. 系统的建模和模型参数设置

系统的建模包括主电路的建模和控制电路的建模两部分。

（1）主电路的建模和参数设置。开环直流调速系统的主电路由三相对称交流电压源、晶闸管整流桥、平波电抗器 L、直流电动机等部分组成。由于同步脉冲触发器与晶闸管整流桥是不可分割的两个环节，通常作为一个组合体来讨论，所以将触发器归到主电路进行建模。

1）三相对称交流电压源的建模和参数设置。首先按 SimPowerSystems \ Electrical sources\AC Voltage Source 路径从电源模块组中选取 1 个 AC Voltage Source 模块，再用复制的方法得到三相电源的另两个电压源模块，并用修改模块标题名称的方法将模块标签分别改为 A 相、B 相、C 相；然后按 SimPowerSystems\Elements\Ground 路径从元件模块组中选取 Ground 元件进行连接。

为了得到三相对称交流电压源，下面介绍其参数设置方法及参数设置。双击 A 相交流电压源图标，打开电压源参数设置对话框，A 相交流电源参数设置如图 10-3 所示。幅值取 218V、初相位设置成 0°、频率为 50Hz、其他为默认值；B、C 相交流电源参数设置方法与 A 相相同，除了将初相位设置成互差 120°外，其他参数与 A 相相同。由此可得到三相对称交流电源，本模型的相序是 A—B—C。

下面介绍 A 相交流电源的幅值确定过程。在 10.1.1 中，计算得到的整流变压器二次侧电压为 155V，这是有效值，其峰值为 218V。图 10-2 中没有接整流变压器，而是直接接入了交流电源代替了二次侧电压，所以交流电源的峰值应设置为 218V。

2）晶闸管整流桥的建模和参数设置。首先按 SimPowerSystems\Power Electronics\Universal Bridge 路径从电力电子模块组中选取 Universal Bridge 模块，然后双击该模块图标打开 Universal Bridge 参数设置对话框，参数设置如图 10-4 所示。

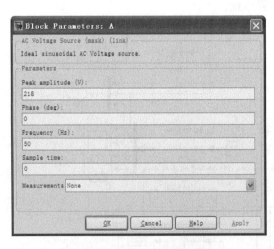

图 10-3 A 相电源参数设置

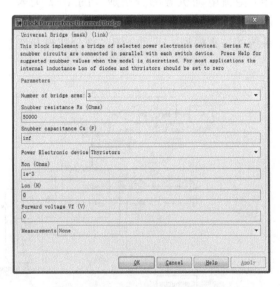

图 10-4 Universal Bridge 参数设置

当采用三相整流桥时，桥臂数取 3；电力电子元件选择晶闸管。参数设置的原则是：如果是针对某个具体的变流装置进行参数设置，对话框中的 R_s、C_s、R_{on}、L_{on}、U_f 应取该装置中晶闸管元件的实际值；如果是一般情况，这些参数可先取默认值进行仿真，若仿真结果理想，就认可这些设置的参数；若仿真结果不理想，则通过仿真实验，不断进行参数优化，最后确定其参数。这一参数设置原则对其他环节的参数设置也是适用的。

3) 平波电抗器的建模和参数设置。首先按 SimPowerSystems\Elements\Series RLC Branch 路径从元件模块组中选取 "Series RLC Branch" 模块，然后打开参数设置对话框，类型直接选为电感就可以得到电抗器了。具体参数如图 10-5 所示。

4) 直流电动机的建模和参数设置。先按 SimPowerSystems\Machines\DC Machine 路径从电机系统模块组中选取 "DC Machine" 模块；直流电动机的励磁绕组 "F+—F—" 接直流恒定励磁电源，励磁电源可从按路径 SimPowerSystems\Electrical sources\DC Voltage Source 从电源模块组中选取 "DC Voltage Source" 模块，并将电压参数设置为 220V；电枢绕组 "A+—A—" 经平波电抗器接晶闸管整流桥的输出；电动机经 TL 端口接恒转矩负载，直流电动机的输出参数有转速 n、电枢电流 I_a、励磁电流 I_f、电磁转矩 T_e，分别通过 "示波器" 模块观察仿真输出和用 "out1" 模块将仿真输出信息返回到 MATLAB 命令窗口，再用绘图命令 plot（tout，yout）在 MATLAB 命令窗口里绘制出输出图形。

下面介绍电动机的参数设置步骤。双击直流电动机图标，打开直流电动机的参数设置对话框，直流电动机的参数设置如图 10-6 所示。参数设置的依据是产品说明书中参数和工程计算参数。

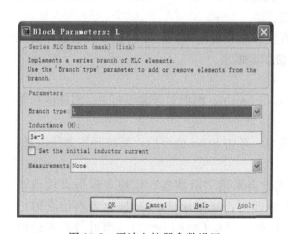

图 10-5 平波电抗器参数设置

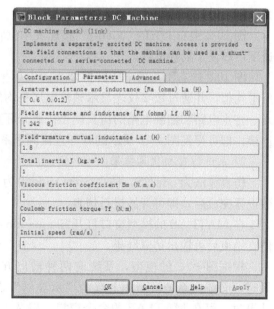

图 10-6 直流电动机的参数设置

5) 脉冲触发器的建模和参数设置。同步脉冲触发器包括同步电源和 6 脉冲触发器两部分。同步电源与 6 脉冲触发器及封装后的子系统符号如图 10-7（a）、（b）所示。

至此，根据图 10-1 主电路的连接关系，可建立起主电路的仿真模型，如图 10-2 前半部分所示。图中触发器开关信号 Block 为 "0" 时，开放触发器；为 "1" 时，封锁触发器。

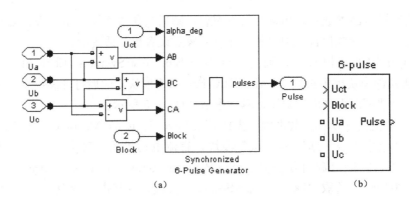

图 10-7　同步脉冲触发器和封装后的子系统符号

(a) 同步脉冲触发器；(b) 子系统符号

（2）控制电路的建模和参数设置。开环直流调速系统的控制电路只有一个给定环节，它可按路径 Simulink\Sources\Constant 选取 "Constant" 模块，并将模块标签改为 "Signal"；然后双击该模块图标，打开参数设置对话框，将参数设置为某个值。

图 10-2 中 "Signal" 信号设为 0rad/s 是为了整定系统的零点，即给定信号为 "零" 时，输出速度应该也为 "零"。而 "Signal1" 是偏置信号，用于系统调 "零"。经过测试：当输入为 "零" 时，偏置信号等于 87 时，输出最小。

图 10-2 中右上方的 "Gain1" 将速度单位转换成 "r/min"，数字仪表 Display1 显示输出速度，以便于精确读数。

图 10-2 中右下方的电压转换器 V、电压平均值测量表 "Mean Value" 用于测量输出电压平均值，并通过数字仪表显示整流电压平均值。

将主电路和控制电路的仿真模型按照开环直流调速系统电气原理图的连接关系进行模型连接，即可得到图 10-2 所示的开环直流调速系统仿真模型。

2. 系统仿真和仿真结果

仿真算法为 ode23S，仿真 Start time 设为 0；Stop time 根据实际需要而定。当建模和参数设置完成后，即可开始进行仿真。

在 MATLAB 的模型窗口打开 Simulation 菜单，单击 Start 命令后，系统开始进行仿真，仿真结束后可输出仿真结果。

根据图 10-2 的模型，系统有两种输出方式。当采用 "示波器" 模块观察仿真输出结果时，只要在系统模型图上双击 "示波器" 图标即可；当采用 "out" 模块观察仿真输出结果时，可在 MATLAB 的命令窗口，输入绘图命令 plot（tout，yout），即可得到未经编辑的 "Figure 1" 输出的图形，如图 10-8 所示。对 "Figure 1" 图形可按下列方法进行编辑：

单击 "Figure 1" 的 "Edit" 菜单后，可得图 10-9 的 "Edit" 下拉菜单，再单击 "Axes Properties" 命令，可得图 10-10 的 "Property Editor-Axes" 对话框，在 "标题" 的空白框中可输入图名，在 "网格" 处可选择给 "Figure 1" 曲线打格线、在 "X 轴" 的空白框中可编辑 "Figure 1" 输出曲线的横坐标及坐标标签，如图 10-10 所示；同理，可对纵坐标进行编辑。单击输出曲线可对被选中的 "Figure 1" 的输出曲线编辑；在工具栏中选择 "Insert"

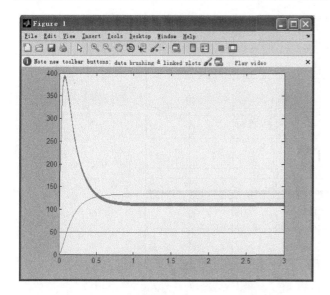

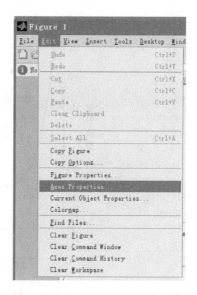

图 10-8 未经编辑的"Figure 1"图形

图 10-9 "Figure 1"Edit 菜单的下拉菜单

按钮中的"Text Arrow"命令，可对输出曲线进行注释。最终复制"Figure 1"输出曲线，可得经过编辑后的"Figure 1"输出图形，如图 10-11 所示。

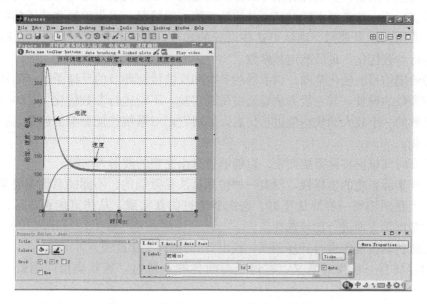

图 10-10 "Property Editor-Axes"对话框

图 10-11 分别显示的是开环直流调速系统的给定信号、电枢电流和转速曲线。可以看出，这个结果和实际电动机运行的结果相似，系统的建模与仿真是成功的。

在开环直流调速系统的建模与仿真结束之际，将建模与参数设置的一些原则和方法归纳如下：

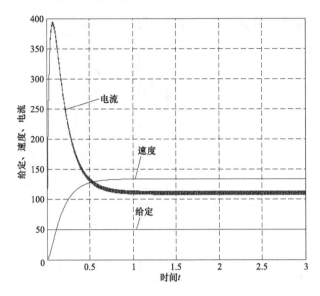

图 10-11　经编辑后的"Figure 1"输出图形

（1）系统建模时，将其分成主电路和控制电路两部分分别进行。

（2）在进行参数设置时，像晶闸管整流桥、平波电抗器、直流电动机等装置（固有环节）的参数设置原则是：如果针对某个具体的装置进行参数设置，则对话框中的有关参数应取该装置的实际值；如果是不针对某个具体装置的一般情况，可先取这些装置的参数默认值进行仿真，若仿真结果理想，则认可这些设置的参数；若仿真结果不理想，则通过仿真实验，不断进行参数优化，最后确定其参数。

（3）像给定信号的变化范围、调节器的参数和反馈检测环节的反馈系数（闭环系统中使用）等可调参数的设置，其一般方法是通过仿真实验，不断进行参数优化。具体方法是分别设置这些参数的一个较大和较小值进行仿真，弄清它们对系统性能影响的趋势，据此逐步将参数进行优化。

（4）仿真时间根据实际需要而定，以能够仿真出完整的波形为前提。

（5）由于实际系统的多样性，没有一种仿真算法是万能的。不同的系统需要采用不同的仿真算法，到底采用哪一种算法更好，这需要通过仿真实践，从仿真能否进行、仿真的速度、仿真的精度等方面进行比较选择。

（6）系统仿真前应先进行开环调试，找出 U_{ct} 的单调变化范围。

上述内容具有一般指导意义，在讨论后面各种系统时，遇到类似问题就不再细说原因了。

下面对单闭环、双闭环等较简单的直流调速系统采用工程计算的方法确定仿真参数；而对三环和可逆调速等复杂系统则采用试探法进行参数优化，从而确定参数。

3．系统的仿真分析

（1）晶闸管整流器放大倍数 K_s 的测定。晶闸管整流器放大倍数是工程计算中常用的一个参数，只要基于图 10-2 的开环直流调速系统的仿真模型，测量不同 U_{ct} 时的晶闸管整流器输出平均电压值 U_d 就可以计算出晶闸管整流器放大倍数 K_s。表 10-2 是仿真实验测定 K_s 的有关数据。

表 10-2			实验测定 K_s 的有关数据			
U_{ct}(V)	10	20	30	40	50	60
U_d(V)	83	146	201	247	285	318
K_s 计算值	6.3	5.5	4.6	3.8	3.3	

根据 $K_s = \dfrac{\Delta U_d}{\Delta U_{ct}}$，分别计算不同 U_{ct} 时的 K_s 值，最后得到 K_s 的平均值，用其作为晶闸管整流器放大倍数，即

$$K_s = \frac{6.3 + 5.5 + 4.6 + 3.8 + 3.3}{5} = 4.7$$

（2）晶闸管整流器—触发器模型的测定。图 10-12 是通过仿真实验手段测定触发器—晶闸管整流器输入/输出关系的仿真模型。图中 R 是电阻性负载，阻值取 0.6Ω，即电动机定子电阻值。

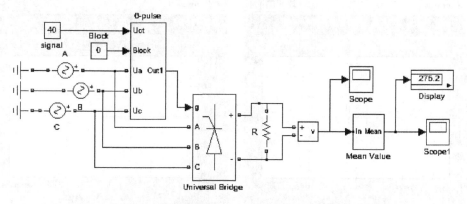

图 10-12　测定晶闸管整流器—触发器输入/输出关系的仿真模型

表 10-3 是仿真实验测定的 U_d 和运用公式计算的 U_d 数据。$\alpha \leqslant 60°$时，电流连续 $U_d = 2.34U_2\cos\alpha$；$\alpha > 60°$时，电流断续 $U_d = 2.34U_2[1 + \cos(\pi/3 + \alpha)]$。

表 10-3			仿真实验测定的 U_d 和运用公式计算的 U_d 数据									
α (°)	0	5	10	20	30	40	50	60	65	70	75	80
U_d 实验值（V）	362	360	356	338	307	275	234	185	151	114	101	70
U_d 计算值（V）	362.5	361	357	340.5	314	278	233	181	154	129	106	85

从表 10-3 中的数据可见，实验值和计算值是非常接近的。

（3）触发器脉冲移相的观察。图 10-13 是打开 6 脉冲触发器子系统后观察脉冲移相效果的仿真模型。图中 Selector1 是多路选择开关，它将第一路脉冲与 A 相相电压 U_A 和线电压 U_{AB} 在示波器中显示其相位之间的关系。

为了方便观察，Gain1 模块将线电压 U_{AB} 幅值转换成与相电压相同，图 10-14、图 10-15 分别是脉冲控制角为 0°、60°时的相电压、线电压和脉冲的相位关系以及整流电压波形情况。其中第一个正弦波为线电压，第二个正弦波为相电压。需要说明的是正弦波的第一个周期系统还没有稳定，观察波形从第二个周期开始。相电压的 30°或线电压的 60°为脉冲控制角的零度。

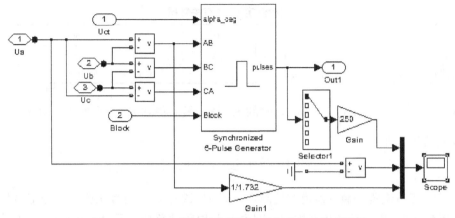

图 10-13　观察 6 脉冲触发器脉冲移相效果的仿真模型

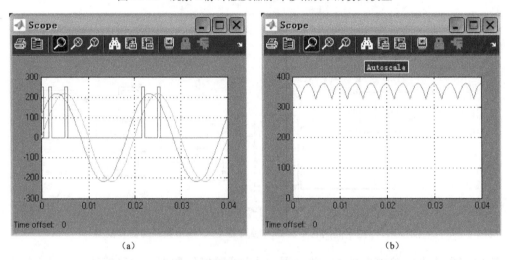

(a) 　　　　　　　　　　　　　　　(b)

图 10-14　脉冲控制角 0°时的相电压、线电压和脉冲的相位关系以及整流电压波形

(a) 相电压、线电压和脉冲的相位关系；(b) 整流电压波形

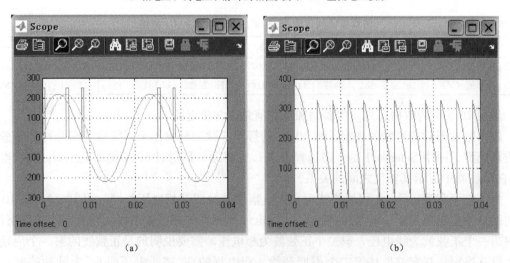

(a) 　　　　　　　　　　　　　　　(b)

图 10-15　脉冲控制角 60°时的相电压、线电压和脉冲的相位关系以及整流电压波形

(a) 相电压、线电压和脉冲的相位关系；(b) 整流电压波形

（4）改变给定控制信号的调速效果。利用 Simulink 中的阶跃信号模块产生初始值为 30、跳变时间为 3s、终值为 60 的输入信号，观察其调速性能。图 10-16 是开环直流调速系统调速时的给定信号、电枢电流和速度曲线变化情况，由此可见系统具有调速功能。

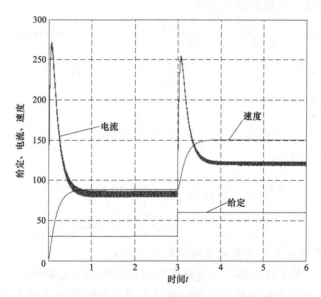

图 10-16　开环调速系统调速时的给定信号、电枢电流和速度变化曲线

10.2　单闭环直流调速系统的工程计算和仿真

10.2.1　单闭环有静差转速负反馈调速系统的工程计算和仿真

1. 系统的电气原理图

单闭环有静差转速负反馈调速系统的电气原理图见图 10-17 所示。该系统由给定、速度调节器、同步脉冲触发器、晶闸管整流桥、平波电抗器、直流电动机、速度反馈环节等部分组成。

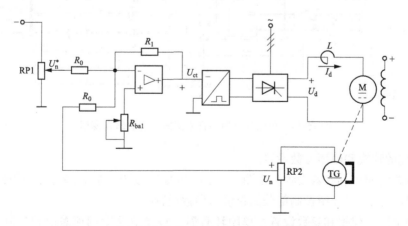

图 10-17　单闭环有静差转速负反馈调速系统电路原理图

2. 系统的工程计算

已知电枢回路总电阻 $R = 2R_a = 1.2\Omega$，要求调速范围 $D = 10$，静差率 $s \leqslant 10\%$，电动机参数同前。

（1）带额定负载时，系统的稳定速降

$$\Delta n_{cl} = \frac{n_N s}{D(1-s)} = \frac{1360 \times 0.05}{10 \times (1-0.05)} = 7.16(\text{r/min})$$

$$C_e = \frac{U_N - I_N R_a}{n_N} = \frac{270 - 44.5 \times 0.6}{1360} = 0.179(\text{V} \cdot \text{min/r})$$

（2）系统的开环放大系数

$$K \geqslant \frac{I_N R}{C_e \Delta n_{cl}} - 1 = \frac{44.5 \times 2 \times 0.6}{0.179 \times 7.16} - 1 = 40.7$$

（3）放大器的放大系数

$$\alpha \approx \frac{U_N^*}{n_N} = \frac{85}{1360} \times \frac{30}{\pi} = 0.6(\text{V} \cdot \text{min/r})$$

$$K_P = \frac{KC_e}{\alpha K_s} = \frac{40.7 \times 0.179}{0.6 \times 4.7} \approx 2.58$$

3. 单闭环有静差转速负反馈调速系统的建模与仿真

图 10-18 为构作的单闭环有静差速度负反馈调速系统的仿真模型。与图 10-1 的开环直流调速系统相比较，二者的主电路是基本相同的（本章所有的单闭环调速系统的主电路都有这个特点），系统的差别主要在控制电路上。为此，在后面介绍主电路的建模与参数设置时，主要介绍其不同之处。

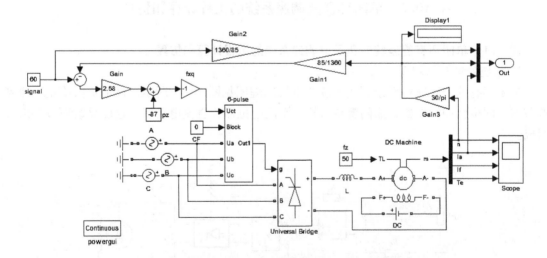

图 10-18　单闭环有静差直流调速系统的仿真模型

（1）系统的建模和模型参数设置。

1）主电路的建模和参数设置。由图 10-18 的仿真模型知，主电路与开环调速系统相同。为了避免重复，此处只介绍控制部分的建模与参数设置。

2）控制电路的建模和参数设置。单闭环有静差转速负反馈调速系统的控制电路由给定信号、速度调节器、速度反馈等环节组成。

"给定信号"模块的建模和参数设置方法与开环调速系统相同,此处参数设置为60rad/s。有静差调速系统的速度调节器采用比例调节器,放大倍数为2.58,它是通过计算而得到的。

速度调节器、偏置、反向器等模块的建模与参数设置都比较简单,只要分别按路径 Simulink\Commonly Used Blocks\Gain 选择"Gain"模块;按路径 Simulink\Sources\Constant 选取"Constant"模块。找到相应的模块后,按要求设置好参数即可。

将主电路和控制电路的仿真模型按照单闭环转速负反馈调速系统电气原理图的连接关系进行模型连接,即可得到图 10-18 所示的系统仿真模型。

(2) 系统仿真和仿真结果。系统仿真参数的设置方法与开环系统相同。仿真中所选择的算法为 ode23t;仿真 Start time 设为 0,Stop time 设为 3。其他与开环系统相同。当建模和参数设置完成后,即可开始进行仿真。

图 10-19 为单闭环有静差转速负反馈调速系统在 K_P 为 2.58 时的给定、电流和速度曲线。可以看出,转速仿真曲线与给定信号相比是有差系统。

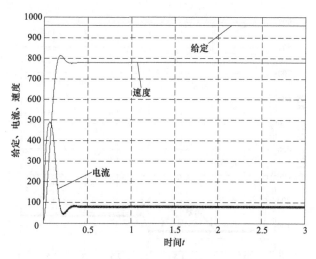

图 10-19　单闭环有静差转速负反馈调速系统的给定、
电流和转速曲线

(3) 系统仿真结果的分析。

1) 速度控制器放大倍数 K_P 对速度偏差的影响。当放大倍数选择计算值 2.58 时,从图 10-19 可见,速度有比较大的偏差。其他条件不变,将放大倍数增加到 10(任意选的一个值)进行仿真,图 10-20 是其电流和转速曲线。增大速度控制器的放大倍数,速度偏差减少了许多。但实验也发现,只要放大倍数有限,速度偏差总是存在的。过分加大 K_P 会引起电流震荡。

2) 负载变化对速度的影响。图 10-21 是当其他参数不变,负载在 2s 时刻从 50N·m 变化到 150N·m 时调速系统的给定、电流和转速曲线。由图可见,负载增加了 2 倍,而速度下降不多,说明系统对负载干扰有较强的抗扰能力。

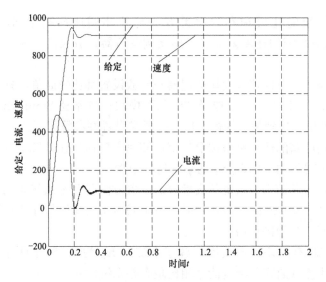

图 10-20　放大倍数 K_P 为 10 时调速系统的电流和转速曲线

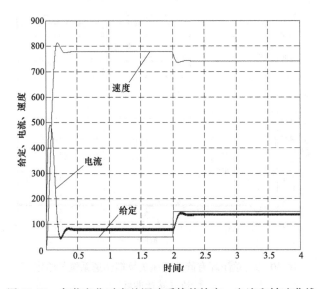

图 10-21　负载变化时有差调速系统的给定、电流和转速曲线

10.2.2　单闭环无静差转速负反馈调速系统的工程计算和仿真

1. 系统的电气原理图

单闭环无静差转速负反馈调速系统的电气原理图如图 10-22 所示。该系统由给定、速度调节器、同步脉冲触发器、晶闸管整流桥、平波电抗器、直流电动机、速度反馈环节、限流环节等部分组成。建模时暂不考虑限流环节。

2. 系统的工程计算

试设计转速调节器。已知：转速反馈系数 $\alpha=9.55\times85/n_N=812/1360=0.6$（V·min/r）

（1）确定时间常数。

1）整流装置滞后时间常数 T_s：三相桥式电路的平均失控时间 $T_s=0.0017s$；转速环滤波时间常数 $T_{on}=0.01s$。

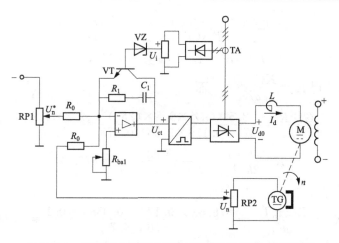

图 10-22 单闭环无静差转速负反馈调速系统电路原理图

2）转速环小时间常数 $T_{\Sigma n}$，按小时间常数近似处理，取 $T_{\Sigma n}=T_{on}+T_s=0.0117s$。

（2）转速环的动态结构图及其化简，如图 10-23 所示。

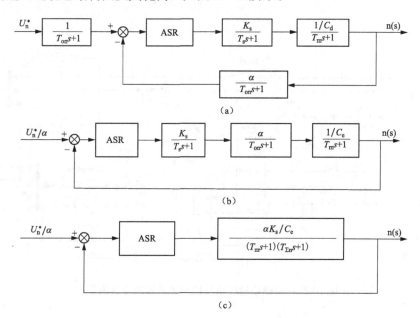

图 10-23 转速环动态结构图的化简过程

（a）转速环动态结构图；（b）转速环单位化化简；（c）转速环的化简结果

（3）转速调节器（ASR）的设计。

1）由于机电时间常数 T_m 比较大，所以可作近似处理，使 $\dfrac{1}{T_m s+1}\approx\dfrac{1}{T_m s}$。

2）转速环通常设计成典 II 型，因为要求转速无静差，所以速度调节器选择 PI 调节器。其传递函数为

$$W_{ASR}(s)=K_n\frac{\tau_n s+1}{\tau_n s}$$

由动态结构图可得

$$K_n \frac{\tau_n s + 1}{\tau_n s} \frac{\alpha K_s / C_e}{T_m s (T_{\Sigma n} s + 1)} = \frac{K(\tau s + 1)}{s^2 (T s + 1)}$$

$$T = T_{\Sigma n} = 0.0117s, \tau = \tau_n = hT_{\Sigma n} = 5 \times 0.0117 = 0.0585s$$

由 $\dfrac{K_n \alpha K_s}{C_e \tau_n T_m} = K$，得 $K_n = \dfrac{KC_e \tau_n T_m}{\alpha K_s}$。而

$$T_m = \frac{GD^2 R}{375 C_e C_m} = \frac{2.5 \times GD_a^2 \times 9.8 \times (2R_a)}{375 \times 0.179 \times 9.55 \times 0.179} = \frac{9.8 \times 1.2}{114.7} = 0.1s$$

$$K = \frac{h+1}{2h^2 T_{\Sigma n}^2} = \frac{5+1}{2 \times 5^2 \times 0.0117^2} = 876.62$$

3）化简得

$$K_n = \frac{KC_e \tau_n T_m}{\alpha K_s} = \frac{876.62 \times 0.179 \times 0.0585 \times 0.1}{0.6 \times 4.7} = 0.33$$

式中：晶闸管装置的放大系数 $K_s = 4.7$，由前面实验测定。

3. 单闭环无静差转速负反馈调速系统的建模与仿真

（1）系统的建模和模型参数设置。图 10-24 为无静差速度负反馈调速系统的仿真模型。

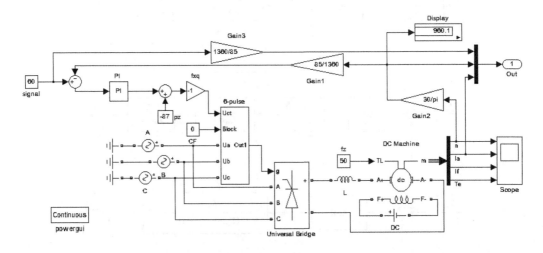

图 10-24　无静差速度负反馈调速系统的仿真模型

（2）系统仿真和仿真结果。仿真中所选择的算法为 ode23t；仿真 Start time 设为 0，Stop time 设为 2.5，其他参数与上一系统相同。当建模和参数设置完后，即可开始进行仿真。图 10-25 为单闭环无静差转速负反馈调速系统的给定、电流和速度曲线。观察无静差系统的仿真结果，可以看出结果还是能够满足要求的。电流开始比较大，不过随着转速的增加，电流在逐渐减小，转速经 PI 调节器调节，在 1 个周期之后基本实现了无静差。

下面考察单闭环无静差转速负反馈调速系统中负载变化对速度的影响。图 10-26 为当其他参数不变，负载在 2s 时刻从 50N·m 变化到 150N·m 时调速系统的给定、电流和转速曲线。由图可见，负载增加了 2 倍，而速度稳态时无差，说明系统对负载干扰有较强的抗扰能力。

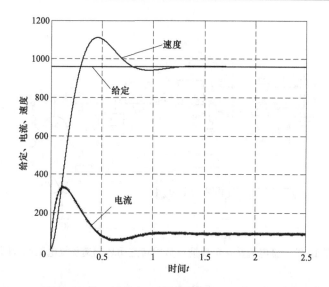

图 10-25　单闭环无静差转速负反馈调速系统的给定、电流和转速曲线

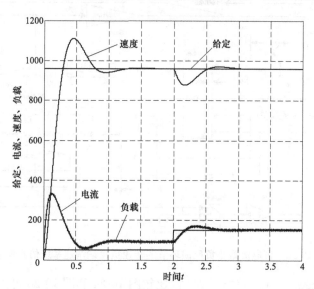

图 10-26　负载变化时无差调速系统的给定、电流、转速和负载曲线

10.2.3　带电流截止环节的转速负反馈调速系统的工程计算和仿真

1. 系统的电气原理图

带电流截止负反馈环节的转速闭环调速系统电气原理图如图 10-27 所示。该系统由给定、速度调节器、同步脉冲触发器、晶闸管整流桥、平波电抗器、直流电动机、速度反馈环节、限流环节等部分组成。

2. 系统的工程计算

电流反馈系数

$$\beta = 10/1.5 I_N = 10/(1.5 \times 44.5) = 0.15 \ （V/A）$$

3. 带电流截止环节的转速负反馈调速系统的建模与仿真

（1）系统的建模和模型参数设置。图 10-28 为带电流截止负反馈环节的转速闭环调速系统的仿真模型。

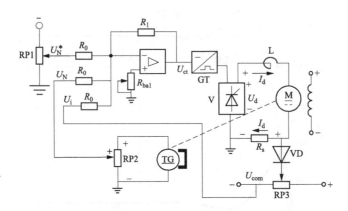

图 10-27　带电流截止负反馈环节的转速闭环调速系统电路原理图

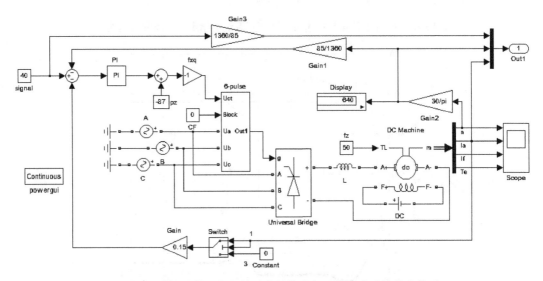

图 10-28　带电流截止负反馈环节的转速负反馈调速系统仿真模型

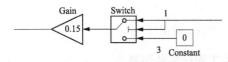

图 10-29　电流截止反馈环节

比较图 10-24 和图 10-28 可以看出，两个系统的主电路完全相同；在控制电路中，后者比前者多了图 10-29 这样一个电流截止反馈环节。

图 10-29 为一个选择开关元件。在 MATLAB 环境下双击这个元件，可以看到一个可设参数的窗口。假设这个参数在这里称为设定值，那么当这个开关元件的输入口 2 所输入的值大于等于设定值时，元件输出"输入口 1"的输入量，否则输出"输入口 3"的输入量。

这样不难得到：当电流小于设定值时，电流截止环节不起作用；而当电流大于这个设定值时，电流截止环节立刻进入工作状态，参与对系统的调节。此处设定值是 150，当设置不同值时，图 10-30 中截止电流的值也不一样。

系统中其他参数设置情况如下：

给定设为 40rad/s；开关元件的设定值为 150。其他参数的设置与无差系统相同。

（2）系统仿真和仿真结果

仿真中所选择的算法为 ode23t；仿真 Start time 设为 0，Stop time 设为 2。其他与上一系统相同。当建模和参数设置完成后，即可开始进行仿真。

图 10-30 为带电流截止负反馈的无静差转速负反馈调速系统的给定、电流和速度曲线。由图可以看出，启动时电枢电流被限制在了 150。当系统电流值小于 150 时，电流截止环节不参与调节，这时的系统就是一个转速负反馈系统了，这个阶段在图 10-30 上也可看出。

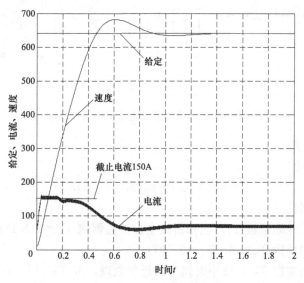

图 10-30　带电流截止负反馈环节的调速系统给定、电流和转速曲线

图 10-31 为其他参数不变，而改变电流截止负反馈环节的截止电流设定值的工作情况，当截止电流设定值从 150A 变化到 200A 时调速系统的给定、电流和转速曲线。由图可见，启动电流的最大值由图 10-30 中的 150A 增大到了图 10-31 中的 200A。

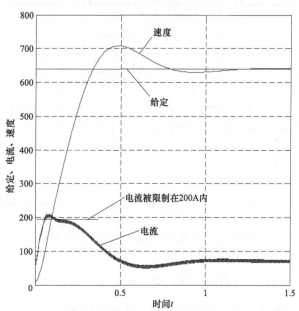

图 10-31　增大电流截止环节设定值时调速系统的给定、电流和转速曲线

10.2.4　电压负反馈调速系统的工程计算和仿真

1. 系统的电气原理图

电压负反馈调速系统的电气原理图如图 10-32 所示。该系统由给定、电压调节器、同步脉冲触发器、晶闸管整流桥、平波电抗器、直流电动机、电压反馈环节等部分组成。

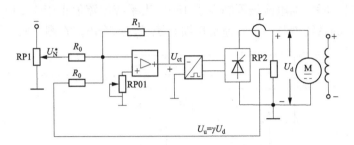

图 10-32　电压负反馈调速系统电路原理图

2. 系统的工程计算

(1) 电压反馈系数

$$\gamma = 85\text{V}/U_N = 85/270 = 0.315$$

(2) 确定时间常数。

1) 整流装置滞后时间常数 T_s，三相桥式全控整流器取 $T_s = 0.0017\text{s}$。

2) 电压滤波时间常数 T_{ov}，取 $T_{ov} = 0.001\text{s}$。

3) 电压环小时间常数 $T_{\Sigma v}$，按小时间常数近似处理，取 $T_{\Sigma v} = T_{ov} + T_s = 0.0027\text{s}$。

(3) 电压环的动态结构图及其化简过程如图 10-33 所示。在化简过程中，图 10-33（b）中的 $T_{\Sigma v} = T_{ov} + T_s$。

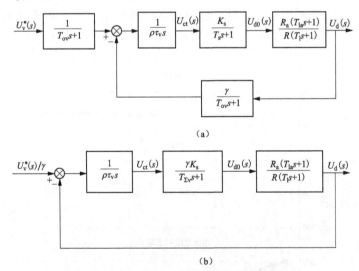

（a）

（b）

图 10-33　电压环动态结构的化简过程图
（a）电压环动态结构图；（b）电压环的单位化简

(4) 电压调节器（AVR）的类型选择。电压环可设计成典型 II 型，为此作近似处理，使 $\dfrac{1}{T_1s+1} \approx \dfrac{1}{T_1s}$。则电压调节器选定为积分调节器，传递函数为

$$W_{\mathrm{AVR}}(s) = \frac{1}{\rho\tau_{\mathrm{v}}s}$$

式中：ρ 为调整时间常数的分压比，τ_{v} 为积分时间常数。

（5）电压调节器（AVR）的参数计算。由动态结构图可得

$$\frac{1}{\rho\tau_{\mathrm{v}}s} \cdot \frac{\gamma K_{\mathrm{s}}}{T_{\Sigma}s+1} \cdot \frac{R_{\mathrm{a}}(T_{\mathrm{la}}s+1)}{RT_1s} = \frac{\gamma K_{\mathrm{s}}R_{\mathrm{a}}(T_{\mathrm{la}}s+1)}{\rho\tau_{\mathrm{v}}RT_1s^2(T_{\Sigma\mathrm{v}}s+1)} = \frac{K(\tau s+1)}{s^2(Ts+1)}$$

比较最后等式两边的系数，可得

$$K = \frac{\gamma K_{\mathrm{s}}R_{\mathrm{a}}}{\rho\tau_{\mathrm{v}}RT_1}$$

已知 $T=T_{\Sigma\mathrm{v}}$，$T_{\mathrm{la}}=\tau$，$K_{\mathrm{s}}=4.7$，$R_{\mathrm{a}}=0.6\Omega$，$R\approx 2R_{\mathrm{a}}=2\times0.6=1.2(\Omega)$，计算得

$$T_1 = \frac{L_{\Sigma}}{R} = \frac{L_{\mathrm{p}}+L_{\mathrm{a}}}{2R_{\mathrm{a}}} = \frac{0.005+0.012}{1.2} = 0.014(\mathrm{s})$$

$$K = \frac{h+1}{2h^2T_{\Sigma\mathrm{v}}^2} = \frac{5+1}{2\times5^2\times0.0027^2} = 16461$$

ρ 取 0.1，求得

$$\tau_{\mathrm{v}} = \frac{\gamma K_{\mathrm{s}}R_0}{K\rho T_1R} = \frac{0.315\times4.7\times0.6}{16461\times0.1\times0.014\times1.2} = 0.032(\mathrm{s})$$

3. 电压负反馈调速系统的建模与仿真

（1）系统的建模和模型参数设置。图 10-34 为电压负反馈调速系统的仿真模型。

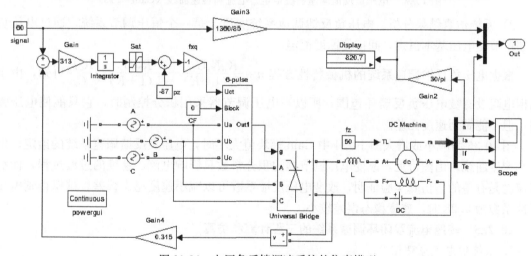

图 10-34　电压负反馈调速系统的仿真模型

比较图 10-34 和图 10-24 可看出，前者主电路与无静差调速系统一样，控制电路的差别主要是反馈信号取法不一样。电压反馈是从电机的两端取出电压后，经过一定的处理，进入积分（I）调节器中的。

系统中积分 I 调节器的参数 $K_{\mathrm{v}} = \frac{1}{\rho\tau_{\mathrm{v}}} = \frac{1}{0.1\times0.032} = 313$；电压反馈系数为计算值 0.315；其他参数则和无差系统的参数完全一样。

（2）系统仿真和仿真结果。

1）系统仿真。仿真中所选择的算法为 ode23t；仿真 Start time 设为 0，Stop time 设为 2，其他与上一系统相同。当建模和参数设置完成后，即可开始进行仿真。

图 10-35 是电压负反馈调速系统的给定、电流和速度曲线。由图 10-35 可以看出，即使电压调节器采用了积分调节器，但速度是有差的。

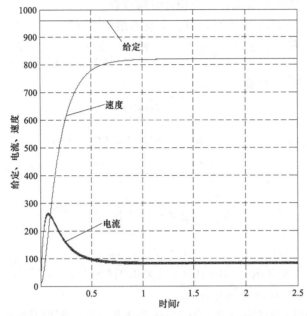

图 10-35　电压负反馈调速系统给定、电流和转速曲线（Gain=313）

2）系统仿真结果分析。电压负反馈调速系统实质上是一个恒压调节系统，通过电压负反馈调节使电压基本恒定，间接使速度恒定。

根据电压负反馈调速系统的机械特性方程 $n=\dfrac{K_{\mathrm{p}}K_{\mathrm{s}}U_{\mathrm{N}}^{*}}{C_{\mathrm{e}}(1+K)}-\dfrac{R_{\mathrm{N}}I_{\mathrm{d}}}{C_{\mathrm{e}}(1+K)}-\dfrac{R_{\mathrm{a}}I_{\mathrm{d}}}{C_{\mathrm{e}}}$ 可知，由于电枢电阻没有被电压负反馈环包围，所以当电压调节器采用积分控制时，它只能使电压无差，但不能做到速度无差。

图 10-36 为减小或增大图 10-34 中 Gain 模块值大小时，电压负反馈调速系统的给定、电流和速度曲线。由图可见，改变电压调节器的积分常数只影响电流、速度的过渡过程，而稳态速度是有差的。仿真实验证明，改变电压反馈系数可以减小速度稳态误差。试探得到电压反馈系数为 0.28 时，速度稳态误差较小。

10.2.5　转速电流双闭环调速系统的工程计算和仿真

1. 系统的电气原理图

转速电流双闭环直流调速系统的电气原理图见图 10-37 所示。

转速电流双闭环调速系统与开环、单闭环直流调速系统的主电路是一样的，主电路仍然是由交流电源、同步脉冲触发器、晶闸管整流桥、平波电抗器、直流电动机等部分组成。差别反映在控制电路上，多环调速系统的控制电路更复杂。

2. 系统的工程计算

（1）电流环设计。

1）电流反馈系数

$$\beta\approx10/1.5I_{\mathrm{N}}=10/(1.5\times44.5)=0.15(\mathrm{V/A})$$

2）确定时间常数。

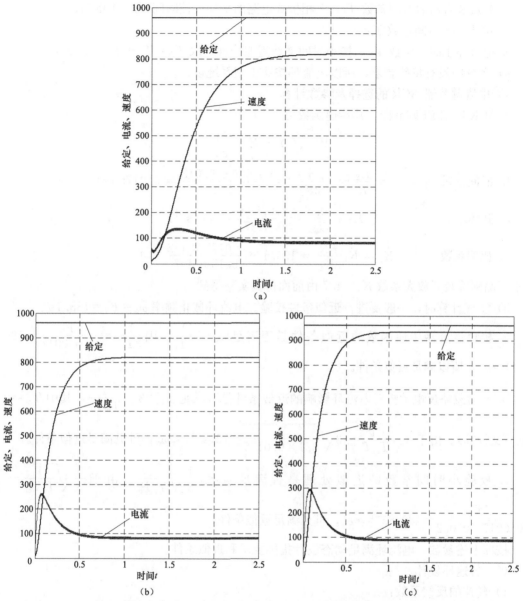

图 10-36 电压调节器参数或电压反馈系数变化时电压负反馈调速系统的给定、电流和转速曲线

(a) Gain＝2；(b) Gain＝1000；(c) Gain＝313，反馈系数 0.28

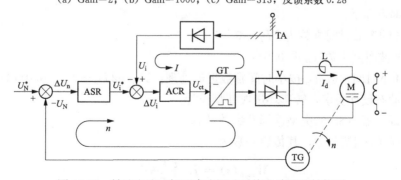

图 10-37 转速电流双闭环直流调速系统电路原理结构图

a. 整流装置滞后时间常数 T_s，三相桥式电路的平均失控时间 $T_s=0.0017\mathrm{s}$。

b. 电流滤波时间常数 $T_{oi}=0.002\mathrm{s}$。

c. 电流环小时间常数 $T_{\Sigma i}$，按小时间常数近似处理，取 $T_{\Sigma i}=T_{oi}+T_s=0.0037\mathrm{s}$。

3）系统中没有特殊要求，所以电流环按典 I 型系统设计。

4）电流调节器 ACR 的选择及参数计算

a. ACR 选用 PI 调节器，其传递函数为

$$W_{\mathrm{ACR}}(s)=K_i\,\frac{\tau_i s+1}{\tau_i s}$$

b. 时间常数 $\tau_i=T_1=\dfrac{L_\Sigma}{R}=\dfrac{L_p+L_a}{2R_a}=\dfrac{0.009+0.012}{1.2}=0.0175\,(\mathrm{s})$

c. 开环增益 $\qquad K_I=\dfrac{0.5}{T_{\Sigma i}}=\dfrac{0.5}{0.0037}=135\,(\mathrm{s}^{-1})$

d. 比例系数 $\qquad K_i=K_I\dfrac{\tau_i R}{\beta K_s}=135.1\times\dfrac{0.0175\times1.2}{0.15\times4.7}=4$

其中，晶闸管装置放大系数 $K_s=4.7$ 由前面仿真实验得到。

5）工程计算时，一般要进行近似条件校验。电流环截止频率 $\omega_{ci}=K_I=135.1\mathrm{s}^{-1}$。

a. 校验整流器传递函数的近似条件是否满足 $\omega_{ci}\leqslant\dfrac{1}{3T_s}$。因 $\dfrac{1}{3T_s}=\dfrac{1}{3\times0.0017}=196.1$ $(\mathrm{s}^{-1})>\omega_{ci}$，所以满足近似条件。

b. 校验忽略反电动势对电流环影响的近似条件是否满足 $\omega_{ci}\geqslant3\sqrt{\dfrac{1}{T_m T_1}}$，其中 $T_m=0.1$ （见后文计算）。由于 $3\sqrt{\dfrac{1}{T_m T_1}}=3\sqrt{\dfrac{1}{0.1\times0.0175}}=72(\mathrm{s}^{-1})<\omega_{ci}$，可见满足近似条件。

c. 校验小时间常数的近似处理是否满足 $\omega_{ci}\leqslant\dfrac{1}{3}\sqrt{\dfrac{1}{T_s T_{oi}}}$。由于 $\dfrac{1}{3}\sqrt{\dfrac{1}{T_s T_{oi}}}=\dfrac{1}{3}$ $\sqrt{\dfrac{1}{0.0017\times0.002}}=180.8\mathrm{s}^{-1}>\omega_{ci}$，可见满足近似条件。

按照上述参数，电流环满足动态设计指标要求和近似条件。

（2）转速环设计。

1）转速的反馈系数：

$$\alpha=(30/\pi)\times85/n_N=812/1360=0.6(\mathrm{V\cdot min/r})$$

2）确定时间常数。

a. 电流环的等效时间常数为 $2T_{\Sigma i}=0.0074\mathrm{s}$。

b. 转速滤波时间常数 T_{on} 取 $0.01\mathrm{s}$。

c. 转速环小时间常数 $T_{\Sigma n}$ 按小时间常数近似处理：$T_{\Sigma n}=2T_{\Sigma i}+T_{on}=0.0174\mathrm{s}$。

3）根据动态设计要求，转速环按典 II 型设计。

4）转速调节器 ASR 的类型选择及参数计算。

a. ASR 选 PI 型调节器，其传递函数为

$$W_{\mathrm{ASR}}(s)=K_n\,\frac{\tau_n s+1}{\tau_n s}$$

b. 时间常数 $\tau_n = hT_{\Sigma n} = 5 \times 0.0174 = 0.087 (s)$

c. 开环增益 $K_N = \dfrac{(h+1)}{2h^2 T_{\Sigma n}^2} = 396.4$

d. 比例系数 $K_n = \dfrac{(h+1)\beta C_e T_m}{2h\alpha R T_{\Sigma n}} = \dfrac{6 \times 0.15 \times 0.179 \times 0.1}{10 \times 0.6 \times 1.2 \times 0.0174} = 0.13$

$$T_m = \frac{GD^2 R}{375 C_e C_m} = \frac{2.5 \times 0.4 \times 9.8 \times 1.2}{375 \times 0.179 \times 9.55 \times 0.179} = 0.1, C_m = \frac{30}{\pi} C_e$$

5）近似条件校验。转速环截止频率

$$\omega_{cn} = \frac{K_N}{\omega_1} = K_N \tau_n = 396.4 \times 0.087 = 34.49 \ (s^{-1})$$

a. 校验电流环传递函数简化条件是否满足 $\omega_{cn} \leqslant \dfrac{1}{5 T_{\Sigma i}}$。由于 $\dfrac{1}{5 T_{\Sigma i}} = \dfrac{1}{5 \times 0.0037} = 54.1(s^{-1}) > \omega_{cn}$，满足简化条件。

b. 校验小时间常数近似处理是否满足 $\omega_{cn} \leqslant \dfrac{1}{3}\sqrt{\dfrac{1}{2 T_{on} T_{\Sigma i}}}$。由于 $\dfrac{1}{3}\sqrt{\dfrac{1}{2 T_{on} T_{\Sigma i}}} = \dfrac{1}{3}$ $\sqrt{\dfrac{1}{2 \times 0.01 \times 0.0037}} = 38.75(s^{-1}) > \omega_{cn}$，可见满足近似条件。

3. 转速电流双闭环调速系统的建模与仿真

（1）系统的建模和模型参数设置。图 10-38 为转速电流双闭环调速系统的仿真模型。

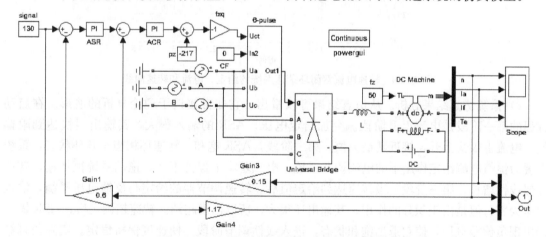

图 10-38　转速电流双闭环调速系统仿真模型

1）主电路的建模和参数设置。转速电流双闭环系统主电路的建模和模型参数设置与单闭环直流调速系统绝大部分相同，只是通过仿真实验的探索，将平波电抗器的电感值修改为 9e-3H。下面介绍控制电路的建模与参数设置过程。

2）控制电路的建模和参数设置。转速电流双闭环系统的控制电路包括：给定环节、速度调节器 ASR、电流调节器 ACR、偏置电路、反向器、电流反馈环节、速度反馈环节等。偏置电路偏置值修改为 −217，其他参数与前面相同。

给定环节的参数设置为 130rad/s（读者可自行探索给定信号的允许变化范围）；电流反馈系数设为 0.15；速度反馈系数设为 0.6。

双闭环调速系统有两个 PI 调节器——ACR 和 ASR。调节器 ACR 的参数设置是：$K_{pi} = 4$、

$K_{ii}=4/0.0175=228.6$、上下限幅值为 [130，-130]。ASR 的参数设置是 $K_{pn}=0.13$、$K_{in}=$ 1.5、上下限幅值为 [25，-25]。其他没作说明的为系统默认参数。

上述参数都是根据前面工程计算得来的。

（2）系统仿真和仿真结果。

1）系统仿真中所选择的算法为 ode23s；仿真 Start time 设为 0，Stop time 设为 3.5。当建模和参数设置完成后，即可开始进行仿真。

图 10-39 为转速电流双闭环调速系统的给定、电流和速度曲线。

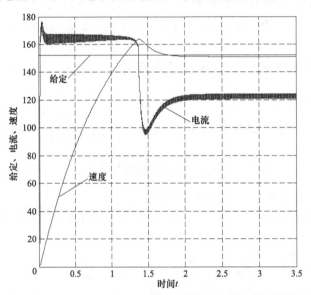

图 10-39　转速电流双闭环调速系统的给定、电流和转速曲线

2）系统仿真结果分析。从仿真结果可以看出，它非常接近于理论分析的波形。在启动过程的第一阶段是电流上升阶段。突加给定电压，ASR 的输入很大，其输出很快达到限幅值，电流也很快上升，接近其最大值。第二阶段，ASR 饱和，转速环相当于开环状态，系统表现为恒值电流给定作用下的电流调节系统，电流基本上保持不变，拖动系统恒加速，转速近似线性增长。第三阶段，当转速达到给定值后。转速调节器的给定与反馈电压平衡，输入偏差为零，但是由于积分的作用，其输出还很大，所以出现超调。转速超调之后，ASR 输入端出现负偏差电压，使它退出饱和状态，进入线性调节阶段，使速度保持恒定。实际仿真结果基本上反映了这一点。

10.3　多环直流调速系统的仿真

10.1～10.2 节中，先进行了开环系统和典型的单闭环、双闭环直流调速系统的工程计算，以获取仿真用的参数；其次采用面向电气原理图的仿真方法，对系统进行了建模与仿真分析。在开环系统中重点讨论了系统的调速范围；在单闭环有静差调速系统中讨论了调节器放大倍数对速度偏差的影响；在单闭环无静差调速系统中讨论了系统对负载扰动的抑制作用；而在电压负反馈调速系统中，则证明了电压调节器即使采用积分控制器，它也只能做到电压无差，但不能做到速度无差。工程计算指导了仿真实验，可避免仿真时参数选取的盲目性；仿真实验也验证了理论的有效性。

但是，前面调速系统的工程计算都是建立在系统的数学模型——传递函数上的，而系统传递函数的获取则是做了一定的近似，因此，工程计算获取的参数不一定是优化的参数。为此，下面采用试探法进行参数优化，对转速电流双闭环系统、转速微分负反馈双闭环系统、带电流变化率内环、带电压内环的三环直流调速系统以及各种类型的可逆直流调速系统进行建模和仿真。

用试探法进行参数优化的具体方法是：

（1）对固有环节，如晶闸管整流桥、平波电抗器、直流电动机等装置的参数设置原则是：如果针对某个具体的装置进行参数设置，则对话框中的有关参数应取该装置的实际值；如果是不针对某个具体装置的一般情况，可先取这些装置的参数默认值进行仿真，若仿真结果理想，则认可这些设置的参数；若仿真结果不理想，则通过仿真实验，不断进行参数优化，最后确定其参数。

（2）象给定信号的变化范围、调节器的参数和反馈检测环节的反馈系数（闭环系统中使用）等可调参数的设置，其一般方法是通过仿真实验，不断进行参数优化。具体方法是分别设置这些参数的一个较大和较小值进行仿真，弄清它们对系统性能影响的趋势，据此逐步将参数进行优化。

10.3.1 转速电流双闭环直流调速系统的建模与仿真

基于试探法的转速电流双闭环直流调速系统的仿真模型如图 10-40 所示。

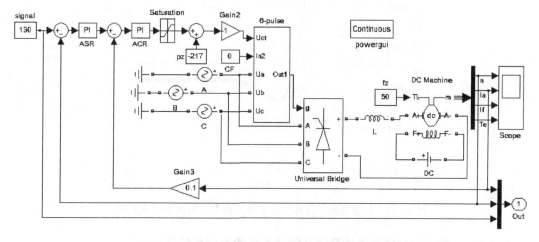

图 10-40　转速电流双闭环直流调速系统的仿真模型

1. 系统的建模和模型参数设置

（1）主电路的建模和参数设置。转速电流双闭环系统主电路的建模和模型参数设置与单闭环直流调速系统绝大部分相同，通过仿真实验的探索，将平波电抗器的电感值修改为9e-3H。

（2）控制电路的建模和参数设置。转速电流双闭环系统的控制电路包括给定环节、速度调节器 ASR、电流调节器 ACR、限幅器、偏置电路、反向器、电流反馈环节、速度反馈环节等。

通过对"给定信号"U_{signal}参数变化范围仿真实验的探索而知，U_{ct}与输出电压是单调下降的函数关系。为此，在系统中通过限幅器、偏置、反向器等模块的应用，将调节器的输出限制在同步脉冲触发器能够正常工作的范围之内，并且U_{signal}与速度成单调上升的函数关系，符合人们的习惯。

本给定环节的参数设置为130rad/s（读者可自行探索给定信号的允许变化范围）；电流反馈系数设为 0.1；速度反馈系数设为 1。

双闭环系统有两个 PI 调节器——ACR 和 ASR。调节器 ACR 的参数设置是：$K_{pi}=10$、$K_{ii}=100$、上下限幅值为 [130，−130]。ASR 的参数设置是：$K_{pn}=1.2$、$K_{in}=10$；上下限幅值为 [25，−25]。电流调节器后面的限幅器限幅值为 [97，0]。其他没作说明的为系统默认参数。

2. 系统仿真和仿真结果

通过对仿真算法的比较实践，本系统选择的仿真算法为 ode23s；仿真 Start time 设为 0，Stop time 设为 1.5，其他与上一节的系统相同。当建模和参数设置完成后，即可开始进行仿真。图 10-41 是转速、电流双闭环调速系统的给定、电流和转速曲线。

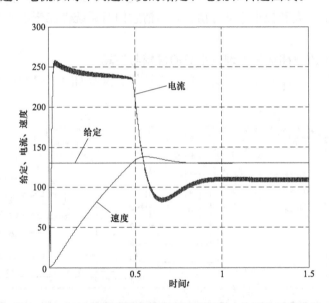

图 10-41　转速电流双闭环调速系统的给定、电流和转速曲线

10.3.2　带转速微分负反馈的双闭环调速系统的建模与仿真

双闭环调速系统的不足是有转速超调。实践证明，在转速调节器上引入转速微分负反馈，可以抑制转速超调。带转速微分负反馈的转速调节器和普通转速调节器相比，就是在转速负反馈的基础上叠加上一个转速微分负反馈信号。在转速变化过程中，只要有转速超调的趋势，微分负反馈就开始进行调节，它能比普通双闭环系统更快达到平衡。

图 10-42 为采用面向电气原理图方法构作的带转速微分负反馈的双闭环系统仿真模型。

与普通的双闭环调速系统相比，只是增加了图 10-43 所示的转速微分负反馈环节，其他的系统结构和参数和普通的双闭环调速系统完全一样。

图 10-44 为带转速微分负反馈的双闭环系统的给定、电流和转速曲线。

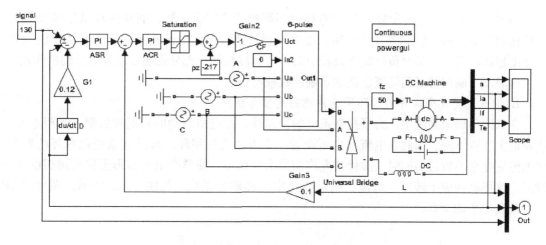

图 10-42　带转速微分负反馈的双闭环调速系统仿真模型

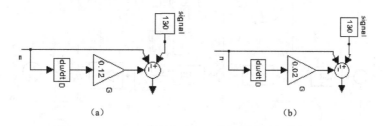

图 10-43　转速微分负反馈环节

（a）反馈系数 $G=0.12$；（b）反馈系数 $G=0.02$

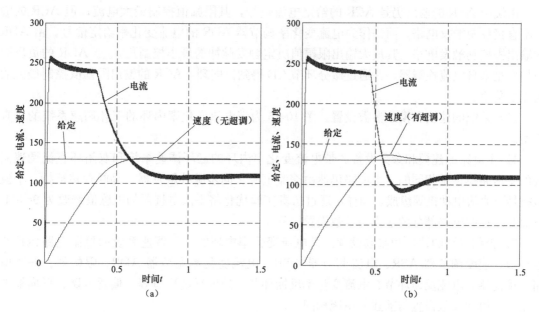

图 10-44　带转速微分负反馈的双闭环系统的给定、电流和转速曲线

（a）反馈系数 $G=0.12$ 无超调；（b）反馈系数 $G=0.02$ 有超调

图 10-44 所示的仿真参数和普通的双闭环调速系统完全一样，而从仿真结果可以看出，在转速调节器上引入转速微分负反馈，可以抑制转速超调。当转速微分负反馈系数较大时，无速度超调；当转速微分负反馈系数较小时，有速度超调；充分说明了微分负反馈的作用。

10.3.3　晶闸管三闭环直流调速系统的建模与仿真

1. 带电流变化率内环的三环调速系统的建模与仿真

在双闭环调速系统中，为了提高系统的快速性，在电机启动的初期和后期，希望电流能快速地上升或下降。为此在电流环内再设置一个电流变化率环，通过电流变化率环的调节，使电流变化率不致过高同时又能保持允许的最大变化率，使整个电流波形更接近理想的动态波形。这样就构成了转速、电流、电流变化率三环调速系统，如图 10-45 所示。图中 ADR 是电流变化率调节器。

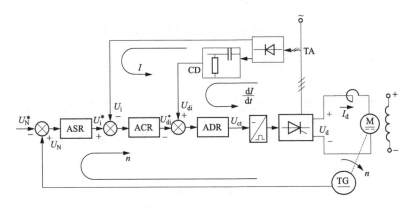

图 10-45　带电流变化率内环的三环调速系统电气原理图

系统中 ASR 的输出仍是 ACR 的给定电流信号，其限幅值控制最大电流；但 ACR 的输出不直接控制触发电路，而是作为电流变化率调节器 ADR 的电流变化率给定信号。由 ADR 的输出去控制触发电路，其最大输出限幅值决定触发脉冲的最小控制角 α_{min}。ADR 的负反馈信号也是来自电流检测器，并通过微分环节 CD 得到。同理，ACR 的输出限幅值控制最大的电流变化率。

（1）系统的建模和模型参数设置。图 10-46 为带电流变化率内环的三环调速系统的仿真模型。

1）主电路的建模和参数设置。带电流变化率内环的三环调速系统和双闭环直流调速系统的主电路模型是相同的，主电路仍然由交流电源、同步脉冲触发器、晶闸管整流桥、平波电抗器、直流电动机等组成。同样，通过仿真实验优化将平波电抗器的电感值修改为 9e-3H。下面介绍控制电路部分的建模与参数设置过程。

2）控制电路的建模和参数设置。带电流变化率内环的三环调速系统的控制电路包括给定环节、速度调节器 ASR、电流调节器 ACR、电流变化率调节器 ADR、限幅器、偏置电路、反向器、电流反馈环节、电流变化率反馈环节、速度反馈环节等。偏置电路、反向器的作用、建模和参数设置与前述各系统相同。

给定环节的参数设置为 130（读者可自行探索给定信号的允许变化范围）；电流反馈系数设为 0.1；速度反馈系数设为 1。

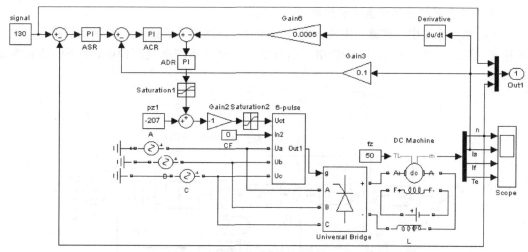

图 10-46 带电流变化率内环的三环调速系统的仿真模型

三闭环系统有三个 PI 调节器——ASR、ACR 和 ADR。这三个调节器的参数设置分别是：

ASR：$K_{pn}=4$、$K_{in}=10$；上下限幅值为 [30，−30]。

ACR：$K_{pi}=5$、$K_{ii}=100$、上下限幅值为 [130，−130]。

ADR：$K_{pd}=500$、$K_{id}=300$、上下限幅值为 [1e5，−1e5]；限幅器限幅值 [207，110]。

上述参数也是优化而来，其他没作详尽说明的参数和双闭环系统是一样的。

（2）系统仿真和仿真结果。仿真中所选择的算法为 ode23s；仿真 Start time 设为 0，Stop time 设为 1，其他与双闭环系统相同。当建模和参数设置完成后，即可开始进行仿真。图 10-47 为带电流变化率内环的三环调速系统的给定、电流和转速曲线。由图可见，通过电流变化率环的调节，输出电流下降得更快，使整个电流波形更接近理想的动态波形。

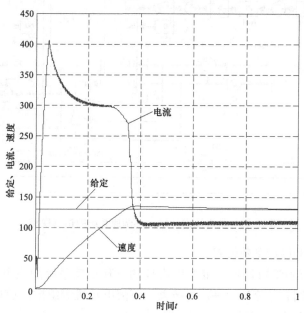

图 10-47 带电流变化率内环的三环调速系统的给定、电流和转速曲线

2. 带电压内环的三环调速系统的建模与仿真

在实际调速系统中，转速、电流、电压内环的三环调速系统适用于大容量且对动态性能要求较高的调速系统。图 10-48 为带电压内环的三环调速系统电气原理图，图中 AVR 为电压调节器。

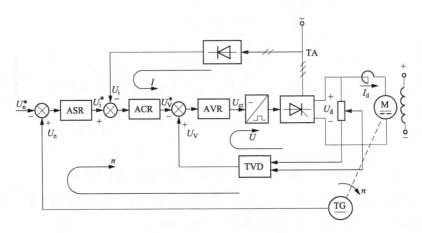

图 10-48　带电压内环的三环调速系统电路原理图

转速、电流环原理与转速电流双闭环调速系统的转速电流环相同，电压环的作用是什么呢？与转速电流双闭环调速系统相比，在抗电网电压扰动作用方面，电压环有其优越性，只要电网电压有扰动存在，则电压环首先进行调节。电压环的调节比电流环更为及时。

图 10-49 为采用面向电气原理图方法构作的带电压内环的三环调速系统的仿真模型。

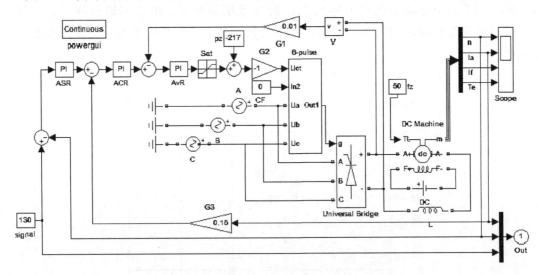

图 10-49　带电压内环的三环调速系统的仿真模型

（1）系统的建模和模型参数设置。

1）主电路的建模和参数设置。带电压内环的三环调速系统的主电路仍然由交流电源、同步脉冲触发器、晶闸管整流桥、平波电抗器、直流电动机等组成。通过仿真实验优化将平波电抗器的电感值修改为 9e-3H。

2）控制电路的建模和参数设置。带电压内环的三环调速系统的控制电路包括给定环节、速度调节器 ASR、电流调节器 ACR、电压调节器 AVR、限幅器、偏置电路、反向器、电流反馈环节、电压反馈环节、速度反馈环节等。偏置电路、反向器的作用、建模和参数设置与前述各系统相同。

给定环节的参数设置为 130（读者可自行探索给定信号的允许变化范围）；电流反馈系数设为 0.15，由电流环计算而得；速度反馈系数设为 1；

三闭环系统有三个 PI 调节器——ASR、ACR 和 AVR。这三个调节器的参数设置分别是：

ASR：$K_{pn}=1.2$、$K_{in}=10$；上下限幅值为 [25，−25]。

ACR：$K_{pi}=3.8$、$K_{ii}=216$，上下限幅值为 [130，−130]。

AVR：$K_{pv}=3$、$K_{iv}=15$，上下限幅值为 [130，−130]；限幅器的限幅值 [107，0]。

上述参数也是优化而来，其他没作详尽说明的参数是和双闭环系统一样的。

（2）系统仿真和仿真结果。仿真中所选择的算法为 ode45；仿真 Start time 设为 0，Stop time 设为 2，其他与双闭环系统相同。当建模和参数设置完成后开始进行仿真。图 10-50 为带电压内环的三环调速系统的给定、电流和转速曲线。

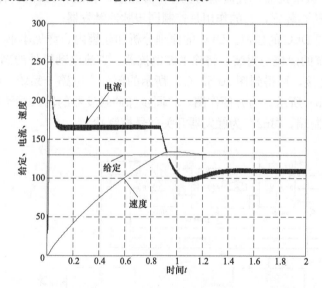

图 10-50　带电压内环的三环调速系统的给定、电流和转速曲线

从图 10-50 的仿真结果可以看出，带电压内环的三环调速系统的电流曲线和转速动态性能和普通的双闭环调速系统基本上相同。电压内环的主要作用是抗电网电压扰动。

10.3.4　晶闸管直流可逆调速系统的建模与仿真

通过上面对典型单闭环和多环直流调速系统的仿真分析可以看到，这些系统的主电路模型是相同的，控制电路有差别。而本节所要讨论的直流可逆调速系统的建模与前面所述的系统相比较，控制电路和主电路都有区别，其建模有一定的特点。

1. 逻辑无环流可逆直流调速系统的建模与仿真

逻辑无环流直流可逆调速系统是一个典型的可逆调速系统，系统的电气原理图如图 9-51 所示。下面介绍各部分的建模与参数设置过程。

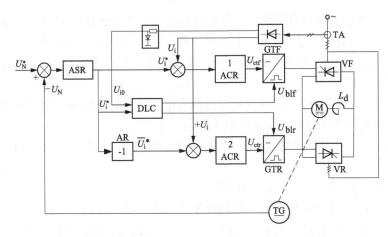

图 10-51　逻辑无环流直流可逆调速系统电气原理结构图

（1）系统的建模和模型参数设置。

1）主电路的建模和参数设置。由图 10-51 可见，主电路由三相对称交流电压源、反并联的晶闸管整流桥、平波电抗器、直流电动机等部分组成。在逻辑无环流可逆系统中，逻辑切换装置 DLC 是一个核心装置，它的作用是控制同步脉冲触发器。

a. 逻辑切换装置 DLC 的建模。DLC 的原理分析和建模内容详见本书 6.3 节。

b. 主电路子系统的建模与封装。将除平波电抗器、直流电动机外的部分主电路按电气原理图的关系进行了连接，可得到图 10-52（a）所示的部分主电路子系统，封装后的子系统模块符号如图 10-52（b）所示。为方便作图，将同步脉冲触发器的输入端子顺序稍作调整，其中"Uct"为脉冲控制端，"In2"为触发器开关信号控制端。

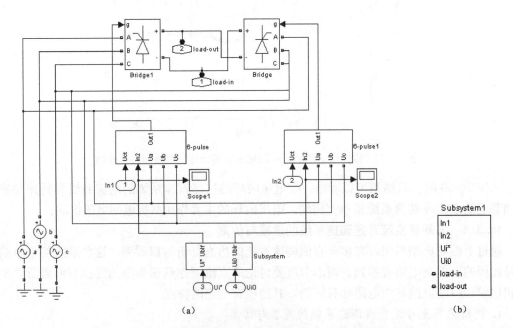

（a）　　　　　　　　　　　　　　　　　　　（b）

图 10-52　逻辑无环流部分主电路子系统的建模子系统模块符号

（a）主电路子系统；（b）子系统模块符号

2) 控制电路的建模和参数设置。逻辑无环流直流可逆调速系统的控制电路包括给定环节、1 个速度调节器 ASR、2 个电流调节器 ACR、限幅器、偏置电路、反向器、电流反馈环节、速度反馈环节等。控制电路的连接方式与电气原理结构图 10-51 非常接近。限幅器、偏置电路、反向器的作用、建模和参数设置与前几节也基本相同，就不多讨论了。要说明的是：为了得到比较复杂的给定信号，这里采用了将简单信号源组合的方法。

控制电路的有关参数设置如下：电流反馈系数设为 0.1；速度反馈系数设为 1。

调节器的参数设置分别是：

ASR：$K_{pn}=1.2$；$K_{in}=0.3$；上下限幅值为 [25，−25]。

ACR：$K_{pi}=2$、$K_{ii}=50$、上下限幅值为 [90，−90]。

ACR1：$K_{pi1}=2$、$K_{ii1}=50$、上下限幅值为 [90，−90]。

限幅器限幅值 [97 0]；负载设置为 0 是为了使正、反向电流对称。其他没作说明的为系统默认参数。逻辑无环流直流可逆调速系统的仿真模型见图 10-53。

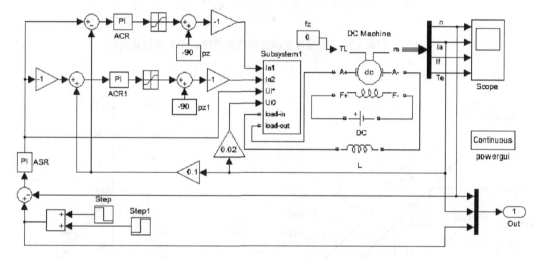

图 10-53　逻辑无环流直流可逆调速系统的仿真模型

（2）系统仿真和仿真结果。仿真中所选择的算法为 ode23t；仿真 Start time 设为 0，Stop time 设为 12，其他与上述系统相同。当建模和参数设置完成后，即可开始进行仿真。图 10-54 为逻辑无环流直流可逆调速系统的给定、电流和速度曲线。

从仿真结果可以看出：仿真系统实现了速度和电流的可逆，而且具有快速切换的特性。

2. 错位控制无环流可逆直流调速系统的建模与仿真

错位控制的无环流可逆调速系统简称为错位无环流系统。

（1）与逻辑无环流系统的区别。逻辑无环流系统采用 $\alpha=\beta$ 控制，两组脉冲的关系是 $\alpha_f+\alpha_r=180°$，初始相位整定在 $\alpha_{f0}=\alpha_{r0}=90°$，并要设置逻辑控制器进行切换才能实现无环流。

错位无环流系统也采用 $\alpha=\beta$ 控制，但两组脉冲关系是 $\alpha_f+\alpha_r=300°$ 或 $360°$，初始相位整定在 $\alpha_{f0}=\alpha_{r0}=150°$ 或 $180°$。

错位无环流系统两组控制角的配合特性如图 10-55 所示。由图可见，无环流的临界状况是 CO_2D 线，此时零位在 O_2 点，相当于 $\alpha_{f0}=\alpha_{r0}=150°$，$CO_2D$ 线的方程式为 $\alpha_f+\alpha_r=300°$，这种临界状态不可靠。为安全起见，实际系统常将零位整定在 $\alpha_{f0}=\alpha_{r0}=180°$（即 O_3 点），

EO_3F 直线的方程是 $\alpha_f + \alpha_r = 360°$。这种整定方法，不仅安全可靠，而且调整也很方便。

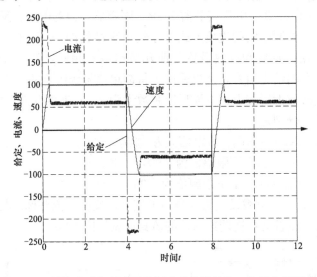

图 10-54　逻辑无环流直流可逆调速系统的给定、电流和转速曲线

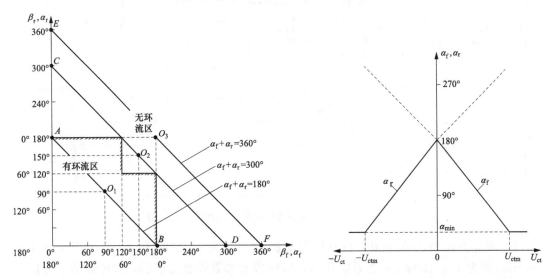

图 10-55　正反两组控制角的配合特性和无环流区　　　图 10-56　错位无环流系统移相控制特性

零位整定在 180°时，触发装置的移相控制特性如图 10-56 所示。这时，如果一组脉冲控制角小于 180°，另一组脉冲控制角一定大于 180°。而大于 180°的脉冲对系统是无用的，因此常常只让它停留在 180°处，或使大于 180°后停发脉冲。图 10-56 中控制角超过 180°的部分用虚线表示。

（2）带电压内环的错位无环流系统。如上所述，零位整定在 180°（或 150°）后，触发脉冲从 180°移到 90°的这段时间内，整流器没有电压输出，形成一个 90°的死区。在死区内，α 变化并不引起输出 U_d 变化。为了压缩死区，可在错位无环流可逆系统中增加一个电压环。带电压内环的错位无环流可逆系统如图 10-57 所示。与其他可逆系统不同的地方是不用逻辑装置，另外增加了一个由电压变换器 TVD 和电压调节器 AVR 组成的电压环。

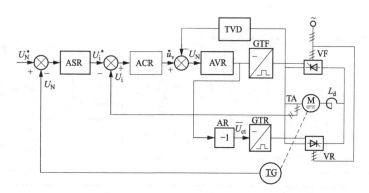

图 10-57　带电压内环的错位无环流可逆系统原理结构图

　　错位无环流系统的零位整定在 180°时，两组的移相控制特性恰好分在纵轴的左右两侧，因而两组晶闸管的工作范围可按 U_{ct} 的极性来划分，U_{ct} 为正时正组工作，U_{ct} 为负时反组工作。通过对 U_{ct} 的极性进行鉴别后，再通过电子开关选择触发正组还是反组，从而构成了错位选触无环流系统。

　　（3）系统的建模和模型参数设置。

　　1）主电路的建模和参数设置。由图 10-57 可见，主电路由三相对称交流电压源、反并联的晶闸管整流桥、平波电抗器、直流电动机等部分组成。错位控制的无环流可逆调速系统的主电路建模和参数设置基本上与逻辑无环流可逆系统相同。主电路模型如图 10-58 所示。

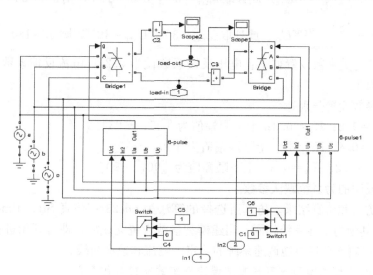

图 10-58　错位选触无环流调速系统的主电路模型

　　采用上述模型下半部分的选择开关即可实现错位选触无环流控制。选择开关的第二输入端接输入控制角 α，参数 Threshold 设置为 180。当控制角 $\alpha \geqslant 180°$时，通过给 6 脉冲触发器的 Block 端置 "1" 关闭触发器，达到使整流器不工作的目的；当控制角 $\alpha < 180°$时，通过给 6 脉冲触发器的 Block 端置 "0" 开通触发器，使整流器工作。

　　根据图 10-57 所示带电压内环的错位无环流可逆系统结构，下面给出错位选触控制无环流可逆调速系统的仿真模型如图 10-59 所示。

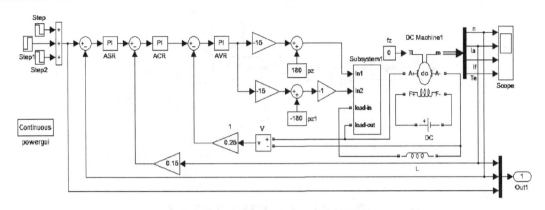

图 10-59　错位选触控制无环流可逆调速系统的仿真模型

2）控制电路的建模和参数设置。错位选触无环流可逆调速的控制电路包括给定环节、1 个速度调节器 ASR、1 个电流调节器 ACR 和 1 个电压调节器 AVR、2 个偏置电路、3 个反向器、电压反馈环节、电流反馈环节、速度反馈环节等，给定信号由简单信号源组合而成，平波电抗器电感 9e-2H。

电压调节器 AVR 与 Subsystem1 之间的环节是根据图 10-56 错位控制无环流调速系统移相控制特性而得来的，分析过程如下。

根据图 10-56 移相控制特性，可以得到：

a. $\alpha_f=180°+\dfrac{180°-\alpha_{fmin}}{-U_{ctm}}U_{ct}$。此处取 $\alpha_{fmin}=30°$，$U_{ctm}=10\mathrm{V}$，则 $\alpha_f=180°-15U_{ct}$。

b. $\alpha_r=180°+\dfrac{180°-\alpha_{rmin}}{U_{ctm}}U_{ct}$。此处取 $\alpha_{rmin}=30°$，$U_{ctm}=10\mathrm{V}$，则 $\alpha_r=180°+15U_{ct}$。

控制电路的有关参数设置如下：电压反馈系数设为 0.25；电流反馈系数设为 0.15；速度反馈系数设为 1。

调节器的参数设置分别是：

ASR：$K_{pn}=1.2$；$K_{in}=0.3$；上下限幅值为 $[25，-25]$。

ACR：$K_{pi}=0.4$、$K_{ii}=30$、上下限幅值为 $[90，-90]$。

AVR：$K_{pv}=1.2$、$K_{iv}=0.6$、上下限幅值为 $[90，-90]$。

其他没作说明的为系统默认参数。

（4）系统仿真和仿真结果。仿真所选择的算法为 ode23t；仿真 Start time 设为 0，Stop time 设为 16，其他与上述系统相同。当建模和参数设置完成后，即可开始进行仿真。图 10-60 为错位选触控制无环流可逆调速系统的给定、电流和速度曲线。

3. $\alpha=\beta$ 配合控制的有环流可逆直流调速系统的建模与仿真之一

$\alpha=\beta$ 配合控制的有环流调速系统也是一个典型的直流可逆调速系统，系统的电气原理图如图 10-61 所示。下面介绍各部分的建模与参数设置过程。

（1）系统的建模和模型参数设置。

1）主电路的建模和参数设置。由图 10-61 可见，主电路由三相对称交流电压源、反并联的晶闸管整流桥、平波电抗器、直流电动机等部分组成。在有环流可逆系统中，一个明显的特征是反并联的晶闸管整流桥回路中串接了 4 个均衡电抗器 L1～L4，它们的作用是抑制脉动环流。

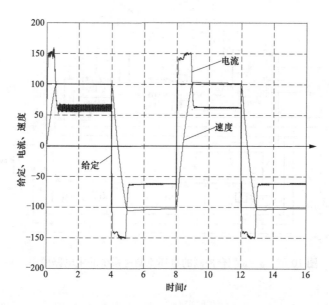

图 10-60　错位选触控制无环流可逆调速系统的给定、电流和速度曲线

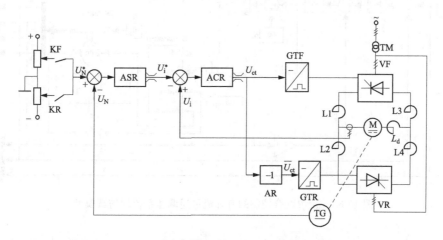

图 10-61　$\alpha = \beta$ 配合控制的有环流可逆调速系统原理框图

$\alpha = \beta$ 配合控制的有环流调速系统的主电路建模和参数设置大部分与逻辑无环流可逆系统相同，不同的地方是在反并联的晶闸管整流桥回路中串接了 4 个均衡电抗器 L1~L4。主电路模型如图 10-62 所示。经过试验，均衡电抗器的电感值取 4e-2H。

下面给出 $\alpha = \beta$ 配合控制的有环流可逆调速系统的仿真模型，如图 10-63 所示。

2）控制电路的建模和参数设置。$\alpha = \beta$ 配合控制的有环流可逆调速系统的控制电路包括给定环节、1 个速度调节器 ASR、1 个电流调节器 ACR、2 个偏置电路、3 个反向器、电流反馈环节、速度反馈环节等。控制电路的连接方式与电气原理图 10-61 非常接近。ACR 和第 1 个反向器为 $\alpha = \beta$ 配合控制电路。给定信号由简单信号源组合而成。

控制电路的有关参数设置如下：电流反馈系数设为 0.1；速度反馈系数设为 1。

调节器的参数设置分别是：

ASR：$K_{pn} = 1.2$；$K_{in} = 0.3$；上下限幅值为 $[25, -25]$。

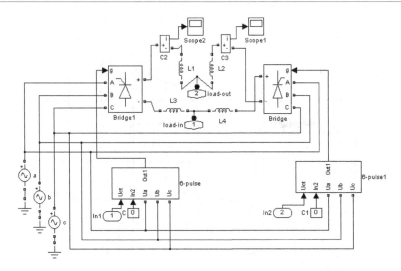

图 10-62　$\alpha=\beta$ 配合控制的有环流调速系统的主电路模型

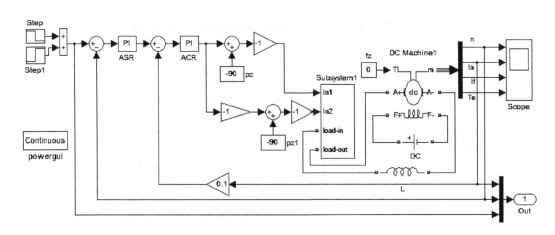

图 10-63　$\alpha=\beta$ 配合控制的有环流可逆调速系统的仿真模型

ACR：$K_{pi}=2$、$K_{ii}=50$、上下限幅值为 [90，-90]；平波电抗器的电感值取 9e-3H。其他没作说明的为系统默认参数。

（2）系统仿真和仿真结果。仿真所选择的算法为 ode23t；仿真 Start time 设为 0，Stop time 设为 12，其他与上述系统相同。当建模和参数设置完成后，即可开始进行仿真。图 10-64 为 $\alpha=\beta$ 配合控制的有环流可逆调速系统的给定、电流和速度曲线。

从仿真结果可以看出，仿真系统实现了速度和电流的可逆。

图 10-65 为 $\alpha=\beta$ 配合控制的有环流可逆调速系统中均衡电抗器为 L1、L2 中的电流曲线。Scope2 是 L1 中的电流，Scope1 是 L2 中的电流。由图可见，环流约为 110，电机电枢电流约为 60，在 $t=1\sim4$ 期间，图 10-62 中晶闸管桥 Bridge1 工作，L1 中流过环流和负载电流，Scope2 中的总电流约为 170；L2 中只流过环流，Scope1 中的电流约为 110。$t=4\sim8$ 期间，图 10-62 中晶闸管桥 Bridge 工作，L2 中流过环流和负载电流，Scope1 中的总电流约为 170；L1 中只流过环流，Scope2 中的电流约为 110。与理论分析基本一致。由于示波器测量

的是均衡电抗器中的电流，每个周期的环流有所增加可能是均衡电抗器中的电流没有释放完造成的。

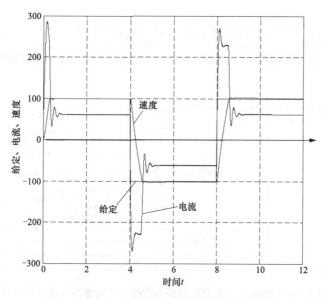

图 10-64 $\alpha=\beta$ 配合控制的有环流可逆调速系统的给定、电流和速度曲线

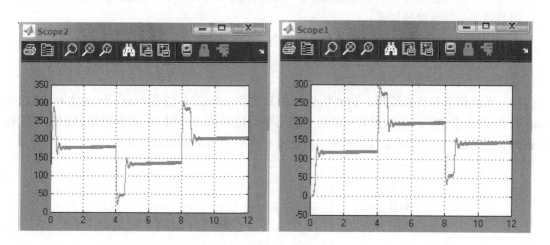

图 10-65   有环流可逆调速系统中均衡电抗器为 L1、L2 中的电流曲线

4. $\alpha=\beta$ 配合控制的有环流可逆直流调速系统的建模与仿真之二

$\alpha=\beta$ 配合控制的有环流可逆直流调速系统也可以仿照错位选触无环流可逆调速系统的方法，用移相控制特性来设计电流调节器 ACR 与 Subsystem1 之间的控制环节模块。

（1）系统的建模和模型参数设置。图 10-66 是 $\alpha=\beta$ 配合控制的有环流可逆直流调速系统的移

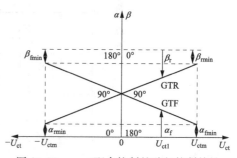

图 10-66 $\alpha=\beta$ 配合控制的移相控制特性

相控制特性，其零位定在 90°。根据图 9-66 的移相控制特性，分析得到：

1）$\alpha_{\mathrm{f}}=90°+\dfrac{90°-\alpha_{\mathrm{fmin}}}{-U_{\mathrm{ctm}}}U_{\mathrm{ct}}$。此处取 $\alpha_{\mathrm{fmin}}=30°$，$U_{\mathrm{ctm}}=10\mathrm{V}$，则 $\alpha_{\mathrm{f}}=90°-6U_{\mathrm{ct}}$。

2）$\alpha_{\mathrm{r}}=90°+\dfrac{90°-\alpha_{\mathrm{rmin}}}{U_{\mathrm{ctm}}}U_{\mathrm{ct}}$。此处取 $\alpha_{\mathrm{rmin}}=30°$，$U_{\mathrm{ctm}}=10\mathrm{V}$，则 $\alpha_{\mathrm{r}}=90°+6U_{\mathrm{ct}}$。

图 10-67 为根据移相控制特性构建的 $\alpha=\beta$ 配合控制的有环流可逆调速系统仿真模型。

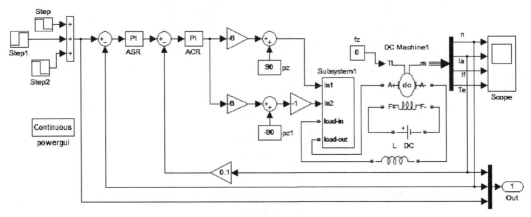

图 10-67　根据 $\alpha=\beta$ 配合控制移相控制特性构建的调速系统模型

模型中控制电路的有关参数设置如下：电流反馈系数设为 0.1；速度反馈系数设为 1。调节器的参数设置分别是：

ASR：$K_{\mathrm{pn}}=1.2$；$K_{\mathrm{in}}=0.3$；上下限幅值为 $[25,-25]$；

ACR：$K_{\mathrm{pi}}=0.4$、$K_{\mathrm{ii}}=9$、上下限幅值为 $[90,-90]$；

其他没作说明的为系统默认参数。

（2）系统仿真和仿真结果。仿真所选择的算法为 ode23t；仿真 Start time 设为 0，Stop time 设为 16。当建模和参数设置完成后，即可开始进行仿真。图 10-68 是根据移相控制特性构建的 $\alpha=\beta$ 配合控制有环流可逆调速系统仿真得到给定、电流和转速曲线。

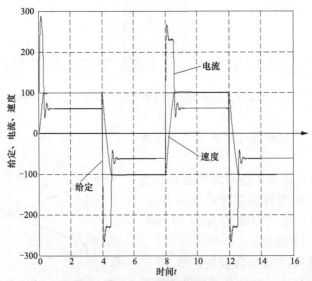

图 10-68　根据移相控制特性构建的配合控制有环流调速系统给定、电流和转速曲线

由图 10-68 可见，根据移相控制特性构建的配合控制有环流调速系统输出电流曲线和转速曲线与图 10-64 的输出曲线是一致的。

10.4　直流脉宽调速系统的仿真

以晶闸管作为直流电源的单环、多环以及可逆直流调速系统具有主电路模型相同而控制电路有差别的特点。而以下所要讨论的直流脉宽调速系统与前面所述的各系统相比较，控制电路和主电路都有区别，其建模有一定的特点。

10.4.1　H 型 PWM 可逆直流变换器的建模与仿真

1. H 型 PWM 可逆直流变换器的工作原理

用于直流脉宽调速的 H 型 PWM 可逆直流变换器的电路原理图如图 10-69 所示。图中的开关器件可以是 GTR、P-MOSFET 和 IGBT 等。H 型可逆直流 PWM 变换器从控制方式上有双极式调制、单极式调制和受限单极式调制三种。H 型 PWM 可逆直流变换器的原理详见本书 7.3 节内容。

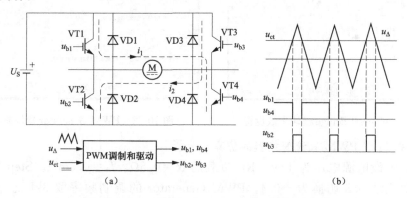

图 10-69　H 型 PWM 直流可逆变换器电路原理图

(a) 直流 PWM 变换器主电路；(b) PWM 变换器驱动信号

2. 双极式 H 型 PWM 直流变换器的建模

双极式调制 H 型 PWM 直流变换器的仿真模型如图 10-70 所示。

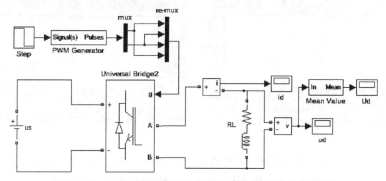

图 10-70　双极式调制 H 型 PWM 直流变换器仿真模型

H 型主电路的开关器件 VT1～VT4 采用 Universal Bridge 模块中的 IGBT 元件，模块的提取路径与晶闸管模块相同，参数设置如图 10-71 所示。驱动采用 PWM Generator 模块（按

SimPowerSystems/Extra Library/Control Block/PWM Generator 路径提取）。因为双极性控制的桥式电路开关器件两两成对通断，因此 PWM Generator 模块参数（Generator Mode）中桥臂数选择"1"，产生互补的两个驱动信号，如图 10-72；然后通过 re-mux 和 mux 模块的信号重组得到桥式电路需要的 4 路驱动脉冲。PWM Generator 模块的调制信号采用了外部输入的方式，外部调制信号由 Step 模块（按 Simulink/Sources/Step 路径提取）产生，通过 Step 模块改变控制信号 U_{ct} 来调节变换器输出电压和电流。模型中用 Mean Value 模块（按 SimPowerSystems/Extra Library/Measurements/Mean Value 路径提取）来观察输出电压的平均值。

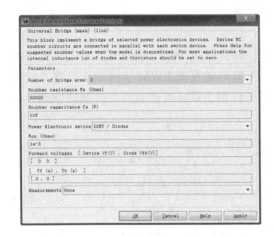

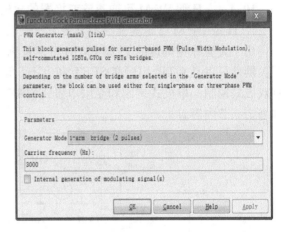

图 10-71   Universal Bridge 模块参数设置   图 10-72   PWM Generator 模块参数设置

3. 双极式 H 型 PWM 直流变换器的仿真与分析

图 10-70 中设电源电压为 12V，RL 负载的 $R=0.5\Omega$、$L=0.5\text{mH}$。Step 模块设置为 0.01s 时占空比从 0.8 切换为 -0.4，PWM Generator 的调制频率取 3kHz。仿真时间为 0.02s，仿真算法 ode23t。仿真结果如图 10-73 所示。

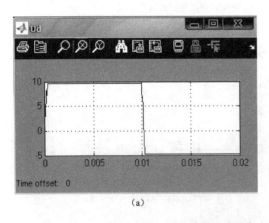

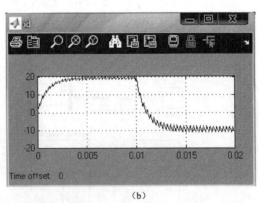

(a)   (b)

图 10-73   H 型 PWM 可逆直流变换器输出平均电压、电流波形
(a) 输出平均电压；(b) 输出平均电流

图 10-73（a）为直流输出平均电压波形，在 0.01s 前 PWM 正脉冲宽度大于负脉冲宽度，输出电压平均值为正；0.01s 时控制信号 U_{ct} 由 $+0.8$ 切换为 -0.4，输出电压的负脉冲宽度

大于正脉冲宽度，输出电压平均值变负；输出电压的变化使输出电流也从正变负，如图 10-73（b）所示。改变控制信号 U_{ct} 可以改变占空比，就可以调节输出电压和电流。

10.4.2 双极式 H 型 PWM-M 开环可逆直流调速系统的建模与仿真

将图 10-70 中的 RL 负载替换成直流电动机就组成了双极式 H 型 PWM-M 可逆直流调速系统，PWM-M 直流调速系统与晶闸管调速系统的不同主要在变流主电路上，至于转速和电流的控制和晶闸管直流调速系统一样。PWM-M 直流调速系统的 PWM 变换器有可逆和不可逆两类，而可逆变换器又有双极式、单极式和受限单极式等多种电路。这里主要研究 H 型主电路双极式 PWM-M 调速的仿真，并通过仿真分析直流 PWM-M 可逆调速系统的工作过程。

1. 系统的建模

H 型 PWM-M 直流调速系统的主电路组成如图 10-69（a）所示。H 型 PWM-M 直流开环调速系统的仿真模型如图 10-74 所示。仿真模型与图 10-70 相比较，不同之处是：

（1）将 PWM Generator 的输入信号换成了较复杂的组合信号（见图 10-75 中的给定信号）；

（2）将 H 型 PWM 直流变换器的 RL 负载换成了直流电动机，其参数设置与前面仿真用的直流电动机参数相同。

2. 参数设置与仿真

（1）PWM Generator 的组合输入信号的第一个区间时间（$t=0\sim8$）设置得比较长是为了反映直流开环 PWM-M 调速系统不可逆时的工作情况。

（2）模型中 $U_s=200V$；平波电抗器经过试验选取 1e-1H；仿真时间 20s；仿真算法 ode23t。其他参数与图 10-70 模型一致。

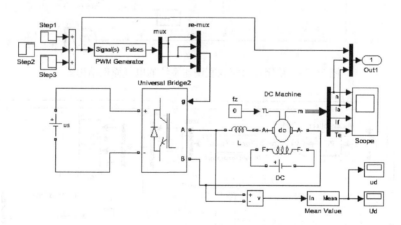

图 10-74   H 型 PWM-M 直流开环调速系统仿真模型

3. 仿真结果

双极式 H 型 PWM-M 可逆直流开环调速系统的仿真结果如图 10-75 所示。由图可见，速度、电流随着给定信号极性的变化实现了可逆。

10.4.3 双极式 H 型 PWM-M 单闭环可逆直流调速系统的建模与仿真

PWM-M 单闭环直流可逆调速系统的电气原理图如图 10-76 所示。图 10-77 为采用面向电气原理图方法构作的直流脉宽调速系统的仿真模型。下面介绍各部分的建模与参数设置过程。

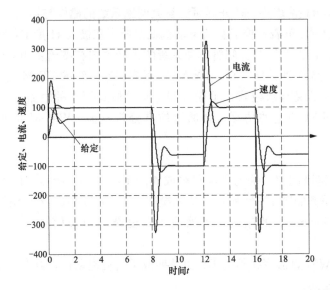

图 10-75　双极式 H 型 PWM-M 可逆直流开环调速系统给定、电流和速度曲线

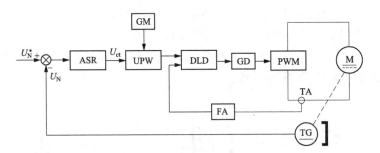

图 10-76　单闭环直流脉宽调速系统的电气原理结构图

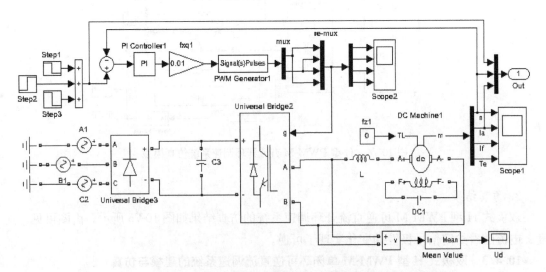

图 10-77　双极式 H 型 PWM-M 单闭环可逆直流调速系统仿真模型

1. 系统的建模和模型参数设置

（1）主电路的建模和参数设置。由图 10-77 可见，主电路由三相对称交流电压源、二极管不可控整流桥、滤波电容器、IGBT 逆变器桥、直流电动机等部分组成。

三相交流电源、直流电动机的建模和参数设置已经作过讨论，三相对称交流电压源幅值为 125V，平波电抗器电感取 3e-3H。此处着重讨论二极管不可控整流桥、滤波电容器的建模和参数设置问题。

1）二极管不可控整流桥的建模与参数设置。二极管整流桥的建模与晶闸管整流桥相同，首先从电力电子模块组中选取 Universal Bridge 模块；然后打开 Universal Bridge 参数设置对话框，参数设置如图 10-78 所示，将 Power Electronic device 选择为 Diodes 即可。其他参数设置的原则同晶闸管整流桥。

2）滤波电容器的建模和参数设置。首先按 SimPowerSystems\Elements\Series RLC Branch 路径从元件模块组中选取 Series RLC Branch 模块，并将滤波电容器模块标签改为"C1"；然后打开滤波电容器参数设置对话框，参数设置如图 10-79 所示。参数通过仿真实验优化而定。

3）双极式 H 型 PWM 主电路的建模和参数设置。它的建模与参数设置与开环系统相同。

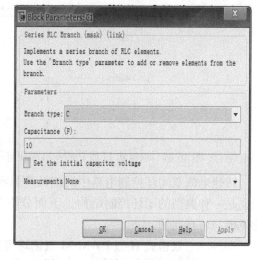

图 10-78　"Universal Bridge" 参数设置
对话框和参数设置

图 10-79　滤波电容器 C3 参数设置
对话框及参数设置

（2）控制电路的建模和参数设置。直流脉宽调速系统的控制电路包括给定环节、速度调节器 ASR、速度反馈环节、PWM 信号发生器等。除 PWM 信号发生器外，其他环节都比较熟悉，下面重点讨论一下 PWM 信号发生器及其相关环节。

PWM 信号发生器要求的输入范围为 -1~1 之间的数（包括 -1 和 1），输出脉冲受输入信号的控制，脉冲最大输出频率设置为 3000Hz，见图 10-72 所示。当输入为 1 时，输出脉冲宽度最大，相当于完全导通，占空比为 1；当其输入为 -1 时，脉冲宽度最小，相当于完全关断。在从 -1~1 的变化过程中，脉冲宽度是呈线性增长的。

由于 PWM 信号发生器要求的输入范围为 [1，-1]，而 ASR 设置的输出限幅范围为 -100~100。为了能够将这两个相差很大的数匹配，在 ASR 的后面接一放大器，其放大倍数为 0.01，那么输出的数就被限制在 $-1\sim1$ 的范围内了。

控制电路的有关参数设置如下：ASR 调节器的参数设置为 $K_{pn}=0.8$、$K_{in}=20$，上下限幅值为 [100，-100]。

其他没作说明的为系统默认参数。

2. 系统仿真和仿真结果

仿真中所选择的算法为 ode23t；仿真 Start time 设为 0，Stop time 设为 16。当建模和参数设置完成后，即可开始进行仿真。图 10-80 为双极式 H 型 PWM-M 单闭环可逆直流调速系统的给定、电流和速度曲线。从仿真结果可知，系统实现了调速。由于系统中没有限流措施，所以启动电流很大。

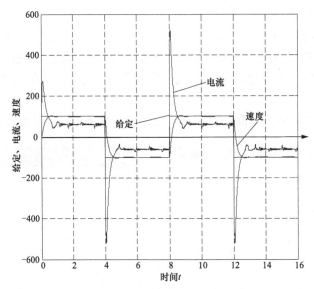

图 10-80　双极式 H 型 PWM-M 单闭环可逆直流调速系统的给定、电流和转速曲线

转速电流双闭环控制电路中的电流环具有限制启动电流的作用，况且转速电流双闭环控制也是一种典型的闭环控制结构。下面分析双极式 H 型 PWM-M 双闭环可逆直流调速系统的建模与仿真问题。

10.4.4　双极式 H 型 PWM-M 双闭环可逆直流调速系统的建模与仿真

双极式 H 型 PWM-M 双闭环直流可逆调速系统仿真模型如图 10-81 所示。

1. 系统的建模与参数设置

（1）主电路的建模和参数设置。主电路的建模和参数设置与单闭环系统完全一样。

（2）控制电路的建模和参数设置和单闭环控制电路相比较，双闭环控制主要是增加了一个电流闭环。

控制电路中 ASR 调节器的参数设置为：$K_{pn}=8$；$K_{in}=30$；上下限幅值为 [100，-100]。ACR 调节器的参数设置为：$K_{pn}=5$；$K_{in}=20$；上下限幅值为 [100，-100]；电流反馈系数经过多次调试后取 0.8。其他没作说明的为系统默认参数或与单闭环系统相同。

2. 系统仿真和仿真结果

仿真中所选择的算法为 ode23t；仿真 Start time 设为 0，Stop time 设为 16。当建模和参数设置完成后，即可开始进行仿真。图 10-82 是双极式 H 型 PWM-M 双闭环可逆直流调速系统的给定、电流和速度曲线。从仿真结果可知，转速、电流实现了可逆，并且由于电流负反馈的作用，启动电流得到有效抑制。

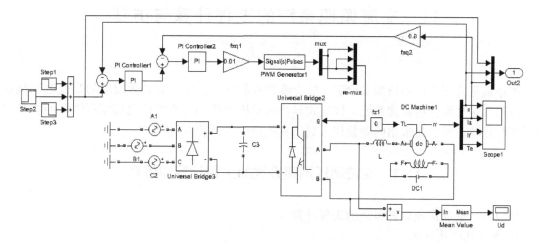

图 10-81　双极式 H 型 PWM-M 双闭环可逆直流调速系统仿真模型

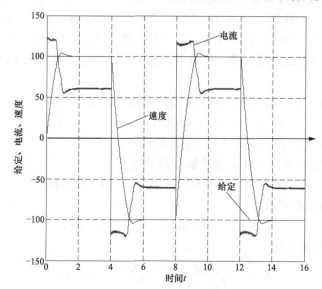

图 10-82　双极式 H 型 PWM-M 双闭环可逆直流调速系统的给定、电流和速度曲线

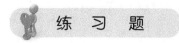

1. 熟悉 MATLAB 的 Simulink 和 SimPower System 模块库中与直流调速系统相关的模块，了解它们的参数含义，学会其使用方法。

2. 采用面向控制系统电气原理图的建模与仿真方法，对本章所介绍的典型单闭环系统、双闭环系统、三闭环调速系统、可逆直流调速系统自行进行建模与仿真练习，并探讨每种系统在不同负载下的输出情况以及给定信号允许的变化范围。

3. 采用面向控制系统电气原理图的建模与仿真方法，对本章所介绍的直流脉宽调速系统自行进行建模与仿真练习，并探讨模型的调速范围和抗负载扰动能力。

11 交流调速系统的工程计算与仿真

本章以某公司生产的典型 DKSZ-1 型变流技术及自控系统实验装置配套的交流电动机参数为基础，对交流调压调速系统、绕线式异步电动机串级调速系统仿真模型所需要的参数进行了工程计算，然后将求出的参数代入到仿真模型中进行仿真研究。

11.1 交流调压调速系统的工程计算和仿真

11.1.1 交流调压调速系统的工程计算

1. 电动机参数计算

生产厂家提供的电动机参数：额定功率 $P_N = 100W$，额定电压 $U_{1N} = 220V$，额定转速 $n_N = 1420r/min$，定子电阻 $R_s = 15.45\Omega$，定子漏抗 $X_s = 18.1\Omega$，短路电阻 $R_k = 31.29\Omega$，短路漏抗 $X_k = 36.2\Omega$，转子电压 $E_{2N} = 96V$，转子额定电流 $I_{2N} = 0.55A$。在这里约定用 s 代表定子侧变量，r 代表转子侧变量（或 1 代表定子侧变量，2 代表转子侧变量）。其他参数计算过程如下：

（1）求定子电阻、定子漏电感。定子电阻为已知值，定子电感

$$L_s = X_s/\omega_s = 18.1/314 = 0.0576(H)$$

（2）求转子电阻 R_r、转子漏抗 X_r 和转子电感。

1）因为短路电阻 $R_k = R_s + R'_r$，那么转子折算值

$$R'_r = R_k - R_s = 31.29 - 15.45 = 15.84(\Omega)$$

同理可知转子漏抗折算值

$$X'_r = X_k - X_s = 36.2 - 18.1 = 18.1(\Omega)$$

2）电动机参数折算变比

$$K = \frac{0.95U_{1N}}{E_{2N}} = \frac{0.95 \times 220}{96} \approx 2.18$$

为此可求得转子电阻

$$R_r = \frac{R'_r}{K^2} = \frac{15.84}{2.18^2} \approx 3.33(\Omega)$$

转子漏抗

$$X_r = \frac{X'_r}{K^2} = \frac{18.1}{2.18^2} \approx 3.81(\Omega)$$

短路试验时，电机堵转，转子频率等于定子频率。所以，转子电感

$$L_r = X_r/\omega_s = 3.81/314 = 0.012(H)$$

（3）定子侧总漏抗和转子侧总漏抗。

1）定子侧总漏抗

$$X = X_s + X'_r = 18.1 + 18.1 = 36.2(\Omega)$$

（2）折算到转子侧总漏抗

$$X' = \frac{X}{K^2} = \frac{36.2}{2.18^2} \approx 7.62(\Omega)$$

（4）电动机定、转子互感和转动惯量。电动机定转子互感取 $L_m = 0.8H$，转动惯量 $J = 0.1$ （kg·m²）。

（5）电动机同步转速 n_0。

$$n_0 = \frac{60f}{p_m} = \frac{60 \times 50}{2} = 1500(\text{r/min})$$

（6）额定转差率额定转差率。

$$s_N = \frac{n_0 - n_N}{n_0} = \frac{1500 - 1420}{1500} \approx 0.053$$

（7）晶闸管调压装置的放大倍数

仿真实验得到晶闸管调压装置的放大倍数 $K_s = 0.75$

生产厂家提供和经过计算得到的电机参数见表 11-1，它为设置电机参数对话框和下面进行动态设计工程计算所用。

表 11-1 　　　　　　　　　　　　　　　　**电 机 参 数**

额定功率 P_N	额定电压 U_{1N}	转子额定电流 I_{2N}	额定转速 n_N	定子相电阻 R_s
100W	220V	0.55A	1420r/min	15.45Ω
短路阻抗 Z_k	短路电阻 R_k	短路漏抗 X_k	定子漏抗 X_s	转子电 R_r
47.84Ω	31.29Ω	36.2Ω	18.1Ω	3.33Ω
转子漏抗 X_r	转子电阻折算 R_r'	转子漏抗折算 X_r'	定子侧总漏抗 X	转子侧总漏抗 X'
3.81Ω	15.84Ω	18.1Ω	36.2Ω	7.62Ω

2. 交流调压调速系统的传递函数

交流调压调速系统由转速调节器 ASR、晶闸管交流调压器、异步电动机、测速发电机 FBS 组成。在调速系统中，为了求交流调压调速系统的传递函数，首先要求出各个环节的传递函数，然后得到系统的动态结构图。

（1）转速调节器 ASR。在转速环设计过程中确定。

（2）晶闸管交流调压装置。晶闸管交流调压装置的传递函数与晶闸管整流器形式相同，近似为一阶惯性环节，其传递函数为

$$W_{GT-V}(s) = \frac{K_s}{T_s s + 1}$$

式中：T_s 为调压装置的滞后时间，三相交流调压器晶闸管的导通过程与三相半波电路类似，所以滞后时间通常取 3.3ms。

（3）测速发电机 FBS：考虑到反馈的滤波作用，通常测速发电机的传递函数选择为

$$W_{FBS}(s) = \frac{\alpha}{T_{on} s + 1}$$

式中：T_{on} 为滤波时间常数，通常取 $T_{on} = 0.01s$。

（4）异步电动机 MA。异步电动机的数学模型是一个高阶、非线性、强耦合的多变量系统，其动态过程是一组非线性微分方程，利用微偏线性化的方法可以求出其近似传递函数。

已知电磁转矩为

$$T_e = \frac{3p_m U_s^2 R_r'/s}{\omega_s[(R_s + R_r'/s)^2 + \omega_s^2(L_{l1} + L_{l2}')^2]}$$

当 s 很小时，可以近似认为：$R_s \ll (R_r'/s)$，$\omega_s(L_{l1} + L_{l2}') \ll (R_r'/s)$。在此条件下，电动机电磁转矩的近似方程为 $T_e \approx \frac{3p_m s U_s^2}{\omega_s R_r'}$。

若 A 点是机械特性曲线上的一个稳态工作点，那么在 A 点处有 $T_{eA} \approx \frac{3p_m U_{sA}^2 s_A}{\omega_s R_r'}$。当 A 点附近有小偏差波动时，则

$$T_e = T_{eA} + \Delta T_e, U_s = U_{sA} + \Delta U_s, s = s_A + \Delta s$$

将上式代入到电动机近似电磁转矩方程中得

$$T_{eA} + \Delta T_e = \frac{3p_m}{\omega_s R_r'}(U_{sA} + \Delta U_s)^2(s_A + \Delta s)$$

将方程式展开，得

$$T_{eA} + \Delta T_e = \frac{3p_m}{\omega_s R_r'}(U_{sA}^2 s_A + 2U_{sA}\Delta U_s s_A + \Delta U_s^2 s_A + U_{sA}^2\Delta s + 2U_{sA}\Delta U_s\Delta s + \Delta U_s^2\Delta s)$$

忽略上式中两个以上偏量的乘积得

$$T_{eA} + \Delta T_e = \frac{3p_m}{\omega_s R_r'}(U_{sA}^2 s_A + 2U_{sA}\Delta U_s s_A + U_{sA}^2\Delta s)$$

将简化的方程式与 A 点附近有偏差波动的方程式等价替换，得

$$\Delta T_e = \frac{3p_m}{\omega_s R_r'}(2U_{sA}\Delta U_s s_A + U_{sA}^2\Delta s)$$

在 A 点处转差率的偏差为

$$\Delta s = s - s_A = \frac{\omega_s - \omega}{\omega_s} - \frac{\omega_s - \omega_A}{\omega_s} = \frac{\omega_A - \omega}{\omega_s} = -\frac{\Delta\omega}{\omega_s} = -\frac{\Delta n}{n_0}$$

式中：ω_s 为电动机同步角速度；ω 是转子角速度；n_0 为电动机同步转速；n 为转子转速。

将转差率偏差方程式代入电磁转矩变化方程得

$$\Delta T_e = \frac{3p_m}{\omega_s R_r'}\left(2U_{sA}\Delta U_s s_A - U_{sA}^2\frac{\Delta n}{n_0}\right)$$

上式也反映了 ΔT_e、ΔU_s 和 Δn 三者之间的关系。

恒定负载下运行时，电动机的运行方程式为

$$T_e - T_L = \frac{GD^2}{375}\frac{dn}{dt}$$

那么在 A 点处的偏量方程式近似为

$$\Delta T_e - \Delta T_L = \frac{GD^2}{375}\frac{d(\Delta n)}{dt}$$

由此可得电动机的动态结构图，如图 11-1 所示。

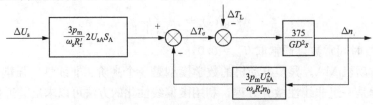

图 11-1　交流电动机动态结构图

电动机恒转矩下运行时，$\Delta T_L = 0$，由上图可求得交流电动机的传递函数为

$$W_{MA}(s) = \frac{\Delta n}{\Delta U_S} = \left(\frac{3p_m}{\omega_s R'_r} 2U_{sA} s_A \right) \frac{\dfrac{375}{GD^2 s}}{\left(1 + \dfrac{375}{GD^2 s} \dfrac{3p_m U^2_{sA}}{\omega_s R'_r n_0} \right)} = \frac{2s_A n_0}{U_{sA}} \frac{1}{\dfrac{GD^2}{375} \dfrac{\omega_s R'_r n_0}{3p_m U^2_{sA}} s + 1} = \frac{K_{MA}}{T_m s + 1}$$

$$K_{MA} = \frac{2s_A n_0}{U_{sA}} = \frac{2 \dfrac{n_0 - n_A}{n_0} n_0}{U_{sA}} = \frac{2(n_0 - n_A)}{U_{sA}}$$

$$T_m = \frac{GD^2}{375} \frac{\omega_s R'_r n_0}{3p_m U^2_{sA}}$$

式中：K_{MA} 为异步电动机的放大系数；T_m 为异步电机的机电时间常数。

3. 转速环的设计

（1）转速滤波时间常数 $T_{on} = 0.01\mathrm{s}$。

（2）转速环的动态结构图。转速环由转速调节器 ASR、交流调压装置和异步电机组成，转速环的动态结构图如图 11-2 所示。

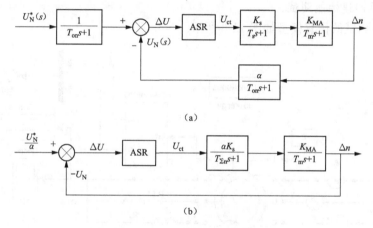

图 11-2　转速环的动态结构图及其简化

（a）转速环动态结构图；（b）转速环动态结构图的单位化简

由图 11-2 可知，系统的开环传递函数为

$$W_{op}(s) = W_{ASR}(s) \frac{\alpha K_s K_{MA}}{(T_{\Sigma n} s + 1)(T_m s + 1)}$$

将 T_{on} 与 T_s 当作小时间常数处理，则

$$T_{\Sigma n} = T_{on} + T_s = 0.01 + 0.0033 = 0.0133 \ (\mathrm{s})$$

（3）转速调节器的类型选择。通常要求转速无静差，所以转速调节器必须带有积分环节。为此可采用 PI 调节器将转速环校正成典型 I 型系统。转速调节器的传递函数为

$$W_{ASR}(s) = K_n \frac{\tau_n s + 1}{\tau_n s}$$

式中：K_n 为调节器的比例系数；τ_n 为调节器的积分时间常数。

此时，系统的开环传递函数为

$$W_{op}(s) = W_{ASR}(s) \frac{\alpha K_s K_{MA}}{(T_{\Sigma n} s + 1)(T_m s + 1)} = K_n \frac{\tau_n s + 1}{\tau_n s} \frac{\alpha K_s K_{MA}}{(T_{\Sigma n} s + 1)(T_m s + 1)} = \frac{K_N}{s(T_{\Sigma n} s + 1)}$$

$$\tau_n = T_m, K_N = \frac{1}{2T_{\Sigma n}}$$

异步电动机传递函数中的参数计算如下：

$$K_{MA} = \frac{2(n_0 - n_A)}{U_{sA}} = \frac{2 \times (1500 - 1420)}{220} = 0.727 (\text{r/min/V})$$

$$GD^2 = 4gJ = 4 \times 9.8 \times 0.01 = 0.392 (\text{N} \cdot \text{m}^2)$$

$$T_m = \frac{GD^2 \omega_s R_r' n_0}{375 \times 3 \times p_m U_{sA}^2} = \frac{0.392 \times 314 \times 15.84 \times 1500}{375 \times 3 \times 2 \times 220^2} = 0.027 (\text{s})$$

所以转速调节器中的积分时间常数为

$$\tau_n = T_m = 0.027 (\text{s})$$

由 $K_N = \frac{1}{2T_{\Sigma n}} = \frac{1}{2 \times 0.0133} = 37.6$ 得比例系数为

$$K_n = \frac{K_N T_m}{\alpha K_s K_{MA}} = \frac{37.6 \times 0.027}{1 \times 0.95 \times 0.727} \approx 1.47$$

11.1.2　交流调压调速系统的仿真

1. 交流电机调速性能测试

电动机性能测试的仿真模型如图 11-3 所示。

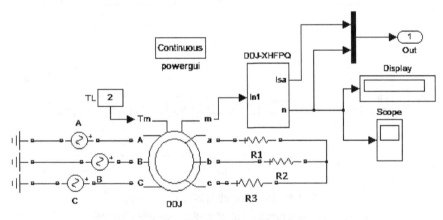

图 11-3　电动机性能测试仿真模型

（1）系统的建模和模型参数设置。由图 11-3 可见，主电路由三相对称交流电压源、交流异步电动机、电机信号分配器和转子外接电阻等部分组成。

该模型三相电源的相序是 C—A—B；交流异步电动机的参数设置对话框如图 11-4 所示。

（2）绕线式电动机转子外接电阻和负载。为了获得较好调速的性能，转子外接电阻 12.5Ω；负载取 2N·m，较大的负载将会导致降压调速时无法启动。其他的测试模块与直流调速系统相同，不再重复介绍。

（3）系统仿真和仿真结果的输出及结果分析

仿真所选择的算法为 ode23tb；仿真 Start time 设为 0，Stop time 设为 2.5。当建模和参数设置完成后，即可开始进行仿真。

图 11-5 为交流输入电压 220V，负载为 2N·m 时的电动机速度仿真结果。

图 11-4　异步电动机参数设置对话框及参数设置

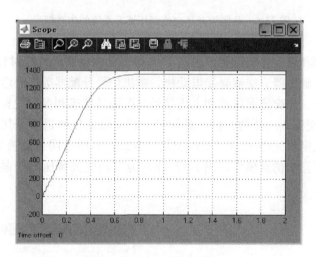

图 11-5　电动机速度仿真波形

调节输入电压时对应的电动机速度见表 11-2。

表 11-2　　　　　　　　　　　　　　不同输入电压时的电动机速度

输入交流电压（V）	220	200	180
电动机转速（r/min）	1360	1323	1265

改变交流电源电压时，电动机工作在机械特性的下降段，机械特性比较硬，调速范围不大，速度仿真波形现状大致相同。从速度波形看电动机模型是有效的。由于转子外接了电阻，在 220V 输入电压时，转速低于额定转速。

2. 开环交流调压调速系统的建模与仿真

图 11-6 为晶闸管开环交流调压调速系统的仿真模型。下面介绍各部分的建模与参数设置过程。

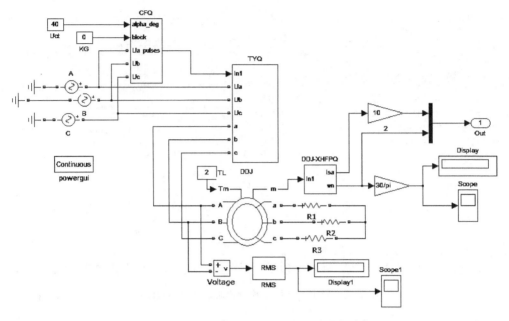

图 11-6　晶闸管开环交流调压调速系统的仿真模型

（1）系统的建模和模型参数设置。由图 11-6 可见，主电路由三相对称交流电压源、晶闸管三相交流调压器、触发器、交流异步电动机、电机信号分配器等部分组成。

下面讨论晶闸管三相交流调压器和电机信号分配器的建模和参数设置问题。

1）晶闸管三相交流调压器的建模。晶闸管三相交流调压器通常采用三对反并联的晶闸管元件组成，单个晶闸管元件采用"相位控制"方式，利用电网自然换流。图 11-7（a）为晶闸管三相交流调压器的仿真模型，图 11-7（b）为三相交流调压器中晶闸管元件的参数设置情况。

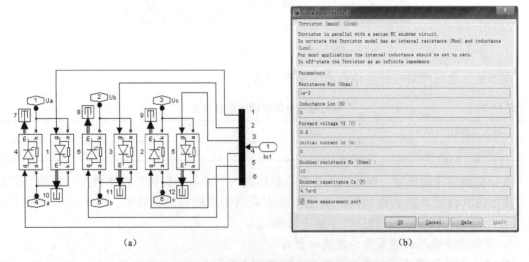

（a）　　　　　　　　　　　　　　　　　　　　（b）

图 11-7　晶闸管三相交流调压器仿真模型和参数设置

（a）晶闸管三相交流调压器的仿真模型；（b）调压器中晶闸管元件的参数设置

图 11-7 为用单个晶闸管元件按三相交流调压器的接线要求搭建成的仿真模型，单个晶闸管元件的参数设置仍然遵循晶闸管整流桥的参数设置原则。

2）电机信号分配器的建模和参数设置。MAT LAB R2012a 中没有电机信号分配器模块。图 11-8 为自制的电机信号分配器模块和图标。

晶闸管三相交流调压器的触发器与整流器的触发器相同；测试模块大部分与直流调速系统相同，只是交流调压器的输出采用 RMS 模块测量交流电压有效值；为了看清定子电流，对其进行了放大。另外，转子外接电阻 12.5Ω，负载取 2N·m，与上例相同。

（2）系统仿真和仿真结果。仿真所选择的算法为 ode23tb；仿真 Start time 设为 0，Stop time 设为 2。当建模和参数设置完成后，即可开始进行仿真。

图 11-9 为交流输入电压 220V，负载为 2N·m，$U_{ct}=40$ 时开环晶闸管调压调速系统的速度仿真波形。

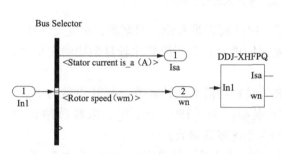

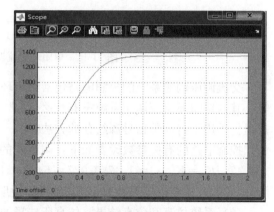

图 11-8 自制的电动机信号分配器模块和图标　　　　图 11-9 额定负载下的电机速度仿真波形

不同移相输入电压时对应的电机速度和交流调压器输出电压有效值见表 11-3。

表 11-3　　　　不同移相电压时的电机速度和交流调压器输出电压有效值

移相输入电压（V）	30	40	50	60
电动机转速（r/min）	1358	1354	1347	1333
输出电压有效值（V）	269.4	261.1	252.8	240.7

由表 11-3 的数据，根据 $K_s=\Delta U/\Delta U_{ct}$ 以及取 K_s 平均值的计算方法，可以求得 $K_s=0.95$。因为没有进行偏置调整，所以移相输入电压与输出电压是单调下降的，从 K_s 小于 1 可知，晶闸管交流调压器是降压调压器。

3. 转速单闭环交流调压调速系统的建模与仿真

单闭环交流调压调速系统的电气原理图如图 11-10 所示。

图 11-11 是采用面向电气原理图方法构作的单闭环交流调压调速系统仿真模型。

（1）系统的建模和模型参数设置。主电路的建模和参数设置在前已经讨论。

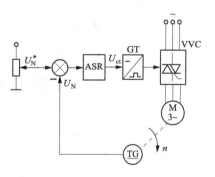

图 11-10　单闭环交流调压调速系统的电路原理图

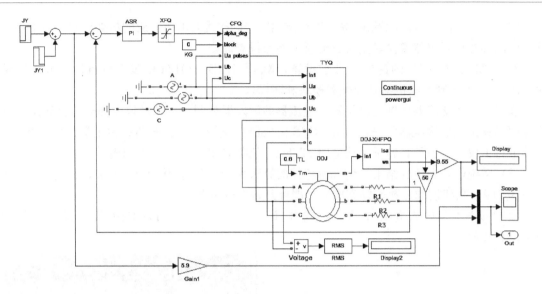

图 11-11　单闭环交流调压调速系统的仿真模型

交流调压调速系统的控制电路包括给定环节、速度调节器 ASR、限幅器、速度反馈环节等。其与单闭环直流调速系统没有什么区别。要说明的是，为了得到比较复杂的给定信号，这里仍采用了将简单信号源组合的方法。

控制电路的有关参数设置如下：调节器的参数设置用前面的计算值，ASR 参数为 $K_n = -1.47$、$K_\tau = K_n/\tau_n = 1.47/0.027 = 54.5$、上下限幅值为 [180，-180]；限幅器限幅值 [180，30]；速度反馈系数取 1。其他没作说明的为系统默认参数。

（2）系统仿真和仿真结果。仿真所选择的算法为 ode23tb；仿真 Start time 设为 0，Stop time 设为 7。当建模和参数设置完成后，即可开始进行仿真。

图 11-12 是单闭环交流调压调速系统的 A 相电流、给定转速和实际转速曲线。

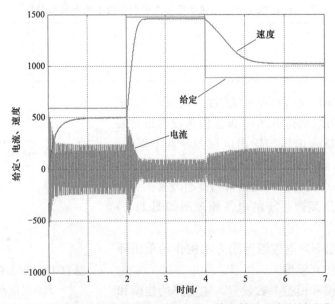

图 11-12　交流调压调速系统的 A 相电流、给定转速和实际转速曲线

从仿真结果可以看出，在稳态时，仿真系统的实际速度能实现对给定速度的良好跟踪；在过渡过程时，仿真系统的实际速度对阶跃给定信号的跟踪有一定的偏差。

11.2 绕线式异步电动机串级调速系统的工程计算和仿真

11.2.1 绕线式异步电动机串级调速系统的工程计算

1. 电动机参数确定

实验装置上，串级调速系统所用的电动机与交流调压调速系统所用的电机相同。根据生产厂家提供的参数，加上经过计算得到的电动机参数见表 11-4，参数设置对话框见图 11-4。电动机的这些参数在上节已经通过电动机性能测试证明是有效的。为使用方便，在此补充后重新列举如下。

表 11-4 **电 动 机 参 数**

额定功率 P_N	额定电压 U_{1N}	转子额定电流 I_{2N}	额定转速 n_N	定子相电阻 R_s
100W	220V	0.55A	1420r/min	15.45Ω
短路阻抗 Z_k	短路电阻 R_k	短路漏抗 X_k	定子漏抗 X_s	转子电 R_r
47.84Ω	31.29Ω	36.2Ω	18.1Ω	3.33Ω
转子漏抗 X_r	转子电阻折算 R'_r	转子漏抗折算 X'_r	定子侧总漏抗 X	转子侧总漏抗 X'
3.81Ω	15.84Ω	18.1Ω	36.2Ω	7.62Ω
定子电感 L_s	转子电感 L_r	定转子互感 L_m	转动惯量 J	转子开路电压 E_{2N}
0.0576H	0.012H	0.8H	0.01N.m	96V

2. 逆变变压器参数的计算

（1）逆变变压器二次侧电压 U_2 的确定。逆变变压器的一次侧接电网，二次侧接晶闸管逆变器。在实验装置中，逆变变压器有高、中、低三种电压规格的绕组，分别是 220/110/55V，这里逆变变压器二次侧电压选择 $U_2=110$V 的中压绕组。

（2）逆变变压器其他参数计算。

1）通过空载实验测得变压器的空载功率 $P_0=2.15$kW，空载电流 $I_0=0.0317$A，空载电压 $U_0=55$V。其他参数计算如下：

$$\text{励磁电阻} \qquad R_m=\frac{P_0}{3I_0^2}=\frac{2.15}{3\times0.0317^2}\approx713.2 \ (\Omega)$$

$$\text{励磁阻抗} \qquad Z_m=\frac{U_0}{\sqrt{3}I_0}=\frac{55}{\sqrt{3}\times0.0317}\approx1002 \ (\Omega)$$

$$\text{励磁电抗} \qquad X_m=\sqrt{Z_m^2-r_m^2}=\sqrt{1002^2-713.2^2}\approx704 \ (\Omega)$$

$$\text{励磁电感值为} \qquad L_m=\frac{X_m}{2\pi f}=\frac{704}{314}\approx2.242 \ (\Omega)$$

下面是短路试验得到的数据，通过这些数据可以求出逆变变压器的有关参数。k 表示短路试验，下标 1、2、3 分别表示高压、中压、低压三种绕组。

2）通过变压器高压、中压绕组间的短路实验。测得变压器短路功率 $P_{k12}=12.625$W，短路电流 $I_{k12}=0.395$A，短路电压 $U_{k12}=21.83$V。其他参数计算如下：

$$Z_{k12}=\frac{U_{k12}}{\sqrt{3}I_{k12}}=\frac{21.83}{\sqrt{3}\times0.395}\approx31.91(\Omega)$$

$$R_{k12} = \frac{P_{k12}}{3 \times I_{k12}^2} = \frac{12.625}{3 \times 0.395^2} \approx 26.97(\Omega)$$

$$X_{k12} = \sqrt{Z_{k12}^2 - R_{k12}^2} = \sqrt{31.91^2 - 26.97^2} \approx 17.05(\Omega)$$

3）通过变压器高压、低压绕组间的短路实验。测得变压器短路功率 $P_{k13} = 11.75\text{W}$，短路电流 $I_{k13} = 0.4\text{A}$，短路电压 $U_{k13} = 26.08\text{V}$。其他参数计算如下：

$$Z_{k13} = \frac{26.08}{\sqrt{3} \times 0.4} \approx 37.64(\Omega)$$

$$R_{k13} = \frac{11.75}{3 \times 0.4^2} \approx 24.48(\Omega)$$

$$X_{k13} = 28.6(\Omega)$$

4）通过变压器中压、低压绕组间的短路实验。测得变压器短路功率 $P_{k23} = 13.15\text{W}$，短路电流 $I_{k23} = 0.8\text{A}$，短路电压 $U_{k23} = 10.45\text{V}$。其他参数计算如下

$$Z_{k23} = \frac{10.45}{\sqrt{3} \times 0.8} \approx 7.54(\Omega)$$

$$R_{k23} = \frac{13.15}{3 \times 0.8^2} \approx 6.85(\Omega)$$

$$X_{k23} = 3.15(\Omega)$$

5）绕组低压侧折算到中压侧的参数。

$$R'_{k23} = k_{23}^2 R_{k23} = 4 \times 6.85 = 27.4(\Omega)$$
$$Z'_{k23} = k_{23}^2 Z_{k23} = 4 \times 7.54 = 30.16(\Omega)$$
$$X'_{k23} = k_{23}^2 X_{k23} = 4 \times 3.15 = 12.6(\Omega)$$

在三相变压器高、中、低压三个绕组中，在仿真需要高压以及中压绕组的参数。

6）计算得到的高压绕组参数。

$$Z_1 = \frac{1}{2}(Z_{k12} + Z_{k13} - Z'_{k23}) = 19.7(\Omega)$$

$$R_1 = \frac{1}{2}(R_{k12} + R_{k13} - R'_{k23}) = 12.03(\Omega)$$

$$X_1 = \frac{1}{2}(X_{k12} + X_{k13} - X'_{k23}) = 16.53(\Omega)$$

那么高压绕组的电感值为

$$L_1 = \frac{X_1}{2\pi f} = \frac{16.53}{314} \approx 0.0526(\Omega)$$

7）计算得到的中压绕组参数。

$$Z_2 = \frac{1}{2}(Z_{k12} + Z'_{k23} - Z_{k13}) = 12.2(\Omega)$$

$$R_2 = \frac{1}{2}(R_{k12} + R'_{k23} - R_{k13}) = 14.9(\Omega)$$

$$X_2 = \frac{1}{2}(X_{k12} + X'_{k23} - X_{k13}) = 0.525(\Omega)$$

那么中压绕组的电感值为

$$L_2 = \frac{X_2}{2\pi f} = \frac{0.525}{314} \approx 0.00167(\Omega)$$

8）逆变变压器二次侧电流 I_{2T}。根据选用的逆变变压器二次侧电压的规格可知，$U_2=110V$ 时，$I_{2T}=0.788A$。

9）变压器容量 S。

$$S=\sqrt{3}U_2I_{2T}=\sqrt{3}\times110\times0.788=150(VA)$$

10）折算到直流侧等效电阻 R_t。

$$R_t=2R_T=2\left(\frac{R_1}{2^2}+R_2\right)=2\times\left(\frac{12.03}{2^2}+14.9\right)\approx35.8(\Omega)$$

11）折算到直流侧漏抗 X_T。

$$X_T=\frac{X_1}{2^2}+X_2=\frac{16.53}{2^2}+0.525=4.68(\Omega)$$

因为三相变压器采用Y-Y形接法，高、中压绕组变比 2∶1。当高压绕组电压规格为 127V 时，中压绕组的电压设置为 64V。仿真模型中三相变压器的参数设置对话框如图 11-13 所示。

3. 直流回路平波电抗器的计算

在设计直流回路时，需要考虑直流回路电流是否连续，以及能否满足限制电流脉动的要求。一般来说，串入的电感值要大些，才能保证电流既能满足连续，也能满足限制其脉动的特点。

经过计算串入的平波电抗器电感值为 $L=719.7mH$，平波电抗器直流电阻 $R_L=1.01\Omega$。这时，转子直流回路总电感为 $L_\Sigma=805mH$。

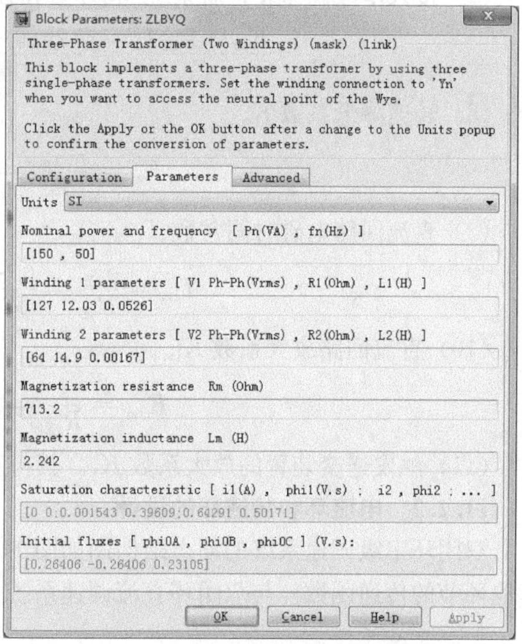

图 11-13 三相变压器参数设置对话框

4. 串级调速系统直流主回路的参数计算

（1）开路时转子的电动势 E_{d0}。

$$E_{d0}=1.35E_{2N}=1.35\times96=129.6(V)$$

（2）电机的最低转速 n_{min}。考虑到串级调速系统的调速范围一般不大，约为 $D=3$，所以

$$n_{min}=\frac{n_{max}}{D}=\frac{n_N}{3}=\frac{1420}{3}\approx473(r/min)$$

（3）电动机的最大转差率 s_{max}。

$$s_{max}=\frac{n_0-n_{min}}{n_0}=\frac{1500-473}{1500}\approx0.685$$

在计算调节器参数时要用到 $s_{max}/2$。为此，求得 $s_{max}/2=0.34$。

（4）直流回路总等效电阻。

$$R_{s\Sigma}=\frac{3}{\pi}sX_{D0}+\frac{3}{\pi}X_T+2R_D+2R_T+R_L$$

$$=\frac{3}{\pi}\frac{s_{max}}{2}X_{D0}+\frac{3}{\pi}X_T+2\left(\frac{s_{max}}{2}\frac{R_s}{K_D^2}+R_r\right)+2\left(\frac{R_1}{K_T^2}+R_2\right)+R_L$$

$$= \frac{3}{\pi} \times 0.34 \times 7.62 + \frac{3}{\pi} \times 4.68 + 2 \times \left(0.34 \times \frac{15.45}{2.18^2} + 3.33\right) + 2 \times \left(\frac{12.03}{2^2} + 14.9\right) + 1.01$$

$$= 52.6(\Omega)$$

（5）直流回路最大整流电流 I_{dm}。

$$I_{dm} = 1.05\lambda \frac{I_{2N}}{K_{IV}} = 1.05 \times 2 \times \frac{0.55}{0.816} \approx 1.42(A)$$

式中：λ 为电机过载倍数，取 $\lambda = 2$，$K_{IV} = 0.816$。

（6）电动势系数 C_e。

$$C_e = \frac{E_{d0} - \frac{3}{\pi} X_{D0} I_d}{n_0} = \frac{129.6 - \frac{3}{\pi} \times 7.62 \times 0.674}{1500}$$

$$\approx 0.083(V \cdot min/r)$$

$$I_d = I_{dm}/1.05 = 0.674 \ (A)$$

（7）接入串级调速装置后系统能够达到的最高转速 n_{max}。

$$n_{XTmax} = \frac{E_{d0} - R_{S\Sigma} I_{dn}}{C_e} = \frac{129.6 - 52.6 \times 0.674}{0.083} = 1134(r/min)$$

（8）转速降低系数 K_n。

$$K_n = \frac{n_{XTmax}}{n_N} = \frac{1134}{1420} \approx 0.8$$

（9）直流回路电磁时间常数 T_{Ln}。

$$T_{Ln} = \frac{L_\Sigma}{R_{s\Sigma}} = \frac{0.805}{52.6} \approx 0.0153(s)$$

（10）直流回路放大系数 K_{Ln}。

$$K_{Ln} = \frac{1}{R_{s\Sigma}} = \frac{1}{52.6} \approx 0.019$$

（11）触发逆变装置的放大系数 K_s。其与直流系统中的晶闸管整流器相同，$K_s = 4.7$。

11.2.2　电流环和转速环的设计

双闭环串级调速系统的动态结构图如图 11-14 所示。双闭环串级调速系统中除电动机外，其他环节的传递函数，与双闭环直流调速系统是一致的。

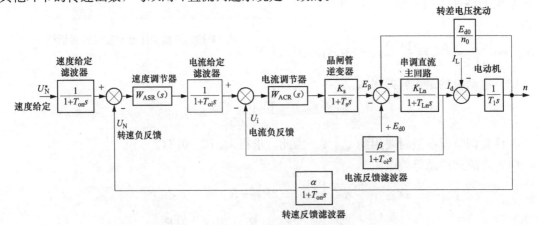

图 11-14　双闭环串级调速系统的动态结构图

　　双闭环串级调速系统的设计方法与双闭环直流调速系统基本相同，通常也采用工程设计方法。即先设计电流环，然后把设计好的电流环看作是速度环中的一个等效环节，再进行转速环的设计。

　　在应用工程设计方法进行动态设计时，电流环宜按典型 I 型系统设计，转速环宜按典型 II 型系统设计，但由于串级调速系统直流主回路中的放大系数 K_{Ln} 和时间常数 T_{Ln} 都是转速 n 的函数，不是常数，所以电流环是一个非定常系统。另外，绕线式异步电动机的系数 T_I 也不是常数，而是电流 I_d 的函数，这是和直流调速系统设计的不同之处。

　　目前，工程设计时常用的处理方法是将电流环当作定常系统，按 $S_{max}/2$ 时所确定的 K_{Ln} 和 T_{Ln} 值去计算电流调节器的参数。转速环一般按典型 II 型系统设计，由于电动机环节的积分时间常数 T_I 非定常，所以在设计时，可以选用与实际运行工作点电流值 I_d 相对应的 T_I 值，然后按定常系统进行设计。

　　1. 电流环的设计

　　(1) 时间常数确定。

　　1) 电流滤波时间常数。通常取 $T_{oi}=0.002s$。实验证明，如果取值过小，它不能完全滤除掉谐波信号，如果时间太长，会影响系统的过渡过程。

　　2) 整流装置滞后时间常数 T_s。实验装置采用的是三相桥式逆变电路，通常取 $T_s=0.0017s$。

　　3) 电流环小时间常数 $T_{\Sigma i}$。通过电流环小惯性环节的近似处理求得

$$T_{\Sigma i} = T_s + T_{oi} = 0.0017 + 0.002 = 0.0037(\mathrm{s})$$

　　(2) 电流环的动态设计过程。电流环动态结构图及简化过程如图 11-15 所示。

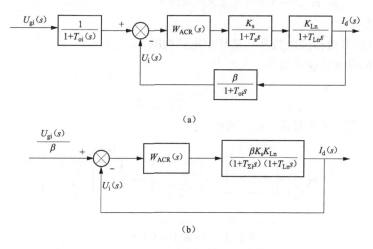

(a)

(b)

图 11-15　电流环动态结构图及简化过程

(a) 电流环动态结构图；(b) 化简后的电流环动态结构图

　　1) 电流环按典型 I 型系统设计。按照 $s=s_{max}/2$ 计算得到的 K_{Ln}、T_{Ln} 去设计电流环，可以认为电流环是定常系统，设计方法与直流双闭环系统相同。

　　2) 电流调节器的类型选择。电流环的开环传递函数为

$$W_{opi}(s)=W_{ACR}(s)\frac{\beta K_s K_{Ln}}{(T_{\Sigma i}s+1)(T_{Ln}s+1)}$$

电流调节器选用 PI 调节器，其传递函数为

$$W_{ACR}(s) = K_i \frac{\tau_i s + 1}{\tau_i s}$$

3）电流调节器的参数选择。由于 $T_{Ln} > T_{\Sigma i}$，所以取 $\tau_i = T_{Ln}$。这样可消去大的惯性环节，提高系统的快速性。

根据图 11-15（b）可得

$$W_{opi}(s) = K_i \frac{\tau_i s + 1}{\tau_i s} \frac{\beta K_s K_{Ln}}{(T_{\Sigma i}s + 1)(T_{Ln}s + 1)} = \frac{K_i \beta K_s K_{Ln}}{T_{Ln}} \cdot \frac{1}{s(T_{\Sigma i}s + 1)}$$

$$= \frac{K_I}{s(Ts + 1)}$$

由此得到

$$K_i = \frac{K_I T_{Ln}}{\beta K_s K_{Ln}}, \tau_i = T_{Ln}$$

电流环反馈系数

$$\beta = \frac{U_{gim}}{I_{dm}} = \frac{8}{1.42} \approx 5.6$$

按照典型 I 型最佳参数方法选择 KT 参数，则 $K_I T = 0.5$，其中 $T = T_{\Sigma i} = 0.0037s$。可得

$$K_I = \frac{0.5}{T} = \frac{0.5}{T_{\Sigma i}} = \frac{0.5}{0.0037} \approx 135$$

从而得到

$$K_i = \frac{K_I T_{Ln}}{\beta K_s K_{Ln}} = \frac{135 \times 0.0153}{5.6 \times 4.7 \times 0.019} \approx 4.13, \tau_i = T_{Ln} = 0.0153s$$

2. 转速环的设计

（1）电流环的等效传递函数和转速环动态结构图。

1）电流环的等效传递函数为

$$W_{cli}(s) \approx \frac{1/\beta}{2T_{\Sigma i}s + 1}$$

2）转速环动态结构图如图 11-16 所示。

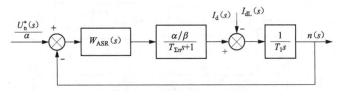

图 11-16　转速环动态结构图

（2）转速环参数计算。

1）转速反馈滤波时间常数 T_{on}。转速反馈滤波时间常数的数值是根据测速发电机的控制要求而定的，一般取 $T_{on} = 0.01s$。

2）转速环小时间常数 $T_{\Sigma n}$。

$$T_{\Sigma n} = 2T_{\Sigma i} + T_{on} = 2 \times 0.0037 + 0.01 = 0.0174(s)$$

电机的同步转速 $n_0 = 1500r/min$，那么电机的同步角速度 ω_s 为

$$\omega_s = \frac{2\pi n_0}{60} = \frac{2 \times \pi \times 1500}{60} = 157(rad/s)$$

在额定电流 I_{dn} 作用时，串级调速系统下电机运行的额定转矩系数 C_m 为

$$C_m = \frac{1}{\omega_s}\left(E_{d0} - \frac{3X_{D0}I_{dn}}{\pi}\right) = \frac{1}{157} \times \left(129.6 - \frac{3 \times 7.62 \times 0.674}{\pi}\right)$$

$$= 0.794(\text{N} \cdot \text{m/A})$$

电机的转动惯量 $J = 0.01\text{kg} \cdot \text{m}^2$，则

$$GD^2 = 4gJ = 4 \times 9.8 \times 0.01 = 0.392(\text{N} \cdot \text{m}^2)$$

所以，电机的积分时间常数 T_I 为

$$T_I = \frac{GD^2}{375}\frac{1}{C_m} = \frac{0.392}{375} \times \frac{1}{0.794} \approx 0.0013(\text{s})$$

（3）转速调节器的类型选择。在转速电流双闭环控制的调速系统中，电流环通常设计成典型 I 型，转速环设计成典型 II 型。为此转速调节器应该选择 PI 调节器。其传递函数为

$$W_{\text{ASR}}(s) = K_n \frac{\tau_n s + 1}{\tau_n s}$$

（4）转速调节器的参数选择。转速环开环传递函数

$$W_{\text{opn}}(s) = \frac{K_n(\tau_n s + 1)}{\tau_n s} \frac{\alpha/\beta}{T_{\Sigma n}s + 1} \frac{1}{T_I s} = \frac{K_N(\tau s + 1)}{s^2(Ts + 1)}$$

比较等式两边系数，得到

$$K_N = \frac{K_n\alpha}{\beta\tau_n T_I}, T = T_{\Sigma n}$$

故

$$K_N = \frac{h+1}{2h^2 T_{\Sigma n}^2} = \frac{5+1}{2 \times 5^2 \times 0.0174^2} \approx 396$$

所以，ASR 调节器参数 $\tau_n = hT_{\Sigma n} = 5 \times 0.0174 = 0.087$（s），而 $K_n = K_N\frac{\beta\tau_n T_I}{\alpha}$，$T_I = 0.0013\text{s}$，则

$$K_n = \frac{K_N\beta\tau_n T_I}{\alpha} = \frac{396 \times 5.63 \times 0.087 \times 0.0013}{1} = 0.252$$

11.2.3 双闭环串级调速系统的仿真

晶闸管串级调速系统的电气原理图如图 11-17 所示。

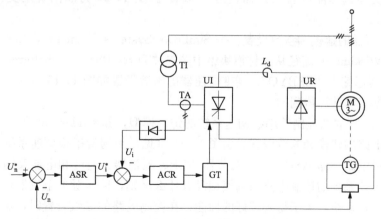

图 11-17 晶闸管串级调速系统的电路原理图

1. 系统的建模和模型参数设置

（1）主电路的建模和参数设置。晶闸管串级调速系统的主电路由三相对称交流电压源、绕线式交流异步电动机、二极管转子整流器、平波电抗器、晶闸管逆变器、逆变变压器、电机测试信号分配器等部分组成。图 11-18 为晶闸管串级调速系统除三相对称交流电压源、电机测试信号分配器之外的主电路子系统仿真模型，脉冲触发电路 CFQ 也归在主电路中。图 11-18 为串级调速系统主电路子系统接上三相对称交流电压源、电机测试信号分配器和其他测量装置等模块后的仿真模型。

　　下面主要讨论二极管转子整流器、晶闸管逆变器、逆变变压器的建模和参数设置问题。本模型三相电源的相序是 C—A—B。

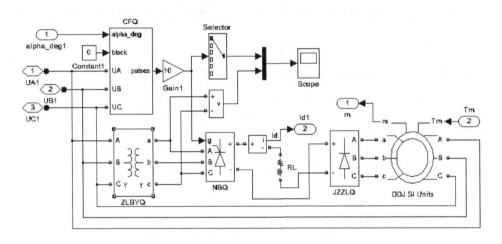

图 11-18　晶闸管串级调速系统主电路子系统仿真模型

　　1）二极管转子整流器的建模和参数设置。按 SimPowerSystems\Power Electronics\Universal Bridge 路径，在电力电子模块组中找到通用变流器桥。电力电子元件类型选择二极管，其标签为"JZZLQ"。图 11-19 为转子整流器的参数设置情况。

　　2）晶闸管逆变器的建模和参数设置。同样在电力电子模块组中找到通用变流器桥。电力电子元件类型选择晶闸管，其标签为"NBQ"。图 11-20 为晶闸管逆变器的参数设置情况。

　　3）逆变变压器的建模和参数设置。按 SimPowerSystems\Elements\Three-Phase Transformer（Two-Windings）路径从元件模块组中选取"Three-Phase Transformer（Two-Windings）"模块，其标签为"ZLBYQ"。逆变变压器的参数设置如图 11-13 所示。逆变变压器的参数设置是根据工程计算得到的。

　　根据图 11-17 建立的晶闸管串级调速系统的仿真模型，如图 11-21 所示。

　　（2）控制电路的建模和参数设置。由图 11-21 可见，晶闸管串级调速系统的控制电路包括给定环节、速度调节器 ASR、电流调节器 ACR、限幅器、速度和电流反馈环节等。这些与双闭环直流调速系统的控制电路仿真模型没有什么区别，同步脉冲触发器也一样。晶闸管串级调速系统比较复杂，为了得到较好的性能，在控制电路的参数设置时，需要进行参数优化。本模型的转速调节器、电流调节器的参数是根据计算得到的。闭环系统有两个 PI 调节器——ACR 和 ASR。这两个调节器的参数设置对话框如图 11-22 和图 11-23 所示。

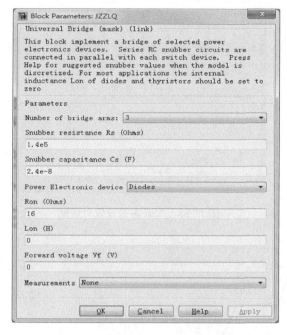

图 11-19 转子整流器的参数设置

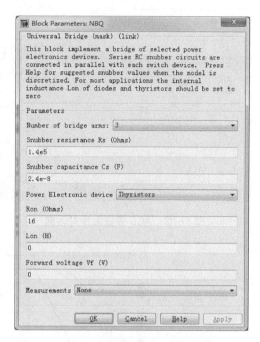

图 11-20 晶闸管逆变器的参数设置

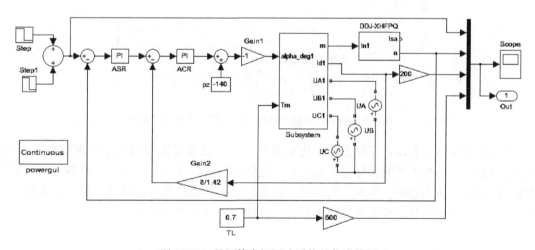

图 11-21 晶闸管串级调速系统的仿真模型

偏置为 −140，给定信号由阶跃信号组合得到，详见图 11-24。其他没作详尽说明的参数和双闭环系统一样。

2. 系统仿真和仿真结果

经仿真实验比较后，所选择的算法为 ode23t；仿真 Start time 设为 0，Stop time 设为 10。当建模和参数设置完成后，即可开始进行仿真。图 11-24 为晶闸管串级调速系统的给定、实际转速、负载转矩和直流主回路电流曲线。

图 11-22　ACR 参数设置对话框　　　　　　　图 11-23　ASR 参数设置对话框

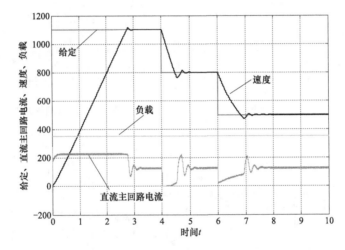

图 11-24　晶闸管串级调速系统的给定转速、实际转速和负载转矩曲线

　　从仿真结果可以看出，在稳态时，仿真系统的实际速度能实现对给定速度的良好跟踪；在过渡过程中，仿真系统的实际速度对阶跃给定信号的跟踪有一定的偏差，对斜坡给定信号的跟踪应该是比较不错的。另外，当负载转矩变化时，速度稍微有点波动。但经过系统自身的调节，很快得到恢复，读者可以输入变化的负载观察对速度的影响。

11.3　交流异步电动机变频调速系统的建模与仿真

11.3.1　交—交变频调速系统的建模与仿真

1. 交—交变频器的建模

交—交变频器的建模详见 6.3 节。

2. 交—交变频异步电动机转速开环调速系统的建模与仿真

　　将构作好的三相交—交变频器和异步电动机组成一个最简单的转速开环交—交变频调速系统，以检验其变频效果。图 11-25（a）是转速开环调速系统的仿真模型。图 11-25（b）、 （c）分别是三相交—交变频器输出频率为 $f=5\mathrm{Hz}$ 和 $10\mathrm{Hz}$ 时异步电动机定子三相电流中的 A 相电流、转速波形。下面介绍有关仿真参数。三相正弦给定信号幅值为 30，频率为 $=5\mathrm{Hz}$ 和 $=10\mathrm{Hz}$。工频三相对称交流电源 A、B、C 相幅值 133V。异步电动机参数，$U_\mathrm{N}=220\mathrm{V}$，$P_\mathrm{N}=2.2\mathrm{kW}$，$f_\mathrm{N}=50\mathrm{Hz}$，$R_\mathrm{s}=2\Omega$，$R_\mathrm{r}=2\Omega$，$L_{11}=L_{21}=10\mathrm{mH}$，$L_\mathrm{m}=69.31\mathrm{mH}$，转动惯量 $J=2\mathrm{kg \cdot m^2}$；极对数为 2，采用同步旋转坐标系。

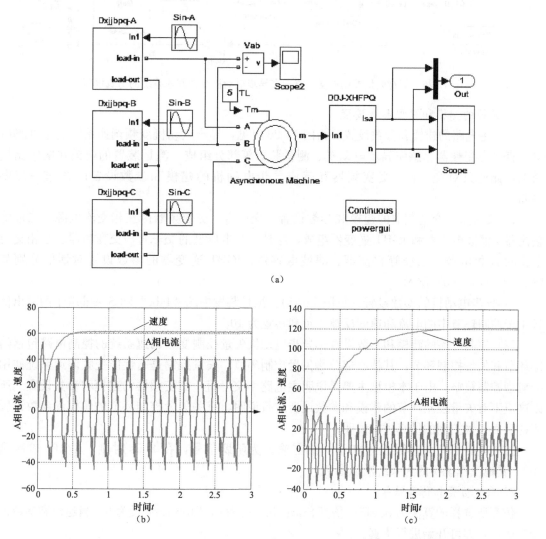

图 11-25　交—交变频开环调速系统仿真模型及电机定子 A 相输出电流和转速波形
（a）调速系统仿真模型；（b）$f=5\mathrm{Hz}$ 时的定子 A 相电流和转速波形；（c）$f=10\mathrm{Hz}$ 时的定子 A 相电流和转速波形

　　由于未采用高性能电机控制策略，调速系统性能还不够好，但已能看到交—交变频的变频调速效果。

11.3.2　交—直—交变频调速系统的建模与仿真

　　图 11-26 为一个交—直—交变频调速系统的仿真模型。下面介绍各部分的建模与参数设置过程。

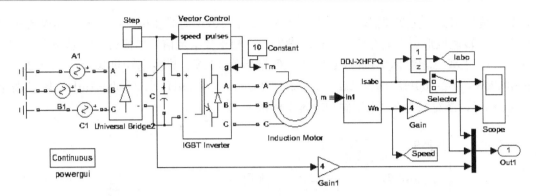

图 11-26 带有矢量控制的交—直—交异步电动机变频调速系统的仿真模型

1. 系统的建模和模型参数设置

(1) 主电路的建模和参数设置。由图 11-26 可见，异步电动机变频调速系统的主电路由交—直—交变频器、感应异步电动机、测量装置等部分组成。测量装置的建模在图中比较明确，此处只对交—直—交变频器和感应异步电动机的建模和参数设置问题作一简要说明。

1) 交—直—交变频器的建模和参数设置。交—直—交变频器由三相交流电源、二极管整流器、滤波电容器和 IGBT 逆变器组成，这是一个电压型的交—直—交变频器。三相交流电源的 A 相电源、二极管整流器、滤波电容器、IGBT 逆变器的参数设置对话框分别如图 11-27 (a)～(d) 所示。

2) 异步电动机的参数设置（见图 11-28）。测量装置中的"Iabc"和 Speed 端子的输出信号用于控制环节中的电流和速度反馈。负载转矩为 10。

(2) 控制电路的建模和参数设置。异步电动机矢量控制变频调速系统的控制电路包括给定环节和矢量控制环节，其核心部分是矢量控制环节。矢量控制是高性能变频调速系统使用的典型控制策略，由于本模型主要是说明主电路中交—直—交变频器的建模和参数设置。所以这里不对矢量控制环节的建模和参数设置进行说明，有关矢量控制环节的建模和参数设置留待后面矢量控制的仿真进行说明。

控制电路的有关参数设置如下：给定输入为阶跃信号，在 2.5s 时刻，由 100 阶跃到 200。其他没作说明的为系统默认参数。

2. 系统仿真和仿真结果

仿真所选择的算法为 ode45；仿真 Start time 设为 0，Stop time 设为 6。当建模和参数设置完成后，即可开始进行仿真。

图 11-29 为异步电动机矢量控制变频调速系统的 A 相电流、转速曲线。

从仿真结果可以看出，系统的实际速度能实现对给定速度的良好跟踪，并且能实现调速。

11.3.3 SPWM 变频调速系统的建模与仿真

采用面向电气原理图方法构作的 SPWM 变频调速系统仿真模型如图 11-30 所示。这是一个转速开环的 SPWM 调速系统，系统由给定环节、SPWM 变频电源、交流电动机和测量装置等部分组成。

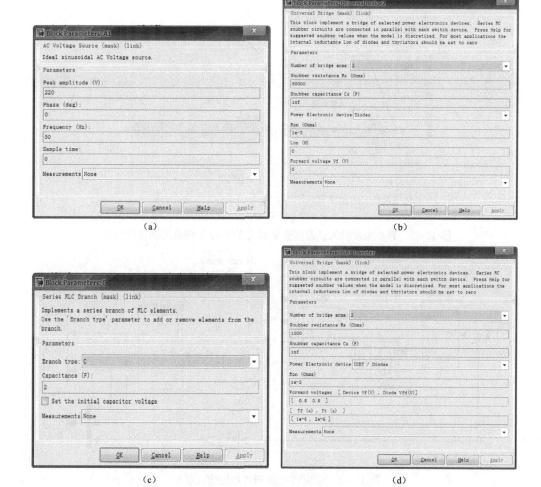

图 11-27　A 相交流电源、二极管整流器、滤波电容器、IGBT 逆变器的参数设置对话框
（a）A 相交流电源的参数设置对话框；（b）二极管整流器的参数设置对话框；（c）滤波电容器的参数设置对话框；
（d）IGBT 逆变器参数设置对话框

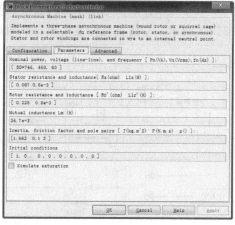

图 11-28　异步电动机的参数设置

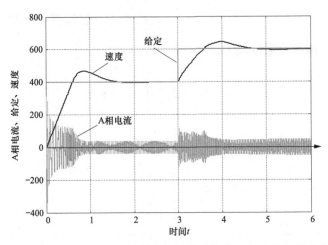

图 11-29　异步电动机矢量控制变频调速系统的 A 相电流和转速曲线

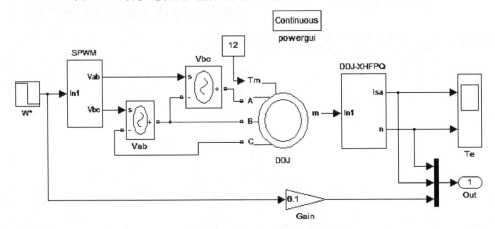

图 11-30　SPWM 变频调速系统仿真模型

1. 系统的建模和模型参数设置

（1）主电路的建模和参数设置。开环 SPWM 调速系统的主电路由 SPWM 变频电源、交流电动机和测量装置等部分组成。下面分别进行建模。

1）SPWM 变频控制信号发生器的建模和参数设置。SPWM 变频控制信号发生器仿真模型如图 11-31 所示。它由正弦波发生器、三角波发生器、SPWM 波形发生器等环节组成。

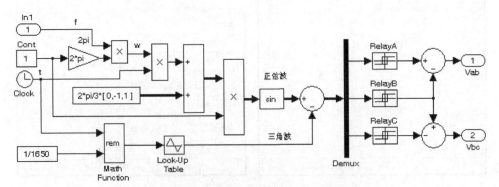

图 11-31　SPWM 变频控制信号发生器仿真模型

正弦波发生器仿真模型如图 11-32 所示。正弦波形发生器仿真模型的频率输入信号 f 乘上 2π 后得到正弦波的角频率 ω，再与 clock 模块提供的时间变量 t 相乘，得到输入三相正弦波发生器（sin 运算模块）；正弦波初相位由一个 constant 模块提供，参数设置为 "$2\pi/3 \cdot [0 \quad -1 \quad 1]$"，每相互差 120°。

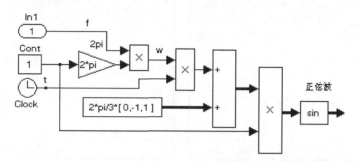

图 11-32 正弦波发生器仿真模型

三角波频率通过 constant 模块设定，三角波的频率设为 1650，它由图 11-33 所示电路模型实现。SPWM 波形发生器：Sin 模块输出的正弦波和三角波发生器（Math Function 和 Look Up Table 的组合）输出的三角波比较后经 Relay 模块进行选择，得到系统所需要的 SPWM 波。

2）SPWM 变频电源的建模和参数设置。SPWM 变频信号发生器的输出是 Simulink 控制信号，要去驱动电动机必须用电源模块组中的受控电压源模块（Controlled Voltage Source）获得三相交流电压来控制电动机的运行。SPWM 变频控制信号发生器和受控电压源模块经过图 11-33 所示的连接，就可得到驱动电动机的三相交流变频电压。受控电压源模块 2 的参数设置如图 11-34 所示。

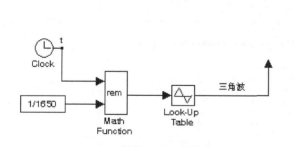

图 11-33 三角波发生器电路模型

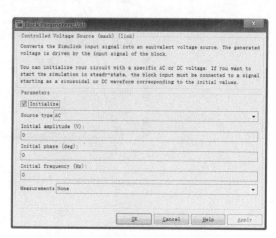

图 11-34 受控电压源模块 2 的参数设置

3）电动机的参数设置。电动机采用三相笼型异步电动机，参数设置如图 11-35 所示。

4）电动机输出信号测量装置的建模。该系统输出了 A 相电流和转速信号，此处转速信号增大了 2 倍只是为了使输出信号之间分开，便于看清楚。

图 11-35   三相笼型异步电动机的参数设置

（2）控制电路的建模和参数设置。控制电路只有一个变频给定环节，系统仿真模型中用阶跃输入信号模块来实现，其初始值为 50Hz，在 1.2s 时刻阶跃到 25Hz，通过改变正弦调制波的频率来实现系统的变频，进而实现调速。本系统采用异步调制，改变正弦调制波的频率时，三角载波的频率不变。

2. 系统的参数设置及仿真结果分析

系统的仿真终止时间为 2.5s，仿真算法选择 ode23tb，相对允许误差和绝对允许误差均为 1e-3，变步长仿真。SPWM 变频调速系统的速度和 A 相电流仿真结果如图 11-36 所示。

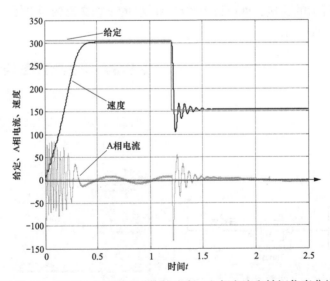

图 11-36   SPWM 变频调速系统的速度、A 相电流和转矩仿真曲线

由图 11-36 可以看出，电动机启动时电流很大，随着速度的升高，电流逐渐减小，在转速稳定时达到最小且基本稳定。这是因为在启动时，转差率很大，电动机的等效阻抗很小，所以启动时电流很大。而在电动机正常运行时，其转差率很小，电动机的等效阻抗很大，从而限制了转子电流。另外，由于电动机惯性的作用，转速波形没有出现脉动，因此转速波形

是平滑的。

11.3.4 矢量控制变频调速系统的建模与仿真

图 11-37 为磁链开环而转速和电流闭环的异步电机矢量控制变频调速系统的仿真模型。下面介绍各部分的建模与参数设置过程。

1. 系统的建模和模型参数设置

（1）主电路的建模和参数设置。由图 11-37 可见，异步电动机矢量控制变频调速系统的主电路由 IGBT 变频电源、异步电动机、测量装置等部分组成。测量装置的建模在图中比较明确，此处只对 IGBT 逆变电源和异步电动机的建模和参数设置问题作一简要说明。

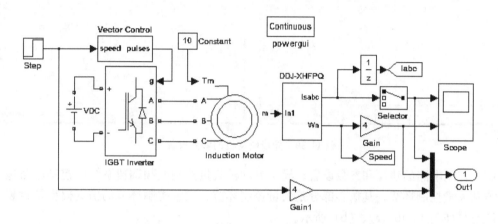

图 11-37　异步电动机矢量控制变频调速系统的仿真模型

1）IGBT 变频电源的建模和参数设置。IGBT 变频电源的仿真模型符号和参数设置对话框如图 11-38（a）、（b）所示。IGBT 逆变电源由一个 780V 恒定直流电压源和一个 IGBT 元件构成的通用变流器桥组成。通用变流器的参数设置如图 11-38（b）所示对话框。

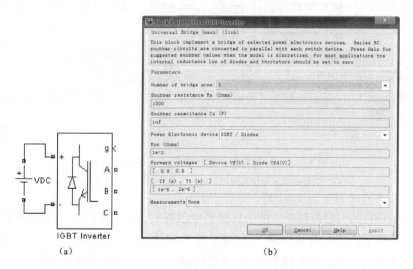

图 11-38　IGBT 逆变电源的仿真模型符号和参数设置对话框
（a）IGBT 变频电源仿真模型符号；（b）参数设置对话框

2）异步电动机的参数设置。异步电动机的参数设置如图 11-39 所示。测量装置中的 "Iabc" 和 Speed 端子的输出信号用于矢量控制环节中的电流和速度反馈。负载转矩为 10N·m。

图 11-39　异步电动机的参数设置

（2）控制电路的建模和参数设置。异步电动机矢量控制变频调速系统的控制电路包括给定环节和矢量控制环节，其核心部分是矢量控制环节。矢量控制环节的仿真模型及封装后的子系统符号如图 11-40（a）、（b）所示。

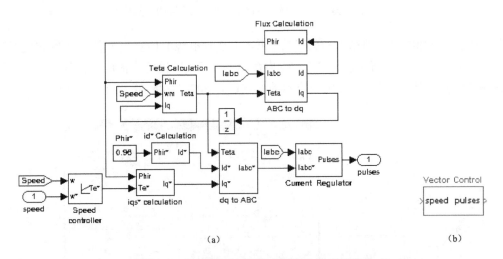

(a)　　　　　　　　　　　　　　　(b)

图 11-40　矢量控制环节仿真模型及子系统符号
（a）矢量控制环节仿真模型；（b）矢量控制环节子系统符号

从图 11-40（a）的矢量控制环节的仿真模型可以看出，矢量控制环节是由速度控制器、定子电流励磁分量给定值 "i_d^* 计算电路"、转矩分量给定值 "i_q^* 计算电路"、dq→ABC 及 ABC→dq 变换电路、电流控制器、磁链位置角 "θ 计算电路"、"磁通计算电路" 等部分组成的。

在该环节中，磁链给定 ψ_r^*（phir*）为固定值 0.96，经 i_d^* 计算电路（i_d^* Calculation）得到定子电流励磁分量给定值 i_d^*，定子电流转矩分量给定值 i_q^* 来自转速控制器和 i_q^* 计算电路

（i_q^* Calculation）的输出，有了 i_d^* 和 i_q^* 后，经"同步旋转 dq 坐标系"到"静止 ABC 坐标系"的坐标变换（dq to ABC），得到物理上存在的定子三相电流的给定值。系统中设置了以定子电流控制器为核心的电流控制系统，其给定值来自于 dq→ABC 变换电路，反馈输入为定子三相电流实际值，电流控制器的输出，作为 IGBT 逆变电源的触发控制信号 pulses。dq→ABC 的坐标变换所需要的"磁链位置角 θ（Teta）"是通过磁链位置角 θ 计算电路（Teta Calculation）得到的。

系统中主要环节的数学模型如下：

1）定子电流励磁分量给定值 i_d^* 计算电路。在不考虑弱磁时，异步电动机定子电流励磁分量给定值 i_d^* 可以通过转子磁链给定值 ψ_r^* 来计算，其中 $i_d^* = \dfrac{\psi_r^*}{L_m}$，其中 L_m 为电动机定、转子的互感。

2）定子电流转矩分量给定值 i_q^* 计算电路。异步电动机定子电流转矩分量给定值 i_q^* 可以通过电磁转矩给定值 T_e^* 来计算，T_e^* 来自于转速调节器的输出，其中 $i_q^* = \dfrac{2}{3}\dfrac{2}{p_m}\dfrac{L_r}{L_m}\dfrac{T_e^*}{\psi_r^*}$，其中 p_m 为电机极对数，L_r 为电机转子的电感。

3）电流模型。此处通过定子电流励磁分量给定值 i_d^* 来计算 ψ_r^*，其中 $\psi_r^* = \dfrac{L_m}{1 + T_r s} i_d^*$，其中 T_r 为转子时间常数。

4）转子磁链位置角 θ 计算电路

转子磁链位置角 $\theta = \displaystyle\int (\omega_r + \Delta\omega^*)\mathrm{d}t$，而转差频率 $\Delta\omega^*$ 可通过定子电流转矩分量给定值 i_q^* 及电动机参数来计算，其中 $\Delta\omega^* = \dfrac{L_m}{\psi_r T_r} i_q^*$。

其他如 dq→ABC 及 ABC→dq……在 SimPower System 工具箱中有现成的模块，可直接调用，故此处不再讨论其数学模型。

系统中建模所需的电动机参数如下：

定子电阻 $R_s = 0.087\Omega$、漏感 $L_{1s} = 0.8\mathrm{mH}$；转子电阻 $R_r = 0.228\Omega$、漏感 $L_{1r} = 0.8\mathrm{mH}$；互感（Mutual inductance）$L_m = 34.7\mathrm{mH}$；转动惯量（Inertia）$J = 1.662\mathrm{kg \cdot m^2}$；极对数 $P_m = 2$。

系统中主要环节的建模如下：

1）图 11-41 为定子电流励磁分量给定值 i_d^* 计算电路的数学模型、仿真模型及封装后的子系统符号。其他各环节类同。

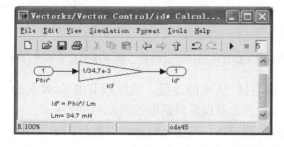

图 11-41　定子电流励磁分量给定值 i_d^* 计算电路的仿真模型及子系统符号

2）图 11-42 为定子电流转矩分量给定值 i_q^* 计算电路的仿真模型、数学模型及封装后的子系统符号。

图 11-42 定子电流转矩分量给定值 i_q^* 计算电路的仿真模型、数学模型及子系统符号

3）图 11-43 为电流模型的仿真模型、数学模型及封装后的子系统符号。

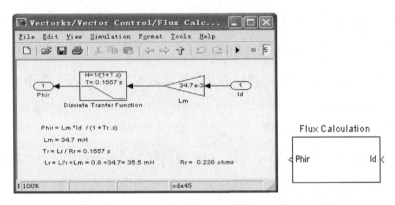

图 11-43 电流模型的仿真模型、数学模型及子系统符号

4）图 11-44 为转子磁链位置角 θ 计算电路的仿真模型、数学模型及封装后的子系统符号。

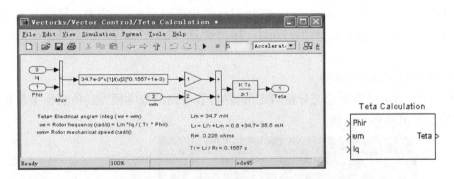

图 11-44 转子磁链位置角 θ 计算电路的仿真模型、数学模型及子系统符号

5）速度调节器 ASR 和电流调节器 ACR 的建模。速度调节器 ASR 是一个 PI 调节器，其仿真模型、封装后的子系统符号以及参数设置对话框如图 11-45 所示。

电流调节器是一个带滞环控制的调节器，其仿真模型、封装后的子系统符号以及参数设置对话框如图 11-46 所示。电流环宽度为 20A。

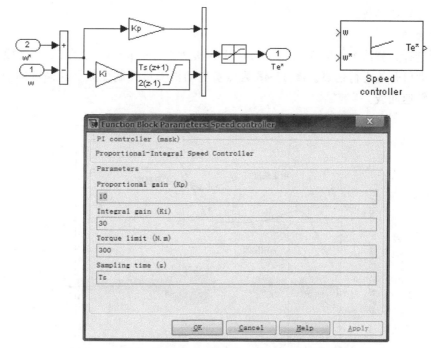

图 11-45 速度调节器的仿真模型、子系统符号和参数设置

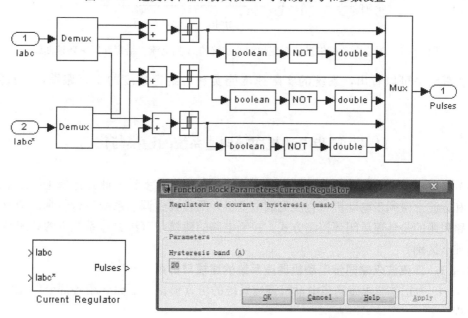

图 11-46 电流调节器的仿真模型、子系统符号和参数设置

系统中还用到一些其他环节，如 dq→ABC 及 ABC→dq 变换等。这些模型可从 SimPower System 工具箱直接调用，其模块符号如图 11-47 所示。

控制电路的有关参数设置如下：给定输入为阶跃信号，在 2.5s 时刻，由 100 阶跃到 200。其他没作

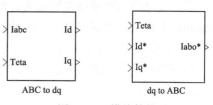

图 11-47 模块符号

说明的为系统默认参数。

2. 系统仿真和仿真结果

仿真所选择的算法为 ode45；仿真 Start time 设为 0，Stop time 设为 5。当建模和参数设置完成后，即可开始进行仿真。图 11-48 为异步电动机矢量控制变频调速系统的 A 相电流、给定和实际转速曲线。

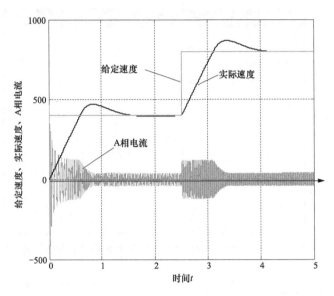

图 11-48   异步电动机矢量控制变频调速系统的 A 相电流、给定和实际转速曲线

从仿真结果可以看出，系统的实际速度能实现对给定速度的良好跟踪，并且能实现调速。

11.4   同步电动机变频调速系统的建模与仿真

本节将对同步电动机调速系统进行仿真。同步电动机有多种，此处选择正弦波永磁同步电动机和方波永磁同步电动机（直流无刷电动机）两种典型调速系统进行仿真。调速系统的控制电路采用的是转速单闭环控制方式，控制电路的建模与直流调速系统中的单闭环控制方式没有什么区别。

11.4.1   正弦波永磁同步电动机调速系统的建模与仿真

图 11-49 为正弦波永磁同步电动机调速系统的仿真模型。下面介绍各部分的建模与参数设置过程。

1. 系统的建模和模型参数设置

（1）主电路的建模和参数设置。由图 11-49 可见，主电路由 PWM 电源变换器、正弦波永磁同步电动机、测量装置等部分组成。测量装置的建模在图中比较明确，此处着重讨论 PWM 电源变换器、正弦波永磁同步电动机的建模和参数设置问题。

1）PWM 电源变换器的建模和参数设置。PWM 电源变换器的仿真模型和子系统符号如图 11-50 所示。

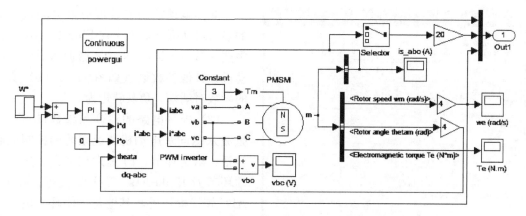

图 11-49　正弦波永磁同步电动机调速系统的仿真模型

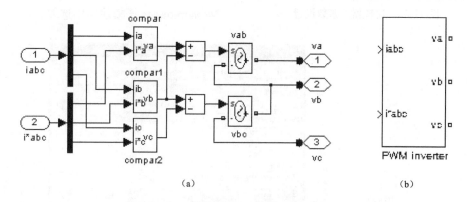

图 11-50　PWM 电源变换器的仿真模型
（a）PWM 电源变换器的仿真模型；（b）子系统模块

　　PWM 电源变换器由电流比较器和受控电压源等环节组成。图 11-51 是 A 相电流比较器的仿真模型和子系统符号，它由一个惯性滤波环节和一个具有继电器特性的比较器组成。比较器的参数设置如图 11-52 所示。

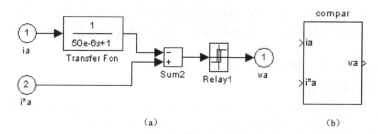

图 11-51　A 相电流比较器仿真模型和子系统模块
（a）A 相电流比较器的仿真模型；（b）子系统模块

　　2）正弦波永磁同步电动机的建模和参数设置。在 SimPower System 工具箱中的电机模块组中，有一个永磁同步电动机模型，其模型如图 11-53（a）所示，其参数设置如图 11-53（b）所示。

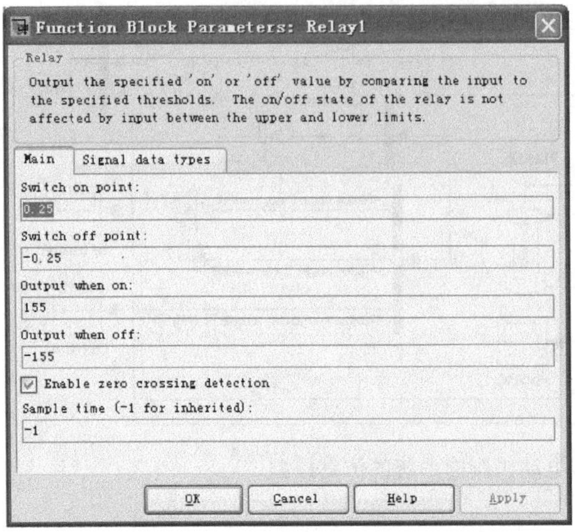

同步电动机的参数可通过电动机模块的参数对话框来输入。在 Flux Distribution 中选择 Sinusoidal，即为正弦波永磁同步电动机，其他参数设置如图 11-53（b）所示的参数对话框。负载转矩为 3。

（2）控制电路的建模和参数设置。正弦波永磁同步电动机调速系统的控制电路包括：给定环节、PI 速度调节器、速度反馈环节及其 dq-ABC 转换模块等。除 dq-ABC 转换模块外，其他与单闭环直流调速系统的控制环节没有什么区别。dq-ABC 转换模块可从 SimPowerSystem\Extra Library\Measurements 子模块组中选取。

图 11-52　比较器的参数设置

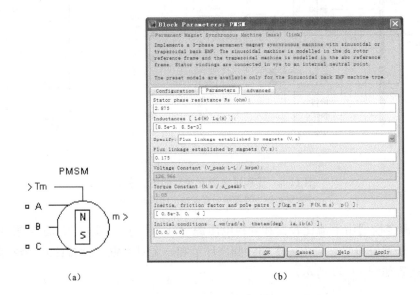

（a）　　　　　　　　　　（b）

图 11-53　永磁同步电动机仿真模型符号和参数设置
（a）永磁同步电动机仿真模型符号；（b）永磁同步电动机参数设置

控制电路的有关参数设置如下：

1）速度反馈系数设为 4。

2）PI 调节器的参数设置分别是：ASR，$K_{pn}=2.6$；$\tau_n=50$；上下限幅值为 $[30,-30]$。

3）给定输入为阶跃信号，在 0.1s 时刻，由 500 阶跃到 1000。

4）其他没作说明的为系统默认参数。

2. 系统仿真和仿真结果

仿真所选择的算法为 ode23tb；仿真 Start time 设为 0，Stop time 设为 0.2。当建模和参数设置完成后，即可开始进行仿真。图 11-54 为正弦波永磁同步电动机调速系统的 A 相电流、给定转速和实际转速曲线。

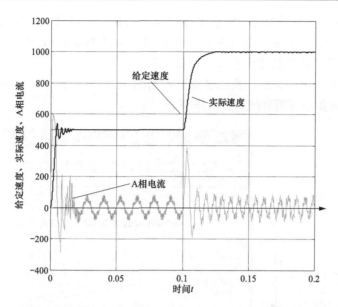

图 11-54　正弦波永磁同步电动机调速系统的 A 相电流、给定转速和实际转速曲线

从仿真结果可以看出，在稳态时，仿真系统的实际速度能实现对给定速度的良好跟踪；在低速过渡过程时，仿真系统的实际速度对阶跃给定信号的跟踪有一定的震荡偏差。

11.4.2　方波永磁同步电动机调速系统的建模与仿真

方波永磁同步电动机（又称直流无刷电动机）的原理与有刷直流电动机相似，其感应电动势为梯形波，大小与转子磁通和转速成正比。每相电流为 120°导电型的交流方波，三相对称。方波永磁同步电动机三相电枢绕组的电流由逆变器提供。由于各相电流都是方形波，逆变器只需按直流 PWM 控制，比 SPWM 逆变器的控制简单。方波永磁同步电动机调速系统在精度和调速性能上低于正弦波永磁同步电动机调速系统。

图 11-55 为方波永磁同步电动机调速系统的仿真模型。下面介绍各部分的建模与参数设置过程。

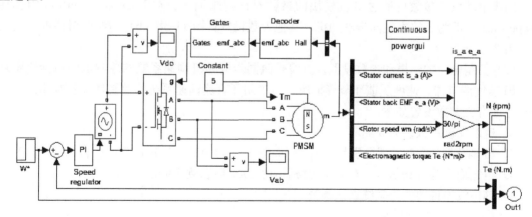

图 11-55　方波永磁同步电动机调速系统的仿真模型

1. 系统的建模和模型参数设置

（1）主电路的建模和参数设置。由图 11-55 可见，主电路由 P-MOSFET 变流器桥、

P-MOSFET 驱动器、直流受控源、方波永磁同步电动机、测量装置等部分组成。测量装置的建模在图中比较明确，此处着重讨论 P-MOSFET 变流器桥、P-MOSFET 驱动器、直流受控源、方波永磁同步电动机的建模和参数设置问题。

1）P-MOSFET 变流器桥的建模和参数设置如图 11-56（a）、（b）所示。直流受控源提供 P-MOSFET 变流器桥所需要的直流电压源。

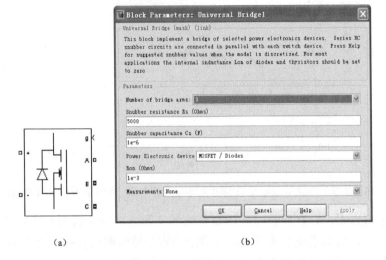

（a）   （b）

图 11-56   P-MOSFET 变流器桥的模块符号和参数设置

(a) P-MOSFET 变流器桥的模块符号；(b) P-MOSFET 变流器桥参数设置

2）P-MOSFET 驱动器的建模和参数设置。P-MOSFET 驱动器包括编码器和触发器两部分，仿真模型如图 11-57（a）、（b）所示。

3）方波永磁同步电动机的建模和参数设置。在 SimPower System 工具箱的电机模块组中，方波永磁同步电动机与正弦波永磁同步电动机是同一个模型。其仿真模型如图 11-58（a）所示，其参数设置如图 11-58（b）所示。

同步电动机的参数可通过电机模块的参数对话框来输入。在 Flux Distribution 中选择 Trapezoidal，即为方波永磁同步电动机。其他参数设置见图 11-58（b）的参数对话框。负载转矩为 3。

（2）控制电路的建模和参数设置。方波永磁同步电动机调速系统的控制电路包括给定环节、PI 速度调节器、速度反馈环节等模块。与单闭环直流调速系统的控制环节基本相同。控制电路的有关参数设置如下：

1）速度反馈系数设为 30/pi；

2）PI 调节器的参数设置分别是：$K_{pn}=16.61$；$\tau_n=0.013$；上下限幅值为 $[500，-500]$；

3）给定输入为阶跃信号，在 0.1s 时刻，由 2000 阶跃到 2800。

4）其他没作说明的为系统默认参数。

2. 系统仿真和仿真结果

仿真所选择的算法为 ode23t；仿真 Start time 设为 0，Stop time 设为 0.2s。

当建模和参数设置完成后，即可开始进行仿真。图 11-59 为方波永磁同步电动机调速系统的给定转速和实际转速曲线。

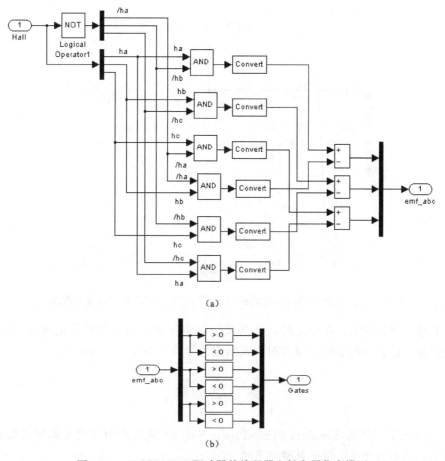

（a）

（b）

图 11-57　P-MOSFET 驱动器的编码器和触发器仿真模型

（a）P-MOSFET 驱动器的编码器仿真模型；（b）P-MOSFET 驱动器的触发器仿真模型

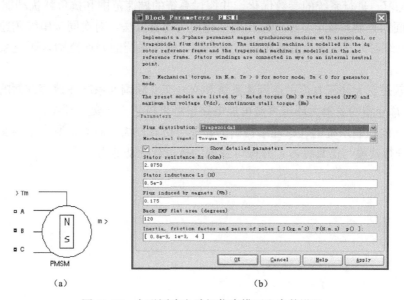

（a）　　　　　　　　　　　　　　　　（b）

图 11-58　永磁同步电动机仿真模型和参数设置

（a）永磁同步电动机仿真模型；（b）永磁同步电动机参数设置

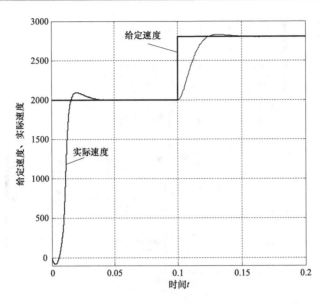

图 11-59　方波永磁同步电动机调速系统的给定转速和实际转速曲线

　　从仿真结果可以看出，在稳态时，仿真系统的实际速度能实现对给定速度的良好跟踪；在过渡过程时，仿真系统的实际速度对阶跃给定信号的跟踪有一定的偏差。

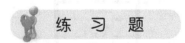

　　1. 熟悉 MATLAB 的 Simulink 和 SimPower System 模块库中与交流调速系统相关的模块，了解它们的参数含义，学会其使用方法。

　　2. 采用面向控制系统电气原理结构图的建模与仿真方法，对交流调压调速系统自行进行建模与仿真练习，进行系统的参数优化，并探讨系统的调速范围和抗负载扰动能力。

　　3. 采用面向控制系统电气原理结构图的建模与仿真方法，对次同步串级调速系统自行进行建模与仿真练习，并探索设置系统的有关参数，确定系统的调速范围，研究系统的抗负载扰动能力。

　　4. 试比较逻辑无环流直流可逆调速系统和交—交变频调速系统在建模方面的异同点，并探讨用第 10 章介绍的逻辑无环流直流可逆电路模型来搭建交—交变频器。

　　5. 采用面向控制系统电气原理结构图的建模与仿真方法，对本章所介绍的交—交变频调速系统自行进行建模与仿真练习，并探讨系统的抗负载扰动能力。

第四篇 电力系统的仿真技术

12 电力系统的常用仿真元件模块

在进行电力系统仿真时，先要了解构成电力系统的各元件。本节将重点讨论同步发电机、电力变压器、输电线路和负荷等电力系统元件的仿真模块。

12.1 同步发电机模块

1. 简化同步电机模块

同步发电机是电力系统重要的设备，SimPower Systems 库中提供了两种同步电机模块，一种是简化同步发电机模块，另一种是标准同步发电机模块。

简化同步发电机模块忽略了电枢反应电感、励磁和阻尼绕组的漏感，仅由理想电压源串联 RL 线路构成，其中 R 和 L 为电机的内部阻抗。SimPower Systems 库中有两种简化同步电机模块，如图 12-1 所示。图 12-1（a）为标幺制单位（p.u.）下的简化同步电机模块，图 12-1（b）为国际单位制（SI）下的简化同步电机模块。简化同步电机的两种模块本质上是一致的，唯一的不同在于参数所选用的单位。

简化同步电机模块有 2 个输入端子，1 个输出端子和 3 个电气连接端子。

模块的第 1 个输入端子（Pm）输入电机的机械功率，可以是常数，或者是原动机的输出。

模块的第 2 个输入端子（E）为电机内部电压源的电压，可以是常数，也可以直接与电压调节器的输出相连。

模块的 3 个电气连接端子（A，B，C）为

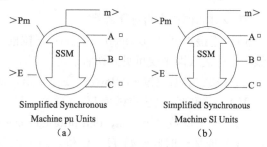

图 12-1　简化同步电机模块图标
（a）标幺制；（b）国际单位制

定子输出电压。输出端子（m）输出一系列电机的内部信号，共由 12 路信号组成，见表 12-1。

表 12-1 简化同步电机输出信号

输出	符号	端口	定义	单位
1～3	i_{sa}，i_{sb}，i_{sc}	is_abc	流出电机的定子三相电流	A 或者 p.u.
4～6	U_a，U_b，U_c	vs_abc	定子三相输出电压	V 或者 p.u.

续表

输出	符号	端口	定义	单位
7～9	E_a，E_b，E_c	e_abc	电机内部电源电压	V 或者 p.u.
10	θ	Thetan	机械角度	rad
11	Ω_m	wm	转子转速	rad/s 或者 p.u.
12	P_e	pe	电磁功率	w

通过自制的电机测量信号分离器（Machines Measurement Demux）模块可以将输出端子 m 中的各路信号分离出来。双击简化同步电机模块，将弹出该模块的参数对话框，如图 12-2 所示。

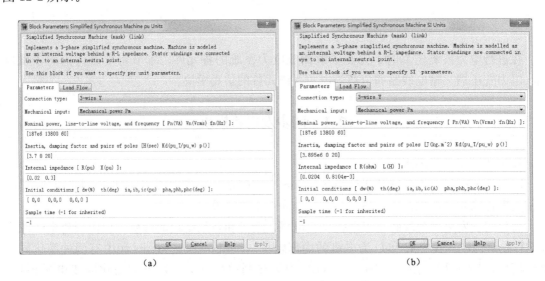

（a）　　　　　　　　　　　　　　　　（b）

图 12-2　简化同步电机模块参数对话框

（a）标幺制；（b）国际单位制

在该对话框中含有如下参数：

（1）连接类型（Connection type）下拉框：定义电机的连接类型，分为 3 线 Y 形连接和 4 线 Y 形连接（即中线可见）两种。

（2）额定参数（Nom. Power，L-L volt，and freq.）文本框：三相额定视在功率 P_N（单位：VA）、额定线电压有效值 U_N（单位：V）、额定频率 f_N（单位：Hz）。

（3）机械参数（Inertia，damping factor and pairs of poles）文本框：转动惯量 J（单位：$kg \cdot m^2$）或惯性时间常数 H（单位：s）、阻尼系数 K_d（单位：转矩的标幺值/转速的标幺值）和极对数 p。

（4）内部阻抗（Internal impedance）文本框：单相电阻 R（单位：Ω 或 p.u.）和电感 L（单位：H 或 P.u.）。R 和 L 为电机内部阻抗，设置时允许 R 等于 0，但 L 必须大于 0。

（5）初始条件（Init. cond.）文本框：初始角速度偏移 $\Delta\omega$（单位：%），转子初始角位移 θ_e（单位：°），线电流幅值 i_a、i_b、i_C（单位：A 或 p.u.），相角 ph_a、ph_b、ph_c（单位：°）。初始条件可以由 Powergui 模块自动获取。

2. 同步电机模块

SimPowerSystems 库中提供了三种同步电机模块，用于对三相隐极和凸极同步电机进行动态建模，如图 12-3 所示。图 12-3（a）为标幺制（p.u.）下的基本同步电机模块，图 12-3（b）为标幺制（p.u.）下的标准同步电机模块，图 12-3（c）为国际单位制（SI）下的基本同步电机模块。

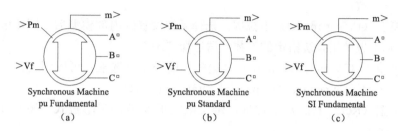

图 12-3　同步电机模块图标

(a) p.u. 基本同步电机；(b) p.u. 标准同步电机；(c) SI 基本同步电机

同步电机模块有 2 个输入端子、1 个输出端子和 3 个电气连接端子。

模块的第 1 个输入端子（Pm）为电机的机械功率。当机械功率为正时，表示同步电机运行方式为发电机模式；当机械功率为负时，表示同步电机运行方式为电动机模式。在发电机模式下，输入可以是一个正的常数，也可以是一个函数或者是原动机模块的输出；在电动机模式下，输入通常是一个负的常数或者函数。

模块的第 2 个输入端子（V_f）是励磁电压，在发电机模式下可以由励磁模块提供，在电动机模式下为一常数。

模块的 3 个电气连接端子（A，B，C）为定子电压输出。输出端子（m）输出一系列电机的内部信号，共由 22 路信号组成，见表 12-2。

表 12-2　　　　　　　　同步电机输出信号

输出	符号	端口	定义	单位
1～3	i_{sa}, i_{sb}, i_{sc}	is_abc	定子三相电流	A 或者 p.u.
4～5	i_{sq}, i_{sd}	is_qd	q 轴和 d 轴定子电流	A 或者 p.u.
6～9	I_{fd}, i_{kq1}, i_{kq2}, i_{kd}	ik_qd	励磁电流、q 轴和 d 轴阻尼绕组电流	A 或者 p.u.
10～11	φ_{mq}, φ_{md}	Phim_qd	q 轴和 d 轴磁通量	Vs 或者 p.u
12～13	U_q, U_d	vs_qd	q 轴和 d 轴定子电压	V 或者 p.u
14	$\Delta\theta$	d_theta	转子角偏移量	rad
15	ω_m	wm	转子角速度	rad/s
16	P_e	pe	电磁功率	VA 或者 p.u.
17	$\Delta\omega$	dw	转子角速度偏移	rad/s
18	θ	theta	转子机械角	rad
19	Te	Te	电磁转矩	N.m 或者 p.u.
20	δ	Delta	功率角	N.m 或者 p.u.
21、22	P_{e0}, Q_{e0}	P_{e0}, Q_{e0}	输出有功和无功功率	rad

通过自制的电机测量信号分离器（Machines Measurement Demux）模块可以将输出端子 m 中的各路信号分离出来。

同步电机输入和输出参数的单位与选用的同步电机模块有关。如果选用 SI 单位制下的同步电机模块，则输入和输出为国际单位制下的有名值；如果选用 p.u. 制下的同步电机模块，输入和输出为标幺值。

双击同步电动机模块，将弹出该模块的参数对话框，下面将对其一一进行说明。

（1）SI 基本同步电机模块。SI 基本同步电机模块的参数对话框如图 12-4 所示。在该对话框中含有如下参数：

1）预设模型（Preset model）下拉框：选择系统设置的内部模型后，同步电机自动获取各项数据，如果不想使用系统给定的参数，请选择"No"。

2）机械量输入（Mechanical input）复选框：单击该复选框，可以浏览并选择电机的机械参数（Torque TL、Speed ω、Mechanical rotational port）。

3）绕组类型（Rotor type）下拉框：定义电机的类型，有隐极式（Round）和凸极式（salient-pole）两种。

单击 parameters 标签，可以浏览并修改电机参数。

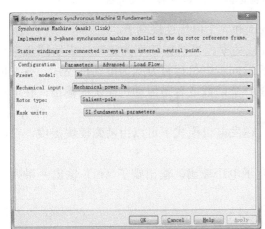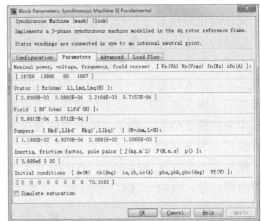

图 12-4　SI 基本同步电机模块参数对话框

4）额定参数（Nom. power，volt.，freq. and field cur.）文本框：三相额定视在功率 P_N（单位：VA）、额定线电压有效值 U_N（单位：V）、额定频率 f_N（单位：Hz）和额定励磁电流 i_{fN}（单位：A）。

5）定子参数（Stator）文本框：定子电阻 R_s（单位：Ω），漏感 L_1（单位：H），d 轴电枢反应电感 L_{md}（单位：H）和 q 轴电枢反应电感 L_{mq}（单位：H）。

6）励磁参数（Field）文本框：励磁电阻 R_f'（单位：Ω）和励磁漏感 L_{1fd}'（单位：H）。

7）阻尼绕组参数（Dampers）文本框：d 轴阻尼电阻 R_{kd}'（单位：Ω），d 轴漏感 L_{1kd}'（单位：H），q 轴阻尼电阻 R_{kq1}'（单位：Ω）和 q 轴漏感 L_{1kq1}'（单位：H）对于实心转子，还需要输入反映大电机深处转子棒涡流损耗的阻尼电阻 R_{kq2}'（单位：Ω）和漏感 L_{1kq2}'（单位：H）。

8）机械参数（Inertia，friction factor and pole pairs）文本框：转动惯量 J（单位：kg·m²）、摩擦系数 F（单位：N·m·s/rad）和极对数 p。

9）初始条件（Init. cond.）文本框：初始角速度偏移 $\Delta\omega$（单位：%），转子初始角位移 th（单位：°），线电流幅值 i_a、i_b、i_c（单位：A），相角 ph_a、ph_b、ph_c（单位：°）和初始励磁电压 U_f（单位：V）

10）饱和仿真（Simulate saturation）复选框：设置定子和转子铁芯是否饱和。若需要考虑定子和转子的饱和情况，则选中该复选框。

（2）p. u. 基本同步电机模块。p. u. 基本同步电机模块的参数对话框如图 12-5 所示

该对话框结构与 SI 基本同步电机模块的对话框结构相似，不同之处有：

1）额定参数（Nom. Power，L-L volt. ，and freq. ）文本框：与 SI 基本同步电机模块相比，该项内容中不含励磁电流。

2）定子参数（Stator）文本框：与 SI 基本同步电机模块相比，该项参数为归算到定子侧的标幺值。

3）励磁参数（Field）：与 SI 基本同步电机模块相比，该项参数为归算到定子侧的标幺值。

4）阻尼绕组参数（Dampers）文本框：与 SI 基本同步电机模块相比，该项参数为归算到定子侧的标幺值。

5）机械参数（Coeff. Inertia，friction factor and pole pairs）文本框：惯性时间常数 H（单位：s）、摩擦系数 F（单位：P. u. ）和极对数 p。

6）饱和仿真（Simulate saturation）复选框：与 SI 基本同步电机模块类似，其中的励磁电流和定子输出电压均为标幺值；电压的基准值为额定线电压有效值；电流的基准值为额定励磁电流。

注意：p. u. 基本同步电机模块与 SI 基本同步电机模块的主要区别在于输入数据的单位，SI 基本同步电机模块输入的大部分参数为有名值，而 p. u. 基本同步电机模块要求输入标幺值。

（3）p. u. 标准同步电机模块。p. u. 标准同步电机模块的参数对话框如图 12-6 所示。在该对话框中，额定参数、机械参数、初始条件、饱和仿真复选框中的参数与 p. u. 基本同步电机相同。除此之外，还含有如下参数：

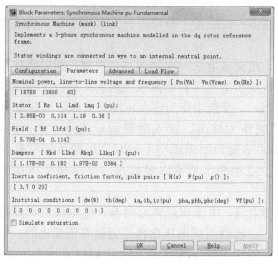

图 12-5　p. u. 基本同步电机模块参数对话框

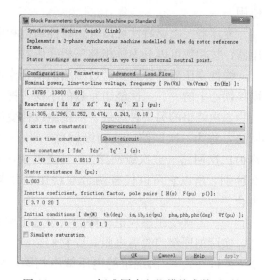

图 12-6　p. u. 标准同步电机模块参数对话框

1）电抗（Reactances）文本框：d 轴同步电抗 X_d、暂态电抗 X_d'、次暂态电抗 X_d''，q 轴同步电抗 X_q、暂态电抗 X_q'（对于实心转子）、次暂态电抗 X_q''，漏抗 X_1，所有的参数均为标幺值。

2) 直轴和交轴的时间常数 (d axis time constants, q axis time constants) 下拉框：定义 d 轴和 q 轴的时间常数类型，分开路和短路两种。

3) 时间常数 (Time constants) 文本框：d 轴和 q 轴的时间常数（单位：s），包括 d 轴开路暂态时间常数 (T'_{d0})/短路暂态时间常数 (T'_d)，d 轴开路次暂态时间常数 (T''_{d0})/短路次暂态时间常数 (T''_d)，q 轴开路暂态时间常数 (T'_{q0})/短路暂态时间常数 (T'_q)，q 轴开路次暂态开路时间常数 (T''_{q0})，短路次暂态时间常数 (T''_q)，这些时间常数和时间常数列表框中的定义必须一致。

4) 定子电阻 (Stator resistance) 文本框：定子电阻 R_s（单位：p.u.）。

3. 各类模块的应用比较

简化的同步电机模块是只计及转子动态的二阶模型，其特点是模型简单，因而在大规模电力系统分析中得到了广泛应用。一般在研究远离扰动发生地点的发电机转子动态特性时可由此选该模型。

在基本同步电机模块中，忽略了定子绕组暂态，但考虑了励磁绕组、阻尼绕组的动态特性。常常用于可忽略转子绕组超瞬变过程但又考虑转子绕组瞬变过程的问题分析。

在标准同步电机模块中，忽略了定子绕组暂态，但考虑了励磁绕组、阻尼绕组的暂态和转子绕组动态特性，并考虑了电机的凸极效应。因而它可用于对电力系统暂态稳定分析的准确度要求较高的情况。

12.2 电力变压器模块

变压器是电力系统的重要组成部分，它的电磁特性影响着整个电力系统的性能和正常运行。其主要功能是将电力系统的电压升高或降低，以利于电能的合理输送、分配和使用。

变压器按磁路特性可以分为线性和饱和变压器；按绕组个数可以分为双绕组和三绕组变压器；按相数可以分为单相和三相变压器。

线性变压器的原理是通过磁路的耦合作用，把交流电从一次侧送到二次侧，利用绕制在同一铁心上的一、二次绕组匝数的不同，把一次绕组的电压和电流线性地从某种数量等级改变为二次绕组的另一种等级。双绕组线性变压器，一个绕组作为输入，接入电源后形成一个回路，称为一次回路（或初级回路）；另一绕组作为输出，接入负载后形成另一个回路，称为二次回路（或次级回路）。三绕组变压器的结构和原理原则上与双绕组变压器没有什么区别，所以它可以代替两台双绕组变压器。三相变压器可以看成是三个单相变压器的组合。

一、二次绕组感应电动势的大小之比称为变比 k，电流流经铁心时会产生主磁通和漏磁通，实际的原绕组具有电阻，受它们影响，一、二次绕组的电压之比是近似等于变比的。只要 $k \neq 1$，一、二次绕组的电压就不相等，从而实现了变压的目的。$k > 1$ 时是升压变压器；$k < 1$ 时是降压变压器。

线性变压器的磁路是线性的，因此副绕组电压电流的波形与一次绕组相似，只是大小不同而已。当激励电源随时间以频率 f 做正弦变化时，主磁通和一次绕组漏磁通都随时间交变，频率为 f。二次电压在电路和磁路的配合下，以频率 f 正弦变化。

12.2.1　单相变压器模块

1. 单相变压器的电气原理

（1）单相变压器空载运行的电路原理图如图 12-7 所示。变压器空载运行时，交流电源电压 u_1 在一次绕组中产生交流电流 i_0，i_0 称为一次侧空载电流，也称励磁电流。它流过一次绕组产生磁动势 $i_0 N_1$，这一磁动势将产生变压器的空载磁通，空载磁通分成两部分：一部分为主磁通 Φ，另一部分为漏磁通 $\Phi_{1\sigma}$。二次绕组是靠主磁通感应电动势的，变压器的能量也只能靠主磁通来传递。

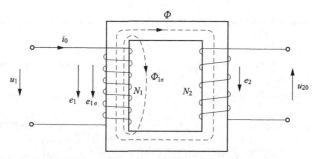

图 12-7　单相变压器空载运行电路原理图

空载运行时，变压器一、二次侧电压、感应电动势和变比的关系为 $\dfrac{U_1}{U_{20}} \approx \dfrac{E_1}{E_2} = \dfrac{N_1}{N_2} = k$。

（2）单相变压器负载运行的电路原理图如图 12-8 所示。变压器负载运行时，一次侧 AX 接交流电压 $\dot{U}_1$，二次侧 ax 与负载 Z_L 连接。与空载运行不同的是，二次侧 ax 与负载接通，二次绕组有电流 $\dot{I}_2$ 流过，二次侧负载上的电压为 $\dot{U}_2$。显然，$\dot{I}_2$ 大小和相位取决于负载阻抗 Z_L 的大小和性质（容性、感性、阻性）。

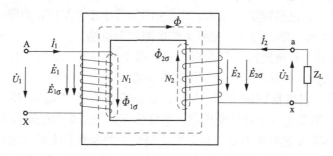

图 12-8　变压器的负载运行原理图

2. 单相变压器模块和参数设置

（1）单相线性变压器模块图标。SimPow-erSystems 库中提供的单相双绕组、三绕组变压器模块图标如图 12-9 所示。

（2）参数设置对话框和参数设置如图 12-10 所示。线性变压器模型的单位制有 SI 和 p.u. 两种，SI 单位制的参数设置对话框如图 12-10（a）所示。

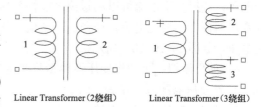

Linear Transformer（2绕组）　　　Linear Transformer（3绕组）

图 12-9　单相双绕组、三绕组
变压器模块图标

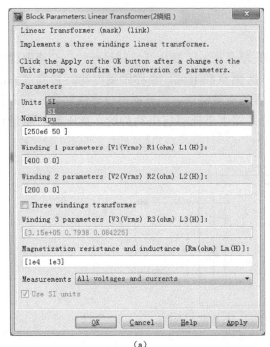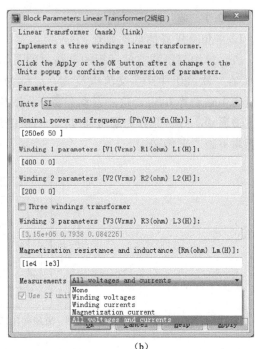

(a)　　　　　　　　　　　　　　　　　(b)

图 12-10　单相线性变压器模块的参数设置

(a) 变压器单位制选择；(b) 变压器被测量选项

1）额定功率和频率。变压器额定功率为 P_N（单位：VA）；额定频率为 f_N（单位：Hz），它要与所选激励源的频率保持一致。

2）绕组 1 参数。它包括额定电压"V1"，单位是 V；绕组 1 的电阻和漏电感。

3）绕组 2 参数。它包括额定电压"V2"，它的值若小于"V1"，为降压变压器；若大于"V1"，则为升压变压器，单位是 V；绕组 2 的电阻和漏电感。

4）三绕组变压器。若选定这个复选框，就可以得到一个三绕组变压器，此时相当于两个双绕组变压器；否则，模块就是一个双绕组变压器。

5）绕组 3 参数。它包括额定电压"V3"，它的值若小于"V1"，便实现一个降压变压器；若大于"V1"，则实现一个升压变压器，单位是 V；绕组 3 的电阻和漏电感。

如果三绕组变压器复选框没有被选定，那么绕组 3 的参数将变成无效的。

6）励磁电阻和电感。励磁电阻和电感模拟的是铁心有功损耗和无功损耗。

7）被测量选项。被测量有多种选择；选择绕组电压可以测量线性变压器模块的各绕组端电压；选择绕组电流可以测量流经线性变压器模块的绕组电流；选择磁化电流可以测量线性变压器模块的磁化电流；选择所有电流电压可以测量以上所有的量。此处选择测量所有电流电压，如图 11-10（b）所示。

8）如果模拟一个理想变压器模型只要将各绕组电阻和电感设为 0，励磁电阻和电感设为 inf。线性变压器测量量见表 12-3。

12.2.2　三相变压器模块

1. 三相变压器电气原理

用三个单相变压器便可以组成一台三相变压器。三相变压器在电路上是互相连接的，而

表 12-3　　　　　　　　　　　　　线 性 变 压 器 测 量 量

测量量	符号	测量量	符号
绕组电压	Uw1:，Uw2:	磁化电流	Imag:
绕组电流	Iw1:，Iw2:		

在磁路上互相独立。用 A、B、C 分别表示三相变压器的一次绕组端，用 a、b、c 分别表示二次绕组端。

在电力系统中，三相变压器是对称的，即大小一样，相位互差 120°，在三相变压器中每一相参数的大小是一样的。若一次侧接上三相对称电压，二次侧带三相对称负载，此时三相变压器的一次及二次电压分别是对称的，那么三个相的电流当然也是对称的。变压器的这种运行状态称为对称运行。电力变压器正常的运行状态基本上是对称运行。

　2. 三相变压器模块和参数设置

　(1) 三相线性变压器模块。SimPowerSystems 库中提供的双绕组三相变压器模块可以对线性和铁芯饱和变压器进行仿真，图标如图 12-11 所示。

变压器一、二次绕组的连接方法有以下五种：

　1) Y 形连接：3 个电气连接端口（A、B、C 或 a、b、c）。

　2) Yn 形连接：4 个电气连接端口（A、B、C、N 或 a、b、C、n），绕组中性线可见。

　3) Yg 形连接：3 个电气连接端口（A、B、c 或 a、b、c），模块内部绕组接地。

　4) △(D11) 形连接：3 个电气连接端口（A、B、C 或 a、b、c），△形绕组超前丫形绕组 30°。

　5) △(D1) 形连接：3 个电气连接端口（A、B、C 或 a、b、c），△形绕组滞后丫形绕组 30°。

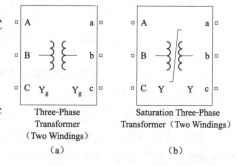

图 12-11　双绕组三相变压器模块图标
(a) 线性变压器图标；(b) 饱和变压器图标

不同的连接方式对应不同的图标。图 12-12 为四种典型连接方式的双绕组三相变压器图标。该模块的电气端子分别为变压器一次绕组（ABC）和二次绕组（abc）。

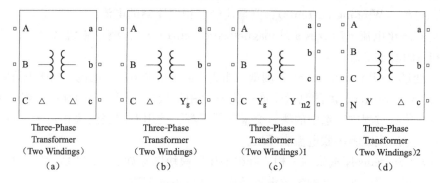

图 12-12　四种典型接线方式下的双绕组三相变压器图标
(a) △-△连接；(b) △-Yg 连接；(c) Yg-Yn 连接；(d) Yn-△连接

双击双绕组三相变压器模块，将弹出该模块的参数对话框，如图 12-13 所示。

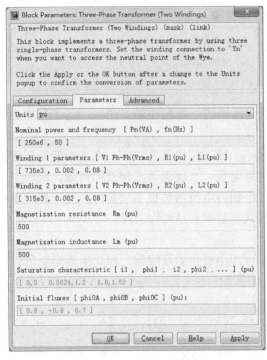

图 12-13　双绕组三相变压器模块参数对话框

（2）三相线性变压器模块参数设置。

在该对话框中含有如下参数：

1）额定功率和频率（Nominal power and frequency）文本框：额定功率 P_N（单位：VA）和额定频率 f_N（单位：Hz）。

2）一次绕组参数（Winding 1 pararmeters）文本框：额定线电压有效值 U_1（单位：V）、电阻 R_1（单位：p. u.）和漏感 L_1（单位：p. u.）。

3）二次绕组参数（Winding 2 pararmeters）文本框：额定线电压有效值 U_2（单位：V）、电阻 R_2（单位：p. u.）和漏感 L_2（单位：p. u.）。

4）励磁电阻（Magnetization resistance R_m）文本框：反映变压器铁芯的损耗，单位为 p. u.，若铁芯损耗取 2%，则 $R_m = 500$。

5）励磁电感（Magnetization inductance L_m）文本框：该文本框只在未选中"饱和铁芯"复选框时出现，单位为 p. u.。

6）选中"饱和铁芯"复选框后，"励磁电感"文本框消失。

7）饱和特性（Saturation characteristic）文本框：从坐标原点（0，0）开始指定电流-磁通特性曲线。变压器的饱和特性用分段线性化的磁化曲线表示。

8）磁滞（Simulate hysteresis）复选框：实现对变压器磁滞现象的仿真。

9）磁通初始化（Specify initial fluxes）复选框：其中变压器各相的初始磁通均为标幺值。

10）测量参数（Measurements）下拉框：对以下变量进行测量：

a. 绕组电压（Winding voltages）：测量三相变压器端电压；

b. 绕组电流（Winding currents）：测量流经三相变压器的电流；

c. 磁通和磁化电流（Fluxes and magnetization currents）：测量磁通（单位：V·S）和变压器饱和时的励磁电流；

d. 所有变量（All measurement）：测量三相变压器绕组端电压、电流、励磁电流和磁通。

从 SimPower Systems 库的测量子库中复制万用表模块（Multimeter）到相应的模型文件中，可以在仿真过程中对选中的测量变量进行观察。选用万用表模块相当于在对应的测量元件内部并联电压表或者串联电流表模块。

SimPower Systems 库提供的三相三绕组变压器模块图标如图 12-14 所示。三相变压器的参数设置与三相双绕组变压器的参数设置类似，这里不再赘述。

12.2.3　互感绕组模块

互感绕组也是一种简单的变压器模块，它由两个或三个有互感关系的耦合绕组组成。SimPower Systems 库中提供的互感绕组模块图标如图 12-15（a）所示。如果不设第三个绕组的自感，则模块成为两个有互感的绕组，模块图标为图 12-15（b）所示。

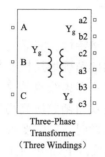

图 12-14　三相三绕组变压器模块图标

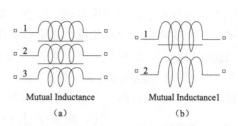

图 12-15　互感绕组模块图标

（a）三绕组；（b）双绕组

双击互感绕组模块，将弹出该模块的参数设置对话框，如图 12-16 所示。

该对话框中含有以下参数：

（1）绕组 1 自阻抗（Winding 1 self impedance）文本框：电阻（单位：Ω）和自感（单位：H）。

（2）绕组 2 自阻抗（Winding 2 self impedance）文本框：电阻（单位：Ω）和自感（单位：H）。

（3）绕组 3 耦合电感（Three windings Mutual Inductance）复选框：选择绕组 3 耦合电路，选择后将出现绕组 3 参数文本框。

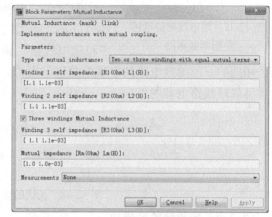

图 12-16　互感绕组模块参数设置对话框

（4）绕组 3 自阻抗"（Winding 3 self impedance）文本框：电阻（单位：Ω）和自感（单位：H）。

（5）耦合阻抗（Mutual impedance）文本框：耦合电阻（单位：Ω）和互感（单位：H）。

互感绕组的 2/3 个绕组之间有互相独立的输入端和输出端。如果互感参数 R_m、L_m 都取零，则模型表示的是 2/3 个没有互感关系的独立绕组。

（6）测量参数（Measurements）下拉框：对以下变量进行测量。

1）绕组电压（Winding voltages）：测量绕组端口电压。

2）绕组电流（Winding currents）：测量流经绕组的电流。

3）所有变量（All measurement）：测量绕组端口电压和绕组上的电流。

选中的测量变量需要通过万用表模块进行观察。

除了三相双绕组和三绕组变压器外，SimPower Systems 库中还提供了其他一些变压器模块，这些模块包括：三相 6 端口变压器（Three-Phase Transformer 12 Terminals）、移相变压器（Zigzag Phase-Shifting Transformer）。其基本参数均与三相双绕组变压器相似，读者可以根据自己的需要进行选择。

12.3　输 电 线 路 模 块

在电力系统分析中，常常用电阻、电抗参数反映输电线路特性。实际上，这些参数是均匀分布的，即在线路任一微小长度内都存在电阻、电抗，因此精确地建模非常复杂。在仅需要分析线路端口状况，即两端电压、电流、功率时，通常可不考虑线路的这种分布特性，用集中参数元件模型模拟输电线路；当线路较长时，则需要用双曲函数研究均匀分布参数的线路；当研究开关开合时的瞬变过程等含有高频暂态分量的问题时，就需要考虑分布参数的特性，应该使用分布参数线路模块。下面分别介绍电力系统分析中常用的输电线路等效模型。

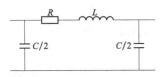

图 12-17　输电线路的单相
π 形等效电路

12.3.1　输电线路的等效电路

假设在三相平衡的情况下，输电线路的参数 R、L、C 沿线均匀分布，利用三相 π 形集中参数等效电路可模拟一个平衡的三相输电线路，如图 12-17 所示。当线路长度较长时，可利用几个相同的 π 形等效电路的串联电路进行模拟，如图 12-18 所示。对于电压等级不高的线路，通常可忽略线路电容的影响。

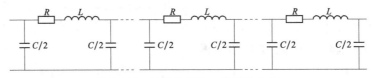

图 12-18　长线的多个 π 形等效电路

12.3.2　输电线路的模块

在 SimPower Systems 库中，提供的输电线路模型有 π 形等效模块和分布参数等效模块。

1. π 形等效电路模块

输电线路的 π 形等效电路模块包括单相 π 形等效模块和三相 π 形等效模块。在电力系统中，对于长度大于 100km 的架空线路以及较长的电缆线路，电容的影响一般是不能忽略的。因此，潮流计算、暂态稳定分析等计算中常使用 π 形电路模块。

SimPower Systems 库中提供的 π 形等效电路模块的单相和三相图标如图 12-19 所示。

双击 π 形等效电路模块，弹出该模块的参数对话框。单相和三相 π 形等效电路模块参数对话框分别如图 12-20 和图 12-21 所示。对话框中含有以下参数：

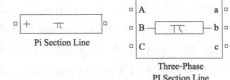

图 12-19　π 形等效电路模块图标

（1）基频（Frequency used for RLC specification）文本框：仿真系统的基频用于计算 RLC 参数值。

（2）单位长度电阻（Positive-and zero-sequence resistances）文本框：正序和零序电阻 $[R_1\ R_0]$（单位：ohms/km）。

（3）单位长度电感（Positive-and zero-sequence inductance）文本框：正序和零序电感 $[L_1\ L_0]$（单位：H/km）。

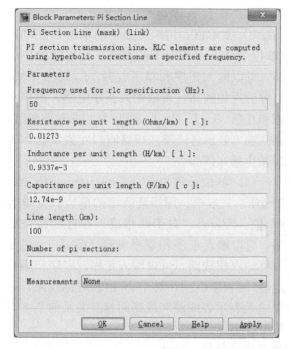

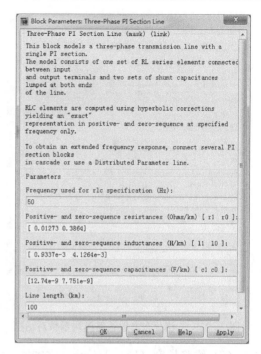

图 12-20 单相 π 形等效电路模块参数对话框　　图 12-21 三相 π 形等效电路模块参数对话框

（4）单位长度电容（Positive-and zero-sequence capacitance）文本框：正序和零序电容 $[C_1\ C_0]$（单位：F/km）。

（5）线路长度（Line section length）文本框：线路长度（单位：km）。

长度不超过 300km 的线路可用一个 π 形电路来代替，对于更长的线路，可用串级联接的多个 π 形电路来模拟。π 形电路限制了线路中电压、电流的频率变化范围，对于研究基频下的电力系统以及电力系统与控制系统之间的相互关系，π 形电路可达到足够的准确度，但是对于研究开关开合时的瞬变过程等含高频暂态分量的问题时，就需要考虑分布参数的特性了，这时应该使用分布参数线路模块。

2. 分布参数等效电路模块

单相和三相分布参数线路模块图标如图 12-22 所示。

三相分布参数线路模块参数对话框如图 12-23 所示。该对话框有如下参数：

（1）相数（Number of phases N）文本框：改变分布参数线路的相数，可以动态改变该模块的图标。

（2）基频（Frequency used for RLC specification）文本框：基本频率用于计算 R、L、C 的参数值。

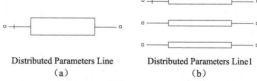

Distributed Parameters Line　　Distributed Parameters Line1
（a）　　　　　　　　　　（b）

图 12-22 单相和三相分布参数线路模块图标
（a）单相分布参数线路模块图标；
（b）三相分布参数线路模块图标

（3）单位长度电阻（Resistance per unit length）文本框：用矩阵表示的单位长度电阻（单位：Ω/km），对于两相或三相连续换位线路，可以输入正序和零序电阻 $[R_1\ R_0]$；对于对称的六相线路，可以输入正序、零序和耦合电阻 $[R_1\ R_0\ R_{0m}]$；对于 N 相非对称线路，必须输入表示各线路和线路间相互关系的 $N×N$ 阶电阻矩阵。

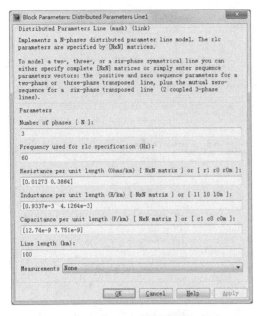

图 12-23　三相分布参数线路模块参数对话框

（4）单位长度电感（Inductance per unit length）文本框：用矩阵表示的单位长度电感（单位：H/km），对于两相或三相连续换位线路，可以输入正序和零序电感 $[L_1\ L_0]$；对于对称的六相线路，可以输入正序电感、零序电感和互感 $[L_1\ L_0\ L_{0m}]$；对于 N 相非对称线路，必须输入表示各线路和线路间相互关系的 $N \times N$ 阶电感矩阵。

（5）单位长度电容（Capacitance per unit length）文本框：用矩阵表示的单位长度电容（单位：F/km），对于两相或三相连续换位线路，可以输入正序和零序电容 $[C_1\ C_0]$；对于对称的六相线路，可以输入正序、零序和耦合电容 $[C_1\ C_0\ C_{0m}]$；对于 N 相非对称线路，必须输入表示各线路和线路间相互关系的 $N \times N$ 阶电容矩阵。

（6）线路长度（Line length）文本框：线路长度（单位：km）。

（7）测量参数（Measurements）列表框：对线路送端和受端的相电压进行测量。

选中的测量变量需要通过万用表模块进行观察。

尽管实际中的输电线路是分布参数线路，但在某些情况下，为了分析、计算的方便，也将输电线路等值为 RLC 串联或 π 形电路模块。

3. RLC 串联支路模块

在电力系统中，对于电压等级不高的短线路（长度不超过 100km 的架空线路），通常忽略线路电容的影响，用 RLC 串联支路来等效。SimPower Systems 库提供的 RLC 串联支路模块如图 12-24 所示。

双击三相 RLC 串联支路模块，将弹出该模块的参数对话框，如图 12-25 所示。

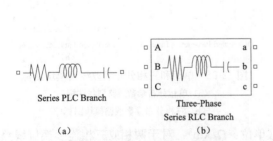

Series PLC Branch

Three-Phase
Series RLC Branch

(a)　　　　　　　(b)

图 12-24　RLC 串联支路模块图标

(a) 单相 RLC 串联支路模块图标；(b) 三相 RLC 串联支路模块图标

图 12-25　三相 RLC 串联支路模块参数对话框

该对话框中含有以下参数：

（1）电阻（Resistance R）文本框：电阻（单位：Ω）。

（2）电感（Inductance L）文本框：电感（单位：H）。

（3）电容（Capacitance C）文本框：电容（单位：F）。

（4）测量参数（Measurements）下拉框：对以下变量进行测量。

1）无（None）：不测量任何参数；

2）支路电压（Branch voltages）：测量支路电压；

3）支路电流（Branch currents）：测量支路电流；

4）所有变量（Branch voltages and currents）：测量支路电压和电流。

选中的测量变量需要通过万用表模块进行观察。

SimPower Systems 库还提供了并联 RLC 支路模块，但未提供单独的电阻、电感和电容元件，单个电阻 R、电感 L 和电容 C 需要通过对串联或并联 RLC 支路的设置得到。单个电阻、电感和电流元件的参数设置在串联和并联支路中是不同的。

12.4　负　荷　模　块

电力系统的负荷相当复杂，数量大、分布广、种类多。通常负荷模型分为静态模型和动态模型，其中静态模型表示稳态下负荷功率与电压和频率的关系；动态模型反映电压和频率急剧变化时负荷功率随时间的变化。常用的负荷等效电路有含源等效阻抗支路、恒定阻抗支路和异步电动机等效电路。负荷模型的选择对分析电力系统动态过程和稳定问题都有很大的影响。在潮流计算中，负荷常用恒定功率表示，必要时也可以采用线性化的静态特性。在短路计算中，负荷可表示为含源阻抗支路或恒定阻抗支路。稳定计算中，综合负荷可表示为恒定阻抗或不同比例的恒定阻抗和异步电动机的组合。

12.4.1　静态负荷模块

SimPower Systems 库中提供了四种静态负荷模块，分别为：单相串联 RLC 负荷（Series RLC Load）、单相并联 RLC 负荷（Parallel RLC Load）、三相串联 RLC 负荷（Three-Phase Series RLC Load）和三相并联 RLC 负荷（Three-Phase Parallel RLC Load），如图 12-26 所示。

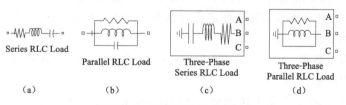

图 12-26　静态负荷模块图标

（a）单相串联 RLC 负荷；（b）单相并联 RLC 负荷；（c）三相串联 RLC 负荷；（d）三相并联 RLC 负荷

单相串联和并联 RLC 负荷模块分别对串联和并联的线性 RLC 负荷进行模拟。在指定的频率下，负荷阻抗为常数，负荷吸收的有功和无功功率与电压的平方成正比。

三相串联和并联 RLC 负荷模块分别对串联和并联的三相平衡 RLC 负荷进行模拟。在指定的频率下，负荷阻抗为常数，负荷吸收的有功和无功功率与电压的平方成正比。

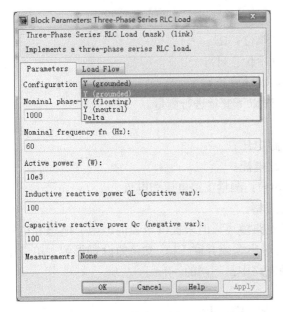

图 12-27　三相串联 RLC 静态负荷
模块的参数对话框

双击三相串联 RLC 静态负荷模块的图标，可得参数对话框如图 12-27 所示。

该对话框中含有以下参数：

（1）三相负荷的连接方式（Configuration）：三相负荷的连接方式，包括中性点接地的丫形连接、中性点不接地的丫形连接、中性点通过其他设备的连接和△形连接。

（2）额定线电压（Nominal phase-to-phase voltage Vn）：负荷的额定线电压。

（3）额定频率（Nominal frequency fn）：负荷的额定频率。

（4）有功功率（Active power P）：负荷的有功功率。

（5）感性无功功率（Inductive reactive power QL）：三相负荷的感性无功功率。

（6）容性无功功率（Capacitive reactive power Qc）：三相负荷的容性无功功率。

（7）测量（Measurements）：选择被测量后，利用万用表就可以测出负荷两端的电压和通过负荷的电流。

在三相串联 RLC 负荷模块中，有一个用于三相负荷结构选择的下拉框，说明见表 12-4。

表 12-4　　　　　　　　　　**三相串联 RLC 负荷模块内部结构**

结构	解释	结构	解释
Y（grounded）	丫形连接，中性点内部接地	Y（neutral）	丫形连接，中性点可见
Y（floating）	丫形连接，中性点内部悬空	Delta	△形连接

12.4.2　动态负荷模块

在 SimPower Systems 库中，提供了三相动态负荷模型模块，其图标如图 12-28 所示。三相动态负荷模块的参数对话框如图 12-29 所示。

该对话框有如下参数：

（1）额定电压和频率（Nominal L-L voltage and frequency）：负荷的额定线电压和额定频率。

（2）初始电压下的有功和无功功率（Active-reactive power at initial voltage）：指定初始电压为 U_0 时的有功功率 P_0（W）和无功功率 Q_0（var）。

（3）正序电压初始化（Initial positive-sequence voltage V_0）：指定负荷初始正序电压的幅值和相角。

（4）PQ 外部控制（External control of PQ）：当这项被选中时，负荷的有功功率和无功

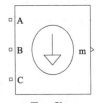

Three-Phase
Dynamic Load

图 12-28　三相动态
负荷模块图标

功率可通过这两个信号的外部 Simulink 矢量进行定义。

（5）参数 n_p、n_q（Parameters［np nq］）：指定定义负荷特性的参数 n_p、n_q。

（6）时间常数 Tp1、Tp2、Tq1、Tq2（Time constants Tp1 Tp2 Tq1 Tq2）：指定控制负荷有功和无功功率动态特性的时间常数。

（7）最小电压（Minimum voltage V_{min}）：指定动态负荷初始状态的最小电压。当负荷电压低于此值时，负荷的阻抗为常数。

三相动态负荷模块是对三相动态负荷的建模，其中有功和无功功率可以表示为正序电压的函数或者直接受外部信号的控制。由于不考虑负序和零序电流，因此即使在负荷电压不平衡的条件下，三相负荷电流仍是平衡的。

12.4.3　电动机负荷模块

电动机负荷模块详见第 9 章电动机相关内容。

图 12-29　三相动态负荷模块的参数对话框

12.5　断路器和故障模块

在电力系统的暂态仿真过程中，通过断路器（circuit breakers）模块或者三相故障模块的开断实现设备的通断控制。

12.5.1　断路器模块

SimPower Systems 库提供的断路器模块可以对断路器的投切进行仿真。断路器合闸后等效于电阻值为 Ron 的电阻元件。Ron 是很小的值，相对外电路可以忽略。断路器断开时等效于无穷大电阻。断路器的投切操作可以受外部或内部信号的控制。外部控制方式时，断路器模块上出现一个输入端口，输入的控制信号必须为 0 或者 1，其中 0 表示切断，1 表示投合；内部控制方式时，切断时间由模块对话框中的参数指定。如果断路器初始设置为 1（投合），SimPower Systems 库自动将线性电路中的所有状态变量和断路器模块的电流进行初始化设置，这样仿真开始时电路处于稳定状态。断路器模块包含 Rs-Cs 缓冲电路。如果断路器模块和纯电感电路、电流源和空载电路串联，则必须使用缓冲电路。带有断路器模块的系统进行仿真时需要采用刚性积分算法，如 ode23tb、odel5s，这样可以加快仿真速度。

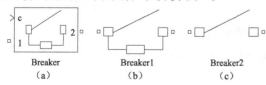

图 12-30　单相断路器模块图标

(a) 外部控制方式；(b) 带缓冲电路；(c) 不带缓冲电路

1. 单相断路器模块

外部控制方式、带缓冲电路和不带缓冲电路的单相断路器模块图标如图 12-30 所示。

双击断路器模块，弹出该模块参数对话框如图 12-31 所示。该对话框中含如下参数：

（1）断路器电阻（Breaker resistance

Ron) 文本框：断路器投合时的内部电阻（单位：Ω）。断路器电阻不能为0。

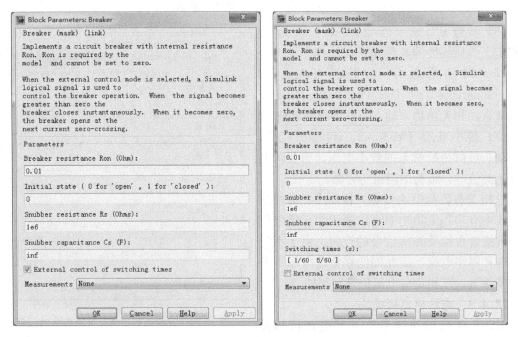

图 12-31　单相断路器模块参数对话框

（2）初始状态（Initial state）文本框：断路器初始状态。断路器为合闸状态，输入1，对应的图标显示投合状态；输入0，表示断路器为断开状态。

（3）缓冲电阻（Snubber resistance Rs）文本框：并联缓冲电路中的电阻值（单位：Ω）。缓冲电阻值设为 inf 时，将取消缓冲电阻。

（4）缓冲电容（Snubber capacitance Cs）文本框：并联缓冲电路中的电容值（单位：F）。缓冲电容值设为0时，将取消缓冲电容；缓冲电容值设为 inf 时，缓冲电路为纯电阻性电路。

（5）开关动作时间（Switching times）文本框：采用内部控制方式时，输入一个时间向量以控制开关动作时间。从开关初始状态开始，断路器在每个时间点动作一次。例如，初始状态为0，在时间向量的第一个时间点（1/60），开关闭合；第二个时间点（5/60），开关打开。如果选中外部控制方式，该文本框不可见。

（6）外部控制（External control of switching times）复选框：选中该复选框，断路器模块上将出现一个外部控制信号输入端。开关时间由外部逻辑信号（0或1）控制。

（7）测量参数（Measurements）下拉框：对以下变量进行测量。

1）无（None）：不测量任何参数。

2）断路器电压（Branch voltages）：测量断路器电压。

3）断路器电流（Branch currents）：测量断路器电流，如果断路器带有缓冲电路，测量的电流仅为流过断路器器件的电流。

4）所有变量（Branch voltages and currents）：测量断路器电压和电流。

选中的测量变量需要通过万用表模块进行观测。

2. 三相断路器模块

外部控制方式、带缓冲电路和不带缓冲电路的三相断路器模块图标如图12-32所示。

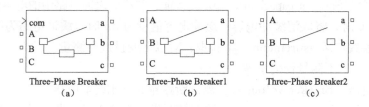

图12-32　三相断路器模块图标

（a）外部控制方式；（b）带缓冲电路；（c）不带缓冲电路

双击三相断路器模块，弹出该模块的参数对话框如图12-33所示。该对话框中含有以下参数：

（1）断路器初始状态（Initial status of breakers）下拉框：断路器三相的初始状态相同，选择初始状态后，图标会显示相应的断开或者闭合状态。初始状态分为Open（断开）和Close（闭合）两种。

（2）A相断路器（Switching of phase A）复选框：选中该复选框后表示允许A相断路器动作，否则A相断路器将保持初始状态。

（3）B相断路器（Switching of phase B）复选框：选中该复选框后表示允许B相断路器动作，否则B相断路器将保持初始状态。

（4）C相断路器（Switching of phase c）复选框：选中该复选框后表示允许C相断路器动作，否则C相断路器将保持初始状态。

（5）切换时间（Transition times）文本框：即开关时间，［起始时间 终止时间］，单

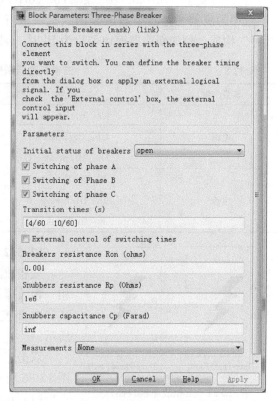

图12-33　三相断路器模块参数对话框

位为s。当采用内部控制方式时，输入一个时间向量以控制断路器动作时间。如果选中外部控制方式，该文本框不可见。例如，断路器的初始状态为Open，断路器动作时间［4/60 10/60］，则在时间4/60s时，断路器闭合；10/60s时，断路器重新打开。若断路器的初始状态为Close，断路器动作时间［4/60 10/60］，则4/60s时，断路器断开；10/60s时，断路器重新闭合。

（6）外部控制（External control of switching times）复选框：选中该复选框，断路器模块上将出现一个外部控制信号输入口。断路器动作时间由外部逻辑信号（0或1）控制。

（7）断路器电阻（Breaker resistance Ron）文本框：断路器闭合时内部电阻（单位：Ω）。断路器电阻不能为0。

（8）缓冲电阻（Snubber resistance Rp）文本框：并联的缓冲电路中的电阻值（单位：Ω）。缓冲电阻值设为 inf 时，将取消缓冲电阻。

（9）缓冲电容（Snubber capacitance Cp）文本框：并联的缓冲电路中的电容值（单位：F）。缓冲电容值设为 0 时，将取消缓冲电容；缓冲电容值设为 inf 时，缓冲电路为纯电阻性电路。

（10）测量参数（Measurements）下拉框：对以下变量进行测量。

1）无（None）：不测量任何参数。

2）断路器电压（Breaker voltages）：测量断路器的三相终端电压。

3）断路器电流（Breaker currents）：测量流过断路器内部的三相电流，如果断路器带有缓冲电路，测量的电流仅为流过断路器器件的电流。

4）所有变量（Breaker voltages and currents）：测量断路器电压和电流。

选中的测量变量需要通过万用表模块进行观察。测量变量用"标签"加"模块名"加"相序"构成，例如断路器模块名称为 Bl 时，测量变量符号见表 12-5。

表 12-5   三相断路器测量变量符号

测量内容	符号	解释
电压	Ua：Bl/Breaker A	断路器 Bl 的 A 相电压
	Ub：Bl/Breaker B	断路器 Bl 的 B 相电压
	Uc：Bl/Breaker C	断路器 Bl 的 C 相电压
电流	Ia：Bl/Breaker A	断路器 Bl 的 A 相电流
	Ib：Bl/Breaker B	断路器 Bl 的 B 相电流
	Ic：Bl/Breaker C	断路器 Bl 的 C 相电流

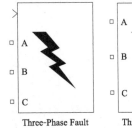

Three-Phase Fault   Three-Phase Fault1

图 12-34   三相故障模块图标

12.5.2   三相故障模块

三相故障模块是由三个独立的断路器组成的、能对相—相故障和相—地故障进行模拟的模块。外部控制方式和内部控制方式下的三相故障模块图标如图 12-34 所示。

双击三相故障模块，弹出该模块的参数对话框如图 12-35 所示。在该对话框中含有以下参数：

（1）A 相故障（Phase A Fault）复选框：选中该复选框后表示允许 A 相断路器动作，否则 A 相断路器将保持初始状态。

（2）B 相故障（Phase B Fault）复选框：选中该复选框后表示允许 B 相断路器动作，否则 B 相断路器将保持初始状态。

（3）C 相故障（Phase C Fault）复选框：选中该复选框后表示允许 C 相断路器动作，否则 C 相断路器将保持初始状态。

（4）故障电阻（Fault resistances Ron）文本框：断路器闭合时的内部电阻（单位：Ω）。故障电阻不能为 0。

（5）接地故障（Ground Fault）复选框：选中该复选框后表示允许接地故障。通过和各个开关配合可以实现多种接地故障。未选中该复选框时，系统自动设置大地电阻为 $10^6\Omega$。

　　(6) 大地电阻（Ground resistance Rg）文本框：接地故障时的大地电阻（单位：Ω）。大地电阻不能为 0。选中接地故障复选框后，该文本框可见。

　　(7) 外部控制（External control of fault timing）复选框：选中该复选框，三相故障模块上将增加一个外部控制信号输入端。开关时间由外部逻辑信号（0 或 1）控制。

　　(8) 切换状态（Transition status）文本框：设置断路器的开关状态，断路器按照该文本框设置状态进行切换。采用内部控制方式时，与该文本框中第一个状态量相反的状态。

　　(9) 切换时间（Transition times）文本框：设置断路器的动作时间，断路器按照设置的时间进行切换。

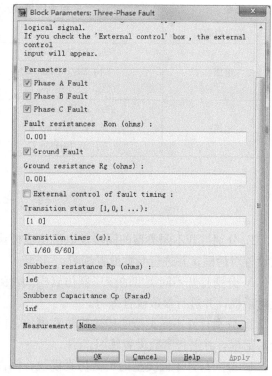

图 12-35　三相故障模块参数对话框

Transition status 和 Transition times 用来设置转换状态和转换时间。其中，Transition status 表示故障断路器的状态，通常用"1"表示闭合，"0"表示断开；Transition times 表示故障断路器的动作时间；并且每个选项都有两个数值，而且它们是一一对应的。例如，Transition status 的值为 [1，0]，Transition times 的值为 [1/60，5/60]，就表示时间为 1/60s 时选中的故障断路器闭合（也就是线路发生故障），当时间为 5/60s 时，选中的故障断路器断开（也就是故障解除）。

　　(10) 断路器初始状态（Initial status of fault）文本框：设置断路器的初始状态。采用外部控制方式时，该文本框可见。

　　(11) 缓冲电阻（Snubber resistance Rp）文本框：并联的缓冲电路中的电阻值（单位：Ω）。缓冲电阻值设为 inf 时，将取消缓冲电阻。

　　(12) 缓冲电容（Snubber capacitance Cp）文本框：并联的缓冲电路中的电容值（单位：F）。缓冲电容值设为 0 时，将取消缓冲电容；缓冲电容值设为 inf 时，缓冲电路为纯电阻性电路。

　　(13) 测量参数（Measurements）下拉框：对以下变量进行测量。

　　1）无（None）：不测量任何参数。

　　2）故障电压（Fault voltages）：测量断路器的三相端口电压。

　　3）故障电流（Fault currents）：测量流过断路器的三相电流，如果断路器带有缓冲电路，测量的电流仅为流过断路器器件的电流。

　　4）所有变量（Fault voltages and currents）：测量断路器电压和电流。

　　选中的测量变量需要通过万用表模块进行观察。测量变量用"标签"加"模块名"加"相序"构成。例如，三相故障模块名称为 F1 时，测量变量符号见表 12-6。

表 12-6　　　　　　　　　　　　三相故障模块测量变量符号

测量内容	符号	解释
电压	Ua：B1/Breaker A	断路器 B1 的 A 相电压
	Ub：B1/Breaker B	断路器 B1 的 B 相电压
	Uc：B1/Breaker C	断路器 B1 的 C 相电压
电流	Ia：B1/Breaker A	断路器 B1 的 A 相电流
	Ib：B1/Breaker B	断路器 B1 的 B 相电流
	Ic：B1/Breaker C	断路器 B1 的 C 相电流

 练 习 题

1. 分别打开不同类型的同步发电机仿真模块，阅读该模块的帮助文件，熟悉该模块的参数设置对话框，并进行参数设置练习。

2. 分别打开不同类型的变压器仿真模块，阅读该模块的帮助文件，熟悉该模块的参数设置对话框，并进行参数设置练习。

3. 分别打开不同类型的传输线仿真模块，阅读该模块的帮助文件，熟悉该模块的参数设置对话框，并进行参数设置练习。

4. 分别打开不同类型的负荷仿真模块，阅读该模块的帮助文件，熟悉该模块的参数设置对话框，并进行参数设置练习。

5. 分别打开断路器和故障仿真模块，阅读该模块的帮助文件，熟悉该模块的参数设置对话框，并进行参数设置练习。

6. 对断路器和故障仿真模块参数设置对话框中的初始状态、切换时间进行设置，测试其输出，以熟悉这些模块的应用。

13 电力系统仿真初步

13.1 电源故障仿真

13.1.1 无穷大功率电源供电系统三相短路故障仿真

1. 无穷大功率电源供电系统三相短路电气原理

假设电源电压幅值和频率均为恒定值，这种电源称为无穷大功率电源。在这种情况下，外电路发生短路对电源影响很小，可近似地认为电源电压幅值和频率保持恒定。大功率电源供电系统三相短路电路原理图如图 13-1 所示。

该电路由大功率电源 S、电力变压器 T、输电线路 L、三相串联 RLC 负载组成；在讨论三相短路问题时，再加入三相短路故障模块以及一些测量环节。

图 13-1　大功率电源供电系统
三相短路电路原理图

2. 电路的建模

图 13-2 为根据电气原理搭建的仿真模型。

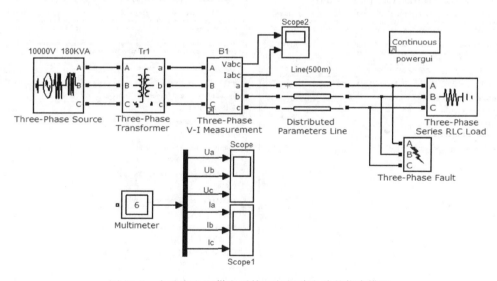

图 13-2　大功率电源供电系统三相短路电路的仿真模型

（1）模型中模块的提取途径。

1）电源模块 S：SimPower System\Electrical Sources\Three-Phase Source。

2）变压器模块 Tr1：SimPower System\Element\Three-Phase Transformer（Two Winding）。

3）三相电压—电流测量模块 B1：SimPower System\Measurements\Three-Phase V-I Measurement。

4）三相分布参数传输线模块 Line：SimPower System\Element\Distributed Parameters Line。

图 13-3　三相电压源参数设置对话框

5）三相故障模块 F：SimPower System\Element\Three-Phase Fault。

6）三相串联 RLC 负载模块 Load：SimPower System\Element\Three-Phase Series RLC Load。

其他的测量模块前面已经讨论过。

（2）模块的参数设置。下面大部分模块的参数含义在 12 章中已有介绍，为此仅给出参数设置对话框内容。

1）三相电压源模块的参数设置。三相电压源电压为 10000V，容量为 180kVA。其参数设置对话框如图 13-3 所示。

2）三相变压器模块的参数设置如图 13-4 所示。

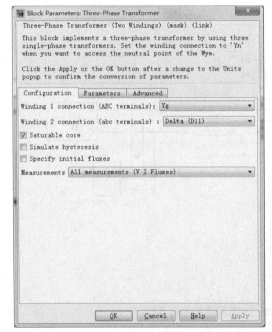

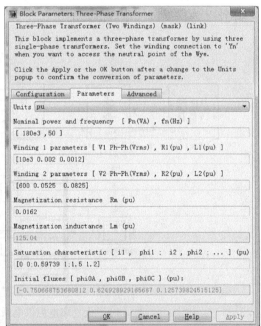

图 13-4　三相变压器模块的参数设置对话框

3）三相电压—电流测量模块参数设置对话框如图 13-5 所示。

4）三相分布参数传输线模块的参数设置对话框如图 13-6 所示。

5）三相故障模块的参数设置对话框如图 13-7 所示。

6）三相串联 RLC 负载模块的参数设置对话框如图 13-8 所示。

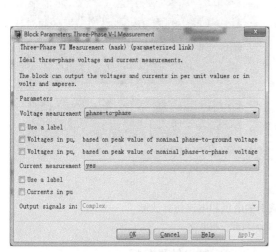

图 13-5 三相电压—电流测量模块参数设置对话框

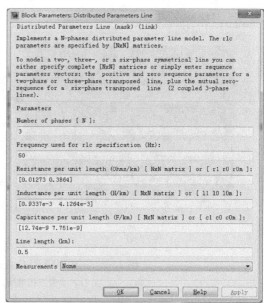

图 13-6 三相分布参数传输线模块参数设置对话框

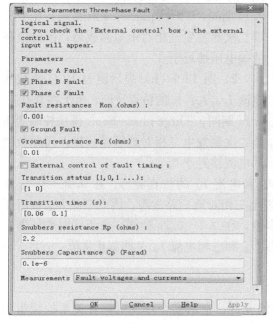

图 13-7 三相故障模块参数设置对话框

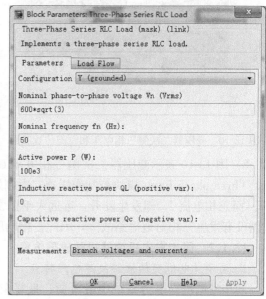

图 13-8 三相串联 RLC 负载模块参数设置对话框

3. 系统仿真和仿真结果

（1）系统仿真。打开仿真参数窗口，选 ode23tb 算法，相对误差设为 1e-3，仿真开始时间为 0，停止时间为 0.2s；单击"Start"命令，系统开始仿真。

（2）输出仿真结果。采用"示波器"输出方式，图 13-9 为三相串联 RLC 负载上的电压和电流仿真波形。图 13-10 为变压器二次侧的三相电压和电流仿真波形。

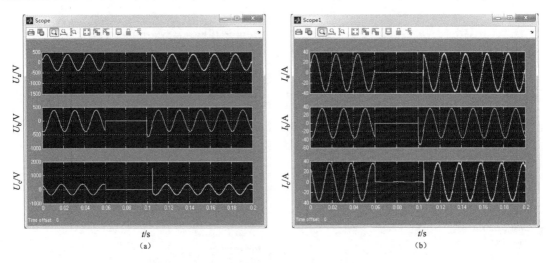

图 13-9　三相串联 RLC 负载上的电压和电流仿真波形
(a) 负载三相电压；(b) 负载三相电流

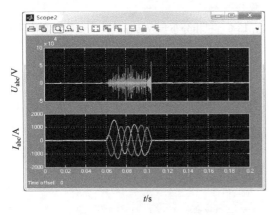

图 13-10　变压器二次侧三相电压和电流仿真波形

（3）输出结果分析。

1）图 13-9（a）表示负载 RLC 上的端电压 U_a、U_b、U_c 的仿真波形，由于在 0.06～0.1s 期间，Three-phase Fault 模块控制变压器二次侧发生三相对地短路故障，因此负载的端电压接近于 0。

2）图 13-9（b）表示流过 RLC 负载的电流 I_a、I_b、I_c 的仿真波形，由于在 0.06～0.1s 期间，Three-phase Fault 模块控制变压器二次侧发生三相对地短路故障，因此负载的电流接近于 0。

3）图 13-10 表示变压器二次侧三相电压 U_{abc} 和电流 I_{abc} 的仿真波形。在 0.06～0.1s 期间，Three-phase Fault 模块控制变压器二次侧发生三相对地短路故障，因此三相 U_{abc} 接近于 0V。而三相电流 I_{abc} 却发生陡升，远远大于正常值，在 0.1～0.2s 期间，由于此时变压器二次侧没有发生三相对地短路故障，因此三相电压 U_{abc} 和三相电流 I_{abc} 又回到正常值。

13.1.2　同步发电机突然短路故障仿真

1. 同步发电机突然短路故障电气特点

同步发电机是电力系统中最重要、最复杂的元件，它由多个存在磁耦合关系的绕组构成，定子绕组同转子绕组之间还有相对运动，同步发电机突然短路的暂态过程要比稳态对称运行（包括稳态对称短路）时复杂得多。稳态对称运行时，电枢磁动势的大小不随时间变化，而且在空间以同步速度旋转，它同转子没有相对运动，因此不会在转子绕组中感应电流。突然短路时，定子电流在数值上发生急剧变化，电枢反应磁通也随着变化，并在转子绕组中产生感应电流，这种电流又反过来影响定子电流的变化。定子和转子绕组电流的互相影响是同步发电机突然短路暂态过程的一个显著特点。下面进行同步发电机机端突然发生三相对称短路时的仿真分析。并假设在暂态过程期间同步发电机保持同步转速以及在短路后励磁电压保持不变。

2. 电路的建模

图 13-11 为同步发电机突然短路时的仿真模型。该模型由同步发电机、三相串联 RLC 负载、三相短路故障模块以及一些测量环节组成。

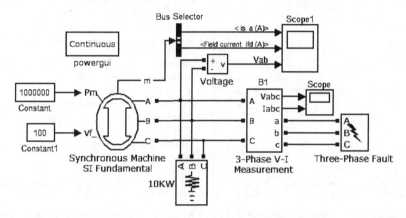

图 13-11　同步发电机突然短路的仿真模型

（1）模型中新增模块的提取途径。同步发电机 SM：SimPower System\Machines\Synchronous Machine SI Fundamental。

（2）模块的参数设置。

1）同步发电机模块的参数设置对话框如图 13-12 所示。

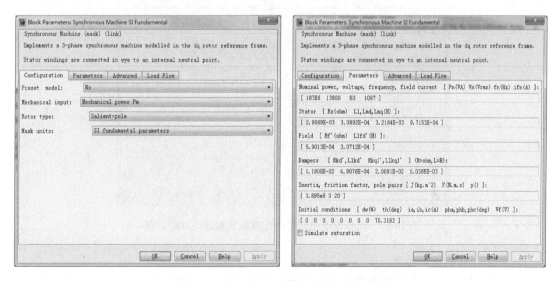

图 13-12　同步发电机模块参数设置对话框

2）三相串联 RLC 负载模块的参数设置对话框如图 13-13 所示。

3）三相电压—电流测量模块的参数设置对话框如图 13-14 所示。

 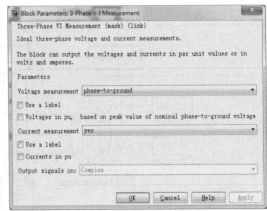

图 13-13　三相串联 RLC 负载模块参数设置对话框　　图 13-14　三相电压—电流测量模块参数设置对话框

4）三相故障模块的参数设置对话框与图 13-7 基本相同，但切换时间区间为 $[0.05\quad 0.2]$。

5）同步发电机信号分配器模块的参数设置对话框如图 13-15 所示。

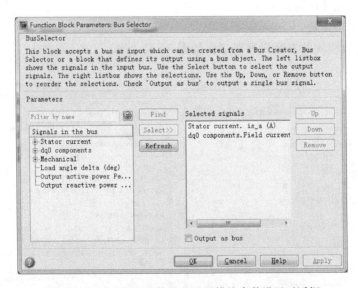

图 13-15　同步发电机信号分配器模块参数设置对话框

3. 系统仿真和仿真结果

（1）系统仿真。打开仿真参数窗口，选 ode23tb 算法，相对误差设为 1e-3，仿真开始时间为 0，停止时间为 0.35s；单击 Start 命令，系统开始仿真。

（2）输出仿真结果。采用"示波器"输出方式，图 13-16 分别是 A 相定子电流 i_{sa}、励磁电流 i_{fd} 和发电机输出电压 U_{ab} 的仿真波形。图 13-17 为同步发电机输出三相电压 U_{abc} 和电流 I_{abc} 的仿真波形。

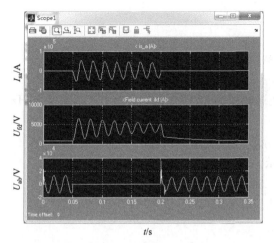

图 13-16　定子 A 相电流 i_{sa}、励磁电流 i_{fd}
和电压 U_{ab} 仿真波形

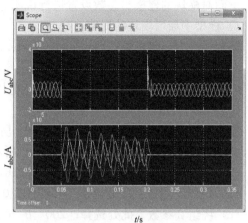

图 13-17　发电机输出电压 U_{abc}
和电流 I_{abc} 仿真波形

（3）输出结果分析。

1）图 13-16 为同步发电机定子 A 相电流 i_{sa}、励磁电流 i_{fd} 和发电机输出电压 U_{ab} 的仿真波形。由于在 0.05～0.2s 期间，Three-phase Fault 模块控制发电机输出侧发生三相对地短路故障，因此负载的端电压 U_{ab} 接近于 0。

2）图 13-17 为发电机输出侧的三相电压 U_{abc} 和三相电流 I_{abc} 的仿真波形。在 0.05～0.2s 期间，Three-phase Fault 模块控制发电机输出侧发生三相对地短路故障，因此三相 U_{abc} 接近于 0V，而三相电流 I_{abc} 却发生陡升，远远大于正常值。在 0.2～0.35s 期间，发电机输出侧没有发生三相对地短路故障，因此三相电压 U_{abc} 和三相电流 I_{abc} 又回到正常值。

13.2　变压器性能仿真

电力变压器是电力系统中又一个重要设备，三相变压器是由单相变压器构成的，首先讨论单相变压器的工作和仿真。

13.2.1　单相变压器仿真

1. 单相变压器空载运行仿真

（1）空载运行的建模。图 13-18 是采用面向电气原理结构图方法构作的变压器空载运行仿真模型。

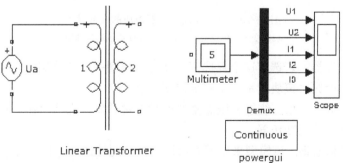

图 13-18　变压器空载运行仿真模型

下面对模块的建模与参数设置进行说明。

1）模型中新增模块的提取途径。

单相线性变压器模块：SimPower Systems\Elements\Linear Transformer；

2）典型模块的参数设置。

a. 交流电压源模块的参数设置。交流电压源幅值为 380V，初相位为 0，频率为 50Hz。

b. 单相线性变压器模块的参数设置。

参数设置对话框和参数设置如图 13-19 所示。线性变压器模型的单位制有 SI 和 p.u. 两种，此处选择 SI 单位制，如图 13-19（a）所示。

（a）额定功率和频率。此处选择［250e6，50］。

（b）绕组 1 参数。此处选择［400　0　0］。

（c）绕组 2 参数。此处选择［200　0　0］。

这样，可以计算得到变比 $k = \dfrac{U_1}{U_{20}} = 2$。

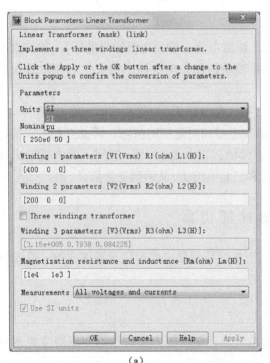
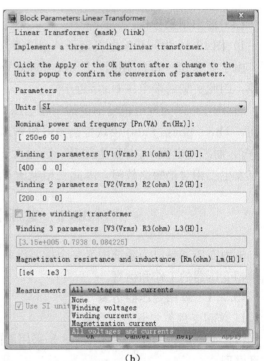

图 13-19　单相线性变压器模块的参数设置

(a) 变压器单位制选择；(b) 变压器被测量选项

（d）三绕组变压器。若选定这个复选框，就可以得到一个三绕组变压器，此时相当于两个双绕组变压器；否则，模块就是一个双绕组变压器。

（e）绕组 3 参数。如果三绕组变压器复选框没有被选定，那么绕组 3 的参数将变成无效的。本例没有选择三绕组变压器。

（f）励磁电阻和电感。该模型采用模块默认参数，此处选择［1e4 1e3］。

（g）被测量选项。被测量有多种选择，选择绕组电压可以测量线性变压器模块的各线绕组电压；选择绕组电流可以测量流经线性变压器模块的绕组电流；选择磁化电流可以测量线性变压器模块的磁化电流；选择所有电流电压可以测量以上所有的量。此处选择测量绕组电压 Uw1、Uw2；绕组电流 Iw1、Iw2；磁化电流 Imag，如图 13-19（b）所示。

（h）如果模拟一个理想变压器模型。只要将各绕组电阻和电感设为 0，励磁电阻和电感设为 inf。

c. 万用表模块的参数选择。利用万用表模块可以显示模拟过程中所需观察的测量量。万用表的参数设置如图 13-20 所示。

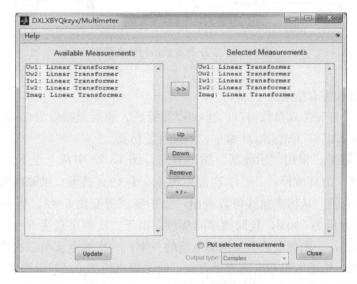

图 13-20 万用表的参数设置

（2）系统仿真和仿真结果。

1）系统仿真。打开仿真参数窗口，选 ode23t 算法，相对误差设为 1e-3，仿真开始时间为 0，停止时间为 0.1s；单击 Start 命令，系统开始仿真。

2）输出仿真结果。采用"示波器"输出方式，图 13-21 中从上至下分别是变压器一、二次侧电压 U_1、U_2 仿真波形，一、二次侧电流 I_1、I_2 仿真波形，励磁电流 I_0 仿真波形。

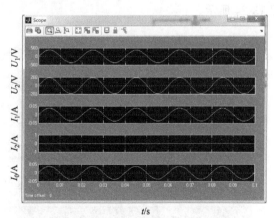

图 13-21 变压器空载时一、二次侧电压、电流和励磁电流仿真波形

3）输出结果分析。从仿真曲线可以看出，由于变压器变比 $k = U_1/U_{20} = 2$，当一次侧电压 $U_1 = 380\text{V}$（电压、电流均用峰值分析，下同），二次侧电压开路电压 $U_{20} = 190\text{V}$，且同频率同相位；由于二次侧开路，二次侧电流为 0；此时一次侧电流等于励磁电流。

2. 单相变压器负载运行仿真

（1）负载运行的建模。图 13-22 是采用面向电气原理图方法构作的变压器负载运行仿真模型。仿真模型中只是增加了一个负载电阻 $R=190\Omega$，变压器设置为理想变压器，励磁电阻和电感设为 inf。其他都与空载运行参数相同。

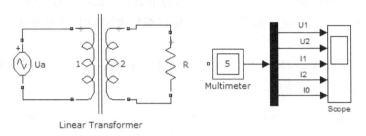

图 13-22　变压器负载运行仿真模型

（2）系统仿真和仿真结果。

1）系统仿真。打开仿真参数窗口，选 ode23t 算法，相对误差设为 1e-3，仿真开始时间为 0，停止时间为 0.05s；单击 Start 命令，系统开始仿真。

2）输出仿真结果。采用"示波器"输出方式，图 13-23 中从上至下分别是变压器一、二次侧电压 U_1、U_2 仿真波形；一、二次侧电流 I_1、I_2 仿真波形；励磁电流 I_0 仿真波形。

3）输出结果分析。从仿真曲线可以看出，由于变压器变比 $k=2$，当一次侧电压 U_1 为 380V 时，二次侧电压为 190V，且同频率同相位；由于二次侧负载为 $R=190\Omega$ 的电阻，所以二次侧电流为 1A，一次侧电流为二次侧电流的一半，一次侧电流与二次侧电流方向相反；由于为理想变压器，励磁电阻和电感为无穷大，故励磁电流为 0。如果励磁电阻和电感为有限值，如取默认值 [500 500]，则变压器负载时一、二次侧电流和励磁电流的仿真曲线如图 13-24 所示。

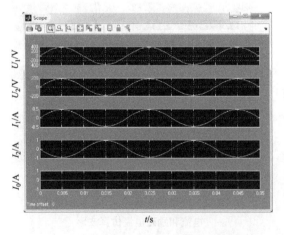

图 13-23　变压器负载时一、二次侧电压、
一、二次侧电流和励磁电流仿真波形

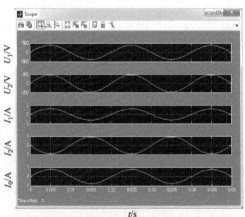

图 13-24　变压器负载时一、二次侧
电流和励磁电流的仿真曲线

由图 13-24 仿真曲线可以看出，考虑励磁电阻和电感为有限值后，励磁电流不等于 0，此时变压器一次侧电流的大小等于励磁电流加上变压器二次侧电流的绝对值。

13.2.2　三相变压器仿真

1. 三相变压器空载运行仿真

（1）空载运行建模。图 13-25 是采用面向电气原理图方法构作的三相变压器空载运行仿真模型。

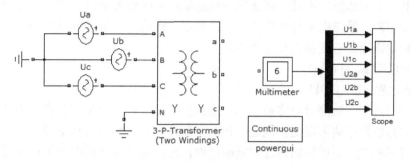

图 13-25　变压器空载运行仿真模型

1）模型中新增模块的提取途径。三相线性变压器模块：SimPower Systems\Elements\Three Phase Transformer。

2）典型模块的参数设置。

a. 三相对称交流电压源模块。A、B、C 三相电压源是对称三相交流电源，幅值为380V，频率为 50Hz。

b. 三相线性变压器模块参数设置对话框和参数设置如图 13-26 所示。

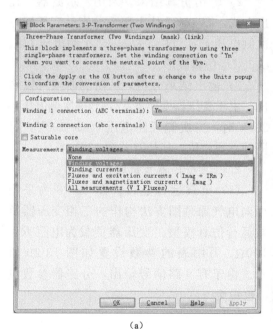
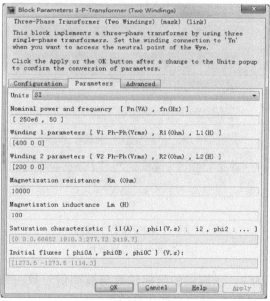

（a）　　　　　　　　　　　　　　　　（b）

图 13-26　三相线性变压器模块的参数设置

（a）三相变压器连接方式和测量项选择；（b）三相变压器参数设置

三相双绕组变压器的一、二次绕组有 Y、Y_n、Y_g、D_1 和 D_{11} 几种连接方式。三相线性变压器模型的单位制有 SI 和 p. u. 两种，此处选择 SI 单位制，如图 12-26（b）所示。

（a）额定功率和频率：此处选择［250e6，50］。

（b）绕组 1（ABC）三相 Y_n 连接，参数此处选择［400　0　0］。

（c）绕组 2（abc）三相 Y 连接，参数此处选择［200　0　0］。

（d）饱和铁心复选框：不选。该选项一旦选定，变压器将变成一个三相饱和变压器，此时模块会自动刷新，励磁电感将被饱和特性栏和定义初始磁通复选框所代替；否则，饱和特性栏和定义初始磁通复选框参数是无效的。

（e）励磁电阻 $R_m=10\mathrm{k}\Omega$。

（f）励磁电感 $L_m=100\mathrm{H}$。

（g）被测量选项。被测量有多种选择，选择绕组电压可以测量三相变压器模块各绕组的各相电压；选择绕组电流可以测量流经三相变压器模块各绕组的各相电流；选择磁通和励磁电流可以测量三相变压器模块的磁通和励磁电流；选择磁通和磁化电流可以测量三相变压器模块的磁通和磁化电流；选择所有电流、电压以及磁通和磁化电流。此处选择测量绕组电压，如图 13-26（a）所示。

利用万用表模块测量变压器一、二次侧电压。由于有 6 路信号输出，分路器参数设置为 6，示波器的坐标轴数与被测信号数一致，也设为 6。

（2）系统仿真和仿真结果。

1）系统仿真。打开仿真参数窗口，选 ode45 算法，相对误差设为 1e-3，仿真开始时间为 0，停止时间为 0.06s；单击 Start 命令，系统开始仿真。

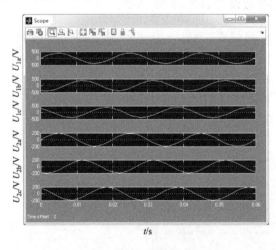

图 13-27　三相变压器空载时一、
二次侧电压仿真波形

2）输出仿真结果。采用"示波器"输出方式，图 13-27 从上至下分别是变压器一次侧电压 U_{1a}、U_{1b}、U_{1c}；二次侧电压 U_{2a}、U_{2b}、U_{2c} 仿真波形。

3）输出结果分析。从仿真曲线可以看出，由于变压器变比 $k=2$，当一次侧电压＝380V 时，二次侧开路电压 $U_{20}=190\mathrm{V}$，且同频率同相位，相位互差为 120°。

2. 三相变压器负载运行仿真

（1）负载运行建模。图 13-28 为采用面向电气原理图方法构作的三相变压器负载运行仿真模型。变压器负载为电阻 $R=190\Omega$。万用表的参数设置如图 13-29 所示。由于有 9 路信号输出，分路器参数设置为 9，示波器的坐标轴数与被测信号数一致，也设为 9。

（2）系统仿真和仿真结果。

1）系统仿真。打开仿真参数窗口，选 ode45 算法，相对误差设为 1e-3，仿真开始时间为 0，停止时间为 0.08s；单击 Start 命令，系统开始仿真。

2）输出仿真结果。采用"示波器"输出方式，图 13-30 从上至下分别是变压器负载时三相一次侧相电压、二次侧相电压和二次侧相电流仿真波形。

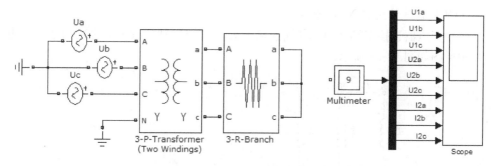

图 13-28   三相变压器负载运行仿真模型

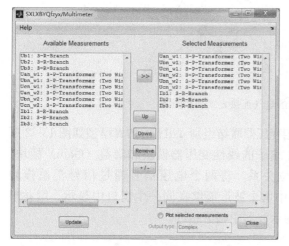

图 13-29   万用表的参数设置

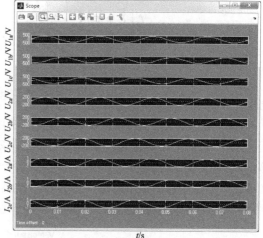

图 13-30   三相变压器负载时三相一次相电压、
二次相电压和相电流仿真波形

3) 输出结果分析。从仿真曲线可以看出由于变压器变比 $k=2$，当一次侧电压为 380V 时，二次侧电压为 190V，且为三相对称电压；由于二次侧负载为 $R=190\Omega$ 的电阻，所以二次侧电流为 1A，也为三相对称电流。

13.2.3   三相变压器联结组别仿真

变压器的联结组别采用时钟表示法，就是将高压侧的电压相量看作时钟的长针（分针），并固定地指向 0 点（12 点）；将低压侧电压相量看作时钟的短针（时针），短针所指的钟点数，称为变压器的标号（组别）。三相变压器各相的高、低压绕组的电压相位可能同相或反相，并且三相绕组又可能接成星形或三角形。这样，三相变压器高、低压侧对应线电压的相位差总是 30°的整数倍。三相变压器联结组有 0、1、2、…、11 共有 12 种标号，每相邻两标号间相量的相位差为 30°，与时钟表盘上的钟点数一致。

高低压绕组分别可以采用星形或三角形连接方法。分别用 Y（y）和 D（d）表示。Y 接有中性线的用 YN（y0）表示。

变压器采用不同联结组别时，影响一、二次侧电压之间的相位关系和幅值关系。利用 Simulink 中的信号汇总（Mux）模块将变压器的一、二次侧电压波形显示在同一个窗口，可以很好地比较一、二次侧电压的电压相位和幅值之间关系。

1. 三相变压器连接组别 Yd11 仿真

（1）三相变压器连接组别 Yd11 电气连接方式。联结组别为 Yd11 的三相变压器电气连接方式和相量图如图 13-31 所示。

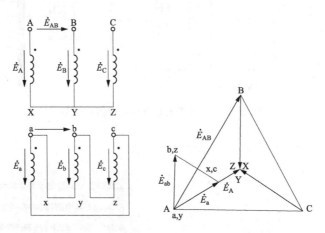

图 13-31　Yd11 连接组的电气连接方式和相量图

（2）建模方法。根据图 13-31，可得到三相变压器联结组别 Yd11 的仿真模型如图 13-32 所示。图中包括三相对称电压源模块、三相 12 端子的线性变压器模块和增益（Gain）模块。为了能够更好地比较一、二次侧电压的相位关系，将两个电压信号通过信号汇总模块（Mux）汇总后输出给示波器，这样在示波器中两个波形能够在同一个窗口中显示。增益模块将一次侧电压测量值经过比例调整，便于在示波器中幅值相近。

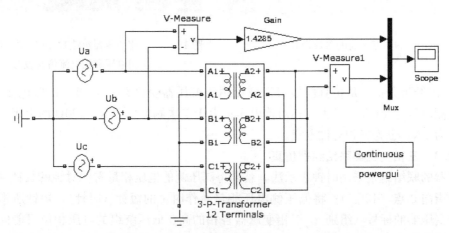

图 13-32　三相变压器联结组别 Yd11 仿真模型

1）模型中模块的提取途径。

a. 接地模块：SimPower Systems\Elements\Ground。

b. 三相对称交流电压源模块：SimPower Systems\Electrical sources\AC Voltage Source。

c. 电压测量模块：SimPower Systems\Measurements\Voltage Measurement。

d. 增益模块：Simulink\Math Operations\Gain。

e. 三相 12 端子变压器模块：SimPower Systems\Elements\Three Phase Transformer 12 Terminals。

f. 信号汇总模块：Simulink\Signal Routing\Mux。

g. 示波器模块：Simulink\Sinks\Scope。

2）典型模块的参数设置

a. 三相对称交流电压源模块的参数设置。A 相电压源为峰值 220V 初相位为 0 的正弦交流电源，复制 A 相电源，并将相位互相错开 120 度即可得到三相对称交流电源。

b. 增益模块的参数设置。该模块的功能是使显示在同一个示波器中的一、二次侧电压幅值相等，以便于比较它们之间的相位关系。

c. 三相 12 端子变压器模块的参数设置。参数设置对话框和参数设置如图 13-33 所示。

（a）额定功率和频率：三相变压器额定功率为 P_N（单位：VA）；额定频率为 f_N（单位：Hz），它要与所选激励源的频率保持一致。此处选择 [10e6 50]。

（b）绕组 1 参数：包括相电压 V1，绕组 1 的电阻和漏电感。此处选择 [10e3 0.002 0.05]。

（c）绕组 2 参数：包括额定电压 V2，绕组 2 的电阻和漏电感。此处选择 [25e3 0.002 0.05]。

（d）励磁分支：励磁电阻和励磁电感，此处选择 [200 200]。

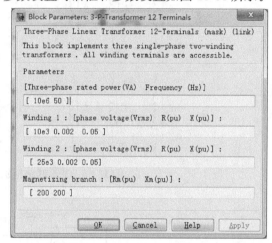

图 13-33 三相 12 端子变压器模块的参数设置

（3）系统仿真和仿真结果。

1）系统仿真。打开仿真参数窗口，选 ode45 算法，相对误差设为 1e-3，仿真开始时间为 0，停止时间为 0.1s；单击 Start 命令，系统开始仿真。

2）输出仿真结果。采用"示波器"输出方式，图 13-34 显示的是三相变压器 Yd11 联结组别时一、二次侧电压相位关系。

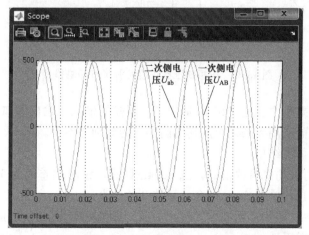

图 13-34 三相变压器 Yd11 联结组别时一、二次侧电压相位关系

3）输出结果分析。从仿真曲线可以看出，三相变压器一、二次侧电压相位符合 Yd11 联结组相位相差 30°的关系。

2. 三相变压器联结组别 Yy6 仿真。

（1）三相变压器联结组别 Yy6 连接方式联结组别为 Yy6 的三相变压器电气连接方式和相量图如图 13-35 所示。

（2）建模方法。根据图 13-35 可得到三相变压器联结组别 Yy6 的仿真模型，如图 13-36 所示。

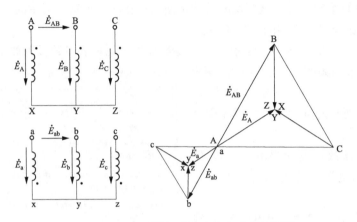

图 13-35　Yy6 联结组别的连接方式和相量图

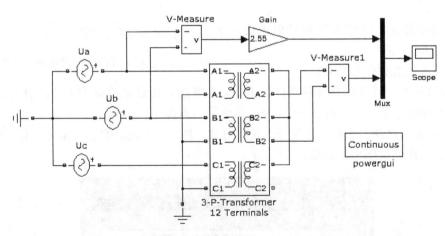

图 13-36　三相变压器联结组别 Yy6 仿真模型

不同联结组别的差别主要是三相 12 端子变压器模块输入、输出端口连接方式的不一样，请注意它们的区别。而所用到的模块及其他们参数的差别并不大。

（3）系统仿真和仿真结果。

1）系统仿真。打开仿真参数窗口，选 ode45 算法，相对误差设为 1e-3，仿真开始时间为 0，停止时间为 0.1s；单击 Start 命令，系统开始仿真。

2）输出仿真结果。采用"示波器"输出方式，图 13-37 为三相变压器 Yy6 联结组别时一、二次侧电压相位关系。

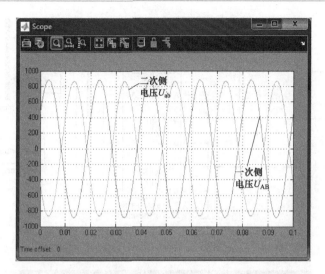

图 13-37 三相变压器 Yy6 联结组别时一、二次侧电压相位关系

3) 输出结果分析。从仿真曲线可以看出，三相变压器一、二次侧电压相位符合 Yy6 联结组别的相位关系，其相位相差为 $180°$。

3. 三相变压器联结组别 Yy4 仿真

（1）三相变压器联结组别 Yy4 连接方式。联结组别为 Yy4 的三相变压器电气连接方式和相量图如图 13-38 所示。

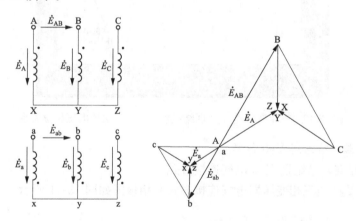

图 13-38 三相变压器 Yy4 联结组别的电气连接方式和相量图

（2）建模方法。根据图 13-38 可得到三相变压器联结组别 Yy4 的仿真模型，如图 13-39 所示。

（3）系统仿真和仿真结果。

1) 系统仿真。打开仿真参数窗口，选 ode45 算法，相对误差设为 1e-3，仿真开始时间为 0，停止时间为 0.1s；单击 Start 命令，系统开始仿真。

2) 输出仿真结果。采用"示波器"输出方式，图 13-40 为三相变压器 Yy4 联结组别时一、二次侧电压相位关系。

3) 输出结果分析。从仿真曲线可以看出，三相变压器一、二次侧电压相位符合 Yy4 联结组别的相位关系，其相位相差为 $120°$。

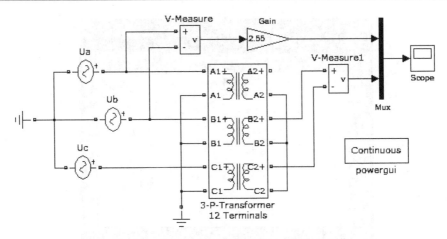

图 13-39　三相变压器联结组别 Yy4 的仿真模型

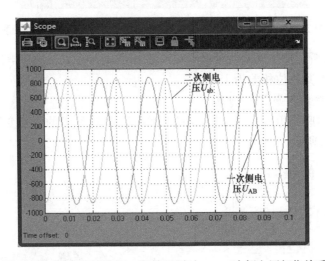

图 13-40　三相变压器 Yy4 联结组别时一、二次侧电压相位关系

4. 三相变压器联结组别 Yy0 仿真

（1）三相变压器联结组别 Yy0 电气连接方式。

联结组别为 Yy0 的三相变压器电气连接方式和相量图如图 13-41 所示。

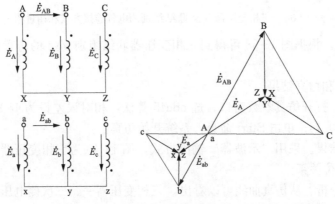

图 13-41　三相变压器 Yy0 联结组别的电气连接方式和相量图

（2）建模方法。根据图 13-41 可得到三相变压器联结组别 Yy0 的仿真模型如图 13-42 所示。

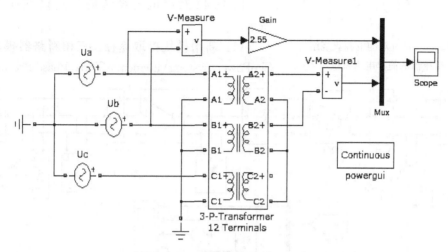

图 13-42　三相变压器联结组别 Yy0 仿真模型

（3）系统仿真和仿真结果。打开仿真参数窗口，选 ode45 算法，相对误差设为 1e-3，仿真开始时间为 0，停止时间为 0.1s；单击 Start 命令，系统开始仿真。图 13-43 为三相变压器 Yy0 联结组别时一、二次侧电压相位关系。从仿真曲线可以看出，三相变压器一、二次侧电压相位符合 Yy0 联结组别的相位关系，两者同相位。

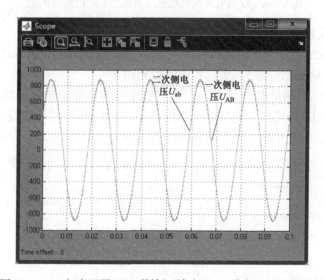

图 13-43　三相变压器 Yy0 联结组别时一、二次侧电压相位关系

13.3　电力变压器故障仿真

13.3.1　具有双侧电源的双绕组变压器电力系统电路故障仿真

1. 电路组成

一个具有双侧电源双绕组变压器的简单电力系统如图 13-44 所示。

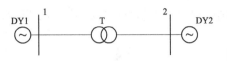

图 13-44 具有双侧电源双绕组
变压器的简单电力系统

2. 电路建模

图 13-44 对应电力系统的仿真模型如图 13-45 所示。

（1）新增模块提取途径。三相断路器模块 QF1：SimPower Systems\Elements\Three Phase Breaker；

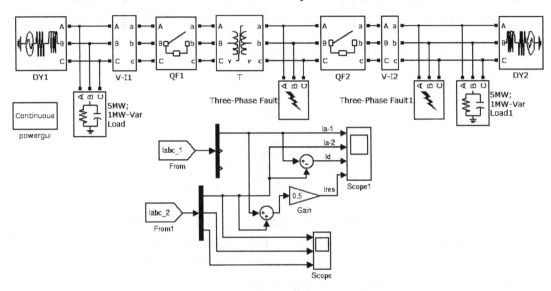

图 13-45　双侧电源双绕组变压器电力系统的仿真模型

（2）模块参数设置。

1）电源 DY1 采用"Three-phase source"模型，DY1 的参数设置如图 13-46 所示。电源 DY2 与电源 DY1 电动势相位差为 10°。其他设置相同。

2）三相电压—电流测量模块 V-I1、V-I2 将在变压器两侧测量到的电压、电流信号转变成 Simulink 信号，相当于电压、电流互感器的作用。V-I1 模块的参数设置如图 13-47 所示，V-I2 模块的参数设置与此相仿，只是其输出的信号分别为"Vabc-2"，"Iabc-2"。

图 13-46　电源 DY1 模块的参数设置

图 13-47　三相 V-I 测量模块参数设置

3）三相断路器模块 QF1 和 QF2 用来控制变压器的投入。设置三相断路器模块 QF1 的切换时间为 0s。其参数设置对话框如图 13-48 所示。

4）三相故障模块 Fault1 和 Fault2 分别用来仿真变压器保护区内故障和区外故障。在仿真时，主要改变它们的切换时间，其他采用默认设置即可。其参数设置对话框如图 13-49 所示。

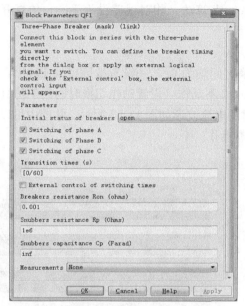
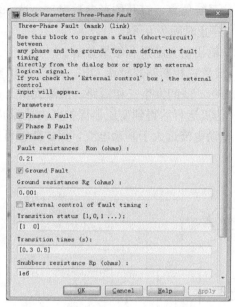

图 13-48　断路器模块 QF1 参数设置对话框　　图 13-49　故障模块 Fault1 参数设置对话框

5）变压器 T 采用 "Three-phase transformer（Two Windings）" 模型，并选中 "饱和铁心"（Saturable core）。为了简化仿真，变压器两侧的绕组接线方式相同，都采用丫形连接，电压等级也相同，其参数设置如图 13-50 所示。

6）三相并联 RLC 负载采用 "Three-phase Paralel RLC Load" 模型，其参数设置如图 13-51 所示。

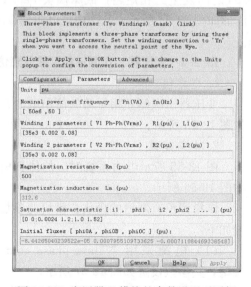
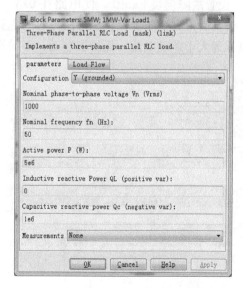

图 13-50　变压器 T 模块的参数设置对话框　　图 13-51　RLC 并联负载模块的参数设置对话框

图 13-52 为用于变压器的比率制动式纵差保护、反映电流情况的模型。图中，只绘出了 A 相差动电流与制动电流的仿真模型。其中，差动电流为 $i_d = i_{a-1} - i_{a-2}$，制动电流为 $i_{res} = (i_{a-1} + i_{a-2})/2$。

3. 系统仿真和仿真结果

（1）系统仿真。打开仿真参数窗口，选 ode23tb 算法，相对误差设为 1e-3，仿真开始时间为 0，停止时间为 0.8s。

（2）输出仿真结果和结果分析。

1）设置三相断路器模块 QFI、QF2 的切换时间均为 0s，并设置故障模块 Fault1，使电路在 0.3～0.5s 间发生三相短路，故障模块 Fault2 不动作（设置动作切换时间大于仿真时间即可），仿真运行后得到变压器保护区内故障时的电流波形如图 13-53 所示。从图中可以明显看出，差动电流远大于制动电流，保护能够可靠动作。

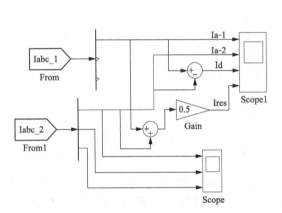

图 13-52　变压器的比率制动式纵差保护、
反映电流情况的模型

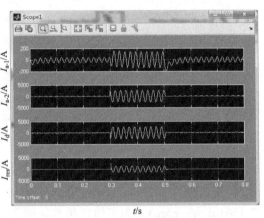

图 13-53　变压器保护区内故障时的电流波形图

2）设置故障模块 Fault2，使电路在 0.3～0.5s 之间发生三相短路，故障模块 Fault1 不动作，仿真后得到变压器保护区外故障时的电流波形如图 13-54 所示。从图中可以明显看出，制动电流远大于差动电流，保护被制动，不动作。

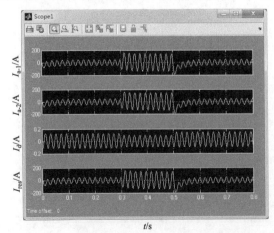

图 13-54　变压器保护区外故障时的电流波形图

13.3.2　变压器二次侧三相短路故障仿真

1. 电路组成

变压器二次侧三相短路的简单电力系统如图 13-55 所示。

2. 电路建模

图 13-55 所示电力系统对应的仿真模型如图 13-56 所示。

该模型没有新增的模块。模块的参数设置如下：

（1）电源采用"Three-phase source"模型，其参数设置如图 13-57 所示。

（2）三相串联 RLC 负载采用"Three-phase Series RLC Load" 模型，其参数设置如图 13-58 所示。

图 13-55　变压器二次侧三相短路电力系统电路

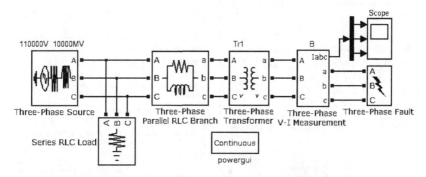

图 13-56　变压器二次侧三相短路的仿真模型

图 13-57　电源模块参数设置对话框

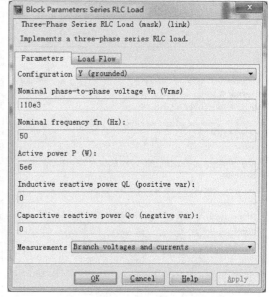

图 13-58　串联 RLC 负载模块参数设置对话框

（3）输电线路采用串联 RLC 支路（Three-phase Series RLC Branch），其参数设置如图 13-59 所示。

（4）变压器 Tr1 采用 "Three-phase transformer（Two Windings）" 模块，其参数设置如图 13-60 所示。

（5）三相电压—电流测量模块 B 将在变压器两侧测量到的电压、电流信号转变成 Simulink 信号。B 模块的参数设置如图 13-61 所示。

（6）三相故障模块用来仿真变压器故障，其模块的参数设置如图 13-62 所示。

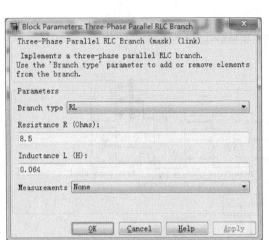

图 13-59　输电线路"串联 RLC 支路"模块参数设置

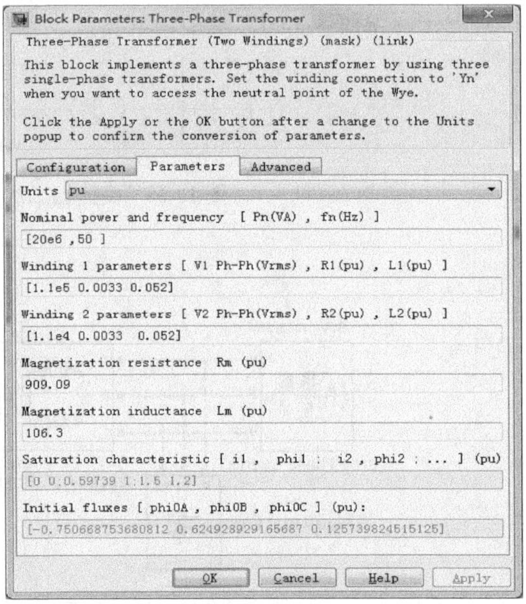

图 13-60　三相变压器模块参数设置

图 13-61　三相 V-I 测量模块参数设置对话框

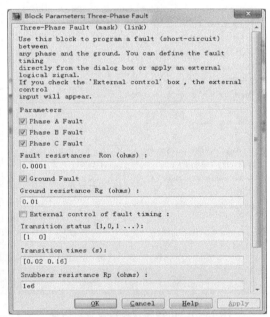

图 13-62　三相故障模块 Fault 参数设置对话框

3. 系统仿真和仿真结果

（1）系统仿真。打开仿真参数窗口，选 ode23tb 算法，相对误差设为 1e-3，仿真开始时间为 0，停止时间为 0.2s。

（2）输出仿真结果和结果分析。设置故障模块 Fault，使电路在 0.02～0.16s 间发生三相短路，仿真运行后得到变压器二次绕组的短路电流波形如图 13-63 所示。短路期间有较大的短路电流。

13.3.3 变压器绕组内部故障的简单仿真

利用图 13-56 中的模型是无法进行变压器绕组内部故障仿真的，为了解决这一问题，可将图中的三相变压器模型改变为三个单相变压器（本仿真采用"Linear Transformer"模型），在变压器属性框中选中"三绕组变压器"（Three windings Transformer），从而构造出具有一个一次绕组、两个二次绕组的单相变压器（两个二次绕组首尾相连，当作一个次级用）。一次绕组和二次绕组可按三相变压器的联结组别进行连接，一次绕组的额定电压、电阻和电感的参数可灵活调整

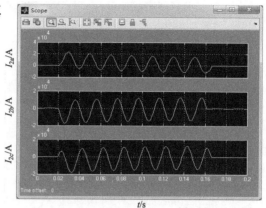

图 13-63　变压器二次绕组三相短路电流仿真波形

以便进行变压器内部故障的仿真，故障点可设置于两个二次绕组的连接线上，也可设置于绕组首端，新的模型如图 13-64 所示。经过这样处理后，就可以进行变压器内部整个绕组的单相接地、两相短路、两相接地短路、三相短路等故障的简单仿真。

1. 电路建模

变压器绕组内部故障仿真模型如图 13-64 所示。

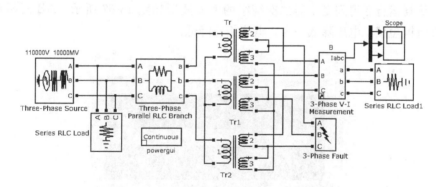

图 13-64　变压器绕组内部故障仿真模型

本模型新增了 3 个单相三绕组变压器模块。

（1）模块的提取途径。三相变压器模块 Tr：SimPower Systems\Elements\Three Phase Linear Transformer。

（2）模块的参数设置。除了变压器、三相故障模块外，其他模块与图 13-56 模型中相应模块设置相同。三相故障模块根据故障类型设定；变压器两个二次绕组的参数相同，故障点在变压器绕组 50% 处发生。变压器 Tr 的参数设置对话框如图 13-65 所示，设置 AB 两相短路的三相故障模块参数设置对话框如图 13-66 所示。

2. 系统仿真和仿真结果

（1）系统仿真。打开仿真参数窗口，选 ode23tb 算法，相对误差设为 1e-3，仿真开始时间为 0，停止时间为 0.2s。

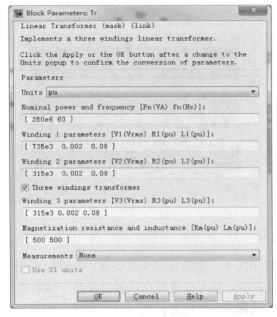
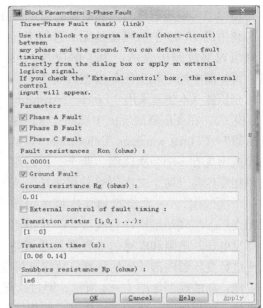

图 13-65　三绕组变压器模块参数设置对话框　　　　图 13-66　三相故障模块参数设置对话框

（2）输出仿真结果和结果分析。设置故障模块 Fault，使电路在 $0.06\sim0.14\mathrm{s}$ 间发生 AB 两相短路，仿真运行后得到变压器二次绕组的电流波形如图 13-67 所示。AB 两相对地短路后，一半绕组被短接，电压降低一半，电流相应降低。

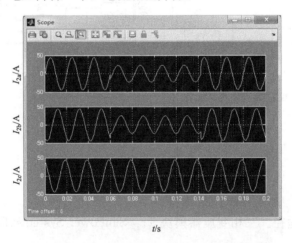

图 13-67　变压器绕组 50％处发生 AB 两相短路故障时的电流波形

13.4　电力系统传输线性能仿真

输电是用变压器将发电机发出的电能升压后，再通过输电线路来实现电能传送。传输线路由两条一定长度的导线组成，一条是信号传播路径，另一条是信号返回路径。

传输线路与电阻、电容和电感一样，也是一种理想的电路元件，但是其特性却大不相同。传输线有特性阻抗和时延两个非常重要的特征。

在 MATLAB 中，电力传输线 Line 与电阻、电容和电感一样，同属于 Element 模块库。电力传输线 Line 模块主要有三种类型：PI（π）Section Line 模块、Distributed Parameters Line 模块和 RLC 支路。下面以 Boost 直流斩波器输出的高频直流信号在电力传输线中的传输情况为例，进行电力传输线性能的仿真分析。

13.4.1   不含传输线模块的电路仿真

1. 电路建模

先进行不含传输线模块的电路仿真分析，以便与含传输线模块的电路相比较。仿真模型是在直流—直流变换器 Boost 斩波器基础上，增加了一个变压器。本例增加变压器起到电气隔离的作用，不含传输线模块的仿真模型如图 13-68 所示。

2. 模块参数设置

（1）直流电源模块 Us：电源电压为 1000V。

（2）串联 RLC 支路电感 L：电感值为 50mH。

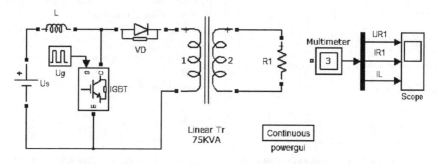

图 13-68   不含传输线而带变压器模块的 Boost 斩波器仿真模型

（3）脉冲驱动模块 Ug 的参数设置对话框如图 13-69 所示。

（4）电力电子开关模块 IGBT 的参数设置对话框如图 13-70 所示。

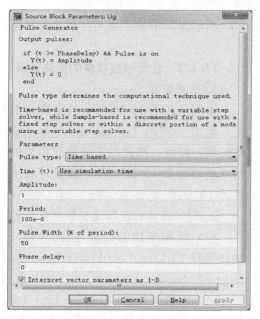

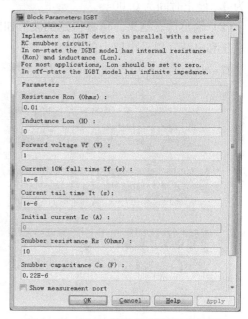

图 13-69   脉冲驱动模块 Ug 的参数设置对话框   图 13-70   IGBT 模块的参数设置对话框

（5）二极管模块 VD 的参数设置对话框如图 13-71 所示。

（6）线性变压器 Tr 模块的参数设置对话框如图 13-72 所示。

（7）并联 RLC 支路模块的电阻 R1：电阻值为 20Ω。

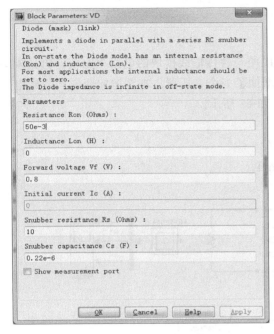

图 13-71　二极管模块 VD 的参数设置对话框

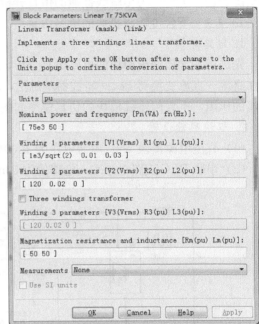

图 13-72　线性变压器模块的参数设置对话框

3. 系统仿真和仿真结果

（1）系统仿真。打开仿真参数窗口，选 ode23tb 算法，相对误差设为 1e-3，仿真开始时间为 0，停止时间为 0.004s。

（2）输出仿真结果。仿真得到的波形如图 13-73 所示。图中从上至下分别是负载电阻上的电压和电流，以及电感上的电流。

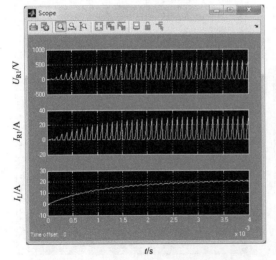

图 13-73　不含传输线模块的电路仿真波形

13.4.2　含传输线模块的电路仿真

1. 电路建模

本例是在图 13-68 所示的仿真模型基础上，增加一个 PI（π）section Line（单相型传输线）模块，搭建的含传输线模块的电路仿真模型如图 13-74 所示。假设传输线的长度为 100m。

2. 新增模块的提取途径和参数设置

（1）新增模块的提取途径。PI（π）传输线模块 Pi Line：SimPower Systems\Elements\Pi Section Line。

（2）参数设置。PI section Line（单相型传输线）模块的参数设置如图 13-75 所示。

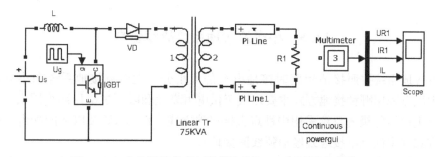

图 13-74 含传输线带变压器模块的 Boost 斩波器仿真模型

3. 系统仿真和仿真结果

（1）系统仿真。打开仿真参数窗口，选 ode23tb 算法，相对误差设为 1e-3，仿真开始时间为 0，停止时间为 0.004s。

（2）输出仿真结果。仿真得到的波形如图 13-76 所示。图中从上至下分别是负载电 R1 上的电压和电流，以及电感 L 上的电流。

（3）输出仿真分析。比较图 13-73 和图 13-76（a）的仿真结果可以看出，斩波器输出的高频直流脉动电压、电流经过 Pi 型传输线传输后，影响了负载电流和负载电压的波形的大小，电感上的电流波形变化不大。比较图 13-76（a）、（b）可知，传输线长度的不同，也影响负载电流和电压的波形。

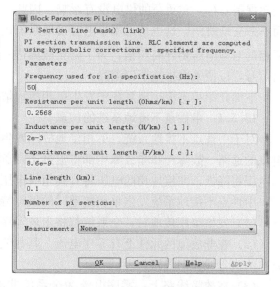

图 13-75 PI Line 模块的参数设置对话框

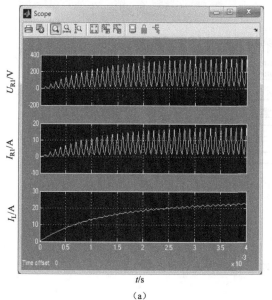

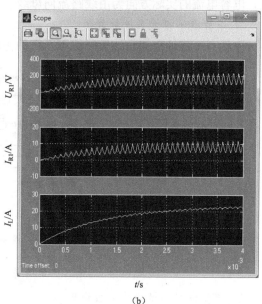

图 13-76 含传输线模块的电路仿真波形

（a）传输线长度 100m；（b）传输线长度 300m

13.5　小电流接地系统故障仿真

中性点接地系统按照接地短路时接地电流的大小分为大电流接地系统和小电流接地系统。系统中性点采用哪种接地方式主要取决于供电可靠性和限制过电压两个因素。我国规定110kV及以上电压等级的系统采用中性点直接接地方式，而35kV及以下的配电系统采用小电流接地方式（中性点不接地或经消弧线圈接地）。

在小电流接地系统中发生单相接地时，由于故障点的电流很小，而且三相之间的线电压仍然保持对称，对负荷的供电没有影响，因此，在一般情况下都允许系统再继续运行1～2h，而不必立即跳闸，这也是采用小电流接地系统运行的主要优点。但是在单相接地以后，其他两相的对地电压要升高$\sqrt{3}$倍，为了防止故障进一步扩大成两点或多点接地短路，就应及时发出信号，以便采取措施予以消除。

下面介绍小电流接地系统中发生单相接地情况的仿真方法。

13.5.1　中性点不接地系统的仿真

对于中性点不接地系统，单相接地故障发生后，由于中性点不接地，所以没有形成短路电流的通路，故障相和非故障相都将流过正常负荷电流，线电压仍然保持对称。但是接地相的电压将降低，非接地相的电压将升高至线电压，单相接地故障发生后系统不能长期运行。

中性点不接地系统发生单相接地时的故障特点如下：

（1）发生单相接地时，全系统都将出现零序电压。

（2）在非故障的元件上有零序电流，其数值等于本身的对地电容电流，电容电流的实际方向为由母线流向线路。

（3）在故障线路上，零序电流为全系统非故障元件对地电容电流之总和，数值一般较大，电容电流的实际方向为由线路流向母线。

1. 中性点不接地系统的建模

中性点不接地单相对地短路故障系统的仿真模型如图13-77所示。

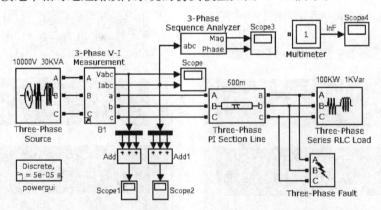

图13-77　中性点不接地单相对地短路故障系统的仿真模型

2. 模型说明和模块的参数设置

（1）三相电源（Three-Phase Source）模块：采用丫形（星形连接且中性点浮地）连接方式，其参数设置对话框如图13-78所示。

（2）选择三相 π 形传输线（Three-Phase PI Section Line）模块充当传输线，其参数设置对话框如图 13-79 所示。

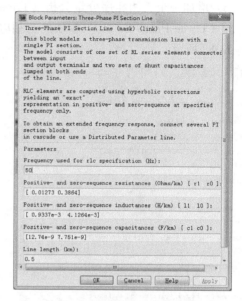

图 13-78　三相电源模块参数设置对话框　　　图 13-79　三相 π 形传输线模块参数设置对话框

（3）对三相电压—电流测量（Three-Phase V-I Measurement）模块设置电压卷标为 Vabc，设置电流卷标为 Iabc。其参数设置对话框如图 13-80 所示。

（4）将三相短路故障（Three-Phase Fault）模块在 0.02～0.08s 期间设置为 A 相对地短路故障。其参数设置对话框如图 13-81 所示。

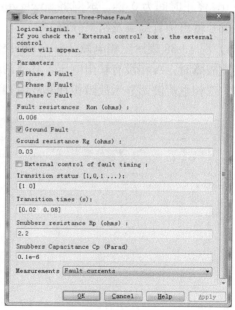

图 13-80　三相 V-I 测量模块参数设置对话框　　　图 13-81　三相短路故障模块参数设置对话框

（5）将三相串联 RLC 负载（Three-Phase Series RLC Load）模块修改为阻感 RL 负载，

其有功功率为 100kW，无功为 1000var，将连接方式改为丫形（中性点浮点）连接，其参数设置对话框如图 13-82 所示。

（6）增加一个三相相序分量分析（Three-Phase Sequence Analyzer）模块，用于获取三相电源（Three-Phase Source）模块的三相电流零序分量的幅值和相位。其参数设置对话框如图 13-83 所示。

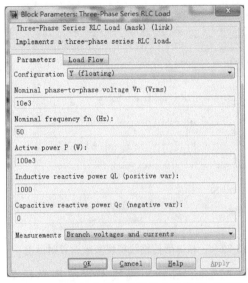

图 13-82　三相串联负载模块参数设置对话框

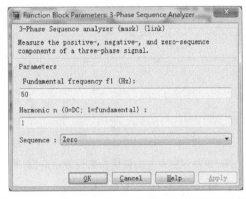

图 13-83　三相相序分量分析模块参数设置对话框

3. 系统仿真和仿真结果

（1）系统仿真。打开仿真参数窗口，选 ode23tb 算法，相对误差设为 1e-3，仿真开始时间为 0，停止时间为 0.2s。本例将 powergui 模块设置为离散模式如图 13-84 所示。

（2）输出仿真结果及结果分析。

1）图 13-85 表示三相电源 Three-Phase Source 模块的三相电压和电流波形。当 A 相发生接地故障时，A 相没有输出电压，其他两相输出电压过冲。当故障恢复后，三相电压整体偏移。三相电流波形显示故障相和非故障相都将流过正常负荷电流。

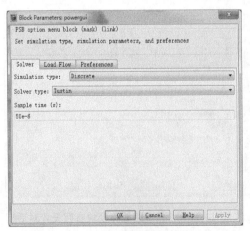

图 13-84　powergui 模块设置为离散模式

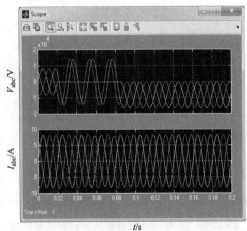

图 13-85　三相电源的三相电压和电流波形

2）将传输线输入的三相电压相加，计算中性点的电压 U_N，得到它的波形如图 13-86 所示（Scope1 的显示）。

3）将三相电源 Three-Phase Source 模块的三相电流相加，计算中性点的电流 I_N，得到它的波形如图 13-87 所示。当发生单相接地故障时，因不能构成低阻抗的短路回路，接地电流很小。

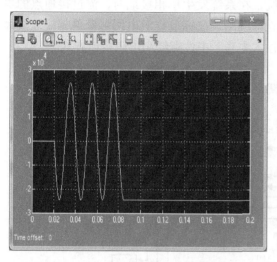
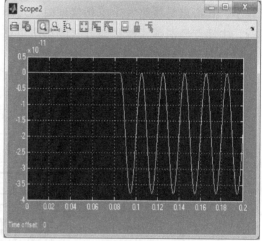

图 13-86 中性点电压 U_N 仿真波形   图 13-87 中性点电流 I_N 仿真波形

4）图 13-88 表示 A 相对地短接时的故障电流 I_{Nf} 的仿真波形。当发生单相接地故障时，因不能构成低阻抗的短路回路，接地电流很小。

5）图 13-89 表示三相电源 Three-Phase Source 模块的三相电流零序电流分量的幅值和相位。

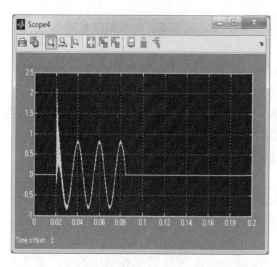
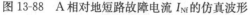
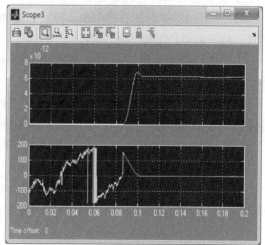

图 13-88 A 相对地短路故障电流 I_{Nf} 的仿真波形   图 13-89 三相电源零序电流的幅值和相位

13.5.2 中性点经消弧线圈接地系统仿真

对于中性点经消弧线圈接地的系统，正常情况下，接于中性点 N 与大地之间的消弧线圈无电流流过，消弧线圈不起作用；当接地故障发生后，中性点将出现零序电压，在这个电压的作用下，将有感性电流流过消弧线圈并注入发生接地故障的电力系统，从而抵消在接地点流过的电容性接地电流。需要说明的是，经消弧线圈补偿后，接地点将不再有容性电弧电流或者只有很小的电容性电流流过，但是接地确实发生了，接地故障可能依然存在；其结果是接地相电压降低而非接地相电压依然很高，长期接地运行依然是不允许的。

采用中性点经消弧线圈接地方式的电力系统，在系统发生单相接地时，流过接地点的电流较小。其特点是线路发生单相接地时，可不立即跳闸，按标准规定电网可带单相接地故障运行。中性点经消弧线圈接地方式的供电可靠性大大高于中性点经小电阻接地方式。

1. 中性点经消弧线圈接地系统的建模

中性点经消弧线圈接地的单相对地短路故障系统的仿真模型如图 13-90 所示。

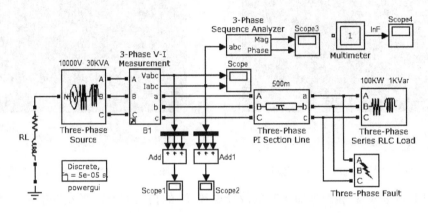

图 13-90　中性点经消弧线圈接地的单相对地短路故障系统的仿真模型

2. 模型说明和模块的参数设置

（1）在图 13-90 的仿真模型中，除消弧线圈 RL 模块外，其他模块的参数设置都与图 13-77 相同。相同的模块下面不再介绍。

为了连接消弧线圈，三相电源模块需采用 Y_n（星形连接且中性点引出充当第四接点）连接方式。

（2）增加一个消弧线圈，由串联 RLC 支路（Series RLC Branch）模块充当，它的参数设置为：选择 RL 模式，其电阻 $R=27\Omega$，电感 $L=0.82H$，其他为默认值。

（3）增加一个接地（Ground）模块，经消弧线圈将三相电源模块的中性点接到地端。

3. 系统仿真和仿真结果

（1）系统仿真。打开仿真参数窗口，选 ode23tb 算法，相对误差设为 1e-3，仿真开始时间为 0，停止时间为 0.2s。本例将模块设置为离散模式。

（2）输出仿真结果及结果分析。

1）图 13-91 上部波形表示三相电源 Three-Phase Source 模块的三相电压波形。当 A 相发生接地故障时，A 相没有输出电压，其他两相输出电压过冲，当故障恢复后，三相电压均有一个短暂的过冲过程，之后才陆续恢复。

2）图 13-91 下部波形表示三相电源 Three-Phase Source 模块的三相电流波形。故障相的相电流在短路期间相电流有一个较大的电流过冲。

3）将传输线输入端的三相电压相加，计算中性点的电压 U_N，得到它的波形，如图 13-92 所示（Scope1 显示）。

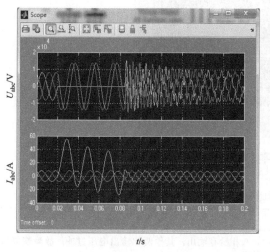
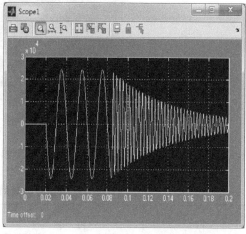

图 13-91　三相电源的三相电压和电流仿真波形　　　　图 13-92　中性点电压 U_N 仿真波形

4）将三相电源 Three-Phase Source 模块的三相电流相加，计算中性点的电流 I_N，得到它的波形，如图 13-93 所示。当发生单相接地故障时，因不能构成低阻抗的短路回路，接地电流很小。

5）图 13-94 所示为 A 相对地短接时的故障电流 I_{Nf} 的仿真波形，当发生单相接地故障时，因不能构成低阻抗的短路回路，接地电流很小。

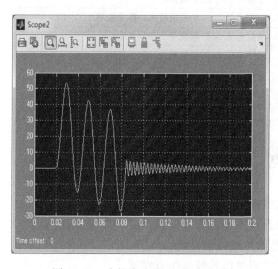
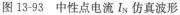
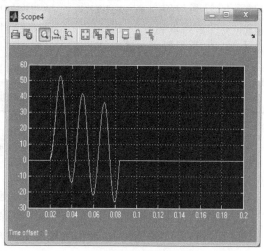

图 13-93　中性点电流 I_N 仿真波形　　　　图 13-94　A 相对地短路故障电流 I_{Nf} 仿真波形

6）图 13-95 所示为三相电源 Three-Phase Source 模块三相电流零序分量的幅值和相位。仿真结果对比分析与结论见表 13-1。

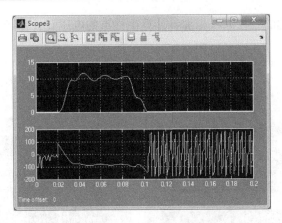

图 13-95 三相电源零序电流的幅值和相位

表 13-1 仿真结果对比分析与结论

比较内容	比较对象		结论
电源的三相电压	图 13-85 和图 13-91	不接地	A 相故障时，A 相没有输出，其他两相输出电压过冲；故障恢复后，三相电压整体偏移
		经消弧线圈接地	A 相故障时，A 相没有输出，其他两相输出电压过冲；故障恢复后，三相电压均有一个短暂的过冲过程，之后才陆续恢复
电源的三相电流	图 13-85 和图 13-91	不接地	A 相故障时，三相电流的波形质量影响不大，幅值也影响不大
		经消弧线圈接地	A 相故障时，A 相电流的幅值过冲，其他两相正常，故障恢复后，A 相逐渐恢复正常，在此过程中，三相电流的波形质量均有影响
中性点的电压 U_N	图 13-86 和图 13-92	不接地	A 相故障时，中性点的电压 U_N 幅值较大，故障恢复后，朝最大值偏移
		经消弧线圈接地	A 相故障时，中性点的电压 U_N 幅值较大，故障恢复后，迅速衰减减小
中性点的电流 I_N	图 13-86 和图 13-93	不接地	A 相故障时，中性点电流 I_N 的幅值很小
		经消弧线圈接地	A 相故障时，中性点电流 I_N 的幅值较大，数十安培
故障电流 I_{Nf}	图 13-88 和图 13-94	不接地	A 相故障时，故障电流 I_{Nf} 的幅值很小，数安培
		经消弧线圈接地	A 相故障时，故障电流 I_{Nf} 的幅值较大，数十安培
三相电流零序分量的幅值和相位	图 13-89 和图 13-95	不接地	A 相故障时，零序电流的幅值很小，相位在 150° 左右
		经消弧线圈接地	A 相故障时，零序电流的幅值在 10A 左右，相位在 −100° 左右

练 习 题

1. 在无穷大电源故障仿真模型中，减小电源容量，观察模型中有关量的变化情况。
2. 掌握变压器联结组别仿真方法，练习除教材所举例之外的其他几种联结组别仿真。
3. 通过仿真实验比较 PI 型传输线和分布参数传输线的性能。
4. 比较中性点不接地系统和中性点经消弧线圈接地系统的仿真结果。
5. 练习三相相序分量分析（Three-Phase Sequence Analyzer）模块的使用。

参 考 文 献

［1］ 周渊深. 电力电子技术. 3 版. 北京：机械工业出版社，2016.

［2］ 周渊深. 电力电子技术与 MATLAB 仿真. 2 版. 北京：中国电力出版社，2014.

［3］ 林飞，杜欣. 电力电子技术的 MATLAB 仿真. 北京. 中国电力出版社，2012.

［4］ 黄忠霖，黄京. 电力电子技术的 MATLAB 实践. 北京：国防工业出版社，2009.

［5］ 裴云庆，卓放等. 电力电子技术学习指导习题集及仿真. 北京：机械工业出版社，2013.

［6］ 刘凤春. 电机与拖动 MATLAB 仿真与学习指导. 北京：机械工业出版社，2008.

［7］ 李朝生. 电机与电力电子实验及仿真指导书. 北京. 中国电力出版社，2012.

［8］ 周渊深. 电机与拖动基础. 北京：机械工业版社，2013.

［9］ 潘晓晟、郝世勇. MATLAB 电机仿真精华 50 例. 北京：机械工业版社，2007.

［10］ 周渊深. 交直流调速系统与 MATLAB 仿真. 2 版. 北京：中国电力出版社，2015.

［11］ 洪乃刚. 电力电子电机控制系统仿真技术. 北京：机械工业出版社，2013.

［12］ 顾春雷. 电力拖动自动控制系统与 MATLAB 仿真. 2 版. 北京：清华大学出版社，2016.

［13］ 于群、曹娜. MATLAB/Simulink 电力系统建模与仿真. 北京：机械工业出版社，2014.

［14］ 王晶等. 电力系统的 MATLAB/Simulink 仿真与应用. 西安：西安电子科技大学出版社，2008.

［15］ 吴天明. MATLAB 电力系统设计与分析. 3 版. 北京：国防工业出版社，2010.

［16］ 李维波. MATLAB 在电气工程中的应用实例. 北京：中国电力出版社，2016.